252.—

C

Wer unter seiner zweiten Haut schwitzt – ist der selber schuld? Wer auf seine Kleidung allergisch reagiert – hat der ein privates Problem?

Nein!, rufen die beiden Autoren in ihrer furiosen Attacke auf die Modemacher und die Textilbranche – eine Attacke, in der sie die textile Kette der Länge nach abspulen und auf verschwiegene Zumutungen hin untersuchen. Sie stellen alle Textilfasern auf den Prüfstand – das heißt: gnadenlose Recherche sowohl in der Industrieszene als auch im Öko-Eck. Nehmen wir z. B. Baumwolle: Hier erfahren Sie alles vom Anbau über das Färben und Veredeln bis hin zum Umgang mit ausgedienten Klamotten.

Das Buch belegt ökologische Innovationen. Zwar hat die Kunstfaserindustrie die Naturtextilien für tot erklärt. Aber die Öko-Avantgarde weiß selber, daß ihre gesundheitsbewußten Kunden nicht in Sack und Asche daherkommen wollen. Auch todschickes Outfit kann einer »sanften Philosophie« verpflichtet sein.

Wolfgang Hingst ist promovierter Historiker und Fernsehjournalist. 1990 erhielt er den Konrad-Lorenz-Preis. *Hanswerner Mackwitz* ist Chemiker, Umweltwissenschaftler, Filmemacher, Universitätslektor und Geschäftsführer der Concerned People GmbH. Beide leben und arbeiten in Wien. Sie sind bekannte Bestsellerautoren. Ihr Buch *Öko-Tricks und Bio-Schwindel* (1990) stand mehr als ein Jahr ganz oben auf den Hit-Listen.

Wolfgang Hingst,
Hanswerner Mackwitz

Reiz-Wäsche

Unsere Kleidung:
Mode, Gifte, Öko-Look

Campus Verlag
Frankfurt/New York

Redaktion: Kristin Haas-Heichen, Essenheim

Die Deutsche Bibliothek – CIP-Einheitsaufnahme

Hingst, Wolfgang:
Reiz-Wäsche : unsere Kleidung; Mode, Gifte, Öko-Look /
Wolfgang Hingst ; Hanswerner Mackwitz. – Frankfurt/Main ;
New York : Campus Verlag 1996
    ISBN 3-593-35471-3
NE: Mackwitz, Hanswerner:

Umschlaggestaltung: Walter Hagenow, Frankfurt
Satz: Typo Forum Gröger, Singhofen
Druck und Bindung: Druckhaus »Thomas Müntzer«, Bad Langensalza
Gedruckt auf säurefreiem und chlorfrei gebleichtem Papier.
Printed in Germany

Inhalt

Vorwort

Wer sich auf das Thema Textil einläßt, hat es mit mehr als tausend Fäden zu tun. Wer nur eine Faser herauszieht, verliert den Faden. Wer der Mode verfällt, spult an einem Endlosgarn, das ihn an der Nase herumführt. Es geht immer im Kreis herum. Ariadnefaden ist das keiner. Um zum Ziel zu kommen, ist der Blick auf das Ganze entscheidend, auf das Muster und die vielfältigen Knoten und Maschen der textilen Kette. Wie bei einer Flugaufnahme erkennt man die Zusammenhänge erst aus großer Höhe, das heißt aus der Perspektive einer bis in die Steinzeit zurückreichenden Geschichte, aus dem Aufspüren ökonomischer Prozesse, aus der Kenntnis einer unüberschaubaren Fülle von chemischen und physikalischen Stoff-Flüssen, aus einem Röntgenbild sozialer und psychischer Feinstrukturen, aus der Analyse globaler machtpolitischer Strategien. Es geht um enorme Summen. Der Einsatz ist hoch. Der internationale Markt für Textilien und Bekleidung hat ein Jahresvolumen von rund 270 Milliarden US-Dollar. Und wenn es heißt: rien ne va plus, dann kommen die Modemacher ins Spiel und lenken wie die Gaukler von der Realität ab.

Einige PR-Schreiber sehen die Modebranche im Aufwind. Die Prêt-à-Porter- und Haute Couture-Defillees rauschen nach wie vor als internationale Nabelschau über die Luxus-Laufstege und markieren Umsatzrekorde in den obersten Preisklassen. In Wahrheit ist das alles längst Operettenkulisse, der Glamour-Kosmos der Pariser Modewelt ist ins Trudeln geraten. Mit »Retro-Festivals« machen die abgehobenen Modezaren längst verstaubten Idolen ihre Honneurs und beweisen so, daß sie das Rad immer wieder neu erfinden und mit ihrer Weisheit am Ende sind. But the show must go on. Läßt man Originalzitate aus Modezeitschriften und Interviews mit Designern für sich selbst sprechen, demaskiert sich die hohe Kunst als Bouquet von hohlen Phrasen und aufgemascherlten Sottisen. Zeitgeist schrumpft zum Nanogeist, leuchtet man nur ein wenig hinter die Kulissen der feinen Fashion. Zupfen freche Autoren wie wir an den Bärten der Modegötter, entblättern die sich selbst: Ende der Camouflage. Wir kaufen den Top-Designern ihren hehren Anspruch auf die reine Kunst nicht ab.

Wir vermuten vielmehr eine verborgene Verstrickung mit machtpolitischen Interessen. Sogar die reine Natur haben sich die ausgebufften Modemacher vor ein paar Jahren unter den Nagel gerissen und Ökotextilien zum ultimativen Hit stilisiert. Da Mode ein schnelllebiges Produkt ist, das davon lebt, sich selbst immer wieder zu zerstören, konnte die Mesalliance nicht gut gehen. Im Handumdrehen wurde Öko für tot erklärt und der Plastiklook mit grellen Neonfarben samt Glamour- und Glitzereffekten eingeläutet. Ein fundamentaler Irrtum: Ökologie kann keinem Modediktat unterworfen werden.

Noch mehr vom Absturz bedroht ist die Textilbranche. Nicht nur den Konfektionären, auch den Faserherstellern und Webern geht es miserabel. Der Faden ist gerissen. Allein in der europäischen Bekleidungsindustrie gingen in den letzten Jahren Hunderttausende von Arbeitsplätzen verloren. Dieser Niedergang ist eine direkte Folge der brutal niedrigen Löhne in den Entwicklungs- und Schwellenländern und weithin fehlender Auflagen im Arbeitnehmer- und Umweltschutz: eine Entwicklung, die freilich von der europäischen Textilindustrie mit verschuldet wurde. Wehleidig und ein wenig scheinheilig beweint sie die »internationalen Wettbewerbsverzerrungen«, die zu einem wachsenden »Outsourcing und Massensterben der kleinen und mittleren Unternehmen in den Industriestaaten« (Klaus Steilmann) führen. Letztlich droht die Spekulation mit dem Billiglohn die eigene Existenzgrundlage zu vernichten.

Die europäische Textilindustrie versucht ihr Manko durch verstärkten Chemie- und Technologieeinsatz wett zu machen. Das ist kostenintensiv und entspricht häufig nicht den ökologischen und gesundheitspolitischen Anforderungen. Dabei wäre die einzige Chance für Europas Textilbranche das Konzept des Sustainable Development, einer zukunftsfähigen Entwicklung unter Einbeziehung der gesamten Produktionskette im Hinblick auf ihre soziale, humane und ökologische Optimierung.

Es ist heute unbestritten, daß sich gerade diese intelligente Nachhaltigkeit im Wirtschaftsprozeß auch ökonomisch rechnet. Die Textiler sollten keine Angst vor den überfälligen Innovationen haben. Nur sie führen auch zu Patenten, die in Billiglohnländern nicht per Fax imitiert werden können.

Textilien sitzen hautnah und kommen oft von fern – sei es das liebste Kleid oder das leidigste Sakko. Weit ist der Weg von der Faser bis zum Hemd, und vielfältig sind die Manipulationsvorgänge. Beteiligt sind viele hart arbeitende Hände, schnellaufende Maschinen und reich mit Chemikalien gefüllte Bäder und Bottiche. Manches verläuft sich, einiges bleibt hängen. Chemie im Kleiderschrank, verleugnete Gifte auf unserer zweiten Haut: Erst vor kurzem wurden diese Schlagzeilen zum Thema. Vorher wußte nur ein kleiner Kreis von Insidern, daß auch in Textilien die Zeitbombe Chemie tickt. Es ist ja auch alles schwer nachvollziehbar: Keiner fällt tot um, wenn er seine Haut mit einem formaldehydgeschwängerten T-Shirt konfrontiert, in einen PVC-Schlauch von Helmut Lang hineinschlüpft oder eine schwarze Seidenbluse mit mutagenen Farbabspaltern in einer heißen Diskonacht durchschwitzt – aber: Ein Teil der oft in kleinsten Dosen wirksamen Gifte kriecht über Haut und Lunge in unsere Organe und schwächt unser Immunsystem.

Es geht um Langzeitbelastungen, um chronische Infiltrationen. Allein für die »Textilveredelung« werden 8 000 verschiedene Chemikalien gebraucht. Nur die wenigsten sind ausreichend (öko)toxikologisch erforscht, besonders auch in ihrem Zusammenwirken mit anderen Schadstoffen. Die dramatische Zunahme von Allergien und Nervenerkrankungen ist der Beweis dafür, daß der kritische Punkt bei vielen Menschen längst überschritten ist. Vertreter der Industrie haben lauthals eine Verteufelung des Chemie-Einsatzes beklagt – ohne einzusehen, daß Verharmlosung genauso falsch ist. Der Hinweis auf andere Verursacher oder auf Gifte in der Natur ist ein haltloses Ablenkungsmanöver. Alle Quellen der Belastung müssen reduziert werden. Nicht nur die Gesundheit des Menschen steht auf dem Spiel, auch die der Ökosphäre: Noch immer sind Landwirtschaft, Chemie und Textilindustrie die größten Verursacher des Wassernotstands.

Es wäre billig und unangebracht, die Verwerfungen und Strukturprobleme der Textilanten hämisch zu kommentieren. Bei aller Kritik ist das Ziel unseres Buches, der angeschlagenen Branche zu helfen. Das kommt natürlich nur dann zum Tragen, wenn sie zu echten Innovationen und Reformen in Richtung eines qualitativ hochwertigen und umweltverträglichen Öko-Outfits bereit ist. Erst dann kann man eine größere Zahl von Konsumenten dafür gewinnen, mehr auf den Tisch zu legen als für Billigramsch. Naturtextilien werden dann gute Marktchancen haben, wenn außerdem noch weitere Voraussetzungen erfüllt sind: Konsequenz, Transparenz, Professionalität und Marketing. Konsequenz kann für uns nur mit Ökologie und Menschenfreundlichkeit zu tun haben. Transparenz bezieht sich auf die verständliche und möglichst umfassende Offenlegung der Materialien und Herstellungsschritte. Professionalität heißt heraus aus der Sektiererecke, hin zu attraktivem Design, gekonnter Präsentation und Performance, hinein in neue Erlebniswelten im Reich der Sinne. Formen, Farben, Muster, Strukturen, der Geruch und das Gespür auf der Haut müssen harmonisch zusammenpassen. Unentbehrlich ist auch ein pfiffiges Marketing, das als Summe aller verkaufsfördernden Maßnahmen positive Imaginationen aufbaut und liebevolle Identifikation mit dem Produkt ermöglicht – eine schwierige Kunst, die wenige beherrschen.

Trotz Desinformation, trotz Verwirrung durch eine Flut von Labels –

zurückzuführen auf gravierende Gesetzesmängel – verlangen immer mehr Zeitgenossen naturbelassene Kleidung, die nicht krank macht und der Umwelt nicht schadet. Die Öko-Avantgarde nimmt diese Sehnsucht auf. Obwohl auch ihr die Wirtschaftsflaute zu schaffen macht, ist sie höchst lebendig und geht neue Wege. »Müsli-Look« und Schlabber-Klamotten haben ausgedient. Clever-kreative Naturmode-Designer fabrizieren todschicke Outfits für Leute von heute: funktionell, urban, attraktiv, langlebig und einem sympathischen Lebensgefühl verpflichtet – von Bio-Baumwolle und –Schafwolle bis zum Gleichklang der Naturfarben. Devise: Nutzen gestalten, Natur schonen.

I. Kapitel

Der letzte Schrei:
Megatrend mit Nanogeist

> »Der Sündenfall der Menschen ist
> der Anfang der Mode. Das Feigenblatt als
> Zeichen von verlorener Unschuld und Scham.
> Mode ist Sünde – von Anfang an.«
>
> *Richard Martin*
> (führender Modeintellektueller, USA 1995)

Nicht auf der Erde, nein, auf dem Mond hatte die High-Tech-Mode ihren ersten Auftritt. Von Neil Armstrong, dem Kommandanten der Mondfähre Apollo 11, die am 21. Juli 1969 als erste auf dem Erdtrabanten landete, haben sich gleich mehrere Trend-Designer von heute inspirieren lassen. Armstrong trug schon damals Metall-Look – gegen Meteoriteneinschlag und extreme Temperaturen: 15 neuentwickelte Kunstfaserschichten, deren Steifheit nur hüpfende Fortbewegung erlaubte und deren Nachfahren uns ein Vierteljahrhundert später auf den Laufstegen von Paris und Mailand als latest fashion begegnen. Spitzendesigner von heute propagieren vehement die neue Künstlichkeit. Die Haute Couture pusht knallbunte Modelle aus Vinyl, Nylon und Plastik. Lack-Look für die Gelackten: Wer drunter schwitzt und allergisch reagiert, ist selber schuld.

Dolce & Gabbana kreieren Kostüme aus reflektierendem Lycra (Acryl) und Stretch, Helmut Lang geht mit einem transparenten T-Shirt aus Polyester und Nylon über einem langärmligen Sport-Shirt aus gelochtem Nylon auf dem »Mondmeer der Stille« spazieren, und Azzedin Alaia produziert ganze Kollektionen aus Kohlenstoff-Fasern, die sich jedem Recycling erfolgreich widersetzen. Der Japaner Atsuro Tayama schießt den Vogel ab: Er verpaßt dem trendgierigen Volk Hose und T-Shirt aus gummiertem orangefarbenem Schaumstoff.

Das grundlegende Know-How für den Siegeszug des allzu künstlichen Gewebes stammt eindeutig von der NASA. Das reicht von der Teflon-Beschichtung der Mikrofasern bis zu Silikon-Korsagen, Polyurethan-Rökken, wattierten Nylonhosen, Aluminium-Coatings und Keramikgeweben. Techno eben. Was die Weltraumbehörde für extraterrestrische Exkursionen entwickelte, wurde erst durch modische Verwertung der ums Verrecken auf Neuheiten geilen Stylisten zum Kassenschlager. Die neuen Synthetikstoffe fürs 21. Jahrhundert seien »federleicht, knitterfrei und auch noch sexy«, behauptet Dirk van Versendal (1995:20) im *Zeitmagazin* – und glaubt's womöglich noch.

Wer den Trend nicht ganz früh seismographisch registriert und umsetzt, der hat verspielt. Die Trend-Scouts der Bekleidungsindustrie schnüffeln in den obskursten Ecken und Winkeln, vor allem dort, wo sich junges Volk trifft. Die Youngsters geben den Ton an. Sie entscheiden, welche modischen Fimmel, im Fachjargon Fads genannt, im Dschungel der neuen Masse angenommen werden und welche nicht. Sie sind nur scheinbar die Antipoden der Designer. In Wirklichkeit agieren sie als deren Wasserträger. Die Scouts sind das Fußvolk der Fashion, von der das Volk meint, es sei der letzte Schrei. Zeitgeist pur, der zur Grüppchenbildung animiert und Identität vorgaukelt. Eine Sektenbildung der Subkultur, die sich permanent erneuert und wieder zerfällt.

1. Chemie-Look contra Naturtextil

Der Naturlook ist scheinbar passé. Noch vor kurzem galt Öko als »ultimativer Trend«: Deutsche Modemacher pushten Pullis aus »eco-cotton«, Jeans durften nicht mehr »stone-washed«, sie hatten »bio-washed« zu sein, Leinen durfte nicht mehr gefärbt, Baumwolle nicht mehr mit Chlor gebleicht werden. »Alles Grelle, Synthetische war tabu«, erinnert sich die deutsche Textil-Journalistin Doris Binger (1995b:27). Mehr als 200 Kollektionen hatten 1994 in Deutschland einen sogenannten Öko-Touch. Die Branche im Öko-Kostüm: Naturfarbene Leinenstoffe schmückten die Schaufenster sogar bei Hertie, Neckermann & Co. Auch Designermode spielte mit diesem Trend.

Das Diktat der Mode, ihre quasi Naturgesetzlichkeit des schnellen Wechsels, ist aber mit der Öko-Philosphie nicht zu vereinbaren. Ökologie ist nun einmal die »Haushaltungskunst der Natur« (oikos = Haus, logos = Lehre, Kunst), die Lehre vom Gleichgewicht, von der Balance zwischen Produktion und Konsumtion. Wenn dieses Gleichgewicht nicht gewährleistet ist, kann Ökologie im Wortsinne unmöglich entstehen. Werden also Textilien nicht auf der Basis einer nachhaltigen Wirtschaftsweise hergestellt (s. Kap. 6.3), liegt bewußte Verbrauchertäuschung vor, wenn man sie als »Öko-Mode« verkauft. Diese Art von »Naturlook« hat sich als reine Masche entlarvt.

Das bedeutet aber keineswegs, daß die Fans von Öko- und Naturtextilien sich in Sack und Asche kleiden müssen. Die selbstgemachte Enge des

Müslilook und der Karottenmuffel ist längst durchbrochen. Auch die Zeiten, als Öko-Klamotten wie Kartoffelsäcke aussahen, sind vorbei. Neuerdings legt man in der Naturtextilbranche sehr großen Wert auf zeitlos schicke Qualität. Naturmode-Designer setzen auf Textilien für Menschen, die funktionelle Kleidung in schlichter, schöner Form für ihr körperliches Wohlbefinden tragen wollen. Aber die Botschaft der sanften zweiten Haut ist bei vielen Konsumenten noch gar nicht so richtig angekommen.

Das Achberger Symposium »Ökologie und Bekleidung« stand 1995 ganz im Zeichen der Krise der Naturtextilien. Achberg im Allgäu liegt im Einzugsbereich des fast schon mediterranen Bodensees. Dort hat auch Elisabeth Längle ihr Traum-Domizil, eine Textilfachfrau, die seit Jahrzehnten im Jetset der internationalen Mode zuhause ist. In einem Gespräch gab sie uns einige Insiderkenntnisse preis:

»Wissen Sie, es ist etwas passiert, was ohne Frage falsch war. Es wurde in der Hoffnung auf ein schnelles Geschäft die Ökowelle zur Modewelle erhoben. Es gab drei Saisonen hintereinander nichts anderes als die Farben beige und graubeige. Und noch dazu hat man, um diese Ökologie optisch zum Ausdruck zu bringen, Fetzen oder Säcke daraus gemacht. So kam also ein Kartoffelsack-Styling zu einer Kartoffelsack-Farbe. Die Konsumenten haben das nicht mitgemacht und absolut abgelehnt. Der Konsument ist der Mächtige in diesem Spiel. Er kauft nicht nur, weil es ökologisch ist. Dann ist drei Saisonen lang mit dem Öko-Look ein Flop gelaufen. Die Mode neigt immer zu Übertreibungen. Von der Öko-Welle schlägt das Pendel aus in die Technowelle. Dort sind wir jetzt. Und alle finden es himmlisch, wieder Polyester zu tragen, Nylonhemden und Glanz- und Space-Fashion. Die tragen halt drunter ein Baumwolleiberl und drüber tragen sie die Plastikdinger. Die Technowelle begann schon am Höhepunkt der Öko-Welle.«

Die Kehrtwende zu Plastik, beschichtet und gebacken, löste selbstverständlich unter den Vertretern einer konsequenten Naturtextil-Linie heftige Reaktionen aus. »Ich finde es furchtbar, daß mit diesem Modewechsel die Öko-Bekleidung zu einem Trend degradiert wird«, kommentierte die Öko-Managerin Britta Steilmann den Pendelschlag. Ökologisch gesehen sei der aktuelle Trend »einfach katastrophal«.

Kurz vor der Jahrtausendwende signalisiert der ewige Kult ums Kleid zweierlei: Es ist quasi alles erlaubt, ob es nun gefällt oder nicht. Für eine ziemlich große Zielgruppe spielt es scheinbar gar keine Rolle, woraus der Stoff besteht, aus dem die Kleiderträume sind. Natur und Chemie werden bewußt in einen Topf geworfen ohne Rücksicht auf Verluste, damit sich in dem daraus entwickelnden Chaos keiner mehr auskennt. Daraus resultiert eigentlich schon der zweite gewollte Effekt: Öko-Mode ist nicht mehr gefragt. Wer hat nun entschieden, daß in der Mode »der Öko-Trend passé ist«, wie Doris Binger im Mai 1995 in der *Zeit* festgestellt hat? Die Kunstfaser-Industrie oder das Publikum? Ein paar Konzern-Manager oder die

Kids? Oder gar die 5 000 Journalisten, die mit Kamera, Feder und Laptop in die Welt transportieren, was in den Defilees in New York, London, Paris und Mailand über die Laufstege geistert? Sind sie nur Informanten oder Träger von Werbebotschaften, Trend-Scouts oder –Setter? Man müßte Geheimdienst-Recherchen anstellen, um das zu erkunden. Fest steht, daß seriöse und weniger seriöse Szenefiguren 1995 hinaustrompetet haben: Natur pur ist passé, Öko ist out. Öko-Textilien werden als Müsli- und Schlabber-Look diskriminiert. Endlich werde die Mode feminin (als sei die Öko-Mode das nie gewesen). Naturfarben seien nicht mehr gefragt, schlichte Formen schon gar nicht. Beine, Brust und Hintern werden überbetont (das ist nur bei den überdürren Models notwendig), Glitzer und Glamour verlassen den Rotlicht-Bezirk. Verordnet wird: Alles Textil hat sexy-hexy, transparent – Dolce & Gabbana z.B. offerieren ein transparentes Miederkleid im Wäschestil –, hauteng und knallig zu sein. »Lautes Pink« und »Neongrün« werden zu Modefarben Nummer 1 ernannt. Schwarze Lackbustiers mit Hundehalsband sind der Hit. Dazu trägt die In-Frau »Kick die Qualle«, Plastik-Plateau-Sandalen zum Durchschwitzen. Kitschmode, Kitsch-Accessoires: hochaktuell. Jeder Dreck ist besser als Öko – Hauptsache, er ist aus Plastik, vulgär und scheußlich. Willkommen in der neuen Freiheit des Absurden!

Das dritte Jahrtausend hat schon begonnen. Cyber-Chic ist angesagt, Mode aus metallen schillernden Synthetikfasern wie Neopren – »als hätte Gaultier einen Verkaufsraum für Weltraumbekleidung geplündert« (*Spiegel* 27/1994). Der Gegenschlag der Kunstfaserindustrie sitzt. Fast unisono wird berichtet, obwohl der Beweis einer gelungenen Massensuggestion noch aussteht, daß sich »fast alle Modeschöpfer derzeit auf High-Tech-Fasern kaprizieren«, auf Lycra, Lurex, Lamé, Lack und Silberstretch, auf Transparentkleider aus Aluminiumfasern, auf »thermosensitive Platinfasern« (Helmut Lang), auf Hochglanzlack (Gianni Versace). Die Models des Italieners sehen alle so aus, als hätten sie in Nagellack geduscht. Der baskische Couturier Paco Rabanne verwendet Leibchen mit verdrahteten Plastik-Chips und PVC-Minis ganz im Stil der NASA.

Plastik demokratisiere sogar die Mode, denn das Zeug sei billig. Endlich dämmere es den Konsumenten, daß Baumwolle beileibe nicht das ökosaubere Naturprodukt ist, für das es lange gehalten wurde, triumphiert ein cool-anonymer *Spiegel*-Redakteur. Allein knapp ein Fünftel der Pestizide, die auf der Welt verspritzt würden, gingen auf Baumwollfeldern nieder. Ähnlich massiv sei der Chemikalieneinsatz bei Verarbeitung und Veredelung. Kein Wort davon, daß das alles mit Öko-Textilien nichts zu tun hat. Bei denen wird nämlich Baumwolle aus biologischem Anbau verwendet. Aber das paßt nicht ins Bild von der heilen Welt der Chemie. In ihr fühlt sich zum Beispiel die amerikanische Designerin Donna Karan pudelwohl. Sie verwendet eine wasserdichte Faser aus Triacetat, die im Dunkeln leuchtet: »Wir brauchen Kleidung für eine apokalyptische Zukunft. Kleidung, die uns vor Sonneneinstrahlung, Kälte und Nässe schützt.« Verlogener geht's wohl nicht mehr. Zuerst machen sie die Umwelt kaputt und dann wollen sie uns durch Mode-Schnickschnack vor ihr schützen.

Eine »Frau Vroni« von der Qualitätsabteilung des österreichischen Dessous-Königs Palmers überschlägt sich bei ihrer Hymne an Kunststoffe, aus denen (für sie) die Träume sind: »Der Bedarf an Textilrohstoffen kann nicht mehr durch Naturfasern gedeckt werden.« Kunstfasern seien zudem strapazierfähiger, vielseitiger und billiger, meint Frau Vroni. Da liegt sie fulminant falsch. Zum einen erreicht Baumwolle – Plastikwelle hin oder her – international Rekordhöhen. »Die Renaissance der Naturfaser verblüfft sogar amerikanische Chemiefirmen.« (Becktepe, 1994:33) Die Weltproduktion an Baumwolle steigt jährlich um 2,2 % und liegt derzeit bei insgesamt rund 19 Millionen Tonnen. Nur 2,4 % der gesamten Ackerfläche gehen auf das Baumwollkonto. Darin steckt noch ein enormes Steigerungspotential. Außerdem sind Naturfasern – im Gegensatz zu Synthetics – viel problemloser wiederverwertbar und schadlos kompostierbar, sofern sie nicht durch giftige Farbstoffe und Textilhilfsmittel belastet sind. Synthetische Hüllen sind vielleicht für eine zu kurz gedachte Ewigkeit geschaffen, bringen aber gerade deshalb enorme Entsorgungsprobleme mit sich. Nach spätestens fünf Jahren landet das Zeug sowieso im Nirgendwo, weil es nicht mehr en vogue ist. Was nutzt dann noch die »Strapazierfähigkeit«, die ohnehin kein hinreichendes Kriterium für textile Gebrauchstauglichkeit darstellt?

Es wird ganz einfach unterschlagen, daß Synthetics ohne Naturfasern kaum auskommen. Mischfasergewebe dominieren die textilen Hüllen, angeblich wegen ihrer Vielseitigkeit: eine Masche der Chemiefaserindustrie, denn, wie die Experten Bernhard Rosenkranz und Edda Castelló (1993:78) treffend schreiben, sind »die sehr haltbaren synthetischen Chemiefasern als Beimischung in Baumwolltextilien völlig überflüssig, da diese von Natur aus ebenfalls eine lange Lebensdauer haben«. Faktum ist: Die positiven Trageeigenschaften der Naturfasern werden durch die Synthetics erheblich vermindert. In Wahrheit sind es die Gespinste aus natürlich gewachsenen pflanzlichen und tierischen Organismen, die Vielseitigkeit, Anpassungsfähigkeit und Hautfreundlichkeit in sich vereinen.

Zum Billigargument: Grundsätzlich bezahlt die Erdölindustrie, aus der die Rohstoffe für die Kunstfasern gepumpt werden, noch immer nicht für die damit verbundenen Umweltschäden. Stichworte: Irak und Kuweit, Tankerunfälle, Brent Spar ... Die Wunderstoffe aus der Retorte haben »so schwerwiegende Nachteile, daß sie schon in naher Zukunft das Ende ihrer Herstellung bedeuten könnten« (van Versendaal, 1995:21). Viele sind verdächtig, Allergien auszulösen – ob Designerfetzen oder Plastikfähnchen. Was zumeist verschwiegen wird: Bei der Hochveredlung von Synthetics werden jede Menge Antioxidantien, antistatische, pilz- und bakterientötende sowie schmutzabweisende Mittel eingesetzt; als Draufgabe gibt es Feuchtigkeitsregulierer, Farbfixierer und Kunstharzbeschichtungen. Die textile Kette der schönen neuen Plastikwelt und »Toxa«, die petrochemische Schlange, sind siamesische Zwillinge. Nicht nur ihre Existenzbasis, das Erdöl, ist lebensfeindlich. Auch ihre flüchtigen, flüssigen, schlammigpastösen und stichfesten Ausscheidungen sind nur zum geringen Teil wirklich nutzbar. Was bleibt, ist ein riesiger, für die Biosphäre unverdaulicher Abfallklumpen.

2. Öko als Mode: Achtung, Falle!

Vor zwei Jahren noch gab sich die Modebranche als Öko-Gral. Natur pur galt als Offenbarung, Naturtextilien waren der letzte Schrei. Doch dann haben die Kunstfaserindustrie und die mit ihr verquickte Medienszene die Naturtextilien für tot erklärt. Wir sagen jedoch: Sie sind lebendiger denn je. Die Öko-Avantgarde weiß, daß ihre Kunden nicht in Sack und Asche daherkommen wollen. Daher finden sich vor allem junge Designerinnen und Designer, die todschickes Outfit für Leute von heute fabrizieren – mit materialgerechten Ideen, mit Pfiff und Witz. Daß da noch ethisches Bewußtsein und Verantwortungsbewußtsein gegenüber kommenden Generationen dazukommt, sollte selbst abgebrühte Agnostiker nicht stören.

Wir haben nach einigem Zögern Chemielook und Naturtextil einander gegenübergestellt – Zögern, weil solche Tabellen immer etwas Zugespitztes, Vereinfachtes sind. Dennoch wollen wir unseren Versuch hier vorführen, einfach um zum einen die Geschichte auf den Punkt zu bringen, zum anderen um klar zu machen, warum Öko-Textilien niemals irgendeinem Look unterworfen werden können. Sie existieren einfach für sich, autonom, ohne von einer Modeströmung abhängig zu sein.

»Chemielook«	»Naturtextil«

Material

Kunstfaser, Mikrofaser, Misch-faser.	Ausschließlich Naturfasern (Wolle, Baumwolle, Leinen, Hanf, Seide usw.)

Rohstoffgewinnung

Naturfasergewinnung aus konventionellem Anbau (Biozid- und Kunstdüngereinsatz) bzw. Massentierhaltung mit Parasiten-bekämpfung (z.B. DDT) und Ausrüstung gegen Pilze, Motten u.a. Insekten.	Naturfasergewinnung aus kontrolliert-biologischem Anbau (IFOAM oder EU-Biokennzeich-nungs-Verordnung). Naturfasergewinnung aus konventionellem Anbau, jedoch mit sehr strengem Pestizid-Summengrenzwert (0,1 ppm).

Farbgebung

Synthetische Farben ohne Rück-sicht auf Rohstoffherkunft (Erdöl, Zellulose), auf Neben- und Spalt-produkte (z.B. krebserzeugende Amine aus Azofarben).	Ausschließlich Naturfarben (nur wenige Textilhersteller, z.B. Turmalin). Naturfarben und synthetische Farben (z.B. Reaktivfarbstoffe) mit klar definierten Einschrän-kungen (z.B. keine giftigen Farb-komponenten und Färbereihilfs-mittel, keine Schwermetalle).

Verarbeitung

Veredelung bzw. Ausrüstung mit harter Chemie, orientiert an über-höhten Grenzwerten (z.B. Formal-dehyd 1500 ppm!).	Verzicht auf gefährliche Prozeß-chemikalien: kein Formaldehyd und Glyoxal, keine optischen Aufheller, keine Schwermetalle, keine Halogenverbindungen, keine Phenole, keine Flammschutz-ausrüstung, keine Antistatika …

Grenzwerte

Mit Grenzwerten wird Sicherheit und Unbedenklichkeit suggeriert, doch die Realität durch den wissenschaftlichen Fortschritt beweist, daß die Grenzwerte ständig herabgesetzt werden müssen.

Die viel niedrigeren Grenzwerte dienen als Richtschnur für die Spannung zwischen gerade noch Machbarem und erstrebenswerten Zielvorgaben. Sie sind eigentlich nicht gewollt, sondern ein notwendiges Übel.

Schadstoffrisiko

Toleranz von Umwelt- und Gesundheitsschäden, von Allergien u.a. chronischen, manchmal sogar akuten Erkrankungen.

Bemühen um Minderung von Risiken für Umwelt und Gesundheit, Berücksichtigung der Wahlverwandtschaft von Naturstoffen und menschlicher Haut.

Modephilosophie

Vorspiegelung von Scheinwelten, vorzugsweise Transport von nicht-emanzipierten Frauentypen. Werbung mit Elite-Statussymbolen einerseits, Wegwerf- und Billig-Produkten andererseits, Schaffung von künstlichen Plastikrealitäten unter Berufung auf künstlerische Freiheit.

Verquickung von echtem Ökologiebewußtsein und urbanem Lebensgefühl, von attraktiv Gestyltem mit Langlebigkeit und Zweckmäßigkeit, von Natur und Kunst. Respekt vor Tradition und Material, das so natürlich wie möglich sein soll.

Kreateure & Designer

»Umgarnte Designer« beanspruchen grenzenlose Kreativität, spielen mit oberflächlichen Effekten und zeichnen sich durch fehlendes oder nur vorgetäuschtes Umweltbewußtsein aus. Machen sich wenig Gedanken über die Probleme der textilen Kette und verwischen bewußt die Unterschiede zwischen Natur und Chemie.

»Öko-Designer« akzeptieren gewisse Gestaltungsgrenzen, verwenden möglichst nur reine Naturfasern und keine Synthesefasern (z.B. kein Kupferacetat, Metallic, Lurex …, keine grellen Farben wie Neon), sondern kolorieren mit Hilfe der Sanften Chemie und beachten schon beim Entwurf ökologische Zusammenhänge.

3. Mode ist Krieg

> »Die Mode ist auch die tragische Konstante der Geschichte. In ihr
> sieht man jedesmal den Krieg kommen, wenn man die Zeitschriften und die
> Paraden der Mannequins betrachtet, die wahrhaftige Würgeengel sind.«
>
> *Salvador Dalí*

Haute Couture, Designer und Modeindustrie: Mit Chic schicken sie uns
auf den Trip und stecken uns in ein Wechselbad der Gefühle. Sie erzeugen
suchtartige Reflexe und schüren die Gier nach Leben. »In den letzten 10, 15
Jahren sind die Leute süchtig nach Mode geworden, sie wollen mehr und
mehr davon, weil es ihnen zur Gewohnheit geworden ist«, meinte Franco
Moschino mit seinem ausgesucht flippigen Logo »Moschifo«. Schifo heißt
Ekel. »Die Leute müssen wegkommen von der Markengläubigkeit!«
Inzwischen zeigen die Mailänder Designer weiterhin über die Hosen getragene Unterhosen und an Jacken befestigte Plastikfische. Keine Idee ist
ihnen blöd genug, nicht einmal der Mafia-Look, kreiert von Dolce & Gabbana. Mode dieser Art will Zeitgeist spiegeln: Da darf natürlich der Krieg
am Laufsteg nicht fehlen, dessen grausame Realität uns das Fernsehen aus
aller Welt täglich ins Haus liefert.

25 Jahre nach *M.A.S.H.* hat Robert Altman wieder einen Kriegsfilm
produziert, der vom tückischen Minenfeld der Moden handelt. In *Prêt-à-
porter* werden 31 Haupt- und unzählige Nebenfiguren aufgeboten. Der
Altmeister des US-Kinos ließ eine Starbesetzung antanzen: Anouk Aimeé,
Tim Robbins, Lauren Bacall, Tracey Ullman, Kim Basinger, Rubert Eve-
rett, Sophia Loren, Marcello Mastroianni u.v.a. In dem anrüchigen Streifen
stellt der Zyniker Altman die Schlüsselfiguren der Modebranche – Models,
Moderedakteure, Fotografen und Designer – als hysterische Meute dar.
Eine Modereporterin Kitty Potter (Basinger) führt durch das Milieu, das
von hysterischen Schwulen, verkommenen Photographen, vom Kommerz
bedrohten Designern bevölkert ist. Wer »in« sein will, kommt an Kitty
nicht vorbei: »Mode ist Krieg.«

Altman genießt es geradezu, Rituale der Demütigung zu inszenieren.
Die Branche gibt sich pikiert, weil sich Altman, so das Top-Model Cordula
Reyer, »eines Klischees bedient, das es nicht gibt«. Das Wiener Wochenma-
gazin *News* fragte dazu Wolfgang Schwarz, Betreiber der größten österreichischen Model-Agentur (Boys & Girls). Der gab selbstkritsch zu, daß
»jeder von uns – ob Model, Modelagent oder Designer – Teil eines Spiels
ist, bei dem es letztendlich um Macht geht ...« Für die Pariser Modeszene
wurde mit *Prêt-à-porter* ein Denkmal gestürzt; die Haute-Couturiers
sehen ihr Gewerbe durch Altman als dekadentes Blendwerk entlarvt und

verhöhnt. Das Schlußbild des Films vermittelt dennoch eine außergewöhnliche Apotheose. Ein Defilee von nackten Models tänzelt über den Laufsteg. Schaut uns an!, suggerieren sie in stummer Anmut, wir haben gar nichts an, nur »the bare look«, des Kaisers neue Kleider. Starreporterin Kitty Potter erleidet einen Nervenzusammenbruch vor laufender Kamera und tut das einzig Richtige: Sie schmeißt das Mikro hin und geht.

Kitty Potters »Mode ist Krieg« gewinnt Kontur und Aktualität, nimmt man einige Entwicklungen in der Designer-Mode unter die Lupe. Da gibt es tatsächlich »Mode im KZ-Design«, da entwirft der bullige Belgier Walter van Beirendonck einen zu seinem Bullterrier passenden »Quietschfarben«-Look für Nazi-Skinheads mit geharnischten Schnürstiefeln, Panzerhemden und aufgebundenem Hodensack. »Ökologisches Denken und Handeln gehört für mich ganz selbstverständlich zur Realität«, sagt Beirendonck seltsamerweise im Interview mit einer Kollegin (Bernecker, 1995:29). Die »üblich gewordene Heuchelei und Irreführung« lehne er allerdings ab. Seine Provokation sei kein gezielter Marketing-Gag, sondern »eine Form spontaner Kreativität«. Mode sei Unisex, meint er, »Gender crossing«, das Verschwimmen und spielerische Überschreiten der Grenzen zwischen den Geschlechtern.

Was wirklich signalisiert wird, ist Brutalo-Sex und schiere Gewalt. Beirendoncks Spielereien sind nur ein Beispiel für die Wiederkehr des Military-Style auf breiter Front in einem Mix aus Rapper-Klamotten und Armeeuniformen. Man will es kaum glauben, daß der »belgische Shootingstar« in der Königlichen Akademie für Schöne Künste in Antwerpen sein Handwerk gelernt hat und dort auch unterrichtet. Der »Kultdesigner« ortet bei seiner jungen Klientel »Extrovertiertheit und Lebenslust«. Eine gute Portion Humor muß man schon mitbringen, will man die »Provokationen« aus Lack und Latex, Stretch und Gummi schön und bequem finden. Beirendoncks Machomarke nennt sich »Wild & Lethal Trash« (»wilder und tödlicher Müll«). Das paßt exakt und gilt als großer Hit in Sado- und Masokreisen. »Schließlich hatte ich die Sachen auch so designt, daß sie bei einschlägigen Praktiken ihre Funktion zufriedenstellend erfüllen. Dazu inspiriert hat mich mein Bullterrier.«

Das Kampfmotiv in der Mode hat sogar die fashionable Herrenmarke Boss im Programm: »Soldier of Fashion« nennen die Herrenausstatter ihre Armysakkos und Mäntel in Überlänge. Den Zusammenhang zwischen »Fashion« und »Fashism« hatte auch Franco Moschino erkannt und ihm seine Anti-Mode entgegengesetzt. Schön, daß ihm da sogar die Damen der Upperclass in München, Paris, Dallas und London folgten. Sie schätzten seine surrealistischen Details: Gabel und Messer statt Knopfleiste oder einen Kragen in Form eines Fragezeichens. Eben das »litte extra something«.

Als »Evolution im Kleiderschrank« präsentiert sich »Basic«. Dieses Design soll spartanisch wirken und das »Notwendige, Unverzichtbare, Zweckmäßige« verkörpern. En vogue sind da Astronautenboots von Doc-Martens, PVC-Kunstlederjacken von Bill Tornade, Plast-Messenger Bags (Fahrradbotentaschen) und Vinyl-Gilets, aber auch Pullis wie zu heiß gewaschen, die knapp unterhalb der Brüste enden und den Blick auf den Nabel magnetisch anziehen sollen. Schlicht, schlecht und auch noch synthetisch. Man müßte über das Zeitgeistphänomen nicht weiter nachdenken, wenn sich die Basic-Erfinder nicht auf seltsame historische Wurzeln berufen würden. Basic-Wear sei als Reaktion auf die Verknappung von Rohstoffen durch die beiden Weltkriege entstanden. Damals habe man die Ersatzstoffe Azetat, PVC, Kunstleder und anderes Plastik entwickeln müssen. »Mit den Weltkriegsbasics aus Ersatzstoffen kehrt nun endgültig eine industriell-stromlinienförmige Moderne der Mode ein …«, behauptet Nikolaus Prokop in der Wiener Tageszeitung Standard (Prokop, 1995). Die eleganteste Form sei, die Verknappung der Moderessourcen am eigenen Leib durchzuexerzieren.

Krieg wird in der Modebranche nicht nur nach außen signalisiert, er wird zum Teil auch in den eigenen Reihen ausgetragen. Maurizio Gucci, der Enkel des Firmengründers Guccio Gucci und letztes aktives Clanmitglied, wurde im März 1995 vor seinem Mailänder Büro erschossen. Die Polizei vermutet die Mörder in Mafiakreisen. Die Omerta, das Gesetz des Schweigens, wurde aber den Familienmitgliedern verordnet. Gegen seinen in den USA weilenden Schwager Paolo Gucci wurde Haftbefehl erlassen – wegen vernachlässigter Unterhaltspflichten seiner Ex-Frau gegenüber, die ihn als Retourkutsche in den Kreis der Mordverdächtigen rückt. In Italien nicht gerade ungewöhnlich: Auch die Modegötter sind korrupt. Top-Designer Giorgio Armani, Dior-Designer Ferré und Gianni Versaces Bruder Santo sowie 15 weitere Textilgrößen haben nach der Aktenlage mittels Schmiergeldzahlungen die italienischen Finanzbehörden bestochen. Die Causa ist noch gerichtsanhängig. Die Textilanten geben sich ihrerseits als Opfer übler Erpressung und behaupten, sie seien von den Beamten zur Korruption animiert worden. Intrigen und Affairen kennzeichnen die Welt der Mode. Und Robert Altmans Film ist nur ein schwacher Abklatsch der Wirklichkeit. Das meinte kürzlich auch Jean Paul Gaultier, das Enfant terrible der Haute Couture.

4. Barbies Träume werden wahr

Mode transportiert selbstverständlich auch politische Inhalte. Politik wird mit porentief gereinigten Idolen gemacht, wie zum Beispiel mit Claudia Schiffer. Die Zauberbraut wird nach Strich und Faden dermaßen brutal vermarktet, daß es aus allen Medienporen trieft. Wenn Claudia im Münchner Hilton ihre Ghostwriter-Memoiren präsentiert, drängen sich vier TV-Stationen, zehn Radiosender und Dutzende Journalisten, um einen Blick des blonden Fräuleinwunders zu erhaschen. Die unausgesprochen transportierte Politmessage:

»Der Backlash, die Rückschlagbewegung gegen den Feminismus, braucht Frauen wie Claudia. Frauen, die niemals schlecht gelaunt und mit fettigem Haar herumlaufen. Frauen, die sauber sind, gesund, frisch und konservativ im Denken. Frauen, die ihren Mann abends hübsch zurechtgemacht und mit reizend geschürzten Lippen empfangen. Frauen, die gemerkt haben: Am weitesten kommt man immer noch mit gelackter Schönheit ... Und weil jeder westliche Durchschnittsmensch – so eine Studie – täglich mit dem Anblick des Supermodels konfrontiert wird – merkt schließlich auch die Gescheiteste, woher der Wind weht und gibt andere Ambitionen auf.« (Sprecher, 1995:65)

So wie die Heroine unserer Zeit möchte gerne neun von zehn Mädchen zwischen 10 und 17 sein. Auch das wird über Mode und Models transportiert. Nadja Auermann, eine Kollegin von Claudia, gab kürzlich im Interview zu, sie habe eigentlich ungewöhnlich lange Arme und Beine. Warum idealisieren so viele Männer und Frauen diese »Kopffüßler«? Handelt es sich vielleicht um ein Barbie-Puppen-Syndrom? Je nichtssagender, formelhafter und langgestreckter das Idol, desto leichter können eigene Unvollkommenheiten kaschiert und unerfüllbare Träume projiziert werden. Tatsächlich findet aber die Mode immer weniger Anworten auf die offenen Fragen und reflektiert ihre eigenen Botschaften nicht mehr. Sie experimentiert und verläßt sich auf den Imagetransfer des Zeitgeists. Doch führt das Ziehen an seinen Fäden nur zu einem gordischen Knoten.

Verpuppter Zeitgeist

Victoria von England, Stalin, Mao, Willy Brandt, Franz-Josef Strauß, Bruno Kreisky, Helmut Kohl ... Zeitgeist als politische Repräsentanz.

James Dean, Marilyn Monroe, Brigitte Bardot, Elvis Presley, die Beatles, Mick Jagger, Twiggy, Sting, Grateful Dead, Prince, Michael Jackson ... Idole als Zeitgeist.

Coca Cola, VW-Käfer, Minirock, Porsche, Mc Donalds, Benetton, Leggins, Swatch ... der Zeitgeist als Design und Lebensgefühl.

Mickey Mouse, Teddybär, Superman, Batman, Atomium, Schlumpf, Alf, E.T., Weißer Riese, Clementine, Barbie & Ken ... der Zeitgeist als Verbindung von Allegorie und Symbolen.

Nach Bazon Brock steckt in den Allegorien der stärkste Impact von Zeitgeist. Coca Cola werde als Symbol des Amerikanismus und der Frischwärtsjugend kommuniziert. Stalin sei eine »Allegorie des Bösen« – und Barbie? Das Produkt Barbie symbolisiert die Westmenschen als Kulturträger in der allgemein verbindlichsten Art. Persönlichkeitstypen, sozial familiäres Bindungsverhalten, Sexualität, Hygiene, Körperschemata, Vorstellungen vom guten Leben in der Selbstverwirklichung und Weltgenuß – das Produkt Barbie allegorisiert die Begriffe unserer Eurokultur, sobald die Produktbenutzer, die Spieler, mit den Gestalten Barbie & Ken imaginativ operieren. »Sie ist so schön, so traumhaft, so perfekt, daß ich ihr ein Denkmal setzen will. Sie ist umgeben von all den Dingen, die man mit ihr verbindet: das Gold für Luxus, die Rosen, der Spiegel für Schönheit, der Plüschthron für Kitsch und die Kleider in ihrer Lieblingsfarbe rosa. All das wird erleuchtet wie ein Heiligtum.« Diese überzeichnete Apotheose stammt von Viola Haderlein, ihres Zeichens Hobbyschneiderin und Modedesignerin (Barbie, 1995: 226). Damit treibt Frau Haderlein den Fetischcharakter der blonden Plastik-Beauty auf die Spitze.

Reflektiert sie damit unbewußt den Zeitgeist – oder manipuliert sie in voller Absicht? »Jede Sekunde kaufen sich zwei Kinder eine Barbiepuppe ... zum Spielen und Träumen!«, so lautet die Frohbotschaft aus einem Kinderklebebuch für Barbiepuppen. Der Supercoup Barbie ist ein typisch deutsches Girl, dessen Verwertungsrechte 1964 an den amerikanischen Spielwarenmulti Mattel Inc. verkauft wurden. Daraus entpuppte sich eine Besonderheit: das »Deutsche American Girl« mit dem Zusatz »Real Eyelashes« (Klimperwimpern). Auch die Vorgängerin Lilli, die 1956 zum Patent angemeldet wurde, war schon ein Zeitgeistphänomen als Werbeträger: »Sie war schön, hatte eine Traumfigur und trug ständig die neueste Mode.« (Warnecke, 1995: 18) 40 Jahre später langte Anja Seidl, Münchner Couturesse, die 1992 ihren Meisterbrief bei Givenchy in Paris machte, tief in die Trickkiste des synthetisch-glamourösen Outfits. Ihr Beitrag zum Projekt »Kunst, Design und Barbie« umhüllt das Kultobjekt, dessen Beine, Kopf und Haare aus Polyvinylchlorid (PVC) bestehen, mit einer Klarsichtfolie aus Polyvinylidenchlorid (PVDC), drapiert mit »Glitzersteinen von Swarovski« aus Tirol (Barbie, 1995: 106).

Die Welt der Imitate soll uns offenbar über die harte Realität hinwegtäuschen: In Barbies, die 1994 ganz legal verkauft wurden, fand Greenpeace giftige Schwermetalle, krebserregendes Vinylchlorid und umweltschädliche Weichmacher (Krautter, 1995). Eine seltsame Mischung von Umweltgiften, unverhülltem Sex und Kinderträumen. Wohltuend hebt sich Frank Lindows Creation in diesem von der PR-Abteilung der Firma Mattel gepushten Concours ab. Er geht ans Eingemachte: »Barbie, ich hab' dich zum Fressen gern«, schreibt er. »Du bist so schön, knackig und frisch«, wie eine Essiggurke, ein Rollmops oder eine Pferdebohne. Spricht's und verfrachtet Barbie samt Dressing in vakuumverschlossene Einmachgläser, damit sie »den permanenten Kampf mit dem Verfallsdatum und der Genießbarkeit« übersteht (Barbie, 1995:202).

Sogar die Werbestrategen der Haute Couture orten bei den großen Laufstegparaden eine totale »Stilverwirrung« und »mangelnde Orientierung«. Da hilft auch ein Hauch Selbstkritik von Yves Saint Laurent nicht aus der Patsche. »Nichts ist lächerlicher«, meinte der Maitre, »als übertrieben aufgemachte Modepuppen, einmal überladen und dann wieder blaß, liederlich und dann wieder asketisch.« Nach der abgeblasenen »Jagd nach der großen Modewahrheit« trösten sich die Herrschaften dann mit dem Standardsatz aller Looser: »Der Weg ist das Ziel.« (Koreska, 1994)

Ist etwa jetzt Mailand und nicht mehr Paris die Hauptstadt des »Fertig-zu-Tragenden«? Tatsächlich scheinen die Italiener etwas näher an der Kundschaft zu agieren als die Franzosen. »Mode, die vom Laufsteg weg die Straße erreicht«, kommt eher von Gianni Versace, Giorgio Armani, Dolce & Gabbana und Gianfranco Ferré, meinen Laufsteg-Beobachter. »Eine neue Eleganz, ein Hang zum Reduzieren, Formen, die dem Körper näher kommen.« (Traska, 1995) Auch uns erscheinen italienische Modelle wie die »Päpstin« von Guglielmo Mariotto origineller und witziger. Aus ihrer streng gehüteten Seriosität ausgebrochen, hat sich die Alta Moda Italiana einmal kurz auf den Weg der Transparenz begeben, diesmal in recht doppeldeutigem Sinne: In ein weißes Duchesse-Kleid gehüllt, dessen Rock unübersehbar wie die Kuppel des Petersdoms gewölbt und mit architektonischen Zitaten vom Duomo bestickt ist, gleitet das Model bei der Roma Collezioni im Juli '95 über den Laufsteg, natürlich mit passendem »Kardinalshut«. Mariotto hat die Kollektion sinnigerweise »dem Papst und dem Frieden« gewidmet. Eine klare Anspielung auf die innerkirchlich Frauen ausgrenzende Message von Wojtyla. Die schimmernde Hülle der »Päpstin« ist übrigens für läppische 40 Millionen Lire zu haben.

Namhafte Designer sind heute auf einem wenig phantasievollen kostümgeschichtlichen Trip. Altes wird mit historischen Zitaten neu aufgemascherlt. Aus dem Fundus der Modekiste ab den 20er Jahren werden Straußenfedern, klassische Kostümschnitte, Rüschen, Pailletten, Straßgeklimper und DOB-Spitzendessous (DOB = Damenoberbekleidung) herausgeholt. »Die letzten Jahre der Neunziger sind repetitiv und eklektisch, nicht nur im Bereich der Mode«, resümiert die österreichische Fashion-

Kommentatorin Monique Traska in einer Expertise über den Modewinter 1995/96. »Die Neuordnung vorhandener Formen, die Neuentwicklung der Materialien und die Präzision der technischen Umsetzung, darin findet sich heute die Mode.« (Metzger, 1995)

Extravagante Stylisten flüchten in Gags und in Scheinwelten der Emanzipation. Es gibt dermaßen viele Modediktate, daß es praktisch keines mehr gibt. Alles ist möglich, aber nix is fix. Der *Homo ludens* kommt voll auf seine Kosten. »Der Zeitgeist selbst ist eine Mode«, sagt der Soziologe Niklas Luhmann im Interview: »Mode ist eine zeitbegrenzte Einheit, die nicht von Dauer ist. Mode läßt Wissensformen außer acht, negiert an den Dingen das Notwendige und ersetzt es durch reine Zeitformen.«

»Die Mode ist des Kapitalismus liebstes Kind«, das wußte schon der deutsche Nationalökonom Werner Sombart. Trägt die schnelle Mode nicht in sich selbst absurde und sogar pathologische Züge? Das Neue kommt nahezu zwanghaft in immer kürzeren Intervallen. Die Modeindustrie ist vom Kaufrausch vieler Menschen abhängig. Sie muß den Konsum anheizen, sie lebt wie keine andere Wirtschaftssparte vom raschen Entschluß des Zugreifens, sich Aneignens und Habenmüssens. Wer bestimmt denn diese kurzatmige Trendumkehr?, fragten wir Elisabeth Längle. »Eine Handvoll Modeschöpfer«, identifiziert sie sich spontan mit den Objekten ihrer Begierde:

»Das sind sehr sensible, sehr gebildete, sehr künstlerische Leute. Die holen ihre Einflüsse erstens von der Straße, zweitens von der Jugend. Sie können nicht Techno-Music in Öko-Fetz'n tanzen. Musik, Theater, Film – all das ist wahnsinnig wichtig. Wenn heute jeder zweite Arbeitsplatz mit einem PC ausgerüstet ist, dann muß die Mode für diese Computergeneration gemacht werden.«

Tja, Mode hat eben »hype« zu sein. Hype ist eine Wortschöpfung der Kids und meint »über-drüber«.

Es spielt keine Rolle, ob der Megatrend faktisch von Nanogeistern bestimmt wird. Nano heißt 10^{-9}. Das entspricht im übertragenen Sinn einem Milliardstel Erkenntnisvermögen in bezug auf das Ganze. Natürlich spiegelt Mode den Stand der Technik, ihre jeweilige Ästhetik, mehr noch, ihre futuristischen Aspekte wieder. Das heißt aber nicht, daß die Kälte des mechanistischen Weltbildes ihren Absolutheitsanspruch auf die gesamte Lebensumwelt des Menschen ausdehnen darf. Konkret: Techno-Music verlangt nicht zwangsläufig den Verzicht auf ökologisches Denken. Computer kann man auch in Öko-Textilien bedienen.

5. Millennium-Mode

»Die Zukunft der Mode liegt in einem entfesselten Pluralismus«, behauptet Richard Martin (1995: 50–60). Martin muß es wissen, er leitet die Modeabteilung im Metropolitan Museum New York und gilt als führender Modeintellektueller und Publizist. Alles wird gleichzeitig nebeneinander existieren, so stellt er sich das in gespielter Naivität vor. Mode werde zu einer »demokratischen, universellen Sprache der Menschheit wachsen«, sie gebe allen die »Möglichkeit, sich selbst auszudrücken«, und führe zu einer »neuen Sensibilität«. Und dann versteigt sich Mister »Fashion makes Democracy« zu der Behauptung: »Die gesellschaftlichen Restriktionen sind vom System der Mode verstoßen worden.« Das soll wohl heißen: Die Mode bestimmt die gesellschaftliche Realität. Martin weiß aber selbst, daß es sich genau umgekehrt verhält: »Der Kapitalismus, was soll ich sagen, ist die Grundlage unserer Gesellschaft und die Grundlage des Luxus, damit die Grundlage der Mode.«

Insider wissen, daß Modeschöpfer wie Gaultier, Lagerfeld und Armani im Trend dem breiten Markt mindestens drei Saisonen voraus sind. Die Technowelle kommt erst 96/97 in die Boutiquen und Großkaufhäuser. Elisabeth Längle: »Es bleibt bei Techno. Es verkauft sich rasend gut.«

Bei High-tech (Techno) haben die Japaner den Vogel abgeschossen. Der weltgrößte Stoffproduzent fürchtet die Konkurrenz der Naturfaserproduzenten in den ostasiatischen Schwellenländern. Nippon hat die Herstellung technischer Stoffe zu einem Staatsziel erklärt. Das Ergebnis ist absurd und total abgehoben: Schlitzohrige Moleküldesigner verstiegen sich zu bakterientötenden Geweben für Krankenhauspatienten – das katapultiert die Mikro-Killer aus den Klamotten direkt durch die Haut. Die Japaner imprägnieren Pyjamas mit Schlafmitteln – offenbar weil man im Land der aufgehenden Sonne ohne Barbiturate nicht mehr zur Ruhe kommt. Sie präparieren Strumpfhosen mit angeblich hautpflegenden Vitaminen - ein Mumpitz mit Methode. Unter Laserlicht werden in der Retorte geruchsabweisende Tücher, thermochrome Gewebe und keramische Fasern fabriziert, die wie Klimaanlagen funktionieren sollen. Die Homunculus-Creationen werden als »flexible Stoffe mit Gedächtnisfunktion« angepriesen, bügel- und knitterfrei. Als ob die ganz gewöhnliche Chemiebelastuung durch die Veredlung nicht reichen würde. Intelligente Produkte ohne Hirn, ein Aberwitz der Sonderklasse. Für den Designer Issey Miyake experimentieren Chemiker mit thermochromen Kunstfasern, die ihre Farbe wie ein Chamäleon abhängig von Temperatur und Sonnenstrahlung verändern. Auch eine Leihgabe der Technomedizin. Ursprünglich wurden diese Materialien für Hypothermie-Patienten gegen Unterkühlung und zum Schutz vor Hautkrebs entwickelt. Jetzt verbraten es die »Ästheten« des Modezirkus für ihre Kreationen und umgeben sich auf diese Weise mit der Aura des Technoiden.

Auch hinter dem Transparentlook der Millennium-Mode steckt mehr, als man auf den ersten voyeuristischen Blick vermuten würde. Die Nacktheit ist der radikalste Gegenentwurf zur Mode. Ursprünglich hatte Kleidung nur den Zweck, den Körper zu umhüllen und zu schützen. Die westliche Kultur hat dann aus der Dialektik von Zeigen und Verbergen ein raffiniertes erotisches Spiel entwickelt. Die modernen Designer pfeifen bereits darauf und machen Nacktheit zu einem Gestaltungsmittel. »Der Körper wurde Teil des Designs«, analysiert Richard Martin (1995:56) ganz richtig. Das »Nachkriegsphänomen« (Suzy Menkes) Designermode ist damit eigentlich am Ende. Das zeigt sich auch darin, daß den Modepäpsten keine wirklich neuen Ideen mehr kommen. Der Begriff »Mode-Schöpfer« hat sich im Grunde überlebt. Die Couturiers schöpfen nichts mehr, sie variieren nur noch: Historisches, längst Dagewesenes in allen möglichen Spielarten. Auch die Modegötter sind tot – es hat sich ihnen nur noch niemand zu sagen getraut. »In dreißig Jahren hat sich das Rad der Mode einmal um seine Achse gedreht«, schreibt Suzy Menkes (1995: 12–19), die Grande Dame der Modekritik von der *International Herald Tribune*. Die meisten Stilisierungsversuche in bekannten Modemagazinen zeigten, so Menkes, eine »Ikone der Vergangenheit, das kniefreie Kleid, wie man es zum ersten Mal an Audrey Hephurn in *Frühstück bei Tiffany* gesehen hat oder an Jakkie Kennedy als First Lady der USA«. Dazu zählen auch die Mondkollektionen von André Courrèges aus dem Jahr 1968 oder der Glamour-Look, erfunden im Hollywood der 30er Jahre. Trotz aller dieser Reprisen wird der Ruf nach tragbarer und vernünftiger Kleidung immer lauter. Designer-Exzentrik ist für eine wachsende Käuferschicht Schnee von gestern.

6. Die Fädenzieher

Seit langem schon steckt die europäische Textil- und Bekleidungsindustrie in einer beispiellosen Krise. Seit 1973 wurden in den alten Ländern der Bundesrepublik in dieser Branche rund 500000 Arbeitsplätze abgebaut. Noch dramatischer war der Aderlaß in den neuen Bundesländern. Nach 1989 verloren von über 300000 Arbeitnehmern rund 240000 ihre Existenzbasis. Auch die Textilindustrie Österreichs ist gezeichnet von einem einschneidenden »Strukturwandel«. In den letzten 15 Jahren hat sich die Zahl der Arbeiterinnen und Arbeiter auf weniger als 40000 halbiert. Tendenz fallend. Im Fertigungsbereich wurde ein Teil der Arbeitsplätze in nahegelegene Billiglohnländer ausgelagert. »Die Betriebe sind hauptsächlich nach Portugal und Ungarn ausgewichen«, erklärt Joachim Preuss, Betriebsrat von Huber-Trikot in Vorarlberg (Bockhorni, 1994:8). Günter Rhomberg, zugleich Chef der Textilindustrie in der Wirtschaftskammer, ging selbst mit schlechtem Beispiel voran und lagerte Arbeitsplätze in die beiden Länder aus.

Die Hauptlast des Arbeitsplatzverlustes haben die Näherinnen zu zahlen. Obwohl sie nach mitteleuropäischen Verhältnissen einen Schundlohn verdienen, sind die Nachbarn noch billiger. Preuss rechnet vor: In Österreich kostet die Nähminute 3 Schilling 50, in Portugal 2 Schilling, in Ungarn 1 Schilling 50 und auf den Philippinen 1 Schilling 40. »Dafür gibt es dort ein Drittel weniger Urlaub und eine 48-Stundenwoche, zum Teil existiert noch Kinderarbeit. Solange wir nicht bereit sind, einen fairen Preis zu zahlen, wird diese Situation bestehen bleiben.« In Sri Lanka z.B. arbeitet fast ein Viertel der Arbeiter in der Bekleidungsindustrie in der Katunayake Free Trade Zone. Der Anteil von Kinderarbeit ist enorm hoch. Die Arbeiterinnen verdienen monatlich umgerechnet 75 Mark bei voller Sechstagewoche (Sabersky, 1995:58). Sie haben keine Rechte und können jederzeit fristlos entlassen werden.

Nach Angaben der Internationalen Arbeitsorganisation bei der UNO in Genf (ILO = International Labor Organisation) werden weltweit 200 Millionen Kinder als billige Arbeitskräfte ausgebeutet: schuften statt spielen (dpa/epd 12. 4. 1992). Allein in Bangladesh leisten 50000 Kinder in Textilfabriken Fronarbeit. Der *Spiegel* berichtet in einer Cover-Story (»Kinder-Arbeit. Sklaven der Armut«) über die 13jährige Shanti, die täglich über zwölf Stunden an der Nähmaschine sitzt, assistiert von ihrer zehnjährigen Schwester, die die Säume säubert: »Wer weiß, wo ich gelandet wäre, wenn ich hier nicht arbeiten könnte«, sagt Shanti und weist damit auf die scheinbar ausweglose Situation hin. Die Abschaffung der Kinderarbeit bleibt zunächst Utopie, denn »von der Lohnarbeit befreite Kinder sind noch keine freien Kinder« (*Spiegel* 47/1993: 200ff.).

Stichwort Fernost: Ganze Produktionszweige wurden von Europa nach Hongkong, China, Taiwan und Indien transferiert. Auf dem Bekleidungssektor liegt die Importquote in unseren Breiten bei rund 85 %, in manchen Sektoren, etwa bei Herrenhemden, sogar bei 95 %. Das kostet nicht nur Arbeitsplätze, das bringt auch höhere Chemiebelastung im Textil und Umweltschäden durch enorm weite Transportwege. Annette Sabersky hat kürzlich im *Öko-Test-Magazin* einige Reisewege vorgeführt: Ein in Europa hergestelltes T-Shirt legt 3000 Kilometer zurück, eine Bluse 7600 und eine Wollweste 13000 Kilometer. »Um ein aufwendigeres Textil zu schneidern, etwa einen Blazer, wird sogar eine Entfernung zurückgelegt, die der Reise zweimal um den Erdball entspricht.« (Sabersky, 1995:58) Das sind sage und schreibe 80 000 Kilometer!

Nicht ganz so schlecht wie der Bekleidungsindustrie geht es den Faser- und Stofferzeugern. Auch sie haben auf Teufel komm raus rationalisiert. Das Bild der Industriehallen ist durch computergesteuerte Maschinen geprägt. Menschen sieht man nur ganz vereinzelt. Durch den Naturfaserboom Anfang der 90er Jahre ging es der Chemiefaser-Industrie zunächst schlecht. Der von ihr mit herbeigeführte Umkehrtrend verschaffte ihr aber zumindest in Deutschland schon 1994 wieder ein Umsatzplus von 12 %. Nachdem der Umsatz drei Jahre lang um insgesamt 20 % auf rund 5 Milliarden Mark gesunken war, erreichte er 1994 durch den neuen Boom 5,6 Milliarden Mark (Pressemitteilung der Industrievereinigung Chemiefaser, IVC, 1994). Die IVC führt das freilich nicht auf die Beeinflussung der Modemacher, sondern vor allem auf den kräftigen Preisanstieg bei den Naturfasern zurück. Da auch eine »weitere Anhebung der Chemiefaser-Preise« nach Ansicht des IVC »unabdingbar« ist, wird man ja sehen, was die Zukunft bringt. Bei weiter aufwärts gerichteter Weltkonjunktur rechnet die deutsche Chemiefaserindustrie 1995 mit einem Umsatz von 900 Millionen DM (6,4 Milliarden Schilling). Sie würde damit das Niveau von 1990 wieder erreichen.

Die österreichischen Textilindustriellen blicken nach einer Flaute neuerdings wieder optimistischer in die Zukunft. Die Abstiegskurve habe sich verflacht, erklärte Textilboß Günter Rhomberg im September 1995. Der Produktionswert sei nur noch um 1,4 % auf 13,9 Milliarden Schilling gesunken (1993 gab es ein Minus von 14 %, 1994 von 4 %). Der Anteil der Inlandsproduktion in der österreichischen Bekleidungsindustrie sank hingegen im Vergleich zu 1994 um weitere 5 Prozentpunkte auf 4,6 Milliarden Schilling. Produktions-Auslagerung, passiven Veredelungsverkehr und Zulieferungen, so Rhomberg, müsse es allerdings weiterhin geben, um die Wettbewerbsgleichheit herzustellen. »Auf Sicht würde die Zahl der europaweit rund 2,5 Millionen Mitarbeiter in der Branche (Österreich 23 500) weiter abnehmen.« (Austria Presseagentur, 19. 9. 1995)

Analysiert man die Entwicklung des gesamten Textilsektors in Mitteleuropa, wird man den Eindruck nicht los, daß die Textil- und vor allem die Bekleidungsindustrie nach einem globalen Konzept in die Billiglohnländer verlagert werden. Die Frage ist nur: Wer steuert das eigentlich? Erwin Baumgartner, Mitglied von Nasch (Naturstoffe Schönau, s. Kap. 6.7) und gelernter Textiltechniker mit mehr als 30 Jahren Praxis, gab uns in einem Interview auf die Frage nach den Drahtziehern des textilen Sterbens eine klare Antwort: »Die Großbanken haben der Textilindustrie abgeschworen.

Die machen ja nichts mehr. Wir können nur auf die Gemeinschaftsbank hoffen, die ein alternatives Konzept hat.« Die Troubles mit den Banken sind kein Vorrecht von Klein- und Mittelunternehmen. Für Britta Steilmann, die Ökomanagerin des Jahres 1993 und Juniormanagerin des Steilmann-Konzerns, hat alles mit dem knallharten Wettbewerb zu tun. »Es gibt von allem viel zu viel. Und der Konkurrenzkampf überlappt dann den ethisch-moralischen Anspruch.« In unserem Interview kommt sie, die in der Mode Überlebensfragen lösen will, schnell zum Punkt: »Deutsche Banken mit sustainable development – das ist Bla-Bla-Bla, Sprechblasen. Wenn Sie für Naturtextilien einen kurzfristigen Kredit benötigen, kriegen sie keine Finanzierung von den Banken. Die sagen uns klar: Nein, wir glauben nicht dran!«

7. Umgarnte Designer

Das Gros der großen Modedesigner kümmert sich nur scheinbar um die textilen Träume der breiten Masse. In Wirklichkeit zielt ihr Schaffen nur auf eine schrumpfende Minorität. Adel, der zu nichts verpflichtet. Den Zeitgeist-Stylisten sagen Industrie und eine Handvoll Modeagenturen, was kommt. Kunst und Kreativität, ein nur aufgesetztes, nicht leicht durchschaubares Blendwerk? Für Li Edelkoort, einer Holländerin in Paris, die sich selbst als Mode-Leitfigur sieht, ist ihre größte Gabe »das Aufspüren von neuen Zeitgeistströmungen«. Madame Pythia definiert ihr Metier so: »Die großen gesellschaftlichen Veränderungen voraussehen, auf zwei bis vielleicht fünf Jahre: die politischen, wirtschaftlichen, geistigen, ja auch sexuellen Strömungen, die das Publikum im Konsumverhalten beeinflussen können.« (*Die Presse*, Modejournal, November 1995)

Das Thema Ökologie spielt bei »der großen Mehrheit der Verbraucher noch keine große Rolle«. Das geht aus einer Repräsentativumfrage des Nürnberger Marktforschungsinstituts Gesellschaft für Konsumforschung hervor. »Frauen kaufen Mode nach ästhetischen und nicht nach ökologischen Grundsätzen.« So zu lesen in der Zeitschrift *Textilwirtschaft* vom 1. Juni 1995. Da wurde offenbar der Boden erforscht, auf dem der Kunststoffsalat der Zukunft aufgehen soll – mit Models und Moneten. Matthias Horx, Volltrend-Agent, Entdecker der »Rezessionskultur« und der »Post-Emanzipation«, weiß auch schon, wie das läuft. Er beschwört das »Voodoo der modernen Gesellschaft«, ein Spiel, »mit dem sie sich in immer feineren Bildern, Facetten und Nuancen selbst betrachtet und am Ende selbst erzeugt«. Eine hinreißend klare Hokuspokus-Formulierung! Aber sie bringt uns kaum weiter.

Die deutsche Journalistin Thea Emmerling hat bei der Aufklärung der Rolle der Chemiefaserindustrie in der Modeszene einiges Licht ins Dunkel gebracht. Sie folgte den Spuren des Hoechst-Repräsentanten Manfred Horn auf seiner Tour durch die »Gemeinde der Kleider-Createure«. Über die geheimnisvollen Vorgänge hinter den Kulissen steckte sie uns ein Dossier zu, um dessen Inhalt alle Medien bisher einen Bogen machten. Herr Horn ist Handlungsreisender des Trevira-Studios. Dieses Modeatelier ist ein Ableger des Frankfurter Chemieriesen Hoechst. Zwei Dutzend Designer werden angeheuert und dürfen aus über 100 Synthetikstoffen auswählen, was das Plasik-Herz begehrt. »Wie eine Krake ihre Tentakel auslegt, so haben die Farben- und Kunstfaserhersteller von Hoechst über AKZO bis ICI und Rhone Poulenc ihre Finger mit im Spiel, wenn es um Modefarben oder neue Stoffe geht, ja, selbst beim Styling, also den Schnitten für Kostüme, Hosen oder Blusen, mischen sie im Trend munter mit.«

Die Textilfachfrau Elisabeth Längle bestreitet einen Konnex zwischen Chemiefasermultis und Spitzendesignern: »Die bestellen, wenn's hoch kommt, beim Karl Lagerfeld zehn Modelle. Ich glaube, es besteht sonst keine Verbindung zwischen Chemiefaserproduzenten und Modeschöpfern. Die Modeschöpfer sind völlig autonom. Wenn sie ein Material nicht mögen, dann verarbeiten sie es auch nicht.«

Vertreter der Chemieindustrie auf der Textilmesse Interstoff in Frankfurt hätten (blauäugig) gemeint, sie seien auf die kommende Synthetikwelle gar nicht vorbereitet gewesen. »Die Vorstandsdirektoren haben mir gesagt: Wo denken Sie hin? Wir kämpfen doch nicht gegen die Ökologie! Wir sind überrannt worden von dieser Plastik-Modewelle. Wenn wir sie finanziert hätten, dann müßten wir's doch wissen.« Die Recherchen von Thea Emmerling kontrastieren dazu auffällig. Zweimal im Jahr lädt das Trevira-Studio die Branche an den Laufsteg und präsentiert neue Modelle: »Vom Lizenzvirtuosen Pierre Cardin über Nino Cerrutti und Angelo Litrieu bis zu den Nobeltailleurs Hardy Amid und Karl Lagerfeld entwerfen derzeit 17 Modeschöpfer Kollektionen für das Trevira-Studio – in Hoechster Fasern und auf Hoechster Rechnung.« (Emmerling, 1993) Auch ein Vertreter der Industrievereinigung Chemiefaser (IVC) bestätigte uns, daß Lagerfeld und Joop schon mal zum Teil 100 %-ige Chemiefasern für ihre Kreationen verwenden. Auch jüngere Designer experimentierten gerne mit Synthetic-Chiffon und Mischgeweben. Es gibt eine Lockveranstaltung im Trevira-Studio in der Main-Metropole, berichtet Frau Emmerling, die zu den Pflichtterminen der Textiler zählt. Da wird geladen, was bei Herstellern und im Handel Rang und Namen hat: C & A, P & C, Quelle neben Otto-Versand, Mondi neben Steilmann.

Jedem Zuschauer wird die Hoechster Farbkarte mit den Trendfarben für die neue Saison in die Hand gedrückt, samt Stylingskizzen für die neuen Modelle. Manche Häuser bringen gleich ihre eigenen Designer und Photographen mit. Die gezielte Vermarktung von Trevira (Polyamid, s. Kap. 2.1.6) wirkt damit als Eisbrecher für alle anderen Synthetics. »Wir sind doch kein karitativer Verein«, erklärt Trevira-Studiochef Theo Woertler. Darin haben die »Rotfabriker« und »Gelbregenmacher« (es sei an die Serie von Störfällen bei Hoechst im Jahr 1993 erinnert) bereits einige Jahrzehnte Tradition.

Vor 30 Jahren startete der Chemiemulti mit Herrenmodeschauen – auf dem Höhepunkt der Perlon-, Dralon- und Nyltest-Ära. Sie wissen schon, das waren die bügelfreien weißen Hemden mit dem Grauschleier und dem Gilb, die beim Schwitzen so fürchterlich gestunken haben – zugeschnitten auf die Bedürfnisse der praktischen und sparsamen Nachkriegsgeneration. Es folgte der Einbruch der Synthetics wegen mangelnder Verbraucherakzeptanz, verstärkt durch die List der Naturfaserverarbeiter, die mit hohem Chemieeinsatz ihre Textilien »pflegeleichter« machten.

Darauf schlug die Chemiefaserindustrie gleich doppelt zurück: mit Mischgeweben und rein synthetischen High-Tech-Hüllen und der magischen Formel »Microfaser« (s. Kap. 2.1.7). Klarerweise wird die Microfaser auch im Trevira-Studio gefördert. Thea Emmerling weiß: »Etwa ein Fünftel der Trend-Kollektionen auf ihrer Kleiderstange sind mittlerweile aus der neuen High-Tec-Faser.«

Nach eigenen Angaben ist Hoechst auch weltgrößter Polyester-Produzent und Marktführer für Mikrofasern in Europa. Kein Wunder, denn der schmuseweiche Stoff wird knallhart vermarktet. Während Standard-Polyesterfasern für Billigkleidung schon für 2 000 bis 4 000 Dollar pro Tonne auf dem Markt zu haben sind, kann »Micro« bis zu 15 000 Dollar kosten. Der Gewinn liegt um bis zu 50 % über den gewöhnlichen Margen. Fest steht, daß das neue Wundergespinst die Synthetics wieder salonfähig gemacht hat: »Schnell avancierte die Feinstfaser vom engen Markt für Bergsteiger- und Aktivsportkleidung zum Dernier cri der Mode – und zur profitträchtigen Elitemasche.« (Emmerling, 1993) Chemiekonzerne lenken die Modeschöpfer. Sie verdienen an den Retortenfasern, und die Produzenten verdienen mit. Elisabeth Längle bestätigt: »Seit einem Jahr geht's allen Chemiefaserherstellern wieder gut, weil wir in einer Plastikwelle schwimmen. Das hörte ich auf allen Pressekonferenzen bei Rhone-Poulenc, Dupont und Hoechst.«

Keiner kann neue Farben erfinden, selbst wenn die Mode-Journaille dies immer wieder glauben machen möchte. Alle Farben waren schon mal da, nur in einem anderen Gewand. Künstliche Vielfalt schafft nur das Modelatein. Da schillern Blautöne in Agua, Azur, Lagune oder Ciel zu

Royalblau und Electricblue, Olympicblau, Muranoblau oder Horizont. Als »Öko« in war, standen Moose und Farne, die Baumrinde oder Sand Pate bei der Color-Nomenklatur. Und wer weiß schon, daß Tango oder Dukat ganz einfach grelles Orange sind, daß mit Erpel ein dunkles Blaugrün gemeint ist und sich hinter Candy und Xauve Rottöne verbergen?

Wie kommt die Farbe in die Mode? »Zwei Jahre arbeitet das Modefußvolk hinter den Kulissen«, schrieb uns Thea Emmerling, »bis die neuen Trendfarben ihren Weg aus den Köpfen der Trendforscher und Farbstylisten in die Schaufenster und auf die Stange ins Bekleidungsgeschäft gefunden haben.« (Emmerling, 1995)

Die Geschichte beginnt immer in London. Dort, am Bedford Place, im piekfeinen Verlagsgebäude von *International Textiles Benjamin Dent*, trifft sich zweimal im Jahr – im Frühling und Herbst – die International Colour Authority. Das ist ein exquisiter Zirkel von Farbgurus, die von Verlagsleiter William Benjamin zum Dinner eingeladen, über den kommenden Farbtrend parlieren. Wir kennen die dort Anwesenden nicht persönlich, haben aber mit Augenzeugen gesprochen, deren Namen wir nicht preisgeben.

Bei der handverlesenen Gruppe sind auch deutsche Mitglieder: die Farbstylistin Ilse Grebner-Colsmann für die Damenoberbekleidung, und für die Herrenfarben Friedhelm Eschenbrücher vom Frankfurter Chemiegiganten Hoechst AG. Mit von der Partie sind noch ein italienischer Weber, der Präsident der Mailänder Messegesellschaft, eine spanische Journalistin, ein Englishman aus dem Internationalen Wollsekretariat und ein freischaffender Holländer mit Farbmappen und kunterbunten Stoffresten – Leute also, die die Branche von innen heraus kennen und »durch ihr Fingerspitzengefühl für Farbe aufgefallen sind« (Anonym, 1995). Es gibt in der exklusiven Color-Clique keinen angestammten Platz. »Wenn Sie nicht mehr eingeladen werden, wissen Sie, daß Sie das letzte Mal nicht genügend brilliert haben«, verrät einer, der noch drin sitzt.

Am nächsten Tag reden sich die Farbpäpste – getrennt nach DOB, mens wear und Heimtextilien – die Köpfe darüber heiß, auf welche Couleurs der Durchschnittsmensch in zwei Jahren abfahren könnte und wie er darauf eingestimmt werden müßte, ob das Rot ein bißchen röter, das Blau ein bißchen blasser werden soll – oder ob nicht vielleicht doch Neon angesagt wäre. Was sich im Frühjahr 1996 beim Prêt-à-Porter auf dem Laufsteg zur Schau stellt, wurde also im April 1994 am Bedford Place von den Spektral-Auguren ausgekocht. Ein graumelierter Kieselstein, ein alter Socken, der vor zehn Jahren eingefärbt wurde, oder ein Herbstblatt, vielleicht auch eine glänzend lackierte Aludose können durchaus den Trend markieren. Aus über zwei Millionen verschiedenen Farbschattierungen, die das menschliche Auge differenzieren kann, wählen die Kreativ-Coloristen rund 30 für die neue Saison aus. Die werden dann als erste Farbkarte veröffentlicht.

Diese Farbkarte ist der Leitfaden für Stylisten, zuerst für die Stoffe, dann für die Designer und Kleiderfabrikanten, zuletzt für die Händler. Auf jeder Farbkarte gibt es eine Palette von hellen bis dunklen Trendfarben. Die ausgewählten Nuancen werden vier bis fünf Modethemen zugeordnet und auf einen bestimmten Namen getauft. Hinter dem Begriff »Tradition« können sich beispielsweise neblige Pastelle verbergen, diese können aber auch »500 Jahre Amerika« oder »Mayflower« heißen. Bedeutungsschwangere Modethemen nennen sich »Kirchenfenster«, »Milchglas« oder »Rauchglas«. Selbst das Thema »Ameisensäure« war schon in vieler Munde. Die Freiheit besteht jetzt darin, daß sich jeder Fabrikant aus den vorgegebenen Farben der Saison diejenige herauspickt, die er für seinen Markt als Renner einschätzt. Stricker tendieren zu hellen Pastelltönen, Stoffdrucker lieben es kräftig, Weber bevorzugen neutralere Töne wie Khaki, Sand oder Grau.

Wenige Wochen nach der International Colour Authority kürt die internationale Kommission für Mode- und Textilfarben in Wien ihre Trendfavoriten. Rund 50 Farbjäger aus 18 Ländern verständigen sich ebenfalls auf etwa 30 Saisonfarben und bringen sie als Intercolor-Farbkarte heraus. Diese kann, muß sich aber nicht von der London-Version unterscheiden. Nach der Intercolor entwirft das Deutsche Mode-Institut in Frankfurt eine Farbkarte für die deutschen Frauen, das Herrenmodeinstitut in Köln die Herrenfarben. Das ist auch gut so. Denn was zur gebräunten Haut der Italiener paßt, gefällt den blassen, blauäugigen Germanen noch lange nicht. Italienerinnen fahren, so sagt man, gerne auf Braun ab, eine Farbe, die wir mit Biederkeit verbinden und fast ebenso ungern tragen wie grelles Orange. Deutsche Menschen lieben Blau. Und bei den Franzosen gibt es keinen Modefrühling ohne die Trikolorefarben Blau-Weiß-Rot.

International Colour Authority, Intercolor und die nationalen Modeinstitute legen die Hauptfährte. Alle späteren Farben – ob die der Faserhersteller und -verbände, der Stoffmessen oder freier Stylisten – folgen im wesentlichen ihrer Farbspur.

Die wichtigen Stoffmessen – die Premiere Vision in Paris, die Edea Como in Oberitalien, die Frankfurter Interstoff knapp eineinhalb Jahre vor der Saison – sind Marksteine für die Farbstylisten. Da wird offenkundig, wie gut oder schlecht eine Farbkarte ist – je nachdem, wieviel ihrer Vorschläge Weber und Drucker in den Stoffen aufgenommen haben. Rund zwölf Monate vor der Saison bei den großen Konfektionsmessen – für die Männer der italienischen Pitti Uomo, der SEIX in Paris und der Herrenmodewoche in Köln, für die Frauen der französischen Prêt-à-Porter, die Moda-In in Mailand, der CPD und der IGEDO in Düsseldorf – zeigt sich, ob auch die Modedesigner und Kleidermacher die Trendideen aufgenommen und umgesetzt haben. Wenn Claude Montana für seine Cashmeremäntel einen weichen Blauton wählt und das Publikum ihm dafür standing ovations spendet, dann wissen die Kenner, daß Blau in der Luft liegt.

Folgen die großen Textilanten den Farbnotablen – und meistens tun sie es –, bleibt den Kleinen wenig übrig als nachzuziehen, sofern sie nicht auf »Anti-Mode« setzen. Sie können sich ja auch kein Personal leisten, das ständig die Nase im Trendwind hat, und eilen daher den Leithammeln hinterher. Die Absprachen des Farbadels wirken beinahe wie ein Frühstückskartell, die Durchsetzung ähnelt dem Zug der Lemminge. Pünktlich zur gleichen Zeit tauchen in fast allen Schaufenstern mehr oder weniger dieselben Farben auf. Ausnahmen bestätigen die Regel.

Ist also auch der farbige Zeitgeist planbar, sozusagen eine kalkulierte Strategie von Industrie und Handel? Gott sei Dank tanzen nicht alle Konsumenten nach dieser Pfeife. Kleidermacher schütteln sich heute noch vor Grausen, wenn sie an den Flop des Virus »Wiesengrün mit Orange« erinnert werden. Obwohl nur zwei von vielen Farben auf den Farbkarten, zwirnten die Garnhersteller Wiesengrün mit Orange, die Weber webten Wiesengrün mit Orange. Aus den Kaufhäusern quoll es giftig in Wiesengrün und Orange, nur auf der Straße tauchte weder Wiesengrün noch Orange auf. Die Kunden kauften die Fehlgeburt nicht. Die Branche setzte Millionen in den Sand.

Insider verrieten uns, daß man Farbfavoriten heute nicht »machen« könne, Farbstimmungen allerdings können vorgegeben werden – also ob es duftiger wird oder kräftiger, gedämpfter oder knalliger. Wer rechtzeitig auf Rot gesetzt hat, wenn Lady Di dreimal hintereinander ein rotes Kleid trägt, oder wer Rot hat, wenn den Kunden das einheitliche Blau-Grün in den Auslagen der anderen aus dem Hals hängt, kann kurzfristig hohe Gewinne einfahren. Aber die Kassenschlager sind schnellebig. Bis nachgeordert wird und die Ware wieder auf dem Ständer hängt, sind die Renner oft schon passé. Ein lachsfarbener Pulli, der den Händlern gestern noch aus der Hand gerissen wurde, ist morgen schon Ladenhüter und muß für ein Butterbrot verramscht werden. »Ewig schön« sind nur Weiß und Schwarz, weiß Joro Herwig vom Bundesverband des Deutschen Textileinzelhandels. Auch die klassischen Farbtöne wie Beige, Rot und Blau ließen sich zeitlos verkaufen.

Farben sind das Big Business der Kleiderbranche. Sie schmieren das Modekarussell, das die Textilindustrie auf Touren hält, einen Wirtschaftszweig, der Jahr für Jahr 30 % mehr produziert, als all die Verbraucher nachfragen. Die Deutschen kaufen brav jährlich für gut 50 Milliarden DM Hosen und Blusen, Röcke und Mäntel. Im Durchschnitt sind das zwölf

Paar Socken, 20 Unterwäsche-Garnituren, zehn Blusen, acht Hosen, sechs dicke Wollpullover, fünf Schlafanzüge und drei Wintermäntel.

Die Farbenindustrie verdient an der Mode kräftig mit. Weltweit werden nach Auskunft des Verbandes der Chemischen Industrie pro Jahr etwa 410 000 Tonnen Farbstoff im Wert von schätzungsweise sechs Milliarden Mark für das Färben von Textilien benötigt. Und seit Jahren steigt der Absatz der Buntmacher. Die Farbmacher spüren es in ihren Bilanzen, wenn das Modependel zu kräftigen, dunklen Tönen ausschlägt. Die benötigen natürlich mehr Pigment auf der Faser. Hat sich die illustre Farben-Runde am Londoner Bedford Place hingegen mehrheitlich für hellere Schattierungen entschieden, wird etwas weniger Farbpaste angerührt. Das schlimmste, was CIBA-Geigy, Sandoz, Hoechst und BASF passieren kann, sind Mini-Röcke in Pastelltönen. Aber die hatten wir ja schon.

8. »Mode-Messias« Helmut Lang

Er sei der »Designer der Zukunft«, jubelte die Frauengazette *Elle*. Die *New York Times* beweihräucherte ihn als »Schöpfer neuer Eleganz«. In *Harper's Bazar* firmiert er als »Anführer der Glamour-Bewegung«. Sogar für die spitzzüngigen *Spiegel*-Redakteure bringt er »Glamour vom Dachstein« unter die Leute. Die Rede ist von Helmut Lang, dem Newcomer und Senkrechtstarter der Nouvelle Vogue. Denn: Hoch vom Dachstein kommt er her. Aufgewachsen bei seinen Großeltern in der Ramsau, einem Plateau der österreichischen Kalkalpen, mußte er schon mit zehn Jahren in die Hauptschule nach Wien. Hier absolvierte er die HAK (Handelsakademie), die er als Buchhalter und »Kaufmann für höhere Aufgaben« verließ. Doch schon im zarten Knabenalter wußte Lang, wo's lang geht. Er wurde Kellner und servierte im Wiener New-Wave-Szenelokal »Motto«. Wenn er nicht gerade durch die Reihen der Gäste balancierte, entwarf er »zum Spaß« Mode für seine Freunde, »weil wir es irgendwann leid waren, immer nur in den gleichen alten Klamotten 'rumzulaufen«. Langs Hang zum Synthetischen stammt offenbar schon aus dieser Sturm-und-Drang-Zeit. Aus Stoffservietten und Restbeständen einer Textilfirma, die synthetische Arbeitskittel herstellte, entwarf er T-Shirts und Hosen (*Spiegel* 42, 1994:255) und mutierte zum »In«-Schneider der Wiener Bohème. Seine ersten Schritte im Fashion-Milieu machte er 1977 mit der Eröffnung eines Modestudios in Wien. Neun Jahre später gelingt ihm der Sprung nach Paris. Im Technodrom Centre Pompidou führt er seltsame Dinge vor: Hauchdünne Slips über Knickerbockers, T-Shirts mit großen Hornknöpfen und Hubertusstutzer (Kurzmäntel aus Loden). »Es gibt eine Invasion von jungen Designern, aber unter ihnen ist nur einer, der es schaffen könnte. Er heißt Helmut Lang«, schrieb damals die Tageszeitung *Libération*.

Selten ist ein Modemacher so schnell »aufgestiegen«. Heute ist der »schöne, große Mann mit den braunen Augen« (*FAZ-Magazin*) der »Star der aktuellen Pariser Prêt-à-Porter-Schauen« (*Spiegel*). 1989 eröffnet er Show-Rooms in Mailand und New York, Anfang 1990 »erobert« er Japan, wo es mittlerweile 15 Lang-Boutiquen gibt. 1995 wird er in der Branchenbibel *Journal du Textile* auf Platz zwei der Designer-Weltrangliste geführt. Seltsam, denn auch Helmut Lang ist lang nicht so innovativ, wie er präsentiert wird. In seiner Herbst-Winter-Kollektion 1995/96 läßt er sich von Romy Schneiders Chanelkostüm und Slingpumps in Viscontis 1961 gedrehtem Streifen *Boccaccio 70* inspirieren. Wortreich kaschiert der »Klassiker der Zukunft« seine Einfallslosigkeit: »Da ist diese Spannung. Sie akzeptiert die Formen der klassischen Chanel-Eleganz, und doch bleibt eine Spur von amüsiertem Widerstand. Sie ist keine Sklavin dieses Ideals.«

Lang ist der Liebling der weiblichen Mode-Journaille, die Redakteurinnen der großen Frauenmagazine liegen ihm zu Füßen. Kein Wunder. Der »Unantastbare« mag es angeblich nicht, wenn er am Ende der Fashion-Präsentation hysterisch gefeiert wird. Gerade mit diesem Rarmachen machte er sich zur Kultfigur mit dem Nimbus eines Mode-Messias. Erklärungsversuch von Clarissa Stadler, einer Journalistin, die ihm noch nicht restlos verfallen ist: »Die Distanz zum Glamour der Mode-Society ist sein Markenzeichen, und genau deswegen liebt ihn sein Publikum.« (Stadler, 1995: 39)

Landläufig würde man Lang als schillernd bezeichnen. Er pendelt ständig zwischen mehreren Welten – um schließlich überall und nirgends zu sein. Glanz und Glamour sind nur eine Seite seines Januskopfs. Die andere ist das genaue Gegenteil. Da ist er ein Glamour-»Agnostiker« (Margit J. Mayer). »Angewandten Minimalismus« oder »Basic« nennt die Branche diese Lang-Linie. Basic will sein: das Spartanische, Essentielle, das Notwendige, Unverzichtbare, Zweckmäßige. Langs Hosen sind oft nur Röhren aus Latex, seine Kleider Schläuche aus Plastik und Gummi. Seine Models haben meist nicht viel an – aber dafür Synthetisches und immer wieder Transparentes. Zu seinen Lieblingsmaterialien zählen auch Nylon und PVC. »Mode ist Sprache«, sagt Helmut Lang.

Wie also spricht Helmut Lang mit uns? Plastisch und elastisch? Wir wollten ihn dazu befragen. Am 5. August 1995 schrieben wir ihm unter seiner Wiener Adresse. Bis heute erhielten wir keine Antwort. Auch telefonische Kontaktversuche blieben erfolglos. Dabei hätten wir ihn so gerne in seiner »zwischen Richard Neutra und Militärlager eingerichteten Wiener Atelierwohnung« (Mayer, 1995:324) besucht. Langs Abstinenz wirkt um so erstaunlicher, als er gegenüber Kolleginnen der Mode-PR à la *Elle* und *Diva*, die ihn nicht hinterfragen, kaum Zurückhaltung zeigt. Wenn »schön, schlicht und synthetisch« (Clarissa Stadler) im selben Atemzug als Langs Philosophie dargestellt werden, dann muß er sich schon gefallen lassen, daß ihm hinter die Kulissen geleuchtet wird. Frau Margit J. Mayer ortet bei Helmut Lang »keinen Materialsnobismus«: »Naturfasern und synthetische Stoffe werden gleichwertig behandelt.« Als (er)schlagendes Beispiel wird ein Pailletten-T-Shirt aus Polyamid (Nylon) und Elasthan (Polyurethan) mit angesetztem Cape aus Seidenchiffon zur Schau gestellt.

Lang entpuppt sich also als Substitutionsmufti. Substitution dieser Art meint Ersatz in jede Richtung, um die Grenzen zwischen Künstlichem und Natürlichem zu verwischen, und damit die Gegensätze zu verschleiern. Damit stellt sich Lang eindeutig auf die Seite derjenigen, die aus der optischen Verwechselbarkeit von Natur- und Synthesegeweben Kapital schlagen. Auch dazu blieb uns Lang durch die Verweigerung eines Dialogs die Antwort schuldig. Wir fanden es daher doppelt reizvoll, ein Gespräch mit dem »Meister im Weglassen« zu fingieren. Dabei haben wir uns weitgehend auf Originalaussagen in mehreren Interviews und Reportagen aus dem Jahr 1995 gestützt (Stürgkh, Stadler, Traska).

Die kalkulierte Provokation gegen den Zwang zur Schein-Originalität

Frage: Herr Lang, warum haben Sie uns kein Interview gegeben?

Lang: Ich will mich ganz einfach nicht uneingeschränkt und unkontrolliert jeder medialen Exponiertheit stellen. Die Distanz zum kritischen Journalismus ist Teil meiner Erfolgsstory – und deswegen liebt mich mein Publikum. Meine Lebensführung ist rein emotionell, und es passiert das, was ich für richtig halte.

Frage: Sie werden in diversen Medien als der Exponent der Verwendung von Synthetics aller Art bei den neuen Glamour-Modetrends genannt. Wir möchten gerne von Ihnen wissen, warum Sie häufig Gummi, Nylon und PVC verarbeiten, obwohl der Lebenszyklus dieser Materialien vor allem aus ökologischer Sicht kritisch zu bewerten oder sogar abzulehnen ist.

Lang: Schauen Sie, das ist mir ziemlich wurscht. Von Ökologie versteh' ich nichts, das sollen andere machen. Gummi turnt mich einfach an. Ich brauche ein elastisches Material, damit die Körperformen der Frau zur Geltung kommen.

Frage: Das Supermodell Naomi Campbell hat sich über ein Gummikleid von Ihnen beschwert. Ihre klare Klage zum Kleid: »Es quietscht so, wenn man es anzieht!«

Lang: Das ist nicht das einzige, was bei ihr quietscht. Sie muß eben Puder verwenden, dann quietscht es auch nicht.

Frage: Das ist aber ganz schön despektierlich gegenüber den Wünschen des zarten Geschlechtes nach bequemer und funktionaler Kleidung...

Lang: Ich glaube, wir müssen uns gerade jetzt auf härtere Lebensbedingungen einstellen.

Frage: Zählt zu diesen härteren Lebensbedingungen auch, daß Sie den Frauen neuerdings kleine Schleppen an die Rückseite der Röcke nähen?

Lang: Es ging mir in erster Linie darum, mit einem Volumen zu arbeiten, das aus einer sehr vereinfachten Linie herausführt. Ich bin jemand, der gewisse Grenzen immer dann verläßt, wenn er das für richtig hält. Die letzte Saison hat gewisse Dinge auf einen definitiven Punkt gebracht. Da wollte ich einen Gegenpol setzen, um dann völlig frei sein zu können. Es gibt für mich nichts Uninspirierteres, als genau in einem System zu sein, das jeder um die Ecke vermutet.

Frage: Und was ist mit transparentem Nylon und PVC? Soll das die neue Femme Fatale im übergestülpten Ganzkörperpräservativ sein – oder was?

Lang: Mode ist immer etwas, das sich bewegt, und immer eine große Unbekannte. Meine Mode ist Sprache. Diese Sprache ist ein Kunstprodukt und muß für sich die Freiheit der Kunst beanspruchen. Ich verbinde dabei Ästhetik und Synthetics. Für mich ist es eine kalkulierte Provokation gegen den Zwang zur Schein-Originalität.

Frage: Ist es nicht eher umgekehrt? Zollen Sie nicht dem Zeitgeist Tribut – gestern Öko, heute Plastik?

Lang: Man kann nicht einfach wegtauchen vor der Realität. Designer müssen die soziale Wirklichkeit reflektieren. Da gehört die NASA genauso dazu wie die High-Tech-Stoffe aus den Retorten der Industrie. Ich bin in den Bergen mit Loden, Filz und Leinen aufgewachsen. Diese Materialien sind für mich aber höchstens Zitate – einige meiner Studenten befassen sich sehr ernsthaft damit.

Frage: Stimmt. Das hat Ihr Schüler Florian Schaugg aus Lindau aufgenommen. Er verarbeitet filzig-rupfigen Loden und Segelleinen zu Lumberjacks, Blazern, Kurzmänteln und Miniröcken.

Lang: Bei Florian Schaugg ist der Zusammenhang zwischen industrieller Gebrauchsmode aus Naturmaterial und einem puristischen, Beuysnahen Ambiente interessant. Erst diese Verfremdungstechnik macht ihn zu einer Designer-Hoffnung. Wichtig ist ein persönliches Profil.

Frage: Hand aufs Herz, Herr Lang, woher kommt Ihre Plastik-Euphorie wirklich? Zieht nicht in Wahrheit die Kunststoffindustrie an den Fäden?

Lang: Die Dinge bewegen sich in die richtige Richtung, und es entwickelt sich auf allen Ebenen so, daß sich ein organischer Ablauf ergibt. Es ist vielleicht ein Luxus, nichts mehr beweisen zu müssen, sondern sich den Dingen zu widmen, die einem wichtig sind.

Frage: Jetzt weichen Sie aber aus.

Lang: Wissen Sie, wie lange wir gebraucht haben, um einen Dialog mit der Industrie aufzubauen? Wir Designer leben ständig in dieser Auseinandersetzung, es werden direkte Anforderungen an uns herangetragen.

Frage: Ja, zum Beispiel von der Vorarlberger Stickereiindustrie. Dazu haben Sie mit Ihrer Meisterklasse für Mode an der Hochschule für Angewandte Kunst in Wien ein »Avantgardeprojekt« gestartet.

Lang: Das ist doch ganz unverdächtig. Da ging es um die Photodokumentation »Austrian Embroideries«, die lebhaftes internationales Echo ausgelöst hat. Wir haben auch Seidenensembles für die schweizerische Textilindustrie entworfen. Ein anderes Projekt war »Tiroler Loden«. Wir sind auf der Suche nach einer eigenen österreichischen Identität.

Frage: Das klingt ja alles sehr schön, ist aber nur ein Teil der Wahrheit. Sogar Ihre Schüler kopieren Ihr Faible zur Petrochemie. Gregor Pirouzi aus Ihrer Meisterklasse schweißt seine Modelle in Plastik ein, in Vakuumverpackungen, verfremdet sie bis zur Puppe – und nennt das eine »ironische Verbeugung vor einer Frau, die keine Hollywood-Marionette sein wollte« ...

Lang: Warum jemand die Kleider macht, die er macht, muß man einen Psychotherapeuten fragen.

II. Kapitel

Die textile Gift-Kette

1992 war das Jahr der textilen Wahrheit. Kritische Redakteure und Konsumentenschützer stellten unüberhörbar die finale Frage: »Machen Kleider krank?« Gesundheitliche Gefahren durch Textilien waren schon seit den 60er Jahren in einzelnen Fachpublikationen zum Thema gemacht worden. Aber so richtig los ging's erst in den 90ern. Ein »Aufhänger« mit Zündstoff war der Fall Christel Brem: Die Münchner Boutique-Besitzerin kam durch Pestizidrückstände in Trachtenmode beinahe zu Tode (s. Kap. 3.6.3). Das ZDF brachte am 11. März 1992 eine Sendung unter dem Titel »Zündstoff: Das verleugnete Gift«. Zur gleichen Zeit stieg auch der *Spiegel* ins Thema ein, berichtete über Hautausschläge »wie die Blattern« und brachte ein Bild von der allergiekranken Schneiderin Charlotte Ortinger aus dem bayerischen Freyung an der Nähmaschine – mit Atemschutzmaske.

Krank durch Kleidung? In der Schreinemakers-TV-Show am 4. November 1993 in SAT 1 gab es da kein Fragezeichen mehr: »Kleider machen Leute krank« war der Titel, Christel Brem der Stargast. »Gift in Kleidern – Gefährlicher Stoff« hatte auch der *Stern* getitelt. Solche Medienauftritte und jede Menge Schlagzeilen über Gift im Textil haben »verunsichert«, aufgerüttelt und signalisiert, daß Textilien nicht harmlos sind, weil man nicht gleich tot umfällt, wenn man ein T-Shirt oder eine Blue-Jeans anzieht. Sie haben die Öffentlichkeit für Chemie in der Kleidung sensibilisiert.

Auch Sichergeglaubtes wurde in den letzten Jahren zertrümmert. »Wer denkt als VerbraucherIn schon daran, daß ein T-Shirt aus ›reiner Baumwolle‹ zu rund 85 % aus der Faser besteht, der Rest jedoch Chemie ist?« Die deutsche Biologin Meike Ried rechnet vor, wie es zu dieser unglaublichen Schimäre aus Natur und Chemie kommen kann: Bis zu 10 % entfallen auf »Veredelungsmittel« wie Kunstharze, optische Aufheller, Weichmacher & Co. Hinzu kommen 2,5 % Farbstoffe und 2 % andere Fasern (Ried, 1994:80). Zurück bleibt der getäuschte Verbraucher. Die Industrie wußte ja immer, was Natur ist und was nicht. Noch schlimmer als der Naturschmäh ist, daß unser T-Shirt auf dem langen Weg vom Baumwollfeld auf die Haut von Schadstoffen geradezu getränkt wird.

Die Mitarbeiter des *Öko-Test-Magazins* untersuchten 1992 T-Shirts von der Wühltisch-Preisklasse um 5 bis zu Markenware um 99 Mark. Erstaunliches Ergebnis: Fast alle der insgesamt 22 T-Shirts enthielten Reste aus der textilen Gift-Kette. Acht Leiberln enthielten Formaldehyd, neun Glyoxal. In einem Little Astor-Kinder-T-Shirt, erstanden in einem Kaufhof, wurden gleich beide Schadstoffe festgestellt. Nur ein knappes Viertel war also frei von Formaldehyd oder Glyoxal: ein Green Cotton Öko-T-Shirt von Novotex und ein »ecollection« Öko-T-Shirt von Esprit, beide aus Bio-Baumwolle (kontrolliert biologischer Anbau), ein Fix-Kinder-T-Shirt aus konventionell erzeugtem Cotton und ausgerechnet zwei Glanzstücke vom Wühltisch, erstanden in einer Hertie- und einer Kaufhalle-Filiale. Möglicherweise, so die Tester, seien die überhaupt nicht veredelt worden – aus Kostengründen. Wer teuer kauft, kauft teuer. Meistens. Mit »weniger empfehlenswert« erwischte es sogar zwei Mitglieder des Arbeitskreises Naturtextil: Hess Naturtextilien (Bad Homburg) und Living Crafts (Achberg im Allgäu). Ihre T-Shirts enthielten den schädlichen Ersatzstoff Glyoxal (s. Kap. 2.2.5).

Doch die Giftstory der 22 getesteten T-Shirts ist damit längst nicht zu Ende. 15 enthielten Pestizide zwischen 2 und 126 μg/kg (1μg = 1 Millionstel Gramm). Spitzenreiter war ein No-Name-Exemplar der Kaufhauskette Hertie. Unter anderen enthielten die Hautnah-Textilien Pestizide, die in Europa auf den schwarzen Listen stehen bzw. verboten sind wie DDT, Lindan, Aldrin, Dieldrin, Endrin, Pentachloranilin und Pentachloranisol. Bedauerlicherweise fanden sich Pestizide auch in T-Shirts von Esprit, Hess-Natur und Living Crafts. Ein Hinweis darauf, daß Bio-Baumwolle erst seit kurzem in größeren Mengen erzeugt wird und daß die Umstellung nicht von heute auf morgen möglich ist.

Pentachlorphenol (PCP) wurde in je einem T-Shirt von Mey & Edlich und Woolworth nachgewiesen. Nervengifte, Krebserreger und Erbgutschädiger, die Europa entwickelte, kehren aus den Entwicklungsländern wieder zurück. Die Autorin des *Öko-Test*-Artikels, Regine Cejka, schreibt über den Teufelskreis von PCP: »Das starke Gift wird in Ländern der dritten Welt als Mittel gegen Stockflecken direkt auf die Textilien aufgetragen.« Alle T-Shirts aus den Öko-Kollektionen enthielten übrigens keine optischen Aufheller. Hingegen wurden 14 T-Shirts aus konventioneller Produktion mit den starken Allergiemachern ausgerüstet, 13 davon nur in der weißen Ausgabe. Nachsatz der Ökotesterin: »Gerade Baumwolle gehört zu den Lieblingsspielzeugen der chemischen Ausrüster.« (Cejka, 1992:91)

Die Mitglieder der Enquete-Kommission des Deutschen Bundestages zum Schutz des Menschen und der Umwelt staunten nicht schlecht über das Ergebnis einer im Herbst 1994 vorgelegten Studie: Rund 8 000 verschiedene Produkte werden in der Textil- und Bekleidungsindustrie eingesetzt, unter ihnen einige altbekannte Missetäter. Viele seien aber in ihrer Wirkung auf Mensch und Umwelt kaum bekannt. Die Kommission forderte konsequenterweise eine bessere Verbraucherinformation. Das verlangen die Konsumentenverbände schon seit vielen Jahren ebenso zäh, wie es auf der anderen Seite die Industrie unter Hinweis auf »Fabrikationsgeheimnisse« verhindert. Die Textilindustrie hat sich ein »schlechtes Image eingehandelt, weil sie sich bei der Offenlegung der verwendeten Chemikalien im allgemeinen bedeckt hält« (Cejka, 1992:91).

Im deutschen Textilhilfsmittelkatalog (THK) 1994/95 – zusammengestellt von der Redaktion *textil praxis international* in Zusammenarbeit mit dem Verband der Textilhilfsmittel-, Lederhilfsmittel-, Gerbstoff- und Waschrohstoff-Industrie (TEGEWA) – werden 7000 Handelsmarken angeführt, hinter denen 400 bis 600 verschiedene Chemikalien bzw. Wirkstoffe stecken. Nach Schätzungen der Industrie werden in der Bundesrepublik jährlich 110 000 Tonnen »Textilhilfs- und Veredelungsmittel« verbraucht. Da sind die Farbstoffe noch nicht dabei. Nach neuen Berechnungen für die alten Bundesländer liegt ihr Jahresverbrauch bei 11 300 Tonnen (Ried, 1994:75,79). Dazu kommen nach Angaben des Kölner Ökologieberaters Christoph Geisler-Kroll noch 100 000 bis 280 000 Tonnen »sonstiger Chemikalien«. Von der enormen Gesamtmenge von bis zu 400 000 Tonnen landen nach Geisler-Kroll rund 211 000 Tonnen im Abwasser (Geisler-Kroll, 1994:12). Der Rest taucht in Deponien und Müllverbrennungsanlagen auf und kommt in Form von Luftschadstoffen über uns. Ein Teil kriecht über Haut und Einatmung in unsere Organe, mit einem Rattenschwanz von Erkrankungen, von denen Allergien nur die bekanntesten sind.

Wesentlich exaktere und differenziertere Daten als der deutsche Textilhilfsmittelkatalog THK und daher tiefere Einblicke ins sonst verborgene Innenleben der Industrie bietet die 1994 vom österreichischen Umweltministerium herausgegebene Studie *Textilchemikalien in Österreich*. 1400 Textilhilfsmittel werden darin auf der Grundlage von Angaben der Hersteller oder Importeure aufgelistet, die allerdings – im Vergleich zum THK ein schwerwiegender Mangel – nicht genannt werden. Der österreichische Gesamtjahresverbrauch an Textilhilfsmitteln wird für 1993 mit rund 25 000 Tonnen beziffert. Hinzu kommen noch etwa 1 100 Tonnen Farbstoffe, die Gegenstand einer noch nicht veröffentlichten Arbeit des Umweltministeriums sind. Obwohl uns die Einsichtnahme in die Daten von Beamten des Ressorts schon zugesagt war, wurde sie schließlich verboten – von »oben«. Auf der »Insel der Seligen«, wie Österreich vor dem EU-Beitritt gerne genannt wurde, scheinen Studien auch dann, wenn sie mit Steuergeldern finanziert werden, eigentlich nicht für die Öffentlichkeit bestimmt zu sein.

Sie verschwinden, kaum haben sie das Licht der Welt erblickt, schwupps, in der Finsternis ministerialer Giftschränke.

Viele Textilchemikalien hinterlassen ihre negativen Spuren – in der Umwelt und im menschlichen Organismus. Einige werden beim Tragen der Textilien freigesetzt und durchdringen die Haut. Nicht nur Textilarbeiter machen krankmachende Bekanntschaft mit ihnen. Auch der ganz gewöhnliche Konsument bekommt sie hautnah zu spüren. Vorsichtig, aber deutlich heißt es in der Studie *Textilchemikalien in Österreich* (1994:21): »Das toxikologische Gefährdungspotential manifestiert sich vor allem am Arbeitsplatz durch Kontakt der menschlichen Haut bzw. Schleimhaut mit einem Einsatzstoff. Wenn dieser zu einem größeren Teil auf der fertigen Ware verbleibt, ist auch eine Allergieauslösung beim Endverbraucher nicht auszuschließen.« Meike Ried hat – siehe T-Shirts – recherchiert, wieviel Chemie im Textil bleibt: bis zu 15 % des Gewichts und mehr. Also können wir Allergien getrost einschließen.

Das mittlerweile aufgelöste Bundesgesundheitsamt (BGA) in Berlin, das jetzt Bundesinstitut für gesundheitlichen Verbraucherschutz und Veterinärmedizin (BGVV) heißt, hat 1989, so erfuhren wir aus guter Quelle, im Rahmen eines Forschungsprojekts die 400 häufigsten Textilchemikalien aufgelistet und eine gesundheitliche Bewertung vorgenommen. Es wurde uns prophezeit, daß wir diese Liste nie und nimmer erhalten würden. Und so war es auch. Alles, was wir ergattern konnten, waren einige immerhin aufschlußreiche Stellen aus den *Bundesgesetzblättern 7/1992, 8/1993, 9/ 1993, 4/1994 und 8/1994*. Dort wird etwa zugegeben, daß Azofarbstoffe krebserzeugend sind, daß sich aus ihnen ebenfalls kanzerogene Amine abspalten können. Da sie aber in Deutschland nicht mehr eingesetzt würden, könne man nichts machen. Der Importanteil bei deutschen Textilien betrage 85 %. Da liege der Hund begraben. Analysemethoden zur Identifizierung dieser Farbstoffe in Textilien seien in Ausarbeitung. Bei Importen könne nichts ausgeschlossen werden. Daß man Importverbote aussprechen könnte, wird geflissentlich verschwiegen. (Auch die immer noch gefundenen PCP-Rückstände in Textilien werden ausschließlich auf Importe geschoben. Da hat man einen Grenzwert von 5 Milligramm pro Kilogramm eingeführt.) Und dann der finale Beschwichtigungshammer: »Zur Problematik des sensibilisierenden Potentials einiger Azofarbstoffe wurde auf einschlägige Publikationen verwiesen. Allerdings spielen Textilien nach Angaben deutscher Hautkliniken bei der Auslösung allergischer Reaktionen nur eine untergeordnete Rolle.« Eine klägliche Argumentationslinie (s. Kap. 3.1).

Als im November 1994 die Studie des österreichischen Umweltministeriums über den enormen Chemikalieneinsatz in der Textilindustrie veröffentlicht wurde, startete die Beschwichtigungs-Lobby, zu deren Vorfeld auch das Wiener Textilforschungsinstitut gehört, sofort gleichlautende Entlastungsangriffe – Alibi inbegriffen. Erich Zippel, ein Sprecher des Instituts, meinte: »Die meisten heimischen Textilhersteller verwenden etwa Farbstoffe, die bekanntermaßen allergisierend oder krebserregend wirken können, nicht mehr. Allerdings wird in asiatischen Ländern vielfach noch damit gearbeitet.« (Zit. nach *Kurier*, 2. 11. 1994) Man beachte die linientreue Aussage, die uns bei den Recherchen immer wieder begegnete: die Industrieländer die Unschuldslämmer, die Entwicklungsländer hingegen die skrupellosen Bösewichte. Verschwiegen wird, daß die Chemiemultis der Industrieländer der »Dritten Welt« die Gifte mit allen Mitteln andrehen.

Besonders unschön ist, daß für über 1000 Textilhilfsmittel – also insgesamt mehr als zwei Drittel – keine Sicherheitsdatenblätter bzw. unzureichende Angaben über Abbaubarkeit und Ökotoxizität vorliegen. So sind zum Beispiel über die aus der höchst problematischen Stoffklasse der Antimikrobiotika (s. Kap. 2.2.1) stammenden Mittel Sanitized und Sanitized P8420 keine Angaben enthalten. Die Industrie habe sich beispielsweise mit Bezeichnungen wie »organische Verbindung« begnügt, erklärt Margareta Stubenrauch vom Umweltministerium. Von 58 Chemikalien ist der Anwendungszweck überhaupt unbekannt. Nur eine exakte Kenntnis der Chemikalien könne aber in der Textilindustrie einen Umstieg auf die Sanfte Chemie ermöglichen, erklärt die Expertin.

Gravierendere – oder sollte man sagen: der Wahrheit entsprechendere? – Aussagen liegen über die Situation in Deutschland vor. Grundlage für die Daten ist die Antwort der Bundesregierung auf die sogenannte Große Anfrage von SPD-Abgeordneten 1993: »Von diesen Textilchemikalien ist rund ein Drittel als gesundheitsgefährlich eingestuft. Im einzelnen erwiesen sich vier Prozent als schwach giftig, 13 Prozent als haut- bzw. schleimhautreizend sowie 20 Prozent als allergieauslösend.« (Ried, 1994:73) Eine gründliche Analyse der textilen Gift-Kette muß jedenfalls den gesamten Produktionsablauf umfassen: von der Faserproduktion bis zur Entsorgung oder zum Recycling. Schädliche Stoffe kommen vor allem in den ersten drei Stufen in die Textilien: in der Rohstoffphase (Faserproduktion), bei der Stofferzeugung – Spinnen, Weben, Vermaschen – und bei der Veredelung.

1. Riskante Rohstoffe

Textilien bestehen bekanntlich aus Fasern, grob gesagt aus Natur- und Kunstfasern. Der entscheidende Unterschied ist, daß die Naturfasern aus nachwachsenden, die Kunstfasern aus nicht nachwachsenden Rohstoffen gewonnen werden. Allein die Ausgangsbasis zeigt schon, daß Naturfasern ökologisch und damit letztlich auch ökonomisch im Vorteil sind. Naturfasern bestehen aus pflanzlichen oder tierischen Zellen (Seide ist ein Sonderfall; s. Kap. 6.1.4) mit Lufteinschlüssen und Hohlräumen, die meist nur bis zu 180 Millimeter lang werden, während Chemiefasern aus kompakten Molekülketten (Polymeren) von unbegrenzter Länge auf der Basis von Erdöl, Erdgas oder Kohle bestehen.

Für Bekleidungstextilien sind die wichtigsten pflanzlichen Naturfasern Baumwolle, Leinen und Hanf. Anderen Pflanzenfasern, wie etwa Ramie, kommt nur sehr marginale Bedeutung zu. Ramie, auch »Chinagras« genannt, wird vor allem in China angebaut. Aus dem Land der Mitte stammen 80 % der Welternte von über 107 000 Tonnen im Jahr. Die als »Leinen des Ostens« bezeichnete hochwertige Faser ist fest, glatt und geschmeidig, besitzt dauerhaften Glanz und ist lichtbeständig. Der Griff ist etwas härter als beim Leinen. Die Spitzenfaser tierischer Herkunft ist natürlich Schafwolle. Von ausgezeichneter Qualität, aber untergeordneter Bedeutung ist die Wolle von Schafkamelen (Alpaka, Lama, Guanako), Kamelen, Angorakaninchen, Angoraziegen (Mohair) und Kaschmirziegen.

Synthetische Fasern werden vor allem aus Polyamid, Polyester, Polyacryl, Polypropylen, Polyurethan und Polyvinylchlorid (PVC) hergestellt. Zu den Kunstfasern werden auch die Zellulose- oder Regeneratfasern Viskose, Modal, Cupro (Kupferazetat), Acetat, Triacetat, Tencel und Lyocell gerechnet, obwohl sie auf der Basis von Zellulosefasern, also aus dem Naturstoff Holz hergestellt werden.

1.1 Zellulosefasern: weiches Outfit – knallharte Chemie

Der Produktionsprozeß der »Glanzstoffe« ist derart chemielastig, daß man beim besten Willen nicht von Natur sprechen kann. Selbst der Viskoseproduzent Lenzing AG in »Upper Austria« sieht darin eine »man-made«-Faser, wobei gleichzeitig Wert darauf gelegt wird, daß Viskose »keinesfalls mit synthetisch hergestellten Fasern verwechselt oder gleichgestellt werden darf« (Lenzing, 1995). Diese Einschätzung können wir nicht kritiklos teilen. Denn bei der Herstellung von Viskose werden in aufeinanderfolgenden Verarbeitungsschritten große Mengen an Natronlauge, Schwefelkohlenstoff und Schwefelsäure aufgeboten. Die Industrie hat sich zwar in letzter Zeit bemüht gezeigt, den Chemieausstoß zu verringern. Aber der ganze Prozeß bleibt nach wie vor eine Chemiebombe. Als Katalysator wird massenhaft Zink eingesetzt. Die Zinkbelastung des Ager-Flusses durch die Lenzing AG in Oberösterreich füllt ganze Bände. Sie konnte, worüber 1993 ein Bericht der Landesregierung vorliegt, deutlich vermindert, aber eben nicht ganz ausgeschaltet werden. Und dann gibt es noch dieses gewisse Etwas, den Duft, der aus dem Glanzstoff kommt.

Seine Hochblüte hatte der »Glanzstoff« Viskose zwischen 1950 und 1965. Seither nimmt sein Anteil an der Weltfaserproduktion ab. Der Preis liegt nahe dem der Baumwolle, steigt und fällt mit ihr. Seit 1985 liegt er etwas höher. Das hängt offenbar vor allem mit einer Steigerung des Hektarertrags der Baumwolle zusammen, der zu diesem Zeitpunkt zu ihrer Verbilligung führte (Marini, 1993).

Eine neue zellulosische Fasergeneration wurde mit Lyocell entwickelt. Von der Industrie (Lenzing AG, Österreich) wird sie als »Alternative zum Viskoseprozeß aus Umweltschutzgründen und damit aus Kostengründen« angeboten. Darüberhinaus sei »formaldehydarm« ausgerüstetes Lyocell viel waschbeständiger. Außerdem ließen sich Effekte wie »peach-skin, sand washed, microveluttino, soft touch, geschmirgelt« oder schlichtweg »used-look« bewirken.

Die Produktion der Lyocell-Fasern bedeute »einen weiteren Fortschritt bzgl. Umweltschutz«, läßt uns die Lenzing AG wissen: »Die Fasergewinnung erfolgt in weniger Schritten als beim herkömmlichen Viskoseverfahren, und der Schwefelkreislauf – welcher letztlich auch zu den schwefelhaltigen Emissionen führt – entfällt beim Lyocellverfahren.« Das stimmt schon, aber es ist leider nur die halbe Wahrheit. Eine Chemikalie, die sich im Lyocell-Prozeßschema unter dem Kürzel NMMO verbirgt, wird weniger herausgestrichen. NMMO steht für N-Methylmorpholinoxid. Es handelt sich um ein nach Ammoniak riechendes Lösemittel, das zwar in Rückgewinnungsanlagen recycliert wird, aber nach unserem Verständnis nicht als »umweltfreundlich« gelten kann. Der Lyocell-Anbieter vertritt einen abweichenden Standpunkt: »Das zur Lyocell-Faser benötigte Lösemittel hat nicht nur ein geringes Wassergefährdungspotential (niedrige Toxizitäten gegenüber Wasserorganismen und Fischen), sondern ist nachweislich biologisch vollkommen abbaubar.« (Lenzing, 1995)

Tatsächlich verfügt aber das strukturell mit NMMO sehr eng verwandte Morpholin über folgende Eigenschaften: Die Flüssigkeit bildet mit Wasser eine »ätzende Mischung« (Roth, 1985: IV-M). Beim Eindringen ins Grundwasser (Uferfiltrat) besteht »Gefahr für das Trinkwasser«. Ähnliche Verbindungen sind, laut Fachliteratur, als »toxisch« einzustufen (Hommel, 1981: 139). Es trifft zu, daß die Fischtoxizität mit einem LC50-Wert von 285 mg/l als »relativ gering« einzustufen ist. Auch der Bioabbau in einer (gut funktionierenden) Kläranlage ist diesmal nicht das Problem. Wesentlich kritischer erscheint uns, daß Dämpfe und Nebel des Lösemittels Augen, Atmungsorgane und menschliche Haut reizen, daß ein »akutes Inhalationsrisiko« vorliegt und nach »längerdauernder Exposition Todesfälle« aufgetreten sind (Roth, 1984: IV-M). Unter »besondere Eigenschaften« wird die »Gefahr der Hautresorption« referiert: »Besonders bei wiederholter Aufnahme treten Leber- und Nierenschädigungen auf.« Zudem können sich »mit Nitriten bzw. salpetriger Säure Nitrosamine bilden«, die sich als krebserregend erwiesen haben.

Sieht man sich die Produktlinie von NMMO an, verheißt sie nichts Gutes. In der Technik wird Morpholin, ein zyklisches Molekül aus Stickstoff, Sauerstoff, Kohlenstoff und Wasserstoff, aus dem Vorprodukt Diethanolamin mit Säure zum Ringschluß gezwungen. Für das Vorprodukt Diethanolamin benötigt man jedoch die Petrochemikalie Ethylenoxid, ein farbloses, süßlich riechendes Gas, das nicht nur äußerst giftig, sondern ebenfalls nachgewiesenermaßen krebserzeugend ist. Allein in Deutschland wird diese ungewöhnlich gefährliche Chemikalie, die noch dazu aufgrund ihres gasförmigen Zustandes einen chemischen Super-Gau geradezu herausfordert, in Mengen von fast einer halben Million Tonnen produziert.

In Wasser gelöstes Ethylenoxid gast aus und bildet explosive Gemische. Ethylenoxid ist ein Leitprodukt der Chlorchemie. Zu seiner Herstellung benötigt man Ethylen, Chlorgas und Wasser. Daraus entsteht zunächst Ethylenchlorhydrin, das in einer zweiten Stufe durch Zusatz von Kalk ein Salzsäuremolekül abspaltet. Als Nebenprodukte bildet sich eine Salzlösung mit Kalziumchlorid, in der chlorierte Kohlenwasserstoffe wie Dichlorethan und (verschmutztes) Ethylenglykol herumschwimmen. Die Ausbeute der Reaktion ist schlecht (weniger als 80 %), und der Chlorverbrauch ist hoch. Trotzdem agiert Ethylenoxid quasi als probater »Büchsenöffner« für viele geläufige chemische Synthesen. »Seine überragende Bedeutung liegt in der Reaktivität des Oxiran-Ringes, die es zu einer Schlüsselsubstanz für eine Vielzahl weiterer Zwischen- und Endprodukte macht.« (Römpp, 1990: 1259)

Die Biographie des neuen Glanzstoffs Lyocell ist typisch für die Methoden der harten Chemie. Solche Syntheseverfahren sind nicht »konvertierbar«. Wir können durch noch so viel technischen Aufwand die Herstellung von Dinitrotoluol, Maleinsäure, Ethylenoxid und Phosgen einfach nicht ökologisieren. Auf dieser Erkenntnis beruht unsere kritische Haltung zu

Lyocell und anderen ähnlichen Produkten mit scheinbar weichem »outfit« und einem knallharten, störfallintensiven Kern.

Cupro oder Kupferazetatseide wird zur Zeit in der Bundesrepublik nicht hergestellt. Dennoch gibt es eine Cupro-Renaissance, wie die deutsche Textil-Fachfrau Doris Binger (1995:27) schreibt. Kein Designer schere sich heute um ökologische Vertretbarkeit seiner Kollektion. Ist das Zeug im Inland nicht aufzutreiben, dann wird es eben importiert, aus Korea oder Italien. Basta. Cupro wird auch »Kupferseide« genannt. Bei der Herstellung wird nämlich Kupferoxid-Ammoniak als Lösemittel verwendet. Kupfer ist im Abwasser ein starkes Gift. Die Kläranlagen können es nicht herausfiltern. Eugen Korte, leitender Chemiker beim österreichischen Blusen- und Hemdenstoff-Spezialisten Fussenegger, bezeichnet die Cupro-Renaissance als »Riesensauerei«.

Bei der Zellulosefaser Tencel irrt Doris Binger allerdings, wenn sie sie als »umweltschonender« bezeichnet. Tencel wird mit dem Lösungsmittel N-Methylmorpholinoxid (so wie Lyocell) aus dem Holz von Eukalyptusbäumen gewonnen. Die Öko-Textiler von Esprit in Düsseldorf ließen sich bei ihrer ecollection von der Naturfaser Tencel aufs Glatteis führen. Vor vier Jahren verwendeten sie erstmals diesen »Viskoseersatz«, wie uns Thorsten Bruxmeier von Esprit erzählte. Sie gingen davon aus, daß Tencel »umweltschonender« sei als Viskose. Seit 1994 wird Tencel aber nur noch in der konventionellen Linie von Esprit verwendet. Bruxmeier: »Wir mußten feststellen, daß es doch nicht der ökologischen Weisheit letzter Schluß ist. Die amerikanischen Hersteller hielten die Daten über Tencel zunächst diskret unter Verschluß. In modernen Anlagen ist der Hilfsmittelverlust minimal. Wenn man die Faser aber in ›Giftküchen‹ irgendwelcher Hinterhof-Fabriken herstellt, dann wird's problematisch.«

1.2 Baumwolle: Pestizide überall

Baumwolle gehört zur Gattung *Gossypium* aus der Familie der Malvengewächse. Hibiskus, der als Zierpflanze viele Vorgärten schmückt und aus dessen Blüten sich der wohlschmeckende Malventee bereiten läßt, ist mit Baumwolle eng verwandt. Wildformen von *Gossypium* gibt es in allen Sommerregengebieten der Tropen und Subtropen. Sie wachsen als mehrjährige Sträucher und Halbsträucher. Die Baumwollkultur bevorzugt überwiegend frühreife Formen, dabei wird der Entwicklungszyklus bis zur Blüte, Fruchtbildung und Reife in einer Vegetationsperiode durchlaufen. Da Baumwolle sehr frostempfindlich ist, gedeiht der Strauch am besten in warmen, trockenen Gebieten, vorzugsweise zwischen dem 47.

Grad nördlicher Breite und dem 28. Grad südlicher Breite. Die Qualität der Fasern wird nach ihrer Länge (Stapel) bemessen. Kurzstaplige Baumwollfasern sind 18–22, mittelstaplige 20–30 und langstaplige 30–34 mm lang. Nur zwei von 39 Baumwollarten werden in großen Stil angebaut: die mittelstaplige Sorte *Gossypium hirsutum* mit ca. 90 % der Weltproduktion (vor allem USA und GUS) und die langstaplige Variante *Gossypium barbadense*, die zum Beispiel in Ägypten, China und Arizona kultiviert wird (Parusel, 1995:15-16).

Baumwolle ist die beliebteste Naturfaser, mehr noch, die begehrteste Faser überhaupt. Auf ihr Konto gehen etwa 50 % des gesamten Textilfaserverbrauchs der Welt, gefolgt von Chemiefasern mit etwa 40 %. Der Rest entfällt auf andere Naturfasern und Zellulosefasern. Nach dem Jahresbericht der fashionablen Bremer Baumwollbörse lag die Baumwoll-Weltproduktion in der Saison 1994/95 bei 18,33 Millionen Tonnen. Die Prognose für 1995/96 lautet 19 Millionen Tonnen. Das bedeutet eine saftige Steigerung, die vor allem auf eine Ausweitung des Anbauareals in manchen Ländern zurückgeführt wird. Sollte die Voraussage eintreffen, wird sich die Gesamtanbaufläche um 7 % auf 35 Millionen Hektar vergrößern.

Baumwolle wird in 75 Ländern angebaut. Bei der Erzeugung haben die USA China als Spitzenreiter in der Saison 1994/95 abgelöst. Der Abstand wird sich noch vergrößern. Bei der Verarbeitung ist China führend, gefolgt von den USA, Indien, Pakistan, der Europäischen Union und Japan, das auch gleichzeitig der größte Baumwollimporteur ist. Über 60 Länder der Dritten Welt leben von der Baumwolle. Die Türkei ist mit einer Jahresproduktion von über 750 000 Tonnen der sechstgrößte Baumwollerzeuger der Welt. Das größte europäische Baumwoll-Land ist mit 315 000 Tonnen 1994/95 Griechenland, gefolgt von Spanien mit 38 000 Tonnen in dieser Saison.

Giftige Spritzmittel werden beim konventionellen Baumwollanbau in rauhen Mengen appliziert. Verschiedenen Schätzungen zufolge liegt der Anteil am Welt-Pestizidverbrauch zwischen 16 und 20 %. Baurat Wilhelm Herzog, Direktor des Österreichischen Textilforschungsinstituts, geht dabei am weitesten: »Wir kaufen Baumwolle im guten Glauben. Etwa 20 % der gesamten Welt-Pestizidproduktion wird auf Baumwollkulturen versprüht. Die Industriegesellschaft bekommt ihre chemischen Produkte in veredelter Form von Billiglohnländern wie Brasilien, Indien oder Afrika wieder retour.« (Strobl, 1993)

Jürgen Knirsch vom Pestizid-Aktions-Netzwerk (PAN) in Hamburg sieht nicht ganz so schwarz: »Weltweit werden derzeit je nach Quelle zwischen 6 und 10 % des globalen Pestizidumsatzes in der Baumwolle erzielt.« (Knirsch, 1993:1) Der jährliche Gesamtpestizidverbrauch liegt in einer Größenordnung zwischen 150 000 bis 250 000 Tonnen. Am massivsten ist der Einsatz in den sogenannten Entwicklungsländern. Die liegen oft gleich vor der Haustür: In der Türkei wandern 35 % der dort verbrauchten Pestizide in die Baumwolle, in Ägypten 50 %. Indien bringt es auf 45 %. Die Kasse klingelt vor allem auf Kosten der Armen: Für ihre Giftfracht kassieren die Chemiemultis Jahr für Jahr zwischen 2,4 und 4 Milliarden DM (Knirsch, 1993:15).

Die abstrakte Verbrauchsziffer von etwa 10 % der Weltproduktion an Pestiziden auf den Baumwollfeldern wird erst plastisch und greifbar, wenn man sie in Relation zur bebauten Fläche setzt: Nur etwas mehr als 2 % des landwirtschaftlich genutzten Ackerlandes wird von Baumwolle beansprucht. Geht man vom Einsatz von mindestens 10 % des Gesamtvolumens von Pestiziden aus, ist die »Giftdichte« enorm. In der Weltgesundheitsorganisation wird geschätzt, daß es unter den Baumwollarbeitern jährlich zu einenhalb Millionen Vergiftungsfällen kommt, wovon 28 000 tödlich enden. Das sind aber, wohlgemerkt, nur die akuten Vergiftungen. Die Langzeitschäden, die chronischen Vergiftungen durch Pestizide werden weltweit nicht registriert, liegen erfahrungsgemäß aber wesentlich höher. Einzige Ausnahme: In der chinesischen Provinz Hebei wurden Anfang der 90er Jahre über 3 000 Baumwollarbeiter nach gesundheitlichen Auswirkungen der Pestizidanwendung gefragt. Fast ein Drittel klagte über charakteristische Beschwerden: Fast alle hatten schwere Hautreizungen, viele berichteten über Schwindelgefühle und Benommenheit, Kopfschmerzen, Erschöpfung, Übelkeit und Appetitlosigkeit. Besonders arge Gesundheitsprobleme wurden bei Arbeitern registriert, die mit künstlichen Pyrethroiden zu tun hatten (Knirsch, 1993:52).

Eine offizielle Liste der bei Baumwolle eingesetzten Biozide hat das International Cotton Advisory Committee (1993:63ff.) veröffentlicht. Äußerst verdienstvoll ist auch eine Tabelle des PAN für Baumwolle, Schafzucht und Lein. Unter den Wirkstoffen begegnet man alten unliebsamen Bekannten, die bei uns zum Teil längst verboten oder stark eingeschränkt, in außereuropäischen Ländern aber nach wie vor flott im Einsatz sind, wie DDT, Lindan, Aldrin, Dieldrin, Endrin, Arsen- und Quecksilberverbindungen, Camphechlor, Heptachlor, Paraquat, Pentachlorphenol (PCP) und Strychnin (Knirsch, 1993:7). Auch das berühmt-berüchtigte Agent-Orange ist unter ihnen, jenes Pestizid, das im Vietnamkrieg als »Entlaubungsmittel« eingesetzt wurde und von dem man damals schon wußte, daß es durch seine Verunreinigung mit den Supergiften der Dioxin- und Furangruppe auch ein Mittel zum Genozid ist. Agent-Orange verbirgt sich hinter der Techno-Bezeichnung 2,4,5-T, welches unvermeidlich Dioxine enthält. Es wird heute zum Entlauben von Baumwollstauden verwendet und findet sich dann in Rückständen in der Baumwollfaser.

Europa führt den Großteil der Naturfaser-Rohware (mit Ausnahme von heimischem Leinen) aus anderen Kontinenten ein. Die Importquote in der Bundesrepublik liegt ebenso wie in Österreich bei 85 %. In Deutschland stammt jedes vierte Kleidungsstück aus Billiglohnländern (*Öko-Test-Magazin* 7/1991). Der durchschnittliche Pro-Kopf-Kleidungsverbrauch liegt bei 23 Kilo pro Jahr (*Verbraucher-Telegramm*). Da kommt schon einiges an Pestizidrückständen zusammen. Der TÜV Rheinland warnt, nahezu unkontrolliert gelange ins Textil, was in Asien beim Anbau oder der Verarbeitung an Gift in die »reine Baumwolle« gerät.

Über 100 Millionen Menschen leben von Anbau, Ernte und Verarbeitung der Baumwolle. Schlagwort: Made in Hongkong. Realität: 50 bis 60 Wochenstunden in kasernenartigen Gebäuden, Hungerlöhne, vorindustrielle (oder sollte man sagen spätkapitalistische?) Arbeitsmethoden, mangelnde sanitäre Einrichtungen und Sicherheit, kaputte Augen mit 30. Keine freien Gewerkschaften, keine Mindestlöhne, Kinderarbeit. Das Welttextilabkommen MFA (= Multi Fibre Agreement), erst kürzlich neu »verhandelt«, zementiert diesen unhaltbaren Zustand. Die Mitglieder der European Fair Traide Organisation fordern gerechte Bedingungen und damit das Ende dieses Abkommens. Textilindustrie und europäische Gewerkschaften wollen das Abkommen beibehalten.

Baumwolle bedeutet Sklavenarbeit, Monokultur, chemische Keule, brutales Agrobusiness, überall auf der Welt. Der deutsche Journalist Helmut Scheben hat mehrere Jahre in Lateinamerika gearbeitet. Er beschreibt die Verhältnisse aus nächster Nähe: »Der Agrarkapitalismus versprach die ›grüne Revolution‹, Rekordernten, Devisenregen und Entwicklungsmöglichkeiten. Was von dem Traum der Dritten Welt übrig blieb, sind unbezahlbare Auslandsschulden, ungerechte Rohstoffpreise, Verlust der kulturellen und politischen Autonomie« – und das Resistenzdilemma.

Der chemische Krieg auf den Baumwollfeldern bewirkt ein ebenso globales wie gravierendes Problem. In manchen Staaten wird die im Lauf der Zeit erworbene Widerstandsfähigkeit von Insekten gegen bestimmte Gifte zu starken Ertragseinbußen führen, z.B. in China und Usbekistan. Ursache sind nach dem Jahresbericht der Bremer Baumwollbörse (1995:66) »Schädlings- und Krankheitsprobleme sowie generell schwierige gesamtwirtschaftliche Bedingungen«. So wird nach der Prognose der Baumwollanbau in China von derzeit 4,25 in der Saison 1995/96 auf 3,85 Millionen Tonnen zurückgehen: »Veranlassung dazu geben Berichte über einen Schädlingsbefall, der sich nach einem milden Winter verstärkt hat, sowie über anhaltende Probleme durch die Resistenz von Insekten gegen Pestizide in Anbaugebieten im Osten und Süden des Landes ...«

In der Türkei führte der Intensiveinsatz der Pestizide DDT und Carbaryl schon Mitte der 70er Jahre zu einer Schädlingskatastrophe, als die resistent gewordene Weiße Fliege nicht mehr bekämpft werden konnte. In Ägypten, Süd- und Mittelamerika (Cañete-Tal in Peru), Kalifornien (Imperial Valley), Texas (Rio Grande Valley) und Australien (Ord River Valley) kommt es immer wieder zu gravierenden Resistenzproblemen. Mit ähnlichen Schwierigkeiten haben Indien und Pakistan zu kämpfen: Dort halten *Leaf Curl Virus* und Kapselwurm in den Baumwollfeldern reiche Ernte. Die Spritzmittel fressen sie mit.

Auf das Resistenzdesaster kann nicht drastisch genug hingewiesen werden. Da geht es nicht mehr um ein lokales Dilemma. Was sich hier abspielt, hat die Ausmaße einer globalen Umweltkatastrophe. Der jahrzehntelange Chemieeinsatz hat die natürlichen Regulationskräfte ganzer Regionen zerschlagen. Die Resistenzen treten weltweit auf, auch weil pestizidfeste Schädlinge von Land zu Land übertragen werden, z.B. zwischen Pakistan und Indien. Jürgen Knirsch von PAN schreibt: »Bisher sind bei globaler Betrachtung die drei älteren Insektizid-Wirkstoffgruppen der Chlorkohlenwasserstoffe, der Organophosphate und der Carbamate im Baumwollanbau an der Resistenzproblematik gescheitert, die Wirkstoffgruppe der Pyrethroide (s. Kap. 2.2.1) steht kurz vor dem gleichen Schicksal.« Praktisch in allen wichtigen Baumwollregionen sind bereits pyrethroidresistente Schädlinge aufgetreten.

Besonders kraß zeigen sich die Schäden durch Baumwoll-Monokulturen im Fall Usbekistan: Die Region um den Aralsee ist eines der größten Baumwollanbaugebiete der Welt. In der Erzeugung liegt Usbekistan hinter den USA, China, Indien und Pakistan an fünfter Stelle. Von 1,5 Millionen Hektar wurden 1994/95 über 1,3 Millionen Tonnen »gewebter Wind« geerntet, wie die Nordeuropäer die Baumwolle nannten, als sie die weißen Bällchen in den Kreuzzügen kennenlernten. In den Baumwollanbaugebieten Usbekistans sterben im Vergleich zu den anderen GUS-Republiken doppelt so viele Menschen an Krebs. Die Kindersterblichkeit ist enorm hoch, in manchen Distrikten leiden 80 % der Frauen an Anämie, sind Atemwegs-, Nierenerkrankungen und Gelbsucht stark verbreitet, ist die allgemeine Lebenserwartung drastisch gesunken – auf 38 bis 40 Jahre. Um die damalige Sowjetunion von Importen der als strategisch wichtig deklarierten Faser unabhängig zu machen, wurden in den 50er Jahren ganz in der Tradition des stalinistischen Größenwahns gigantische Baumwollplantagen angelegt. Nutznießer war nicht die Arbeiterklasse, sondern die russische Baumwoll-Mafia, eine Clique von Funktionären, die durch Fälschung von Statistiken immense Geldmittel in die Bewässerungsprogramme und von da in die eigenen Taschen fließen ließ.

Zur Bewässerung wurden und werden die Flüsse Amou-Daria und Syr-

Daria angezapft, die den Aral speisen. Das einst viertgrößte Binnenmeer der Erde trocknet daher seit Jahrzehnten aus. Der Wasserspiegel ist seit 1960 um 13 Meter gesunken. 70 % des Wasservolumens gingen verloren. Die Bilder der Kilometer vom Ufer auf dem Trockenen liegenden Schiffe gingen um die Welt. Kein einziger Fisch lebt mehr in den versalzenen und verseuchten Gewässern. Es entstand eine riesige Salzwüste. Sandstürme laden Millionen Tonnen Staub und Salz in den Nachbarregionen ab – eine der größten Öko-Katastrophen der Welt. Der Aralsee ist ein Opfer des riesigen Wasserverbrauchs für die Baumwollplantagen. Dazu kommen Versalzung der Böden und Gewässer durch Kunstdünger. Pestizide werden vom Flugzeug gespritzt.

Auch heute noch wird zwar der größere Teil der Welternte, vor allem langfasrige Qualitätsbaumwolle, mit der Hand gepflückt. Von Jahr zu Jahr nimmt aber die mechanisierte Ernte zu, vor allem in den USA. Die maschinelle Tour zieht nicht nur starke Verunreinigungen der Fasern und entsprechend aufwendige Reinigungsprozesse nach sich. Viel schlimmer ist, daß die Baumwollstauden durch Unkrautkiller vorher maschinentauglich gemacht werden. Und Herbizide gehören zum Schlimmsten, was die Giftküche der Agrarchemie zu bieten hat.

Was bleibt nun von all der Giftflut in der Wolle? Dort und da trifft man immer noch auf die kühne Kunde, die Pestizide würden sich durch Reinigen und Waschen aus der Wäsche verabschieden. Das ist durch Tests eindeutig widerlegt worden. Wie wäre es sonst möglich, daß in T-Shirts und einer Reihe von anderen Baumwolltextilien immer wieder Rückstände einer ganzen Pestizidpalette gefunden werden, obwohl sie im Lauf ihrer Entstehung schon mehrere Reinigungsschritte durchlaufen haben? Berichte darüber gibt es aber nur von Verbraucher-Organisationen. Staatliche Kontrolle oder Eigeninitiative der Industrie kann man mit der Lupe suchen.

Fast die Hälfte aller Kleidung, so die Verbraucherverbände, besteht in der Bundesrepublik aus Baumwolle. Gerade für hautnahe Textilien wird die Faser bevorzugt. Ist sie ein vorläufiges Endlager für jene Pflanzenschutzmittel, die bereits vor Jahren in Deutschland wegen ihrer Giftigkeit verboten wurden? Leider muß die Frage für Baumwolle aus konventionellem Anbau bejaht werden. Noch in jüngster Zeit wird sogar in Baumwolle aus den USA das schreckliche DDT festgestellt, obwohl es dort schon seit 1972 verboten ist. Nur ein Beleg dafür, daß DDT unheimlich langlebig und auf der ganzen Welt verbreitet ist? Auch bei der T-Shirt-Prüfung des Frankfurter *Öko-Test-Magazins* 1992 wurden DDT-Rückstände festgestellt. Jürgen Knirsch vom PAN berichtet von DDT-Resten in Baumwolle aus Indien, Ägypten und der Türkei (Knirsch, 1993:41).

Auch andere Beispiele von erwiesenen Pestizidrückständen in Kleidungsstücken verdanken wir den Öko-Testern. Im *Öko-Test*-Sonderheft »Kosmetik – jetzt mit Naturmode« 1993/94 findet sich unter dem Titel »In die Hose gegangen« ein Test über Jeans. 15 verschiedene Marken wurden untersucht. In 13 von ihnen wurden Pestizide gefunden. Größenordnung: 1 bis 17 µg/kg (Millionstel Gramm pro Kilo = ppb = parts per billion). Spitzenreiter war eine *Blue System US 1, used* um 139 Mark. In zwei Hosen fand sich noch das Supergift PCP – und nicht zu knapp: 10 ppb in einer *Jeans Edwin Newton Slim* und 20 ppb in einer *Lee Riders Kansas Comfort Fit, Boot Cut/Nevada, Loose Fit.* Im Text heißt es: »Die Hosen werden mehrfach vorgewaschen. Dabei gehen bis zu 90 Prozent der Rückstände ins Spülwasser.« In diesem Satz steckt Dynamit. Man kann sich vorstellen, mit welchen Pestizidmengen Textilarbeiter, Schneider und Näher belastet werden. Und wie es mit unserem Trinkwasser aussieht, in dem ein Teil der Gifte letztlich landet. Und: Nach so vielen Waschvorgängen finden sich noch immer Giftreste im Textil.

1.3 Schafwolle: lammfromm?

Der größte Teil der Schafwolle, die wir heute am Leibe tragen, stammt aus einer »industriemäßigen Tierproduktion« (Jürgen Knirsch) – man könnte auch sagen: Massentierhaltung. In den riesigen Herden, die die größten Schafzuchtländer halten, verbreiten sich Parasiten und Gesundheitsschädlinge wie ein Lauffeuer. Die Situation in der Schafwollproduktion ist nicht nur aus diesem Grund angespannt. 1991 mußten die Schafzüchter Australiens 50 Millionen Schafe schlachten, um eine schwere Krise in der Wollindustrie abzuwenden, die auf ein Überangebot zurückzuführen war. Trotzdem hat sich der Wollpreis nicht erholt.

Von den rund 2 Millionen Tonnen gewaschener Wolle, die weltweit jährlich gewonnen werden, stammen mehr als die Hälfte aus nur drei Ländern: 28 % aus Australien, 16 % aus Rußland (ehemalige UdSSR) und 12 % aus Neuseeland. Weitere wichtige Herkunftsländer sind China, Argentinien, Südafrika, Uruguay, die Türkei und Großbritannien. Für die Qualität der Wolle sind die Schafrasse und der Zeitpunkt der Schur entscheidend. Besonders feine Wolle liefern die Merino-Schafe und die Crossbred-Schafe, eine Kreuzung aus Cheviot- (robustere Landrasse) und Merino-Schafen. Lammwolle ist besonders zart. Die Bezeichnung darf nur für Wolle von Lämmern verwendet werden, die nicht älter als 6 Monate sind.

Alles wäre Natur pur, wenn da nicht die Gliederfüßler wären – auch Arthropoden oder Ektoparasiten genannt: Zecken, Milben, Läuse, Flöhe und Fliegen, die das Schaf geradezu lieben. Würden sie ihrem Wirt nicht gesundheitlich zusetzen, hätten sie ein leichtes Leben. So aber werden die Schafe zweimal im Jahr in Gift gebadet, um dem unerwünschten Getier den Garaus zu machen. Früher wurden zu diesem Zweck auch DDT und Lindan verwendet. Früher heißt: noch in den 80er Jahren. Denn da tauchten sie neben Dieldrin-, Aldrin- und Endrinrückständen in Babycremes und Wundsalben auf, die auf der Basis von Schafwollfett (Lanolin) hergestellt wurden.

Heute, meint Jürgen Knirsch vom PAN Hamburg, sei anzunehmen, »daß sich durch die Aufgabe des Einsatzes von Chlorkohlenwasserstoffpestiziden in Schafbädern in einigen Schafzuchtregionen (wie Neuseeland, vermutlich auch Australien) die Rückstandssituation verbessert hat«. Sicher ist also nur Neuseeland – und sonst gar nichts. Wir müssen annehmen, daß die rund 50 von ihm erfaßten (Knirsch 1993:34) Insektizide und Akarizide (Milbenbekämpfungsmittel) auch tatsächlich angewendet werden und schließlich – in Bruchteilen – auf unserer Haut landen.

Das Wollfett wird bei der industriellen Wollwäsche bis auf ein Prozent herausgewaschen. Damit landet schon einmal ein großer Teil, wie gehabt, in den Gewässern. Aber auch das eine Prozent kann durchaus noch Pestizidrückstände enthalten. Nicht grundlos wurde ein Grenzwert für Lindan festgelegt: 100 μg/kg. Um sicher zu gehen, das Gift nicht im Pullover herumzuschleppen, muß man schon zu Wolle aus biologischem Anbau greifen – mit Etikett gekennzeichnet: kbA muß es sein, kontrolliert biologischer Anbau!

Über die Schafe läßt sich in der Literatur wenig Gesichertes entnehmen. Nur eines ist gewiß: Es wimmelt von krausen Ideen, die nichts Gutes erwarten lassen. Australien ist nicht nur das Land der Schafe, nein, auch der Gentechniker ohne Skrupel. Vertreter dieser Spezies haben in großtechnischem Maßstab von gentechnisch manipulierten Bakterien ein Eiweiß mit dem vielversprechenden Namen EGF (Epidermal Growth Factor) produzieren lassen. EGF wird dann den Schafen gespritzt, damit sie ihr Wollvlies von selbst abwerfen (Idel, 1991:216). Nach Trevor Scott, dem Leiter der staatlichen Forschungsabteilung, sind die Wollfasern nach sechs Wochen derart gelockert, daß sie mit der Hand ausgerupft werden können. Schafwollsocken gerupft gefällig?

Pestizide sind nicht die einzige Belastung der Schafwollfasern. Eine andere Giftquelle sind Praktiken, die das Verfilzen der Wolle verhindern sollen. 1968 wurde das Chlor/Hercosett-Verfahren zur Filzfreiausrüstung vom Internationalen Wollsekretariat mit dem Markenzeichen »Superwash« versehen und 1972 weltweit eingeführt (Ried, 1994:93). Bei diesem Verfahren wird mit Hilfe von Chlor ein Teil der Schuppenschicht auf der Faseroberfläche, die das Verfilzen bewirkt, entfernt. Anschließend wird eine fixierende Kunstharzemulsion aufgebracht. Die dafür verwendeten

Polyamidharze enthielten 1,5 bis 1,8 % Dichlorpropanol, eine krebserregende Substanz. Meike Ried illustriert an einem Beispiel, daß das keine Quantité négligeable ist: »Ein kleines Babyunterhemd (40 Gramm) ist so mit sechs bis 14 Milligramm der krebserregenden Substanz belastet.« Da bringt es auch keinen Trost, wenn neu entwickelte Harze weniger Dichlorpropanol enthalten.

Eine dritte Gefahrenquelle ist der Mottenschutz in den Frachträumen der Schiffe. Auch dafür werden in Überseegebieten, wo sie nicht verboten sind, Lindan und PCP verwendet. Der Münchner Toxikologe Max Daunderer fand im Blut von Schneiderinnen hohe Werte von Lindan und PCP (Ried, 1994:95). Eine ehemalige Münchner Trachtenboutique-Besitzerin (s. Kap. 3.6.3) hatte diese Pestizide ebenfalls im Blut und wäre an den Folgen beinahe gestorben.

Wolle neigt aufgrund ihres Faseraufbaus zum Verfilzen – wenn man die Cuticula, das schützende Häutchen, das jedes Tierhaar überzieht, entfernt hat, was bei der chemischen Wäsche leider geschieht. Die äußere Schicht der Wollfaser besteht dann aus schindelförmig angeordneten Schuppen, die zur Spitze gerichtet sind. Verschiebungen »gegen den Strich« lassen sich nur schwer oder überhaupt nicht rückgängig machen. Dieses Verfilzen der Fasern macht sich der Mensch von altersher bei Walk-Jankern und Filzhüten zunutze. Bei allen anderen Wollsachen ist es aber unerwünscht. Chlorreich bearbeitet daher die Textilindustrie die Fasern mit harter Chemie. Eingesetzt werden vor allem Chlorgas und Chlorlauge (Hypochlorit). Chlor flächt die Kanten der Schuppen auf der Oberfläche der Wollfasern ab, so daß sie sich nicht mehr verfilzen können. Dieser Effekt läßt sich auch erzielen, wenn die Fasern mit einem Kunstharzfilm überzogen werden. Zum Teil wird aber auch bei dieser Prozedur Chlor eingesetzt (Vorchlorierung im Hercosett-Verfahren). Immer noch werden 50 % aller Antifilzverfahren nach dem Hercosett-System durchgeführt. Insgesamt werden in Deutschland rund 100 000 Tonnen Wolle filzfrei ausgerüstet (Zartner-Nyilas, 1994:36ff.).

1.4 Flachs: Lein, fein, unrein

Flachs, auch als Echter Lein (*Linum usitatissimum*) bezeichnet, ist eine 30 bis 120 Zentimeter hohe, hellblau bis weiß blühende Bastpflanze, die auch in unseren Breiten ausgezeichnet gedeiht (vgl. Kap. 6.1.2). Durch die sehr arbeitsintensive Entfernung des Basts erhält man Leinenfasern, die dem Gewebe seinen Namen geben. Rund 20 Staaten produzieren Leinen, allen voran die GUS, Frankreich, China, Polen, Rumänien, Tschechien, Ägypten, Belgien, Holland, ein wenig auch Deutschland und Österreich. Die

Anbaufläche von Faserlein hat weltweit die Größe von über 1 Million Hektar (Stand 1991). Dabei werden 716 000 Tonnen geerntet. Führend sind die Nachfolgestaaten der Sowjetunion. Sie liefern zusammen ca. 37 % der Welterträge; der Anteil Chinas beträgt ca. 33 %, jener der europäischen Staaten (ohne GUS) zusammen rund 25 %. Innerhalb der Europäischen Gemeinschaft sind Frankreich, Belgien und die Niederlande die wichtigsten Flachsproduzenten. Bekannt ist die gute Qualität, die in der EU produziert wird. Sie gilt als Standard in westlichen Spinnereien. Die Qualitäten der östlichen Rohstoffmärkte sind wesentlich schlechter.

Die ehemalige Vormachtstellung des Leinens in der Textilindustrie wurde schon gegen Ende des 19. Jahrhunderts von der Baumwolle übernommen, im 20. Jahrhundert traten noch synthetische Fasern als Konkurrenten hinzu. Einen vorläufig letzten Höhepunkt bescherte dem Leinanbau das Autarkiestreben des Deutschen Reiches während des Zweiten Weltkrieges, als 100 000 Hektar bestellt wurden. Ab 1957 erschien der Flachs dann nicht mehr in den offiziellen deutschen Statistiken. Eine ähnliche Entwicklung war auch in den anderen europäischen Staaten zu beobachten. Die Faserleinanbaufläche der Gemeinschaft war in den letzten Jahren stark rückläufig (1990: 78 900 Hektar, 1991: 55 000 Hektar, 1992: nur 42 200 Hektar). Erst 1993 kam der der Umschwung. Praktisch über Nacht wurde die Anbaufläche auf 51 800 Hektar ausgeweitet, das ist ein Zuwachs von ungefähr 20 %. Die wichtigsten EU-Erzeuger sind Frankreich, Belgien und die Niederlande. In Großbritannien und Deutschland sind Flachskulturen erst vor einigen Jahren in bescheidenem Umfang wieder eingeführt worden.

Die seit mehreren Jahren ungünstige Lage auf dem Flachsfasermarkt hat sich zum Ende des Wirtschaftsjahres 1992/93 wieder verbessert. Die Flachsfaserpreise, die seit 1989/90 stark rückläufig waren und 1990−92 einen Tiefststand erreichten, haben wieder angezogen. Die EU-Faserlein-Agrarprämie wurde für 1993/94 mit 775 ECU/ha festgelegt. Von der Beihilfe wird ein Betrag von 44 ECU einbehalten und zur Finanzierung von Marketingmaßnahmen für Leinen verwendet (Mackwitz u.a., 1994).

Verarbeitet wird Flachs in Deutschland v.a. von den beiden Reinleinenproduzenten Füssener Textil AG und den Ravensberger Spinnereien sowie weiteren 20 Unternehmen, die Mischgarne mit einem Leinenanteil bis ungefähr 40 % herstellen. Bisher wurden die Fasern importiert, der Trend geht nun allerdings in Richtung einer Erzeugung im eigenen Land, was u.a. die Transportkosten zu den Betrieben senkt. Als Besonderheit des Flachsanbaues in Frankreich und Belgien gilt, daß sich die Bauern zumeist in Kooperativen zusammenschließen oder auf Vertragsbasis mit den Verarbeitungsbetrieben kooperieren. Außerhalb Frankreichs, Belgiens und der

Niederlande wurde erstmals 1986 in Herning (Dänemark) mit Unterstützung der EU eine Schwingerei eröffnet, die umliegende Landwirtschaftsbetriebe unter Vertrag nimmt. Zu den Abnehmern zählt auch das Unternehmen Dansk Eternit Fabrik. Zur aktuellen wirtschaftlichen Situation des Faserleins in der Europäischen Gemeinschaft heißt es in deren *Landwirtschaftsbericht über das Jahr 1993* wörtlich: »Die Gemeinschaft ist auf die Einfuhr von Fasern durchschnittlicher und niedriger Qualität aus Osteuropa, Ägypten und China angewiesen, führt dafür aber gute und hochwertige Fasern, wie sie nur in der Gemeinschaft erzeugt werden, in die ganze Welt aus.« (Europäische Kommission, 1994)

Die Flachspflanze ist äußerst genügsam. Trotzdem werden etwa in Deutschland nur 5 % biologisch angebaut (Ziegler, 1995:18). Weithin unbekannt ist, daß auch die Pflanze, der wir das Leinen verdanken, ganz schön mit Chemie malträtiert wird. Vor allem Unkrautkiller (Herbizide) kommen zum Einsatz. Mehr als ein Dutzend sind in Frankreich, Belgien und Holland zugelassen. In Frankreich sind Pestizide auch zur Saatgutbehandlung und Schädlingsbekämpfung erlaubt, unter ihnen Lindan (s. Kap. 3.6). In Deutschland war Anfang 1993 nur ein einziges Pestizid für den Leinenanbau zugelassen, ein Mittel gegen Pilzerkrankungen (Fungizid).

Vor allem auch Polen und die Länder der ehemaligen Sowjetunion setzen eine ganze Latte von Pestiziden ein, um den Flachsanbau zu intensivieren. In der Ex-UdSSR werden ebenfalls Lindan und einige andere Insektizide sowie eine ganze Reihe von Herbiziden verwendet (Knirsch, 1993:32). In Polen erfolgt der Flachsanbau vorwiegend durch kleinbäuerliche Privatbetriebe. In den 70er und 80er Jahren ist die Anbaufläche von 98 000 auf 31 000 Hektar (1988) zurückgegangen. Zur Unkrautbekämpfung wird nach wie vor die chemische Keule bevorzugt. Fast zwei Dutzend Herbizide werden eingesetzt. Natürlich geraten auch beim konventionell angebauten Flachs Rückstände ins Leinen. Selbst im späteren Verarbeitungsprozeß des Leinens, genauer bei der Röste (s. Kap. 6.1.2), wird Chemie eingesetzt. Das Verfahren trägt die unschöne Bezeichnung »Herbizidröste«.

In Österreich stehen rund 1 500 Hektar Flachs unter dem Pflug, 1 000 Hektar im Waldviertel und 500 Hektar in der Steiermark. Von der Gesamtfläche im Waldviertel werden nur 50 Hektar biologisch kultiviert – mit der Umstellung wurde vor zwei Jahren begonnen. Der Rest wird nach den Richtlinien der »Waldviertler Flachs« in Rastenfeld produziert, die dem »Integrierten Pflanzenschutz« nahestehen: Herbizide dürfen einmal im Jahr eingebracht werden. Sonst ist Chemieeinsatz nicht erlaubt (und wegen der genügsamen, robusten Art des Leins auch nicht notwendig). Eine bestimmte Fruchtfolge ist einzuhalten. Der Bio-Anteil wächst allerdings, weil zu den Förderungsmitteln der EU von rund 1600 Mark pro Hektar noch eine nationale Stützung von fast 700 DM dazukommt. Geliefert wird an die Lambacher Hitiag Leinen AG in Österreich, die größte Leinenspinnerei Europas. Für ihre Auslastung braucht die Hitiag Flachs von mindestens 7 000 Hektar. Eine solche Menge ist derzeit in Mitteleuropa nicht zu haben. Es muß also Rohstoff eingeführt werden. Die versponnene Faser wird zu 80 % exportiert. Der Chef der »Waldviertler Flachs«, Hubert Gassner, erklärt uns, daß Qualitätsflachs nur in Deutschland, Österreich, Frankreich, Belgien und Holland hergestellt werde. Alle anderen Länder stellen nach seiner Ansicht nur billige Massenware her.

1.5 Seide: Gift im Stoff

Seide, Königin der Textilien. Nur 74 000 Tonnen werden pro Jahr erzeugt, dort, wo Maulbeerbäume wachsen, deren Blätter die Seidenraupen nähren: vor allem in China, Indien, Japan, der GUS, Brasilien, Korea, Thailand, der Türkei, Italien und Frankreich. Seide: Da denkt man an jahrtausendealte Kultur, an ein kostbares Geheimnis, gehütet in China, unter Lebensgefahr entführt von Europäern (um 700 nach Christus), an die Seidenstraße, aber nicht an Gift. Woher sollte es auch kommen? *Bombyx mori*, der Seiden- oder Maulbeerspinner, der den Seidenfaden produziert, ist doch selbst ein giftanfälliger Nachfalter. Und doch ist auch Seide nicht frei von Rückständen.

Die Gifte aus der »Veredelung«, vor allem aus der Färbung, werden wir uns im Kapitel über die bunte Palette der Farben vornehmen. Und die Fasern, der Rohstoff? »Ähnlich wie die Bienen«, schreibt der PAN-Experte Jürgen Knirsch (1993:35), »sind auch die Seidenraupen nicht nur unbeabsichtige Opfer eines Pestizideinsatzes, sondern können auch Ziel eines bewußten Einsatzes von Insektiziden und Nematiziden sein«. (Nematizide sind Gifte gegen pflanzenparasitäre Fadenwürmer = Nematoden.) Die synthetischen Pyrethroide Permetrin und Cypermethrin werden gegen den Parasiten *Dermestes cadaverinus* eingesetzt, der die Larven des Maulbeerspinners attackiert. In China werden parasitierende Fadenwürmer mit dem Nematizid Fenamiphos bekämpft. Häufig driften auch in anderen Kulturen, z.B. im Orangen- und Reisanbau sowie im Obst- und Weinbau verwendete Biozide in die Seidenraupen-Kolonien ab. Berichte darüber kamen aus China und Italien. Das kann so weit gehen, daß *Bombyx mori* seine fein gesponnene Produktion überhaupt aufgibt: 1989 gingen Pressemeldungen aus Hongkong um die Welt, daß durch erhöhten Pestizideinsatz in der Provinz Zhejiang die Seidenerzeugung fast völlig zum Erliegen gekommen sei. Was zum »Schutz« der Seidenstoffe auf dem Transportweg eingesetzt wird, läßt sich aus der Literatur nicht entnehmen.

Rückstände giftiger Spritzmittel müssen natürlich auch in den Textilien zu finden sein. In der Tat fanden Mitarbeiter des Landesuntersuchungsamtes für das Gesundheitswesen Südbayerns im Jahr 1991 Pflanzenschutzmittel in fertigen Seidenstoffen. Sieben Proben wurden auf Organochlor-Pestizide und Polychlorierte Biphenyle (PCB) untersucht. In sechs wurde Lindan, in fünf DDT und in je drei Beta-Hexachlorcyclohexan bzw. PCB gefunden (Becktepe, 1994:21).

1.6 Chemiefasern: keine Spur von harmlos!

Die Ausgangsstoffe sind nicht nachwachsende Rohstoffe: Erdöl, Erdgas und Kohle. Daraus gewonnene Einzelsubstanzen (Monomere) wie Benzol, Toluol oder Propylen werden bei der Polymerisation so miteinander verknüft, daß Riesenmoleküle in Kettenform (Polymere) entstehen. Sie werden verflüssigt und mit hohem Druck durch feine Spinndüsen gepreßt. Die folgende Tabelle (nach Strütt-Bringmann, 1994:50; Ried, 1989:40) bietet einen Überblick über die wichtigsten Kunstfasern:

Kunstfaser	Markennamen	Grundstoff	Charakteristik
Polyamid	Perlon, Nylon, Nyltest	Caprolactam Benzol	Benzol ist krebserzeugend
Polyester	Helanca, Vivalon, Diolen, Trevira, Crimplene, Tactesse	Glykol Terephthalsäure	UV-Licht geht durch
Polyacryl	Dralon, Orlon, Acrilan	Acrylnitril (aus Propylen) + Ammoniak)	Acrylnitril ist gesundheitlich bedenklich
Polypropylen	Meraklon, Propylen, Polycolon		
Elastan/ Polyurethan	Dorlastan, Lycra Alcantara (in Verbindung mit Polyester)	Diisocyanat + Alkohol	Diisocyanate gehören zu den stärksten Allergenen
Polyvinylchlorid (PVC)	Polychlorid/Clevyl, Envion, Leavyl, Rhovyl, Vinyl	Vinylchlorid und Weichmacher Phtalsäureester u.a. DEHP	Vinylchlorid ist ein krebsauslösender Stoff, DEHP ist es im Tierversuch

Die Puppen tanzen, wie Modezar Gianni Versace es schon am Barbie-Modell demonstriert hat, in Plastik-Schläuchen aus PVC über den Laufsteg. Bei einer Synthetic-Modenschau Mitte August 1995 zeigte auch das zauberhafte Hausmütterchen unter den Models, Claudia Schiffer, daß ihr auf der Haut nichts zuwider ist. »Die Leute wollen sich mit schlichtem Plastik besser ausdrücken«, erklärt ein Helmut-Lang-Epigone, nicht ohne auf dem Öko-Trick Recycling herumzureiten: PVC werde ja heute wiederverwertet. PVC wurde bisher im Textilbereich nur für Rheumaunterwäsche, Webpelze und schwer entflammbare Schutzanzüge (ohnehin eine Perversion, weil unter Feuereinwirkung Dioxine entstehen), Regenbekleidung und Lederimitate verwendet. Jetzt feiert's in der Haute Couture fröhliche Urständ. Zu soviel Gleichgültigkeit gegenüber Mensch und Umwelt sei nur ein Satz der diplomierten Oecotrophologin Traude Strütt-Bringmann zitiert: »PVC gehört zu den gesundheitsbedenklichsten und umweltschädlichsten Kunststoffen überhaupt.« Das ist aber noch nicht alles. Aus Studien an Verpackungsfolien aus Polyvinylchlorid ist bekannt, daß sie an eingepackte Waren - z.B. an Lebensmittel – Weichmacher abgeben. Als Weichmacher für PVC werden in der Regel Phtalsäureester verwendet, allen voran Diäthyl-Hexyl-Phtalat (DEHP). DEHP ist im Tierversuch krebserregend und erbgutschädigend.

Aber auch Polyurethan (PUR) ist nicht so harmlos, wie die glatte Umschreibung »Elastan« suggeriert. Im österreichischen Textilhilfsmittelkatalog läuft es unter der Bewertung C (s. Kasten).

Bewertungskriterien nach dem Katalog
»Textilchemikalien in Österreich« (1994:64)

A: schwer abbaubar
B: fischtoxisch
C: humantoxische, krebserregende, fruchtschädigende oder erbgutverändernde Chemikalie
D: Chemikalien, die wegen ihrer schlechten Abbaubarkeit und ihrer Toxizität schädlich auf Wasserorganismen wirken können
E: Chemikalien mit der EU-Kennzeichnung N – Umweltgefährlich
F: Chemikalien, die hinsichtlich ihrer Abbaubarkeit kritisch zu hinterfragen sind.

Polyurethan wird demnach als giftig, fruchtschädigend und reproduktionstoxisch klassifiziert. Ausgangsprodukt ist Anilin, das einfachste der aromatischen Amine, das wie Benzol zu den sehr giftigen Stoffen gehört.

Anilin wird zu Diisocyanaten weiterverarbeitet, einem der Grundstoffe von PUR. Die Isocyanate sind außerordentlich starke Allergene. Sie sind die häufigste Ursache von Asthma als Berufskrankheit (Daunderer 1995:93). Der Alternativchemiker Hermann Fischer, der Geschäftsführer von AURO Naturfarben in Braunschweig, schreibt über PUR: »Polyurethane sind Kunstharze bzw. Kunststoffe, die zu den am weitesten verbreiteten und quantitativ bedeutendsten organischen Chemieprodukten überhaupt gehören. So unterschiedliche Produkte wie Lacke, Klebstoffe, Schaumkunststoffe und Kunstfasern werden auf Polyurethanbasis hergestellt. Der weltweite Verbrauch dieser Chemikaliengruppe liegt bei fast 5 Millionen Tonnen pro Jahr.« (Fischer, 1993:58) Fischer kann akribisch zeigen, welche extrem starken Gifte im Lauf des Produktionsprozesses eingesetzt werden.

Kunstfasern enthalten auch schädliche Halb- und Schwermetalle, wie jüngst ein Test an Badekleidung gezeigt hat (Roth, 1995:50ff.). So wird das Schwermetall Antimon (im Periodensystem der Elemente findet man es nach Zinn unter der Bezeichnung Sb=Stibium) bei der Herstellung von Polyester und Polyamid eingesetzt. Rund 50 Badeanzüge und Badehosen wurden untersucht. In fast allen fanden die Laborchemiker auch rauhe Mengen von Zink: »In den meisten Produkten fanden wir über 2 000 Milligramm Zink pro Kilogramm Stoff. (In einem Vergleichstest zeigten sich in Bettwäsche zwischen zwei und 100 mg/kg Zink.) Auch hier dürfte des Rätsels Lösung in der Faser liegen. Denn glänzende Chemiefasern werden oft mit Zinkverbindungen mattiert. Bei einigen Elastansorten dienten Verbindungen wie Zinkoxid zusätzlich als Stabilisator.« (Roth, 1995:52) Ob sich die in den Fasern eingelagerten Metalle aus der Faser lösen und über die Haut in den Organismus gelangen, weiß kein Mensch. Heinz-Dieter Winkeler vom Chemischen Untersuchungsamt Bielefeld hält es für vorstellbar. (Das gilt übrigens auch für die im Test nachgewiesenen gefährlichen Farbstoffabspaltungen.) Badeanzüge seien Chlorwasser, Meerwasser und intensiver Sonnenbestrahlung ausgesetzt. Bei so aggressiven Bedingungen könne man nicht ausschließen, daß die Schadstoffe freigesetzt werden.

Bei dem Bademoden-Test wurden fast bei allen Stücken aromatische Amine gefunden, unter ihnen fast immer MDA (4,4'-Diaminodiphenylmethan) und seltener TDA (2,4-Toluylendiamin). Die Tester sehen darin ein Indiz für die Verwendung von Azofarben, die über die Haut in den Körper gelangen können (s. Kap. 3.5). »Die Bundesregierung hat 20 Amine auf eine Verbotsliste gesetzt. 16 dieser Amine haben sich im Tierversuch als krebserrend erwiesen. Dazu gehören auch MDA und TDA.« (Roth, 1995:56) Dispersionsfarbstoffe auf Azobasis (s. Kap. 2.5.2) sind auch für die »Bikini-Dermatitis« verantwortlich. Diese Hauterkrankung entsteht durch das Zusammenwirken von Dispersionsblau 35 mit der UV-Strahlung der Sonne. Dermatologen sprechen von einer phototoxischen Dermatitis (Hornstein, 1989:14).

Immer mal wieder wird auch das allergieauslösende und krebsverdächtige Dispers Gelb 3 in hautfarbenen Miederwaren entdeckt. Im *Öko-Test-Magazin* (10, 1995: 6) ist nachzulesen, daß die Analytiker vom Chemisch-Technologischen Labor in Bielefeld den gefährlichen Azofarbstoff in vier von acht getesteten hautnah zu tragenden Hüfthaltern gefunden haben. Das Bundesministerium für Gesundheit müsse endlich veranlassen, »daß Dispers Gelb-haltige Kleidungsstücke aus dem Verkehr gezogen werden«, schreiben die Öko-Tester. Die Beamten gingen bisher auf Tauchstation. Die Entdeckung glich übrigens einer kriminalistischen Spurensuche, denn eine verläßliche Nachweismethode mußte erst entwickelt werden. Dispers Gelb 3 ist ein kleines Molekül und zieht deshalb besonders gleichmäßig auf. Der Azofarbstoff kann aber auch Ärger machen, indem er sich vom Textil löst und die Haut durchdringt. Allergische Reaktionen sind dann nur noch eine Frage der »individuellen Konstitution«.

Auf eine falsche Fährte führt die Suche nach »Restmonomeren« (Monomere sind niedermolekulare Verbindungen, die sich aufgrund ihrer Doppel- und Dreifachbindungen oder reaktionsfähiger Gruppen zu hochmolekularen Verbindungen oder Polymeren umsetzen lassen). Meike Ried schreibt in ihrem Buch *Chemie im Kleiderschrank* unter dem Titel »Krebserregende Synthetics?«:

»Verpackungsfolien aus PVC oder auch Plastikflaschen aus PVC, in denen Lebensmittel verpackt werden, sind in den letzten Jahren in Verruf geraten. Krebserregendes Vinylchlorid, so hört man, wandert aus dem Plastik in die Lebensmittel ... Das Kettenmolekül des PVC besteht aus Vinylchlorid-Bausteinen. Bei der PVC-Herstellung läßt es sich nicht vermeiden, daß sich einige der kleinen Vinylchlorid-Moleküle nicht in das lange Kettenmolekül des PVC einbauen. Sie bleiben als sogenannte Restmonomere in dem fertigen Kunststoff.« (Ried 1989:53)

Die Vermutung, daß Restmonomere aus den Fasern freigesetzt werden, ist – zumindest nach dem heutigen Stand der Dinge – unrichtig. Frank Kübart vom Eco-Umweltlabor in Köln erklärte, daß es »solche Abspaltungen nicht gebe, nicht im Textil und nicht an der Haut«. Nur bei den Weichmachern ortet er Handlungsbedarf.

Ein lumpiger Öko-Trick der Textilindustrie wurde schon vor einigen Jahren in Umlauf gesetzt, als der Trend zu Naturtextilien immer stärker und die Geschäfte der Kunstfaserhersteller immer flauer wurden: Die Naturtextilien müßten im Grunde durch die nachträgliche Ausrüstung viel problematischer gesehen werden als Synthetics, die weniger belastet seien.

Sogar für Allergiker werden Schaumstoffmatratzen sowie Bettwäsche, Decken und Pyjamas aus Synthetics empfohlen. Dazu bemerkt die deutsche Ärztin und Praktikerin Sigrid Flade (1989:29): »Abgesehen davon, daß man mehr schwitzt, was speziell für Neurodermitis-Patienten unerwünscht ist, kann man immer wieder eine Unverträglichkeit gegenüber Kunstfasern beobachten.« Am besten verträglich, so Flade, seien Seide und Baumwolle. Die »Chemie-veredelt-Natur-Masche« stimmt in mehrfacher Hinsicht nicht. Chemiefasern werden ebenso mit Giften »veredelt« wie Naturfasern (meist handelt es sich außerdem um Mischgewebe). Und bei den Farben gibt es in manchen Bereichen sogar noch größere Schwierigkeiten. Bestimmte Farbstoffe, vorwiegend Dispersionsfarben, verursachen bei eng an der Haut liegenden Kleidungsstücken Allergien. Die bekannteste Form ist die sogenannte Strumpffarben-Allergie, die besonders bei knallig colorierten Leggins und Bodies auftritt. Die »Arbeitsgruppe Textilien« beim damaligen BGA hat 1993 dazu im typisch amtlichen Science-Jargon, aber aufschlußreich angemerkt:

»Derartige auf Textilfarbstoffe in speziellen Textilien zurückzuführende Kontaktdermatitiden wurden in einigen Kliniken bei 1 bis 2 % des Patientengutes festgestellt. Die Häufigkeit des Auftretens in der Gesamtbevölkerung kann wegen fehlender epidemiologischer Daten aber nicht abgeschätzt werden. Das Problem der Kontaktallergien gegen Dispersionsfarbstoffe in Textilien hängt mit der relativ geringen Haftfähigkeit der betreffenden, sensibilisierend wirkenden Farbstoffe an Chemiefasern wie Polyamid zusammen.«

Wo bleibt also der Mythos von den »gesunden« Chemiefasern? Bei einer Betrachtungsweise, die das Gesamtsystem im Auge hat, im Orkus.

1.7 Die High-Tech-Masche

Auf der Suche nach Aufwind für die Kunststoffaserindustrie war Väterchen Frost hilfreich. Und eine Erfindung der Weltraumfahrt. Wer steht schon gerne nach einem Sturz im Schnee mit nassen Kleidern in der Liftschlange? Wer möchte dann auch noch, daß der Wind durch alle Poren pfeift? Da witterten die Syntheticleute eine Marktlücke. Vielleicht konnten die im Sommer so wenig beliebten, weil Klimastau verursachenden Kunstfaser-Klamotten wenigstens im Winter was Brauchbares abgeben. Aber so einfach war die Sache wieder nicht. Auch im Winter schwitzt man unter luftaustauscharmem Textil. Und normale Synthetics enthalten wenig isolierende Lufteinschlüsse in den Fasern. Sie können daher weder die kalte Außenluft so wirksam abhalten noch die Körperwärme bewahren wie Naturfasern. Die Fragestellung lautete also: Kann man einen Kunststoff konstruieren, der gleichzeitig Feuchtigkeit und Wind von außen abhält und von innen her luft- und schweißdurchlässig ist, also die Hautatmung nicht behindert?

Der amerikanische Chemiker Bill Gore versuchte die Antwort mit Hilfe eines Abfallprodukts der Weltraumfahrt herbeizuzaubern, das schon als Bratpfannenbeschichtung hatte herhalten müssen: mit Polytetrafluoroethylen (PTFE), besser bekannt unter der Bezeichnung Teflon. Er nannte die mikroporöse Membran, das Patenkind der NASA, Goretex. 1958 gründetet der DuPont-Aussteiger aus Hierarchie-Frust mit seiner Frau Vieve die W. L. Gore & Associates. Heute hat das Unternehmen 5000 Mitarbeiter verteilt auf 30 Betriebe. Hinter dieser NASA-Waste-Erfolgsstory waltet der Gore-Geist mit vier ehernen Geboten: Freedom, Waterline, Commitment, Fairness. Jeder Mitarbeiter hat die Freiheit, sich für alles zu verpflichten. Er kann tun was er will, außer unterhalb einer imaginären »Waterline«, die heikle von weniger sensiblen Unternehmensbereichen trennt. Hierarchie wird klein geschrieben: no ranks – no titles. Das Unternehmen entwickelt sich laut Firmenphilosophie wie eine Amöbe: Das Körperplasma bildet immer neue Fangarme und inkorporiert alles, was ihm schmeckt. Der Konzernumsatz beträgt 960 Millionen Dollar. Davon werden 330 Millionen Mark allein in Deutschland erwirtschaftet.

Der Gore-Geist verweigert aber die Rückkehr in die Flasche. Die Produktlinie zeigt gravierende Probleme vom Anfang bis zum Ende. Die Teflon-Herstellung ist gefährlich: Zahlreiche Studien belegen Lungenödeme bei Arbeitern nach dem Einatmen von PTFE-Dämfen. Bei der Verarbeitung gasen zahlreiche giftige Nebenprodukte, darunter auch Krebsgifte aus. Ausgangsmaterialien sind ozonzerstörende, teilhalogenierte Fluorchlorkohlenwasserstoffe (FCKW) wie das F22. PTFE birgt ein enormes Abfallproblem. Deponiert man es, verrottet es nicht. Verbrennt man es, entwickeln sich die hochaggressive Flußsäure und hochtoxische Gase, wie Perfluorbuten, das beim Einatmen sogar die Wirkung des Sevesodioxins übertrifft. Ein einziger brennender Goretex-Anorak verseucht 20000 Kubikmeter Luft mit Fluorwasserstoff bis an die Grenze der zulässigen maximal erlaubten Arbeitsplatz-Konzentration (Knobloch u. a. 1990:78). Angesichts dieser Faktenlage und einer parlamentarischen Anfrage legten die Hersteller Entlastungspapiere vor. Sogar die damalige österreichische Umweltministerin Marilies Flemming ließ sich bluffen und gab dem Fluor-Modestoff in einer Pressekonferenz den Öko-Persilschein. Kleiner Schönheitsfehler: In der Pressemappe fand sich ein Dankschreiben aus dem Gesundheitsministerium Rheinland-Pfalz an Goretex. Schlüsselsatz: »Ihre Unterlagen waren uns bei der Abfassung der Antwort auf die Kleine

Anfrage sehr hilfreich.« So also wird ein unabhängiges wissenschaftliches Gutachten von einer Behörde erstellt.

Seit dem PTFE-Coup wurde eine fast schon unüberblickbare Menge von Membranen und Beschichtungen aus Kunststoff entwickelt, um den Synthetics wenigstens auf dem Gebiet der wind- und wetterabweisenden Kleidung (WWA-Kleidung) einen Vorsprung zu verschaffen. Mit Ausnahme von »Goretex« (USA) und »Entrant« (Japan) stammen die »Wunderstoffe« alle aus deutschen Chemielabors.

Mit einem satten Werbebudget ausgestattet, verzeichnen die Kunststoff-Beschichtungen und -Membranen für Winter- und Sportbekleidung nach Jürgen Mecheels, dem kürzlich von seinem Sohn Stefan abgelösten Direktor des Bekleidungsphysiologischen Instituts Hohenstein, hohe Zuwachsraten. Mecheels sieht vor allem für Mikrofasergewebe eine glorreiche Zukunft: »Der weitere Erfolg dieser neuen Fasern ist vorprogrammiert. Sie haben sich nicht nur in funktioneller Sport- und Wetterschutzkleidung bewährt, sondern sie werden auch im Alltags- und Freizeitbereich, in der Berufskleidung und in modischen Textilien erfolgreich sein.« (Mecheels, 1991:126)

Die »Bekleidungsphysiologische Forschung« wurde 1967 aus der Taufe gehoben und großzügig von der Chemiefaser- und Textilindustrie dotiert. Die lebensgroße Textilpuppe »Charly« am Textilforschungsinstitut Hohenstein läßt alles mit sich machen, im Stehen, Gehen, Liegen oder Sitzen. Wenn Charlies Oberflächentemperatur mit Hilfe von inneren Heizdrähten über den Normalwert von 32 Grad gejagt wird, schwitzt er wie ein Schwein und wird in die Kältekammer verfrachtet und der Windgenerator angeworfen. Da kann ihm nur noch die Synthetic-Hülle helfen. Unzählige Meßfühler an seinem geschundenen Körper registrieren seine Befindlichkeit und speichern die Parameter im Computer.

Typisch für erfolgsorientierte Leute wie Mecheels ist ihre messianische Gläubigkeit an ein mechanistisches Weltbild, das in den »Mensch-Maschinen« der Renaissance seinen Ursprung hat und bis heute in den Phantasien mancher Technikfetischisten erhalten blieb, wie der *Terminator* in den Filmen I bis III einhämmerte. Mecheels meint, ein »Thermoregulationsmodell des Menschen« in Form der Puppe »Charly« könne alle Einflüsse von und auf die Haut simulieren. Man sei so in der Lage, quasi naturwissenschaftlich festzustellen, daß auch hautnah getragene Chemietextilien die gleiche Behaglichkeit brächten wie Naturtextilien.

Aufgrund dieser zwingend »logischen« Versuchsreihen wurde 1986 mit großem Pomp das erwartete Ergebnis bekannt gegeben: »Tragekomfort und Behaglichkeitgefühle in der Kleidung sind meßbar geworden.« Die Kritik auf soviel Cleverness konnte nicht ausbleiben:

»Bereits 1971 war festgestellt worden, daß sich Behaglichkeits - oder Unbehaglichkeits-gefühle in Kleidung absolut nicht auf rein physikalische Vorgänge reduzieren lassen ... Kleidung wird von Menschen und nicht von Gliederpuppen getragen. Außerdem kommen Zweifel an der Objektivität der Untersuchung auf, da ein so wichtiger Forschungs-bereich vollständig von der finanziellen Unterstützung der Textilindustrie und im besonderen Maße der Chemiefaserindustrie lebt.« (Ried, 1993: 17f.)

> »Mode ist eine Maßnahme der Industrie, durch die sie sich an der Haltbar-keit ihrer Produkte rächt. Den noch gut wärmenden Mantel macht sie, da sie ihn physisch nicht ruinieren kann, sozial unverwertbar.«
>
> *Günther Anders, Philosoph*

Direktor Jürgen Mecheels aus Hohenstein ist nicht nur euphorisch in bezug auf Mikrofasern, er sagt den Textilchemieopfern auch klipp und klar, daß sie größtenteils Hypochonder sind:

»Gelegentlich hört man die Frage, ob Textilmaterialien – insbesondere synthetische Chemiefasern – Allergien auf der Haut erzeugen können ... Dazu muß man sagen, daß ganz vereinzelt bestimmte Menschen Allergien gegen die unterschiedlichsten Substan-zen entwickeln können, wie Kaffee, Erdbeeren, Primeln, Hausstaubmilben und vieles andere mehr ... Und so wäre es immerhin denkbar, daß irgendwo ein Mensch auch eine Allergie gegen eine Chemiefaserart entwickelt hätte. Aber die Literatur beschreibt kei-nen Fall, in dem zweifelsfrei irgendeine solche Allergie aufgetreten wäre ... Anders ist es jedoch mit den Begleitstoffen, die Textilien oft mit sich führen. Vor vielen Jahren hat z.B. ein schwarzer Farbstoff in der Tat gelegentlich Allergien hervorgerufen. Der wird aber seit Jahrzehnten nicht mehr hergestellt und verwendet. Gewiß benutzen manche Ärzte das Wort ›Allergie‹ auch für einfache Hautirritationen und empfehlen dabei gele-gentlich, hautnah keine Chemiefasern zu tragen. Das ist aber eine inzwischen überholte Auffassung.« (Mecheels, 1991:117)

Müßig hinzuzufügen, daß Mecheels auch meint, unter Kleidungsstücken aus Chemiefasern schwitze man nicht mehr als in solchen aus Naturfasern (Mecheels, 1991:70 f.). Manche Menschen führten dabei »sogar persönliche Erfahrungen ins Feld«. Das sei höchstens bei Synthetik-Pullovern möglich, die im Jahre Schnee modebedingt eng am Körper auflagen und »die darun-ter befindlichen Kleidungsstücke auf die Haut drückten«. Dadurch sei eine »Behinderung der Schweißverdampfung« aufgetreten und durch sonst gar nichts.

Plastikmembranen, –beschichtungen und Mikrofasern passen so genau zur Techno-Welle, weil beide eine Erfindung der Chemiefaserindustrie und ihrer Lobby in Instituten und Labors sind. WWA-Kleidung ist eine »High-Tech-Konstruktion« (Strütt-Bringmann, 1994:52). Mehrere Typen werden unterschieden: mikroporöse und porenlose Membranen und Beschichtungen sowie Mikrofasergewebe. Die mikroporösen Membranen und Beschichtungen besitzen mikroskopisch kleine Poren, die sie nach außen wasserdicht machen, gleichzeitig aber der Schweißfeuchtigkeit nach innen keine Barriere entgegensetzen. Zu den mikroporösen Membranen gehört z.B. »Goretex«, das aus PTFE besteht und als beschichtetes Gewebe (Laminat) fest mit dem Oberstoff verbunden oder als Zwischenlage zwischen Ober- und Futterstoff eingehängt wird. Mikroporöse Beschichtungen werden im Rahmen der »Veredelung« auf die Stoffe aufgebracht und firmieren z.B. unter den Marken Exceltech oder Gamex-Micros. Der Rohstoff aller übrigen mikroporösen Membranen und Beschichtungen ist Polyurethan (PUR). Dazu zählen etwa die Beschichtungen Entrant, Miporex, Ventex und Impranil. PUR ist einer der Stoffe, deren Produktlinie besonders reich ist an gefährlichen Haupt- und Nebenprodukten (s. Kap. 2.1.6). Die ganze Wunderfaserwelt bricht also schon im Ansatz als ökologisch unverträglich zusammen. Daß das Ganze ein Bluff ist, muß der Konsument spätestens bei der Frage zur Kenntnis nehmen, woraus der Futterstoff besteht. Die Antwort ist in der Regel: Aus gewöhnlichem Kunststoff! Die raffinierten Eigenschaften der »High-Tech-Konstruktion« werden damit zum Teil wieder aufgehoben.

Die porenlosen Membranen und Beschichtungen basieren auf einem anderen Prinzip. Der Feuchtigkeitsaustausch nach außen erfolgt nach Angaben der Hersteller durch »unregelmäßige Knicke der Molekülketten« (Strütt-Bringmann, 1994:53). Die feinsten Öffnungen oder Lücken der Materialstruktur sind noch kleiner als Mikroporen. Die in Deutschland entwickelte Membran Sympatex besteht aus hydrophilem Polyester. Hinter allen übrigen Marken steht als Ausgangsmaterial das nicht umweltverträgliche PUR. Die Sache scheint übrigens nur dann überhaupt zu funktionieren, wenn die Umgebungstemperatur unter der Körpertemperatur liegt. Juwitha Ziegler, Sachbearbeiterin für Textilfragen in der Privatwirtschaft, schreibt über Sympatex:

»In dieser sehr dünnen Polyesterfolie sind Copolymere miteingebaut. Bildlich gesehen fungieren diese Copolymere als Transportwagen, in die der Wasserdampf geladen und nach außen transportiert wird ... Da am Körper immer gleichbleibende Temperatur um die 37 Grad Celsius herrscht, während im Gegensatz dazu außen kühlere Temperaturen vorliegen, veranlaßt dies den Wagen, sich von innen nach außen in Bewegung zu setzen.« (Ziegler, 1995:120)

Was aber passiert bei starker Sonneneinstrahlung im Winter oder in wärmeren Breiten?

Mikrofasergewebe bestehen aus Polyester oder Polyamid. Bekannte

Markennamen sind unter anderen Trevira Finesse, Tactel, Meryl und Diolen Micro. Die Kunststoffe werden so fein versponnen, daß die einzelne Faser dreimal feiner ist als Seide. Vier Kilo des Fadens genügen, um damit den Globus zu umspannen. Der Durchmesser einer Faser liegt unter einem Dezitex. 1 dtex bedeutet, daß 10 000 Meter Faser nicht mehr als 1 Gramm wiegen. Die Garne werden dann so dicht gewebt, daß zwischen den einzelnen Fasern nur winzige Lücken bleiben, die nun ähnlich funktionieren sollen wie Poren. Daß selbst Enthusiasten wie Mecheels an diesem »Wunder« so ihre Zweifel haben und skurrile Hilfskonstruktionen einführen müssen, geht aus folgendem Text hervor: »Der aufmerksame Leser könnte fragen, ob bei solchen Materialien der Wasserdampfabfluß nach außen aufhört, wenn die Kleidungsoberfläche von Regen oder Schnee naß ist, dort also Sättigungsdampfdruck von Wasserdampf in der Luft herrscht. Welche Teildruckdifferenz treibt dann noch den Wasserdampf durch die Kleidung?« Auch in diesem Fall müssen besondere Temperaturverhältnisse herrschen, damit das Ganze auch funktioniert. Mecheels:

»Die Haut und die Kleidungsschichten sind in der Regel wesentlich wärmer als die Umgebungsluft. Je wärmer aber die feuchte Luft, desto höher ist der Sättigungsdampf. Und so besitzt die gesättigte Luft über Haut einen wesentlich höheren Wasserdampfpartialdruck als diejenige unter der (möglicherweise nassen) äußeren Kleidungsschicht oder die viel kältere Umgebungsluft. So gibt es doch ein Dampfdruckgefälle zwischen der Haut und der Umgebung, selbst wenn diese wasserdampfgesättigt sein sollte, und der Wasserdampf vom Schweiß wird zur Umgebungsluft geführt.« (Mecheels, 1991:124)

Ein bißchen viel Wenn und Aber stecken in solchen Konstruktionen. Was Naturfasern ohne Probleme schaffen, bedarf bei ihren künstlichen Imitaten sozusagen idealer Bedingungen. Das ist auch der Grund, warum Mikrofaser-Gewebe mit wasserabweisenden Chemikalien imprägniert werden. Hinzu kommt, daß diese reinen Kunststoffe sich elektrostatisch gewaltig aufladen (s. Kap. 2.2.6) und daher mit schädlichen Elektrostatika ausgerüstet werden müssen. Viel Sensationelles bleibt also nicht von der High-Tech-Masche der Chemiefaserindustrie.

2. »Reizend« veredelt

»Nach der Vorbehandlung setzen die Ausrüstungsverfahren ein, die einen einfachen und schlichten Stoff in ein wallendes, verbraucherfreundliches Gewebe verwandeln«, jubelt Juwitha Ziegler (1995:69) aus Bayern, die zwar vom Verlag für ihr Anfang 1995 erschienenes Buch den werbewirksamen Titel *Chemie in der Kleidung* verpaßt bekam, aber diesem Titel im Schreiben nicht gerecht wird. Vielleicht liegt es daran, daß sie als Sachberaterin für Textilfragen in der Privatwirtschaft tätig ist. Da muß man schon aufpassen, wo man bleibt. »Aus Träumen werden Stoffe«, heißt einer ihrer Kapitel-Titel. Auch da sollte man achtgeben: Aus Träumen werden mitunter Alpträume. Aber gut, Frau Ziegler tut sich da nicht schwer. Sie meint ja auch, daß es »ohne Chemie kein Wachsen und Gedeihen« gibt – und redet von Pestiziden: »Deshalb ist der Einsatz von Schädlingsbekämpfungsmitteln (= Pestizide) unverzichtbar geworden, solange es Großplantagen und Massentierhaltung gibt.« (Ziegler 1995:55) Die Autorin erklärt also den Einsatz von Agrargiften durch die bloße Existenz eines sozial- und umweltschädlichen, eines zutiefst inhumanen Systems und macht die Chemiegläubigkeit zum Credo ihrer Ideologie.

Die Veredelung, die im wesentlichen aus Färben, Bedrucken, Ausrüsten und Beschichten besteht, ist besonders reich an potentiell gesundheitsschädlichen Stoffen. Das gilt sowohl für den Menschen als auch für die Umwelt. Beim Färben werden giftige Schwermetalle eingesetzt. Bei lila und türkisen Farbstoffen sind – wie erst 1992 festgestellt wurde – Chloranil und Phtalozyanine Ausgangsprodukte, die mit den hochgiftigen Dioxinen und Furanen verunreinigt sein können (Ried, 1994:74). Außerdem wird mit giftigen Carrier-Substanzen (s. Kap. 2.6.3) gearbeitet.

Veredeln heißt, den Stoffen bestimmte, zum Teil auch neue Eigenschaften geben, die der Konsument – angeblich oder wirklich – wünscht: etwa glänzend, pastellfarben, weich im Griff, knitterfest, bakterienrein, flammgeschützt oder wasserfest. Auch hier scheut die Textilindustrie nicht vor dem Einsatz äußerst bedenklicher Chemikalien zurück. Baumwolle wird z.B. beim Merzerisieren mit starker Natronlauge behandelt, um ihr einen seidenartigen Glanz zu geben. Die Natronlauge muß anschließend mit Säure neutralisiert werden. Bleichmittel und optische Aufheller sollen Farben einen helleren Ton geben und – der Werbeslogan sitzt uns allen in den Knochen – »Weiß, weißer als weiß« machen. Meist werden dabei Chlor-Chemikalien und andere Problemstoffe eingesetzt. Die sogenannte Hochveredelung bedeutet nichts anderes als die Verwendung von formaldehydhaltigen Kunstharzen oder Glyoxal. Die Textilien sollen dadurch »pflegeleichter«, knitterfest gemacht werden. Als Weichmacher rücken den Fasern quaternäre Ammoniumverbindungen zu Leibe, die giftig und schwer abbaubar sind. Wer sein gutes Stück auch neu schon alt aussehen lassen will – das verbirgt sich hinter den Bezeichnungen stone-, moon-, ice-, acid- oder used-washed –, sorgt für die Verbreitung von Chlorchemikalien, die dafür verwendet werden. Am Ende der Gift-Kette wird auch noch für die Konservierung ein ganzer Rattenschwanz von Bioziden eingesetzt.

Mehrere Chemikalien aus dem Veredelungsprozeß werden als »umwelt-gefährlich« bezeichnet. Das heißt nicht nur, daß sie für Wasser, Boden, Luft und die darin lebenden Tiere, Mikroorganismen und Pflanzen schädlich sind, sondern auch für »deren Beziehungen untereinander oder zum Menschen«. Ein auffallend großer Teil der Veredelungschemikalien reizt die Haut, wobei derzeit nur die Spitze des Eisbergs sichtbar sein dürfte. Dabei heißt reizend, daß »durch unmittelbaren, längeren oder wiederholten Kontakt mit der Haut oder den Schleimhäuten Entzündungen hervorgerufen werden können« (*Textilchemikalien*, 1994:9). Viele Textilveredelungsmittel sind auch »sensibi-lisierend« für die Haut. Kennzeichnungspflicht besteht leider keine, obwohl das vielen Allergikern enorm helfen würde. Ein garnicht so geringer Teil der Stoffe ist auch ätzend, was so viel heißt, daß sie bei Kontakt mit lebendem Gewebe (Haut) dessen Zerstörung bewirken. Eine Reihe von Veredelungs-chemikalien müssen nach dem Gesetz als »mindergiftig« deklariert werden. Hinter dieser scheinbar harmlosen Bezeichnung verbirgt sich, daß Einatmen, Schlucken oder Aufnahme durch die Haut Gesundheitsschäden hervorrufen können. 30 Veredelungs-Stoffe wurden nach dem österreichischen Textilche-mikalienkatalog unter Bewertung C eingestuft (s. Bewertungskategorien, Kap. 2.1.6, S. 64). Dabei ist zu berücksichtigen, daß alle diese Kriterien für »Einatmen, Schlucken oder Aufnahme durch die Haut« gelten. Alle drei gel-ten vor allem für Textilarbeiter, letzteres vor allem auch für den Konsumen-ten. Babys können durch Lutschen die volle Post abkriegen.

2.1 Scheingefechte gegen Motten, Pilze und Bakterien

Juwitha Ziegler seufzt erleichtert: »Vorbei ist es mit dem Ungeziefer« – und meint die antimikrobielle Ausrüstung gegen Fußpilze und Bakterien sowie Gifte gegen Motten- und Käferfraß, kurz, alles was da kreucht und fleucht und den ehrbaren Bürger bis in die Socken schreckt. Da Synthetics kaum Schweiß aufsaugen, kann dieser auch noch in Ruhe von den Bakterien zer-setzt werden, was unangenehme Gerüche mit sich bringt. Jeder fünfte Euro-päer leidet an Fußpilzen, moniert Juwitha Ziegler. Also her mit der »antimi-krobiellen Ausrüstung« von Socken und Strümpfen: »Mit Schlagwörtern wie ›Stopp dem Fußpilz‹ oder Sanitized, Bioguard, Actifresh wird für Socken geworben, die Pilzen keine Chance lassen.« (Ziegler 1995:87) Daß die einge-setzten Chemikalien Gifte und Antibiotika sind, weiß die resolute Dame schon. Aber was tut's? Der Kampf ist für sie anders nicht zu gewinnen. Stunde des Triumphs für Frau Ziegler: »Zellulosekleidung ist besonders anfällig gegen Schimmel und Fäulnis« – also drauf auf die Mikroorganismen mit antimikrobieller und antimykotischer Ausrüstung.

Ausgehend von Amerika hat der Reinlichkeitswahn und damit der Umsatz von Reinigungs- und Waschmitteln nach dem Zweiten Weltkrieg seinen Siegeszug um die Welt angetreten. Hier hakten auch die Produzenten von Antimikrobiotika für Textilien ein und reklamierten ein hygienisches Muß. Bei Kleidungsstücken gehe es weniger um Materialschutz als um die dauerhafte Unterdrückung des Wachstums von Mikroorganismen. Antimikrobiotika müßten vor allem bei jenen Textilien zur Anwendung kommen, die nur bei niedrigen Temperaturen gewaschen werden können. Da fand man sich wie zufällig auch mit den Kollegen von der Chemiefaserbranche. Bevorzugtes Revier: Socken, Strümpfe, Unterwäsche, Hautnahes aller Art, Futterstoffe, Synthetics aller Art. Da Kunstfaserstoffe gleichzeitig auch schweißfördernd sind, kann man gleich auch Bakterienkiller brauchen. Erschreckenderweise kommen auch Babys mit den Gifthämmern in Kontakt: »Auch Betteinlagen oder Wollvliese für Babys sind erfahrungsgemäß teilweise antimikrobiell ausgerüstet.« (Ried, 1991:143)

Apropos Kammerjäger. Als 1992 in piekfeinen rheinländischen Boutiquen die Motten auftauchten und sich in Pret-à-Porter-Kollektionen und Cashmere-Pullover fraßen, war die erste Reaktion der Griff zur harten Chemie. Ware im Wert von über einer Million DM war gefährdet. Der Produktionsleiter eines bekannten deutschen Strickers sagte in einem Interview: »Sicherheitshalber räuchern autorisierte Kammerjäger im Abstand von wenigen Wochen die ganze Produktion aus, inclusive Rohwaren- und Fertigwarenlager, eben alles, vom Keller bis zum Dachboden ... Ich möchte mich vorsichtig ausdrücken: Dabei werden Chemikalien verwendet, die es in wenigen Jahren nicht mehr geben darf.« (*TM Branche & Business*, 16. 12. 1992:10) Wir wetten, daß es sie noch gibt.

In der Bundesrepublik Deutschland waren für Kleidungsstücke vor 10 Jahren folgende Chemikalien als antimikrobakterielle Wirkstoffe im Einsatz: Aminoplaste, halogenierte Phenole, Salicylanilid-Derivate, Neomycinsulfit, Bisphenole, Imidazole, Diphenylether, Thiobisphenole, organische Zinnverbindungen (z.B. Tributylzinnoxid), Ethylenglykol, Chlormetakresolate, Diethylphthalat, Diphenylantimonhexoat, Dioctylphthalat und quaternäre Ammoniumverbindungen. Bei anderen Textilien wie z.B. Markisen, Campingartikeln und Zeltstoffen kannte die harte Chemie überhaupt keine Hemmungen und knallte Supergifte wie PCP (in Deutschland seit 1. April 1990 verboten), Chromsalze und und organische Quecksilberverbindungen ins Textil (Ried, 1991:144).

Kennzeichnungspflichtig, so die Biologin und Textilfachfrau Meike Ried, seien all diese brisanten Wirkstoffe »in keiner Weise«. Für den Verbraucher sei es unmöglich, mit den Mikroben- und Motten-Killern ausgerüstete Waren zu erkennen. Einzige Möglichkeit, sich schlau zu machen, sei ein Blick auf das Etikett. Wenn auf dem Markenzeichen eine der folgenden Bezeichnungen stehe, könne man »mit Sicherheit eine antimikrobielle Ausrüstung« erwarten: Sanitized, Actifresh, Durafresh, Bioguard, Hygitex und Eulan asept. Auch Fraßschutzstoffe gegen Motten und ähnliche Schädlinge werden unter dieser Stoffgruppe angeführt (*Textilchemikalien*, 1994:25). Der Gesamtverbrauch in Österreich betrug 1993 mehr als 38 Tonnen! Um die Mikrobenkiller möglichst lange aktiv zu erhalten, werden sie in Kunstharze eingelagert, mit denen die Textilfasern »veredelt« werden. Diabolischerweise werden die Substanzen nach jedem Waschen angeregt, ihren Wirkstoff freizusetzen. Das Patentrezept der Textilchemie – Gifte einfach rauswaschen – funktioniert also hier schon vom System her nicht. Das nutzt eine Werbung für »Deosocken«: »Garantierte Dauerwirkung auch nach dem Waschen!« (Rosenkranz/Castelló 1993:113) Die Bezeichnung »Bioguard« ist besonders infam, weil durch »Bio« Natur suggeriert wird.

Über Sanitized-Produkte weiß man nicht mehr als das, was aus der Antwort der Bundesregierung (Gesundheitsministerium) auf eine Kleine Anfrage der Grünen 1985 hervorging: Die Sanitized-Ausrüstung besteht nach Angaben des Herstellers aus quaternären Ammoniumverbindungen, Bisphenolen, Imidazolen, Diphenylether, Thiobisphenol und organischen Zinnverbindungen. Das ist nur eine Aufzählung von Stoffgruppen. Man kann daraus schließen, daß es sich bei den tatsächlich verwendeten Produkten »zumindest zum Teil um gesundheitlich bedenkliche Substanzen handelt« (Ried, 1994:103). Organische Zinnverbindungen sind sehr giftig und hautreizend. Bisphenol A ist allergieauslösend. Eine Reihe von anderen, bei Bernhard Rosenkranz und Edda Castelló (1993:110) aufgezählten Substanzen gehört ebenso in die suspekte Kategorie: z.B. das Antibiotikum Neomycinsulfat, das als allergisch wirkender Stoff bekannt ist.

Quaternäre oder quartäre Ammoniumverbindungen (QAV) sind nicht so harmlos, wie sie die Industrie und ihre Lobbyisten oft hinstellen. In ihrem Buch *Chemie in der Kleidung* schreibt Juwitha Ziegler (1995:65): »Zu den weniger bedenklichen Wirkstoffen zählen quartäre Ammoniumverbindungen.« Das ist schlicht hanebüchener Unsinn. Zum einen gehören QAV wie viele Tenside, Polyglykolether bzw. –ester, Alkylsulfate und –sulfonate zu den ökologisch bedenklichsten Chemikalien, nämlich zur großen Gruppe der schlecht abbaubaren Substanzen (*Textilchemikalien* 1994:57). Außerdem sind sie fischtoxisch. In der Regel sind sie auch dann im Spiel, wenn es um gesundheitsschädliche Kompositionen geht. Beispiel: Basacrylsalz AN, ein Färbereihilfsmittel. Wirkstoff ist eine quaternäre Ammoniumverbindung. Das Mittel enthält auch Methanol und Dibenzyldimethylammoniumchlorid. Es wird als gesundheitsschädlich, schwer abbaubar und giftig beschrieben (vgl. Kap. 2.2.6).

Nach dem deutschen Textilhilfsmittelkatalog (THK) sind quaternäre Ammoniumverbindungen in Spinn-Hilfsmitteln als Weichmacher und antielektrostatischen Präparationen zu finden, aber auch als »Garnstabilisierungsmittel«. Der Hersteller Sanitized bietet QAV als »Schimmelschutz für feuchte textile Materialien« an (THK, 1994/95:34, 285), der Hersteller Witco/Rewo als Lagerkonservierungsmittel »mit bakterizider und fungizider Wirkung« (THK, 1994/95:284). Die allgegenwärtigen quaternären Ammoniumverbindungen stecken aber ebenfalls in Ätz- und Ätzhilfsmitteln, Aufhellungs- und Abziehmitteln, Walkmitteln und Filzfrei-Ausrüstungen, als Weichmacher in Avivagemitteln (s. Kap. 2.2.7), in Glanzausrüstungsmitteln, Reinigungsverstärkern, Ausrüstungsmitteln, Antielektrostatika und antimikrobiell wirksamen Mitteln. Die italienische Firma Bozzetto bietet sie als »Schimmelfest-Ausrüstungsmittel und Fungizid« (THK 1994/95:283) an.

Quarternäre Ammoniumverbindungen finden sich also auch unter den spezifisch antimikrobiellen Ausrüstungen von Textilien. Schon logischerweise kann man davon ausgehen, daß alles, was Kleinstlebewesen angreift, auch für »große Tiere« nicht unschädlich ist. Was im sogenannten Ames-Test, einem Bakterien-Test, erbgutverändernd oder –schädigend ist, steht begründeterweise auch unter Verdacht, krebserregend für den Menschen zu sein. Der Bauplan des Lebens, codiert in der DNS (Desoxyribonukleinsäure), zeigt bei allen Organismen ähnliche Grundprinzipien. »Eine genetische Schädigung bei Bakterien läßt also auch Rückschlüsse auf eine Gefährdung des Menschen zu.« (Mackwitz/Köszegi, 1983:137) Für das Ammoniumsalz Quaternium 15 ist jedenfalls gesichert, daß es nach der internationalen Standard-Epikutan-Testung auf der Liste der 30 Top-Allergene steht. (Der Epikutantest, auch Läppchenprobe genannt, ist ein Hauttest zum definitiven Nachweis von Allergenen. Das Allergen wird auf ein Testpflaster aufgebracht und für 48 Stunden auf der Haut fixiert.) Auch Meike Ried (1994:87) schreibt: »QAV können Hautallergien auslösen.« Gegenüber Säugetieren und Menschen entwickeln einige QAV eine dem indianischen Pfeilgift Curare ähnliche Wirkung, wenn sie in die Blutbahn gelangt sind. Sie blockieren die Nervenleitungen zu den Muskeln und hemmen somit auch die Atemmuskulatur, was zum Ersticken bei vollem Bewußtsein führt.

Antimikrobiotika werden vor allem als Pilzhemmer eingesetzt. Das Gefährliche dabei ist, daß den Mikroben die zunehmende Immunschwäche des Menschen entgegenkommt. Leichte Pilzerkrankungen werden heute immer häufiger registriert. Einige Ursachen sind bekannt: Antibiotika fördern Pilze im Darm. Hormonelle Veränderungen verursachen Candidosen (Pilzbelag), höchstwahrscheinlich auch die »Pille«. Vermutlich sind auch moderne Hygieneartikel wie Tampons, Slipeinlagen und Intimsprays beteiligt. Dringender Verdacht besteht auch für den Faktor Kleidung, beispielsweise bei Slips und Strumpfhosen (Brüser, 1995). Mit dem Einsatz von Giften gegen die Pilze wird wieder einmal nicht die Ursache bekämpft, sondern am Symptom herumkuriert. Ein paar konkrete Beispiele aus dem sehr reichhaltigen Sortiment im österreichischen Textilchemikalien-Katalog sollen zeigen, daß die Antimikrobiotika in Textilien zu den giftigsten Ingredienzien in Textilien gehören:

- Estabex ABF2DIDP (Intercide ABF 2 DIDP): gesundheitschädlich, haut- und schleimhautreizend
- Preventol D6 (enthält u.a. 11 % Formaldehyd und 0,7 % 5-Chlor-2-methyl-3(2H)-isothiazolon und 2-Methyl-3(2H)-isothiazolon): hautreizend und auf den Schleimhäuten ätzend. Bewertung C (s. Bewertungskategorien, Kap. 2.1.6, S. 64)
- Saniprot 8908: haut- und schleimhautreizend
- Sanitized PL 149 (Organo-Zinn-Verbindung): giftig, reizend. Vorgeschriebene Deklaration: »Einatmen, Schlucken oder Aufnahme durch die Haut von geringen Mengen kann erhebliche akute oder chronische Gesundheitsschäden oder den Tod verursachen.« (*Textilchemikalien* 1994:9) Bewertung C

Insgesamt wurden in Österreich nach dem Stand von 1993 mehr als 38 Tonnen (!) Antimikrobiotika eingesetzt. Während Chemiefasern für Mikroben und Insekten unverdauliches Zeug sind, machen sie sich über Naturfasern – ein besonderer Leckerbissen – gerne her. In großen Warenlagern oder Schiffsbäuchen kann das explosionsartige Vermehrung bedeuten. Schon aus wirtschaftlichen Gründen wird daher gerne an Gifteinsatz gedacht. Noch immer werden dafür außerhalb von Europa auch harte Pestizide wie DDT, Pentachlorphenol und Dieldrin verwendet. Neuere Chemikalien sind zwar weniger bekannt, aber keineswegs ungefährlich. Sie ziehen wie Farbstoffe auf die Fasern auf und wirken über die gesamte Lebensdauer des Textils hinweg. Nach Meike Ried (1991:141) sind Eulan von Bayer und Mitin von CIBA-Geigy heute die gängigsten Produkte bei der Ausrüstung von Wollsachen. Der Ausdruck »eulanisiert« hat sich sogar in der Umgangssprache eingebürgert. Die Struktur und die Kombination der Wirkstoffe werde laufend geändert, und »die genaue chemische Zusammensetzung der Präparate bleibe Firmengeheimnis«. Nach den Angaben der Autorin waren die meisten Mottizide in den 80er Jahren Chlorverbindungen. Bayer haben dann, so Meike Ried, die Eulan-Rezeptur auf Sulfonamid-Derivate und synthetische Pyrethroide als Mottenschutzmittel geändert. Ein typischer Vertreter dieser Gruppe ist Elan spa.

Auch die Firmen Wellcome (Perigen), Shell und CIBA-Geigy würden in letzter Zeit verstärkt synthetische Pyrethroide als Mottizide zum Einsatz bringen. Bei Juwitha Ziegler (1995:88) findet man die falsche Mitteilung, daß DDT, Dieldrin, PCP, Aldrin und ähnliche Pestizide »bei der Kleidung nicht mehr zum Schutz vor Textilschädlingen angewandt werden«. In außereuropäischen Ländern werden sie nämlich sehr wohl eingesetzt und mit den Textilien reichlich importiert.

In jüngster Zeit ist die deutsche Industrie ausschließlich auf synthetische Pyrethroide als »Fraßschutzmittel« übergegangen. Der *THK* (1994/95:285) enthält vier Produkte dieser Kategorie: Eulan ETS und Eulan spa von Bayer, Mottex N32 von Impocolor und Raniesect VP 92 von der Ranie Chemie. Mit den synthetischen Pyrethroiden kommt eine Stoffgruppe ins Spiel, die in letzter Zeit in unverantwortlicher Weise verharmlost wurde. Zum Beispiel von Juwitha Ziegler, die Pyrethroide in ihrem Buch *Chemie in der Kleidung* vollkommen kritiklos darstellt (Ziegler, 1995:161). Wahr ist vielmehr, daß synthetische Pyrethroide gefährliche Nervengifte sind. Sie wirken besonders giftig, wenn sie über verletzte Haut in den Organismus eindringen. Möglicherweise sind sie auch krebserzeugend beziehungsweise krebsfördernd. Pyrethrum ist ursprüngliche das Pflanzengift einer bestimmten Chrysanthemenart, das sogar von Bio-Bauern völlig legal und legitim eingesetzt wird. Natürlich gibt es für den enormen Giftbedarf der Industrie viel zu wenig davon. Folglich drehten große Chemiemultis wie Shell, Bayer, Hoechst und Kwizda einen gigantischen Bio-Schmäh mit synthetisch hergestellten Pyrethroiden, die in ihrer Struktur vom natürlichen Pyrethrum abweichen. Die der Natur nachgebauten Chemiegifte enthalten Halogene. Permethrin und Cypermethrin sind chlorierte Verbindungen, Deltamethrin ist eine bromierte Form.

Der Erfolg der Chemie-Killer war beachtlich: Immerhin wurden schon 1981 weltweit allein 1000 Tonnen Mottizide hergestellt. Das Zeug wird auch nicht allzu knapp dosiert. Nach Meike Ried werden auf das Kilo Wolle 5 Gramm Mottizid verwendet. Auch sonst rieseln chemische Keulen dieser Provenienz nur so aus dem Textil: Für Antimikrobiotika der Firma Sanitized AG gibt Meike Ried (1991:145) eine Menge von 10 mg (Milligramm = Tausendstel Gramm) pro Kilo an. Unter »sonstige antimikrobielle Mittel« findet sich in einem Katalog der deutschen Textilindustrie Mitte der 80er Jahre ein Jahresverbrauch von 1096 Tonnen (Ried, 1991:145). Man kann sich leicht ausrechnen, daß sich die Sache für die Industrie rechnet.

Der Pyrethrum- und Pyrethroid-Spezialist Müller-Mohnssen war zunächst von der Harmlosigkeit der nachgebauten Chrysanthem-Extrakte überzeugt. In den letzten Jahren seiner aktiven Zeit bei der Gesellschaft für Strahlen- und Umweltforschung (GSF) in Neuherberg bei München wurde er vom Saulus zum Paulus. Müller-Mohnssen kam dann zu dem Schluß, daß die »sanften Killer« einen »langzeitwirkenden neurotoxischen, das Nervensystem schädigenden Effekt« beim Menschen haben. Damit zog er sich den Haß der »Kollegen« zu und wurde quasi zwangspensioniert. In seiner feinen Art publizierte der alte Herr die Antwort im deutschen Ärzteblatt und erklärte zum Fall Pyrethroide feierlich: »Die Wissenschaft ist als Frühwarnsystem ausgeschaltet worden.« (Müller-Mohnssen, 1991)

Synthetische Pyrethroide sind nach neuesten Forschungen von Friedhelm Diel von der Fachhochschule Fulda nicht nur starke Nervengifte. Sie sind Zellgifte und schädigen das Immunsystem, was sich insbesondere bei Allergikern negativ auswirkt. Diel hat das in Vergleichs-Untersuchungen von »Normergikern« und Allergikern mit einem typischen Pyrethroid, dem S-Bioallethrin, anhand von T-Lymphozyten (Zellen der Immunabwehr) bewiesen (Diel u.a., 1995:70 ff.).

2.2 Das dreckige Dutzend der Appreturmittel

Nach der quasi amtlichen Definition soll das Appretieren Textilien Eigenschaften verleihen, durch die Aussehen, Verkaufsfähigkeit und Gebrauchstüchtigkeit erhöht werden: Griff, Fülle, Steife, aber auch Waschechtheit und Beständigkeit gegenüber chemischer Reinigung spielen dabei eine wichtige Rolle. Zwei Gruppen werden unterschieden: natürliche und synthetische Appreturmittel. Zu den natürlichen zählen Stärke, Stärkederivate, Zellulosederivate, Alginate, Kartoffelstärke, abgebaute Kartoffelstärke, Kalialaun und Kaolin, die zumindest in Österreich einen beträchtlichen Teil der Produktion ausmachen. Zu den synthetischen Appreturmitteln gehören Polyvinylverbindungen, Polyacrylverbindungen, Alkydharze und Aminoplastdispersionen, die keineswegs so harmlos sind wie ihre »natürlichen Kollegen«. Der Gesamtverbrauch an Appreturen lag in Österreich 1993 bei rund 440 000 Kilogramm.

Insgesamt ein rundes Dutzend dieser Textilveredelungsmittel präsentierten sich nach dem österreichischen Textilchemikalien-Katalog 1994 als »reizend«, manche davon mit dem Zusatz »Stark reizend mit Gefahr ernster Augenschäden«. Einige Produkte enthalten Formaldehyd. Mitunter wird die Bewertung C gegeben (s. Kasten in Kap. 2.1.6, S. 64). Einige sind auch fischtoxisch bzw. schädlich für Wasserorganismen. Alles in allem keine angenehme Stoffklasse.

Zu den Prunkstücken der Kategorie »Synthetische Appreturen« zählen Dicrylan SLTS und Imprafix BE (Lösung), Präparate, die bis zu 45 bzw.

75 % Toluol enthalten. Sie müssen nur als »mindergiftig«, »leichtentzünd-lich« und »reizend« deklariert werden. Diese Deklaration wird aber der Brisanz von Toluol nicht gerecht. Die toxikologischen Daten dieses aromatischen Kohlenwasserstoffs lassen an den abschließbaren Giftschrank denken: Störungen des Zentralnervensystems bereits bei 200 ppm Inhalation (ppm = part per million = 1 Teil auf 1 Million Teile), ab 300 ppm über einen längeren Zeitraum bei Ratten krebserzeugend. Der Stoff ist fettliebend und wird auch über die Haut aufgenommen, reichert sich in Nebenniere, Knochenmark, Gehirn, Leber und anderen lipoidreichen Organen an. Es kann zu Nekrosen von Leber, Niere und Gehirn kommen. Toluol ist sehr flüchtig – von der Weltproduktion von mehreren Millionen Tonnen verflüchtigt sich etwa ein Drittel – und wasserlöslich. In den Textilien, die wir am Leibe tragen, wird sich nach dem berühmten vorbeugenden Waschen kaum noch etwas finden. Aber ist es deshalb legitim, die Textilarbeiter einer so giftigen Substanz auszusetzen, damit der Stoff »mehr Griff hat«?

Auch Isocyanatverbindungen sind sehr brisante Wirkstoffe in Appreturen. Beispiel: Imprafix TH (Lösung). Der Hinweis: »Sensibilisierung durch Einatmen möglich«, wirkt ein wenig läppisch. Das gleiche gilt für Imprafix TRL (Lösung). Es besteht zwar Kennzeichnungspflicht (»Enthält Isocyanate«). Aber mindert das die Gefahr, die durch die folgende Beschreibung nur leicht angedeutet wird? »Mäßig bis stark reizend. Nicht in Gewässer, Abwässer oder ins Erdreich gelangen lassen. Setzt sich mit Wasser an der Grenzfläche unter Bildung von Kohlendioxid zu einem festen, hochschmelzenden und unlöslichen Reaktionsprodukt (Polyharnstoff) um.«

2.3 Weißmacher und Aufheller: totenblaß und kreidebleich

»Naturfasern haben meist eine bräunlich-gelbe Eigenfarbe, die es mit Bleichmitteln zu beseitigen gilt … Leuchtendes Weiß wird mit perfekter Hygiene gleichgesetzt. Die Kleidung soll erstrahlen, um zu zeigen, wie sauber sie ist. Optische Aufheller helfen dabei.« Juwitha Ziegler (1995:71, 74) zeigt uns wieder einmal den Weg. Stimmt schon – auch wenn die Strahler-Euphorie weh tut: Ungefärbte Textilien auf nativer oder synthetischer Basis haben einen mehr oder weniger stark ausgeprägten Grau- oder Gelbstich. Zur Eliminierung bzw. Reduzierung werden optische Aufheller eingesetzt. Sie wandeln unsichtbare UV-Strahlung in sichtbares Licht um. Es wird als schwach blaue Fluoreszenz, also in der Komplementärfarbe der Vergilbung, wieder abgestrahlt. Derivate von Pyrazolin, Naphtalsäureimid, Benzoxazol, Stilbenen (Derivate von Diphenyläthylenen), Cumarin und Diarylpyrazolin sind die häufigsten Ausgangsmaterialien. Der Gesamtverbrauch lag 1993 in Österreich bei 62 Tonnen. Bei Chemiefasern werden die Aufheller oft direkt der Spinnmasse beigegeben.

Beim Bleichen handelt es sich im wesentlichen um die Zerstörung natürlicher Verfärbungen mit dem Ziel, den Weißgrad zu erhöhen. Bleichen kann man auf oxidativem und reduktivem Weg. Oxidative Bleichmittel sind Wasserstoffperoxid, Hypochlorit- und Chloritverbindungen. Als reduzierendes Bleichmittel wird ausschließlich Natriumdithionit (Natriumhydrosulfit) eingesetzt. Bleichmittel und optische Aufheller sollen Farben einen helleren Ton geben und Weiß nach den Wahnideen der Werbefritzen »weißer als weiß« machen. Meist werden dabei Chlor-Chemikalien, Pyrazolin-, Triazin- und Benzoxazol-Verbindungen eingesetzt, aber auch Stilbene und Cumarine. Als Hilfsmittel dienen Verstärker (Aktivatoren), Stabilisatoren und Faserschutzmittel für Zellulosefasern und Netzmittel. Die Chemikaliengruppe der optischen Aufheller ist in der Textilbranche kein Waisenkind. In Österreich wurden 1993 mehr als 2,7 Millionen Kilo eingesetzt!

Daß die Chlorchemie zum Schutz von Mensch und Umwelt abzulehnen ist, bedarf heute keiner langen Erklärungen. Aber auch die anderen Bleichmittel und optischen Aufheller sind äußerst kritisch zu betrachten. In der Wissenschaft ist zwar die Diskussion noch nicht abgeschlossen, aber die Stilbene könnten ebenso zu den unter der Einwirkung von Sonnenlicht sensibilisierenden Substanzen gehören wie die Cumarine. Solche Stoffe haben im lebenden Organismus unter Einwirkung von UV-Licht eine phototoxische Wirkung, d.h. sie verursachen Zellschäden und Zellzerstörung. Nach dem medizinischen Standard-Lexikon *Pschyrembel* sind Stilbene synthetische Östrogene, die in den meisten biologischen Wirkungen mit den natürlichen Östrogenen, Hormonen also, übereinstimmen.

Problematisch ist, daß Bleichmittel gefährliche Zersetzungsprodukte abgeben. Das »reizende« Blancolen K gibt Schwefeldioxid ab. Contavan ALR ist nicht einmal kennzeichnungspflichtig, obwohl Phosphorwasserstoff freigesetzt werden kann. Kappaquest S12 enthält Salz- und Phosphonsäure. Es ist ätzend, reizend, darf nicht ins Grundwasser, Oberflächenwässer oder in die Kanalisation gelangen. In größeren Mengen sind die reizenden Bleichmittel Magnesiumchlorid, Natriumchlorit 80 % (zusätzlich giftig, brandfördernd, ätzend) und Natriumhypochlorit im Einsatz. Letzteres ist nicht nur ätzend. Es besteht auch die Gefahr von Lungenödemen. Die schädliche Wirkung auf Wasserorganismen ist auf die pH-Wert-Erhöhung und Freisetzung von Chlor zurückzuführen. Beim reizenden Proventin 7, einer organischen Guanidinverbindung, ist Sensibilisierung durch Hautkontakt möglich. Es kann zu »schwerwiegenden Reiz- bzw. Ätzwirkungen« kommen. Tubotex PCA flüssig enthält eine Kaliumhydroxydlösung, die stark ätzend ist und ohne Vorbehandlung nicht in die Kanalisation gelangen darf. Das in Österreich meistverbrauchte Bleichmittel (1993 rund 2 Millionen Kilo) ist das ätzende und stark reizende Wasserstoffperoxid 35 %.

Zu Beginn der 70er Jahre gehörten optische Aufheller, die ja auch in den meisten Waschmitteln enthalten sind, zu den häufigsten Kontaktallergenen. Einige mußten wegen ihrer krebserregenden Eigenschaften verboten werden. Nachdem die schlimmsten Produkte aus dem Verkehr gezogen wurden, beruhigte sich die Szene. Aber auch heute noch gehören die optischen Aufheller zu jenen Stoffen, die bei gleichzeitiger Sonnenbestrahlung Allergien hervorrufen können (Ried, 1994:71).

Die Tester der österreichischen Verbraucherzeitschrift *Konsument* prüften 1992 »Auf Knopf und Kragen«, was ihnen 18 buntgewebte Hemden mit »dezenten Streifenmustern« zu bieten hatten. Die große Überraschung war, daß die »unerwünschten Strahlemacher«, die optischen Aufheller, in allen Exemplaren der Species zu finden waren. Die UV-Lampe brachte es ans Licht:

»Auch bei bunten Stoffen kommt die Industrie ohne optische Aufheller nicht mehr aus… Wie wir bei unserem Test feststellen mußten, sind die verwendeten optischen Aufheller nicht echt, das heißt, sie wandern vom Gewebe ab. Beim Tragen lösen sie sich durch den menschlichen Schweiß von den Fasern und gelangen auf die Haut, was bei empfindlichen Menschen zu Reizungen führen kann. Beim Waschen ziehen sie auf die anderen mitgewaschenen Textilien auf, wo sie nur oberflächlich haften bleiben.« (*Konsument* 6/1992:28)

Wenn man bedenkt, daß z.B. Cumarine nicht daran denken, nur auf der Haut zu bleiben, sondern auch durch die Haut gehen, dann wird die Geschichte schon brisant. Und da ist noch ein weiteres pikantes Detail: Waschmittel mit optischen Aufhellern – und die stecken beinahe in allen, außer in den Baukastensystemen – multiplizieren noch das Problem: »Statt die Strahlemacher wegzuwaschen, reichern sie sie weiter an. Nach der dreißigsten Wäsche war bei unseren Hemden die zusätzliche Belastung durch den optischen Aufheller des Waschmittels deutlich sichtbar«, schreiben die *Konsument*-Tester. Schade nur, daß im Test weder die Wirkstoffe der optischen Aufheller noch die eingesetzte Menge angegeben wurden.

Wer glaubt, daß die gesundheitlichen Bedenken gegen die optischen Aufheller die Industrie zur Umkehr bewegt haben könnten, der irrt. In einem erst jüngst veröffentlichten Test über die Inhaltsstoffe von Badetextilien zeigte sich, daß alle, aber auch wirklich alle Badeanzüge, –shorts und –hosen und auch Babyhöschen optische Aufheller enthielten. Übrigens enthielten die meisten auch aus Azofarben stammende krebserregende

Amine, einige krebsverdächtige halogenorganische Verbindungen und sehr viele schädliche Schwer- und Halbmetalle wie Antimon, Chrom, Kupfer und Zink (Roth, 1995:50).

2.4 Flammschutz: Krebs-Pyjamas für Kinder

Nach der Definition haben Flammschutzmittel die Aufgabe, die Entflamm- und Brennbarkeit von Textilien herabzusetzen oder weitgehend zu verhindern, sowie ein Weiterglimmen zu unterbinden. Ihre Wirkung ist auf die Bildung eines Schutzfilms, auf die Entstehung nichtbrennbarer Gase und auf die Abspaltung von Wasser (Dehydratisierung) zurückzuführen. Man unterscheidet dauerhaft von nicht dauerhaft aufgebrachtem Flammschutz. Zu den nichtpermanenten Flammschutzmitteln gehören Ammoniumverbindungen, zu den permanenten quartäre Phosphoniumverbindungen, Chlorparaffine, Antimontrioxid, Titan-Antimon und diverse Brom-Verbindungen. Für Wolle wird eine spezielle Auswahl von brutaler Chemie verwendet: Zirkon-Wolfram-Komplexe, Kalium-Hexafluor-Titanat oder -Zirkonat oder Tetrabromphthalsäure. Bei Einwirkung von Feuer entstehen dadurch z.B. Bromgase, die die Flammen ersticken sollen. Eher aber erstickt der Mensch. Der Verbrauch zeigt, daß die Chemiebomben trotz größter ökologischer und toxikologischer Einwände immer noch kräftig eingesetzt werden. In Österreich lag der Gesamtverbrauch 1993 bei 133 999 Kilo.

Eine ganze Reihe von Flammschutzmitteln sind mutagen – erbgutverändernd. Krebsforscher haben das mit Mutationstests eindeutig bewiesen. So sind zum Beispiel Dimethylhydrogenphosphit und Chlorendinsäure bei Indikatorzellen von vielzelligen Organismen mutagen und erzeugen bei Ratten Vormagenkrebs und Leberkrebs. Deutlich erbgutverändernd ist auch p-Chloro-o-Toluidin, das bei Ratten und Mäusen von den Blutgefäßen ausgehende Tumore (Hämangiosarkome) erzeugt (Knasmüller u.a., 1992:128). Der Horrorstoff wurde 1986 in den USA und in Deutschland verboten, treibt aber sonst noch immer sein Unwesen.

Ein Blick in den österreichischen Textilhilfsmittelkatalog zeigt einige human- und umwelttoxisch sehr schlecht bewertete Produkte: z.B. Aflamit ZR, bestehend aus giftigem und reizendem Kaliumfluorozirkonat, oder Antiox Blue Star RG (= Antimonoxid 15 S), Antimontrioxid, dessen atembarer Staub im Tierversuch krebserzeugend ist. Demgegenüber erscheint Borsäure, die neuerdings als alternatives Flammschutzmittel eingesetzt wird, als harmlos. Allerdings kann mit ihr keine anhaltende Wirkung erzielt werden, da sie in Wasser löslich ist und allmählich ausgelaugt wird. Im deutschen Hilfsmittel-Verzeichnis begegnet man vor allem anorganischen Phosphorverbindungen, organischen Halogenverbindungen, die meist nicht näher gekennzeichnet werden, und »Zubereitungen aus Polyvinylchlorid« und einigen Derivaten. Es kann nicht abgelesen werden, ob die Basis der Halogenverbindungen Brom oder Chlor ist. Des weiteren werden »Metalloxid«-Komponenten angegeben. Auch hier wird man exakte Angaben vergeblich suchen. Genaue Bezeichnungen sind an einer Hand abzuzählen: Zirkoniumacetatlösung, Kaliumhexyfluortitanat, Alkylphosphat, Alkylphosphanat, Alcylolamid, Alkylolamid.

Unter Ausnutzung der hysterischen Angst vor Verbrennungen wurden in den USA in den 70er Jahren die Bestimmungen für die Nicht-Entflammbarkeit von Kinderschlafanzügen gesetzlich zementiert. Zur Imprägnierung wurde insbesonders Tris-1,2-Dibromo-3-chlorpropan eingesetzt. Die Verbindung zeigte sich in allen Genotoxizitätstests positiv. Als sich herausstellte, daß sie im Tierversuch Krebs auslöst, wurde sie gestoppt. In der chemischen Struktur sehr ähnliche Verbindungen – Tris-2-chloroehtylphosphat und Tris-1,2-chloro-3-propylphosphat – werden allerdings noch immer aufgebracht. Die letztere Verbindung ist deutlich mutagen. Langzeitkrebstests fehlen für beide Stoffe (Knasmüller u. a., 1992:128).

Das Ergebnis des exzessiven Einsatzes von Flammschutzmitteln war eine Flut von Allergien und schlimmen Erkrankungen. Seit damals weiß man, daß diese Chemikalien zum Schlimmsten gehören, was man sich durch Textiles antun kann. Vor allem die Bromverbindungen erwiesen sich gleich von Anfang an als gefährlich. Es wurde nachgewiesen, daß sie durch die Haut in den Organismus gelangen. »Die Chrom-, Chlor- und Phosphorverbindungen sind hautunverträglich, giftig und krebserregend.« (Rosenkranz/Castelló, 1993:122) Aber Industrie und Politik ziehen keine Konsequenzen. Die Liste der flammhemmenden Chemikalien reicht von Methyloldicyandiamin über Tetrakishydroxymethylphosphonium oder halogenierte Phosphorsäureester bis hin zu Vinylphosphonaten, die alle nicht zu den gesundheitsfördernden Mitteln gehören. Ökologen fordern Schulter an Schulter mit den Toxikologen ein Verbot der halogenierten Flammschutzmittel. Denn spätestens, wenn die Textilien nicht mehr gebraucht werden und in einer Müllverbrennungsanlage landen, bilden sich Salzsäure und Dioxine. Die Chlorkomponente ist auch der Grund, warum von der Industrie angepriesene Textilien aus PVC oder PVC-Gemischen keine sinnvolle Flammschutzausrüstung sein können.

Nach Kalkulation aller Fakten nimmt es nicht wunder, daß Flammdämmer nur in Arbeitsschutzkleidung noch ein begrenztes Dasein fristen. Unbelehrbar sind nur Briten und Iren. Sie beschlossen Ende der 80er Jahre, für Möbelbezüge und Bettwaren Flammhemmer zwingend vorzuschreiben. Sie wollen damit – obwohl die Briten ja sonst nicht gerade kontinental

orientiert sind – auch alle anderen Länder der Europäischen Union beglük-
ken und zur Übernahme ihres Flammschutzwahns zwingen – weniger
wegen des Psychoterrors, offensichtlich zur Stützung ihrer maroden Industrie. 1990 scheiterte ein Vorstoß am Einspruch der deutschen Bundesregierung. Aber die Briten und Iren sind zäh. Sollten sie Erfolg haben, müßten
die Bezüge von bis zu 40 000 Polstermöbeln im Jahr mit Flammschutzmitteln ausgerüstet werden – mit unabsehbaren Folgen für die Umwelt, wenn
diese auf dem Müll landen oder wenn's wirklich brennt. Dann werden die
Häuser nämlich richtig unbewohnbar – durch die Dioxinverseuchung. Ein
Rückschritt in die Zeiten, als man glaubte, mit der Aktentasche überm
Kopf könne man sich vorm Atombombenblitz schützen.

Die EU-Kommission wird offenbar dem Druck der Briten und Iren
nachgeben. Aus dem Protokoll der Arbeitsgruppe Textilien beim Berliner
Bundesinstitut für Verbraucherschutz geht hervor, daß die Kommissare die
Ausrüstung von Polstermöbeln und Matratzen mit flammhemmenden
Chemikalien auch im privaten Bereich per Verordnung vorschreiben wollen. Pressemeldungen, daß der Plötzliche Kindestod mit flammhemmen-
der Imprägnierung von Matratzen zu tun habe, wurden von der Arbeitsgruppe als »nicht plausibel« bezeichnet, da eine solche Ausrüstung im
privaten Bereich nicht üblich sei.

2.5 Glyoxal statt Formaldehyd: Teufel mit Beelzebub austreiben

Knitterfest und bügelfrei: Ein großer Teil aller Gewebe aus Baumwolle,
Leinen, Wolle, Viskose und Naturfaser-Synthetik-Mischungen wird heute
mit formaldehyd- oder glyoxalhaltigen Kunstharzen überzogen. Die Zellulosefasern Viskose und Modal werden sogar schon bei der Herstellung
mit Formaldehyd modifiziert. In solchen Fasern wurden schon Werte von
über 100 ppm (= parts per million = Teile auf eine Million) gemessen. Der
Stoff soll durch die Behandlung mit den Kunstharzen auch nach dem
Waschen glatt bleiben und nicht eingehen. Die Industrie nennt diese Prozedur »pflegeleichte Ausrüstung« bzw. »Hochveredelung«. (Der Münchner
Toxikologe Max Daunderer wettert zu Recht gegen diese Wort-Camouf-
lage und zieht den Begriff »Behandlung mit Textilgiften« vor.) Nicht
erwähnt wird, daß die Behandlung die Scheuer- und Reißfestigkeit des
Stoffes herabsetzt und z.B. Leinen oder Baumwolle viel von ihrer natürlichen Saugfähigkeit verlieren. Mit Kunstharzen behandelte Stoffe können
nicht mehr so viel Schweiß aufnehmen und kleben auf der Haut, wie im
Textilforschungsinstitut Hohenstein festgestellt wurde. Die Kleidungs-

stücke können sich zudem elektrostatisch aufladen und müssen, da sie auch schneller verschmutzen, häufiger gewaschen werden.

Die Wirkung von Kunstharzen auf der Basis Harnstoff/Formaldehyd oder Melamin/Formaldehyd beruht auf einer Vernetzung der Fasermoleküle, so daß das Eindringen von Wassermolekülen erschwert wird. Baumwolle und andere Naturfasern werden so zu beinahe synthetischen Kunstprodukten. Weltweit werden jährlich rund 180 000 Tonnen Kunstharze allein für Baumwollstoffe eingesetzt (Ried, 1994:81) Durch die Vernetzung wird ein Teil des Formaldehyds in der Faser gebunden und nur langsam freigesetzt, z.B. durch Schweiß oder die Hitze beim Bügeln. Der Rest ist sogenanntes freies Formaldehyd. Noch vor gar nicht allzulanger Zeit war davon noch so viel vorhanden, daß einem in manchen Textilgeschäften die Augen tränten. Das wurde mittlerweile durch Lüftungsanlagen verbessert.

Mit Recht wird von Konsumentenschützern kritisiert, daß Formaldehyd in Deutschland und Österreich erst ab 1 500 ppm in Kleidungsstücken mit der Aufschrift »Enthält Formaldehyd« deklariert werden muß. In den USA liegt der zulässige Grenzwert bei 1 000 ppm. Japan hat schon Anfang der 70er Jahre ein Mehrstufenkonzept eingeführt: Je näher Textilien der Haut kommen, desto weniger Formaldehyd darf enthalten sein. Bei Kinderkleidung und Bettwäsche ist er überhaupt verboten! Für Unterwäsche von Erwachsenen gilt ein Grenzwert von 75 ppm. Auch die Finnen richten sich nach diesen Grenzwerten. Sogar nach den Richtlinien des industriefreundlichen Österreichischen Textilforschungsinstituts ÖTN 100 ist beim Formaldehyd eine ähnliche Stufenregelung eingeführt worden: In Babykleidung darf das Kunstharz nicht nachweisbar sein. Für Kinderbekleidung wurde ein Grenzwert von 20 ppm eingeführt, für hautnahe Stoffe von 75 ppm und für hautferne von 300 ppm. Daß diese Normen »Öko-Tex-100 schadstofffrei« getauft wurden, steht auf einem anderen Blatt und ist als Öko-Trick abzulehnen.

1988 wurden in Baden-Württemberg 242 Proben von verschiedensten Kleidungsstücken und Bettwäsche auf Formaldehyd untersucht. Fast alle enthielten die »Lieblingschemikalie« der Textilindustrie, die Mehrzahl der Proben unter 100 ppm, 26 Stücke zwischen 500 und 1 000 ppm, zwei sogar mehr als 1 500 ppm. Bei solchen Konzentrationen kommt es »bei den meisten Menschen zu direkten Vergiftungserscheinungen wie juckender Nase, kratzendem Hals, tränenden Augen und Kopfschmerzen« (Ried, 1994:83). Kinder sind gegenüber allen Giften besonders empfindlich. Das gilt sinngemäß für alle Gifte, also auch für Formaldehyd. Allergien, die in jungen Jahren ausgelöst wurden, können zum lebenslangen Begleiter werden. Um eine Formaldehydallergie auszulösen genügen 750 ppm, bei bereits sensibilisierten Personen schon 300 ppm oder noch weniger. Formaldehyd gehört nicht nur zu den Top-Allergenen. Nach der Beschreibung in der MAK-Liste, in der die Maximale Arbeitsplatz-Konzentration (MAK) gesetzlich festlegt wird, besteht auch »ein begründeter Verdacht auf krebserzeugendes Potential«.

Diese Ignoranz gegenüber dem Schutz des Verbrauchers ist vor allem darauf zurückzuführen, daß die Industrie sich einbildet, auf diese Kunstharze nicht verzichten zu können. Das gilt ebenso für den oft als Alternative zu Formaldehyd gehandelten und zunehmend eingesetzten Dimethylglyoxalharnstoff. Glyoxal, wie er abgekürzt genannt wird, ist ebenso allergisierend wie Formaldehyd. Außerdem kann es zu Nierenfunktionsstörungen kommen. Und es besteht gleichermaßen ein begründeter Verdacht auf ein krebserzeugendes Potential. Nach Bakterien-Tests und Zellkultur-Analysen des ehemaligen Bundesgesundheitsamtes in Berlin ist Glyoxal auch erbgutverändernd. Wenn man Formaldehyd durch Glyoxal ersetzt, dann heißt das den Teufel mit dem Beelzebub austreiben.

Tückischerweise muß zur Erzeugung des gleichen Anti-Knittereffekts wie bei Formaldehyd eine wesentlich größere Menge Glyoxal eingesetzt werden. 1991 checkte das Untersuchungsamt Bielefeld Samt- und Futterstoffe auf Glyoxal. In Proben aus Baumwollsamt wurden sehr hohe Mengen der »Pflegeleicht«-Chemikalien nachgewiesen (Cejka, 1992:90). Auf der Grundlage der Untersuchungen der Chemischen Landesuntersuchungsanstalt Freiburg, bei denen hohe Freisetzungsraten von Glyoxal aus textilen Bedarfsgegenständen gemessen wurden – in 100 Gramm Samt bis zu 2,6 Gramm Glyoxal (das entspricht 26 000 ppm!)-, stellte dann die Arbeitsgruppe Textilien im BGVV fest, »daß der Einsatz glyoxalhaltiger Vernetzer, der zu solchen Freisetzungsraten führt, in der Bundesrepublik Deutschland nicht mehr dem Stand der Technik entspreche«. Für die Bewertung der Glyoxalfreisetzung aus Textilien sollten die für Formaldehyd geltenden Bestimmungen herangezogen werden. Auf Deutsch: Glyoxal ist ebenso gefährlich wie Formaldehyd. Trotzdem fielen sogar Natur-Textil-Hersteller auf den Öko-Trick Glyoxal herein. Geoutet wurde der Formaldehydersatz 1992 in T-Shirts von Hess-Natur und Living Crafts (Cejka 1992:93).

Nach der von Dermatologen herausgegebenen internationalen Standard-Epikutan-Testung gehört Formaldehyd zu den Top-Allergenen. An dieser Tatsache ändert sich auch nichts, wenn der Haupthersteller, die Pfersee Chemie in Langweid bei Augsburg, in einem Anfang der 90er Jahre erschienenen Hochglanzheft einen ihrer Mitarbeiter und einen Rechtsanwalt konstatieren läßt:

»Der Einsatz formaldehydhaltiger Stoffe in der Textilveredelungsindustrie ist einerseits erforderlich, andererseits unbedenklich. Weder existiert eine Alternative noch besteht bei dem Einsatz von Produkten der Pfersee Chemie ein gesundheitliches Risiko, wenn die produktspezifischen Anwendungsvorschriften beachtet werden.« (Rössler/Kleffmann, 1991:3)

Was denn das für Vorschriften sind, darüber verbreiten sich die Herren nicht. Am Ende das immer wieder empfohlene »gründliche Waschen vor dem ersten Tragen«? Auch das würde nichts nützen, denn ein Großteil des Formaldehyds ist ja durch die Vernetzung gebunden und wird nur langsam abgegeben, etwa durch Bügeln und unter dem Einfluß von Schweiß.

Irgendwie müssen den Formaldehyd-Enthusiasten doch Zweifel gekommen sein, denn die Pfersee Chemie nahe Augsburg – übrigens eine 100 %ige Tochter des schweizer Chemiemultis CIBA Geigy – bemühte sich um die Herstellung von formaldehydfreien Zellulosevernetzern. »Hinsichtlich von Bügelarmut und Maßstabilität nach Wäschen« konnten diese Erzeugnisse aber nicht überzeugen. Pfersee-Fazit: Formaldehyd ist unverzichtbar. Vor Formaldehyd, meinen die Autoren der Absolutions-Schrift, warnen nur Leute, die »Angst vor der Chemie schüren« wollen. Auch der Genuß einer Zigarette oder einer Tasse Kaffee verursache eine Formaldehydbelastung. Formaldehyd sei zudem ein »Bioprodukt«. Wenn die Natur Gifte produziere, rege sich keiner auf. Die Tierstudie 1981, mit der Formaldehyd »in die Nähe der krebserzeugenden Stoffe gerückt« wurde, sei in wissenschaftlichen Kreisen umstritten. Dann fragt sich nur, warum in der offiziellen MAK-Wert-Liste von einem »begründeten Verdacht auf krebserzeugendes Potential« die Rede ist. Für die MAK-Werte seien »wissenschaftlich fundierte Kriterien des Gesundheitsschutzes maßgebend«, heißt es z.B. im Lexikon *Umwelt und Chemie* (1991:83), herausgegeben vom Fachverband der chemischen Industrie Österreichs.

Natürlich ist auch Formaldehyd aus dem Zigarettenrauch gesundheitsschädlich. Das heißt aber nicht, daß Formaldehyd in Textilien akzeptiert werden kann. Die propagandamäßig aufgezogenen Totschlagargumente der PR-Abteilungen der Chemiemultis gegen die Natur sind erst recht unhaltbar. Ein Vergleich zwischen synthetischen, lebensfremden Chemikalien und Substanzen in evolutionserprobten Naturstoffen ist unzulässig. Naturstoffe sind nie rein, sondern immer Vielstoffgemische. Biomoleküle sind hochkomplizierte Bausteine des Lebens, die jeweils immer ganz spezielle Funktionen erfüllen, die nur im Gesamtzusammenhang gesehen werden können. Eine gesonderte Betrachtung von isolierten Stoffen ist nur für künstlich hergestellte Reinsubstanzen zulässig. Die Natur konzentriert ihre Gifte nicht, sondern dosiert sie ganz genau, je nach Bestimmungszweck und Funktion. Giftige Pflanzen und Tiere sind mit Signalfarben und

Reizgerüchen ausgestattet. Synthetischen Giften fehlen oft diese Warnzeichen (Adler/Mackwitz, 1990:68). Auch in Pflanzen kann Formaldehyd synthetisiert werden, aber nicht über 5 ppm hinaus.

Fachleute gehen davon aus, daß inzwischen etwa 90 % aller Baumwolltextilien mit Kunstharzen behandelt werden. Der österreichische Verein für Konsumenteninformation (VKI) hat Textilien im Lauf der letzten Jahre immer wieder auf Formaldehyd getestet. Mit schöner Regelmäßigkeit zeigt sich, daß sie fast alle mit dem Gift belastet sind. 1991 wurden 11 Textilien untersucht, acht davon aus reiner Baumwolle. Bis auf ein Spannleintuch aus einem Naturfaser-Synthetik-Gemisch, das ausdrücklich als »formaldehydfrei« deklariert wurde, enthielten alle Formaldehyd, auch diejenigen Stücke, die nicht als »bügelfrei« gekennzeichnet waren. In einer »schicken schwarzen Bettwäsche mit lilablauem Batikdruck aus 100 % Baumwolle« entdeckten die Tester 430 ppm, in einer weißen Kindertrachtenbluse aus 100 % Baumwolle 268 ppm (*Konsument* 1/1991:22). 1992 waren Herrenhemden dran. Von 18 Exemplaren waren in fünf Formaldehyd und in einem weiteren Drittel »formaldehydfreie Kunstharze«, also offenbar Glyoxal nachweisbar. Neben der üblichen Einladung zum »gründlichen Waschen« kamen die Tester zu dem Schluß, daß die »Erzeuger ein für allemal auf Formaldehyd verzichten« sollten. Sich eine »im schlimmsten Fall lebenslängliche Allergie einzukaufen, sollte schleunigst der Vergangenheit angehören« (*Konsument* 6/1992:29). Auch die berühmte Jeans-Untersuchung des *Öko-Test-Magazins* (Sonderheft 12, 1993/94) mit dem vielsagenden Titel »Jede Menge Chemie in den Hosen« brachte einen Formaldehyd-Nachweis in buchstäblich allen Produkten. Die geringen Mengen können nicht trösten, denn die Hosen werden mehrfach vorgewaschen!

Der sorglose Umgang mit Formaldehyd und anderen gefährlichen Chemikalien stammt aus einer Zeit, die noch gar nicht weit zurückliegt. Weder Konsumenten noch Textilarbeiter wußten und wissen um die Fallgruben. Günter Gent, Weber der inzwischen aufgelösten Firma Irisette im Schwarzwald, erzählte uns eine Geschichte, die das trefflich beleuchtet:

»Beim Weben kommen vor allem die Schlichtemittel in Betracht. Da ist übrigens auch Formaldehyd eingesetzt worden, zur Stabilisierung, vor allem im Sommer, wenns heiß war, als Konservierungsmittel. In der Belegschaft ist das vor allem als Schnupfenmittel eingesetzt worden. Ich hab das selber auch gemacht. Formaldehyd wurde in Ballonflaschen geliefert. Und wer Schnupfen hatte, der hat halt den Korken weggezogen und hat tief inhaliert. Das war noch in den 70er Jahren gang und gäbe.«

Mag sein, daß sich die Industrie in Europa mit Formaldehyd in letzter Zeit etwas zurückhält. Für Textilien aus dem Ausland gilt das bestimmt nicht. 90 % der Herrenhemden werden importiert. Was die Chemie angeht, sind manchmal »richtige Schocker« darunter, erklärte Stefan Mecheels, Geschäftsführer des industrienahen Textilforschungsinstituts Hohenstein. Teilweise seien so starke Formaldehydappreturen auf den Stoffen, »daß den Leuten beim Auspacken die Augen überlaufen« (*Spiegel* 15/1992: 282). Doch bei einem ausgestreckten Zeigefinger zeigen drei Finger auf einen selbst zurück. Sowohl im aktuellen deutschen wie im österreichischen Textilhilfsmittelkatalog finden sich nach vor eine Unmenge von Formaldehyd-Rezepturen. Einige Beispiele: Cassurit MLG i enthält 1 % Formaldehyd. Dazu wird angemerkt, daß bei Brand gefährliche Zersetzungsprodukte, nämlich nitrose Gase entstehen. Im österreichischen *Textilchemikalienkatalog* wird die Bewertung C gegeben (s. Bewertungskategorien auf S. 64), ebenso wie bei Fixapret COC und Kaurit M 70.

Wer im deutschen Textilhilfsmittelkatalog unter Formaldehyd nachsieht, wird kein Glück haben. Die Beschreibung erfolgt verschlüsselt. So heißt es etwa über ein BASF-Produkt: »Methylierter Reaktantvernetzer für die formaldehydarme und chlorbeständige Hochveredelung.« Chemische Charakterisierung: Dimethylodihydroxiethylenharnstoff. Allein im Kapitel »Mittel zur Verbesserung des Knitter- und Krumpfverhaltens« findet man eine Latte von rund 120 verschiedenen Produkten dieser Art. Formaldehydfrei sind nur ganz wenige, z.B. Polyurethan für Miederware oder Triazinverbindungen für »Wash-and-wear«-Ausrüstungen. Auch bei diesen »Alternativen« steckt allerdings der Teufel im Chemiedetail: Polyurethan ist durch seine giftige Herstellungskette ein mehr als problematischer Stoff (vgl. Kap. 2.1.6). Und Triazine sind alte Bekannte aus den Pestizid-Katalogen. Es sind Boden- und Blattherbizide, zu denen auch das berüchtigte Atrazin gehört. Wer genauer hinsieht, findet im *THK* (1994/95:260), in dieser Fundgrube für problematische Textilhilfsmittel, unter »Filzfreiausrüstung von Wolle« Produkte auf der Basis von Chlorcyanurat. Auch diese Chlorabspalter gehören zur großen Gruppe der Triazine. Wie Natriumhypochlorit sind sie schon bei der Herstellung dioxinrelevant. Triazinverbindungen tauchen aber auch in Mitteln zur Verbesserung des Knitter- und Krumpfverhaltens und in optischen Aufhellern auf (*THK*, 1994:175-180).

Wie sich im Vorjahr zeigte, hat sogar der Arbeitskreis Naturtextil (AKN; s. Kap. 6.6) Schwierigkeiten mit dem Dauerbrenner Formaldehyd. Die Firma Rakattl wurde sogar aus dem Kreis der Mitglieder des AKN ausgeschlossen. Von der Stiftung Warentest in Berlin und dem Wiener Verein für Konsumenteninformation (VKI), waren 30 T-Shirts, Sweat- und Poloshirts in den beiden Hauptstädten gekauft worden. In einem T-Shirt von Rakattl wurden laut Untersuchungsbericht 150 ppm Formaldehyd festgestellt. Der Grenzwert des AKN liegt bei 20 ppm. Ulrich Rösch, der Chef der Firma, konnte sich das in einem Interview, das wir im Mai 1995 mit ihm führten, schlecht erklären:

»Wir haben die T-Shirts von unterschiedlichen Labors untersuchen lassen und kamen auf völlig andere Werte. Von fast gar nicht nachweisbar bis zu 34 beziehungsweise 54 ppm. Ein Hinweis darauf, daß das T-Shirt selbst nicht ausgerüstet wurde, sondern der Wert von einem Haltbarkeitsmacher im Farbstoff herrührt. Wir haben den VKI gebeten, einen ausreichend großen Teil direkt zwecks Gegenuntersuchung an das Eco Umweltlabor zu senden. Das hat der VKI aber verweigert. Wenn überhaupt, dann wären die Wiener frühestens drei Monate nach Testveröffentlichung dazu bereit gewesen, was nicht mehr relevant wäre, weil Formaldehyd bekanntermaßen schwindet. Außerdem hätten sie die Ware nur weitergegeben, wenn wir uns verpflichtet hätten, die Ergebnisse nicht zu veröffentlichen. Ich selbst möchte diesen Fall dokumentieren. Wir haben jedenfalls brieflich gekontert, daß die Ergebnisse nicht stimmen können, da unsere Untersuchungen ganz andere Werte ergeben haben.«

Bleibt ein Schönheitsfehler: Auch die Werte der Eigenuntersuchung von Rakattl liegen über dem AKN-Grenzwert von 20 ppm. Eigentlich gibt es beim AKN ein Verbot von Formaldhyd. Das ist aber unter Umständen nicht einhaltbar, »weil es durch nicht deklarierte Konservierungsmittel in Hilfsmitteln zur einer Formaldehydbelastung im Endprodukt kommen kann«. So steht es in den Richtlinien des AKN. Wenn es sich im T-Shirt von Rakattl nun tatsächlich um den Haltbarkeitsmacher in den Farben handelt, bleibt die Frage, wo man im Interesse der Produktwahrheit ansetzt. Nehmen die Öko-Hersteller zu wenig Einfluß auf ihre Lieferanten? Kontrollieren sie zu wenig? Rösch: »Es handelte sich um T-Shirts aus einer kroatischen Auftragsproduktion aus dem Jahr 1993. Seit Juni 1994 produzieren wir unsere T-Shirts ausschließlich aus biologisch gezogener Baumwolle und Naturfarben. Die Werte kann ich Ihnen zeigen, sie liegen alle unter der Nachweisbarkeitsgrenze.«

Nun müßte Ulrich Rösch die VKI-Rüge nicht allzu ernst nehmen. Der Verein ist für seine Anti-Öko-Linie bekannt. Er weiß, was sich gehört, denn er wird zu einem guten Teil von der Wirtschaft finanziert und von einem Ministerium, das Wirtschaftskreisen nahesteht. Ob es sich um Waschmittel oder um den Naturstoffchemiker Hermann Fischer aus Deutschland oder um Lebensmittel für Biobauern handelt: Immer finden die VKI-ler ein Haar in der Öko-Suppe. Sie schwören auf ein konservatives konsumentenpolitisches Konzept. Außerdem ist die Vorgangsweise des VKI im Fall Rakattl offenbar nicht fair, weil dem Kritisierten keine Möglichkeit zu einer umfangreichen und rechtzeitigen Gegendarstellung geboten wurde.

Den Rauswurf aus dem AKN kann Rösch noch leichter wegstecken, wenn er an den Jahresbeitrag denkt, den ihn die Mitgliedschaft gekostet hat: immerhin 30 000 Mark. Frage an ihn: War er das nicht wert, Einigkeit macht doch stark? Antwort:

»Wir sind mit der Entwicklung des AKN nicht glücklich. Wir sind Anthroposophen und haben aus diesem Impuls heraus das Unternehmen gegründet. Die Qualitätskriterien des AKN sind nicht das, was wir wollen. Im Grunde genommen stellen sie eine Fortschreibung dessen dar, was heute auf dem Markt ist, also Öko-Tex 100, nur verschärft. Ich meine, wir müssen völlig neue Qualitätsanforderungen entwickeln … Meine Kritik am AKN ist, daß die Richtlinien rein naturwissenschaftlich-quantitativ erstellt sind.«

Warum nicht kämpfen und versuchen, den AKN von innen heraus zu verändern? Rösch: »Ich mache das lieber so, daß wir gemeinsam mit dem Demeterbund, der Universität Herdecke und Goetheanischen Forschern neue Qualitätsrichtlinien erarbeiten. Daran ist auch die Firma Hess als größter Versender von Naturtextilien beteiligt.«

Generell ist Ulrich Rösch übrigens auch verärgert über die falschen Argumente der europäischen Mitbewerber gegenüber den Konkurrenten im Osten und Fernen Osten. Wieder spielt das Formaldehyd dabei eine Rolle. Bei Testuntersuchungen haben die Leute von Rakattl bei Textilien aus Indien ein einziges Mal (Pullover) Azobenzidinfarbe gefunden, in Deutschland hingegen wurden, wie er uns im Interview erklärte, neben Azofarben auch durchwegs andere Gifte wie Schwermetalle und Formaldehyd gefunden.

Da Formaldehyd und Glyoxal Allergene sind, also krankmachend auf die Haut wirken, denken selbst die meisten Fachleute heute kaum an andere Wege der Giftwirkung. Das macht sich die Chemielobby zunutze und versucht mit der auf manche Hautärzte gestützten Meldung aufzutrumpfen, Formaldehyd fiele bei allergischen Reaktionen »nicht ins Gewicht«. Besonders haben sich da Erich K. Rössler und Heinz-Werner Kleffmann im Namen der Pfersee Chemie in Landweid bei Augsburg hervorgetan. Das ist natürlich Humbug aus der PR-Küche. Die meisten Allergiker wissen nicht einmal, gegen welche Stoffe sie eine Abwehrreaktion entwickelt haben. Da Formaldehyd erst ab 1 500 ppm deklariert werden muß – weit jenseits der Allergieschwelle –, wissen nicht einmal die Ärzte, daß unter Umständen eine Formaldehyd-Allergie vorliegt.

Erstaunliches zum Thema Formaldehydeinsatz hörten wir in einem Interview mit Alois Leitzbach, dem Leiter der Qualitätssicherung der Firma Neue Textil-Veredelung (NTV) in Wangen im Allgäu. Der Betrieb existiert seit zwei Jahren und arbeitet für herkömmliche Textilunternehmen und Naturtextilfirmen. Ausgerüstet wird mit denselben Maschinen, wobei vor der Behandlung oder Färbung von Naturware gereinigt wird. Kleine Rückstände an den Maschinen sind aber nach Auskunft der Betriebsleitung unvermeidlich. 1993 stellte NTV auf formaldehydarmes Harz um. Die Messungen bei Bettwäsche lagen bei 19 ppm. Vorgeschrieben waren maximal 20 ppm. Es sei dennoch eine Grenzwerterhöhung seitens des AKN auf 75 ppm (Ausnahme Babywäsche: weiterhin 20 ppm) gekommen, da viele Firmen die 20 ppm nicht einhalten konnten. Parallel dazu, so Alois Leitzbach, habe auch Professor Jürgen Mecheels, damals Leiter des Instituts Hohenstein, den Formaldehydgrenzwert für Bettwäsche von 20 wieder auf 70 ppm hinaufgesetzt. Das habe ihn schon sehr gewundert.

Bei einer Besichtigung des Betriebs erzählt uns ein Textilingenieur in der Maschinenhalle, die Viskose müsse stabilisiert werden, um formstabil zu bleiben, sonst könne man sie nicht konfektionieren. Wenn Viskose feucht wird, sei sie dehnbar. Diese Eigenschaft spiele auch in puncto Bügelfreiheit und für das Vernähen eine wichtige Rolle. Als erster Schritt würden Weichmacher aufgebracht, danach erfolge die eigentliche Hochveredelung mit Kunstharzappretur mittels Kondensierung. Die Chemikalien stammten von BASF. Formaldehyd werde für die Vorbehandlung nicht benötigt, sondern erst bei der Hochveredelung. Da sei es unentbehrlich.

Zu allem Überfluß bringt die Industrie neuerdings die »gebackene Hose« auf den Markt. Sie war angeblich schon im Herbst 1994 ein Renner (Binger 1995:27). Die Hose wird wie eh und je mit dem Stichwort bügelfrei beworben. Und bügelfrei wird das Beinkleid, indem man es in ein Kunstharzbad taucht. Die Harze werden anschließend im Heißluftofen fixiert – daher der Ausdruck »gebackene Hose«. 80 000 solche Chemie-Vogelscheuchen lagen schon Anfang 1995 auf Lager. Weitere 65 000 sind in Produktion. Die Harze sind natürlich formaldehydhaltig. Ein Rückschritt in astronomischen Dimensionen.

2.6 Aufgeladen und abgeleitet

»Knistern ade!«, schreibt Juwitha Ziegler (1995:92) gleich in der Überschrift des Kapitels über antistatische Ausrüstung in ihrem Buch *Chemie in der Kleidung*. Das Knistern beim Ausziehen eines Kunstfaser-Pullovers und ein ewig hochrutschender Synthetic-Rock, der »richtig an den Beinen hochwandert« ist ja auch wirklich eklig. Besonders im Winter, wenn die Luftfeuchtigkeit in den Räumen gering ist, macht sich die elektrostatische Aufladung von Synthetics unangenehm bemerkbar: Nach dem Gehen auf Kunststoffteppichen oder dem Sitzen auf meist mit Chemietextilien ausgestatteten Polstermöbeln gibt es bei der Berührung von leitenden Materialien elektrische Schläge in den Fingerspitzen. Im Dunkeln kann man regelrecht sehen, wie kleine Funken gezogen werden. Zzzzt!

Dieser »harmlose« elektrische Effekt hat übrigens eine englische Hausfrau das Leben gekostet: Sie hatte sich beim Gehen über den Plastikfußboden elektrisch aufgeladen. Als sie auch noch ihren Plastikpulli auszog, kam es zu einer Explosion. Ihr Pech: Aus einer defekten Leitung der darunter liegenden Wohnung war Gas ausgeströmt. Durch den Funken beim Abstreifen des Pullovers entzündete sich das Luft-Gas-Gemisch (*tz*, München 24. Juli 1995:1).

Die Chemiefaser-Industrie hat auch gegen den textilen Funkenflug etwas in der Retorte: Antistatika oder Antielektrostatika, Mittel, die bei der Verarbeitung von textilen Kunstfasern oder bei daraus hergestellten Textilien die elektrischen Aufladungen beseitigen bzw. reduzieren sollen. Die Kunststoffe, aus denen die Synthetics bestehen, aber auch Fasern aus Zelluloseazetat bestehen aus schlecht leitendem Material. Durch Reibung und andere atmosphärische Einflüsse sammeln sich elektrische Ladungen an ihrer Oberfläche. Diese Ladungen führen schon in der Produktion zu gegenseitiger Abstoßung der Fasern und zum Kleben an den Maschinenteilen, weshalb Antistatika schon in Spinn- und Spulölen zugesetzt werden. Vor allem Frauen kennen das Phänomen durch das Hochrutschen und Kleben der Kleidung an der Unterwäsche. Antistatika sind daher Chemikalien, die die Leitfähigkeit auf der Faseroberfläche erhöhen.

Im deutschen *Textilhilfsmittelkatalog* (1994/95:346ff.) findet man eine Reihe von Antielektrostatika und »Ausrüstungsmittel mit antielektrostatischer Wirksamkeit« auf der Basis der abzulehnenden quaternären Ammoniumverbindungen (QAV; s. Kap. 2.2.1). Im österreichischen Pendant wird zum Beispiel Antistatikum 760 nebulos als »Salz einer organischen Stickstoffverbindung« umschrieben. »Bei längerer Einwirkung des getrockneten Produkts auf die Haut« entpuppt sich das Produkt als »reizend und schleimhautreizend«. Die QAV sind ein weiteres Beispiel für die Tarnung problematischer Stoffe in Nachschlagwerken zur Textilchemie.

Irrtümlich wird angenommen, daß Antistatika in jedem Fall gleichzeitig schmutzabweisende Wirkung haben. Das ist nicht der Fall. Dafür gibt es wieder eigene Chemikalien, meist auf der Basis von in jeder Hinsicht problematischen Fluor-Verbindungen (Rosenkranz/Castelló 1993:133). Die auch in unseren Breiten bekannte »Scotchgard«-Imprägnierung z.B. bedient sich polymerer Fluorcarbonharze. Alles in allem: Die Chemiefasern, die jetzt dank Plastikwelle wieder einen Boom erleben, sind untrennbar mit der Anwendung einer der schädlichsten Chemikalien im Textil verbunden: mit den quaternären Ammoniumverbindungen. Die Textil-Literatur hat diesen Zusammenhang bis jetzt schlicht ignoriert. Ohne auf die Problematik der QAV einzugehen, schreibt Juwitha Ziegler (1995:93) in diesem Fall sehr zutreffend über Antistatika: »Wegen der leichten Entfernbarkeit von der Faser stellen die Chemikalien ein gesundheitliches Problem dar. Wenn es möglich ist, sie bei jeder Wäsche abzulösen, so können sie auch die natürliche Körperausdünstung und der Schweiß von den Textilien entfernen ... So gelangen die Chemikalien direkt auf die Haut, die sie reizen.«

2.7 Universal reizend

Wie absurd die Chemie vorgeht, sieht man am besten bei der Baumwolle: Ihre Fasern sind von Natur aus fett und geschmeidig. Diese Weichheit wird durch den Einsatz von Chemie, vor allem durch das Bleichen zerstört. Aber großzügig, wie die Chemieindustrie ist, gibt sie der Natur um viel Geld wieder zurück, was sie ihr genommen hat: in Form von Weichmachern und »Universalhilfsmitteln«.

Weichmacher und Avivagemittel sollen den Stoffen Glätte, Geschmeidigkeit, Weichheit verpassen. Es handelt sich vor allem um Emulsionen auf Fett-, Öl- oder Siliconbasis. In Österreich wurden 1993 rund 1 720 000 Kilo eingesetzt. In Deutschland liegt die Menge etwa um den Faktor 10 höher. Weichmacher und Avivagemittel sind fast durch die Bank »reizend« und gar nicht so soft wie der Name verspricht. Eine Reihe von Weichmachern werden als »leicht irritierend« eingestuft, sind also sicher nicht hautfreundlich. Mehrere Produkte enthalten quaternäre Ammoniumverbindungen, z.B. Aquasoft 2, Sapamin KL, Sebosan SH. Auch im deutschen *Textilhilfsmittelkatalog* findet man eine ganze Reihe von Weichmachern die schädliche QAV enthalten. Vitagon S40, eine wässrige Zubereitung aus Akylamidobetain und Fettsäureamid-Derivaten, ist nicht nur reizend, es besteht auch die Möglichkeit »bleibender Augenschäden«. Im deutschen *Textilhilfsmittelkatalog* sind die QAV nicht nur in der langen Liste der »Weichmachungsmittel« angeführt, sondern auch unter den »Ausrüstungsmitteln« und unter dem Begriff »weitere Hilfsmittel«. Da entdeckt man dann auch so ausgefallene Zutaten wie Titanoxid auf Glimmer, Effekt- und Perlglanzpigmente zur Einarbeitung in Druckfarben, von der Firma E. Merck: Niederschlag des modischen Metall-Looks in der Chemie.

Die »Universalhilfsmittel« umfassen eine ungeheure Stoff-Vielfalt von pH-Wert-Einstellern bis zu Komplexbildnern, Stabilisatoren, Netzmitteln, Emulgatoren usw. Verwendet werden Aluminiumsulfat, Ammoniak, Ammoniumchlorid, Ammoniumstearat, Diammoniumphosphat, Isopropanol, Natriumhydroxid (ätzend, reizt und verätzt Haut und Schleimhäute stark. Einwirkung auf die Augen kann zu Erblindung führen), Natronlauge (ätzend, Einwirkung auf die Augen kann zu Erblindung führen), Salzsäure (ätzend, Haut- und Augenkontakt führt zu schweren Verätzungen bzw. Hornhautzerstörungen), Schwefelsäure (stark ätzend), Triethanolamin 99 % (reizend) und eine ganze Latte von zwei Dutzend weiteren »reizenden« Chemikalien.

Auch in diesem Bereich ist der deutsche *Textilhilfsmittelkatalog* wieder eine Fundgrube für alles, was Gott verboten hat. Unter den Wasch-, Dispergier- und Emulgiermitteln finden sich QAV und EDTA (Ethylendiamintetraacetat), ein Stabilisator, der giftige Schwermetalle herauslösen kann und leider noch immer in Waschmitteln zu finden ist. Unter den Komplexbildnern rangieren jede Menge Phosphonate und Aminocarbonsäuren (NTA), die z.B. nach den Richtlinien des Arbeitskreises Naturtextil allesamt verboten bzw. unerwünscht sind. Das giftige EDTA taucht auch in dieser Gruppe wieder auf. Bei den Stabilisatoren gibt es eine Organo-Kupfer-Verbindung von CIBA Geigy, die zeigt, daß Schwermetalle nicht nur aus den Farben in Textilien landen. Die Hälfte der Reinigungsverstärker besteht aus QAV.

3. Hart ist nicht sanft – Chemie in der Krise

Chemie ist die Kunde von den Eigenschaften und den Umwandlungsprozessen der Stoffe. Seitdem der Mensch die Erde bevölkert, gehören chemische Prozesse zu dessen wichtigsten Tätigkeiten: Vom Garen der Nahrungsmittel bis zur gezielten Veränderung der in der Natur vorgefundenen Farbpigmente finden sich Belege einer chemischen Praxis, z.B. in Höhlenmalereien, bereits vor über 20 000 Jahren. »Aber erst heute zeigt sich«, stellt der Naturstoffchemiker Hermann Fischer (1993: 16) fest, »in welchem Ausmaß unsere Kultur und Zivilisation davon abhängen, welches Verhältnis wir zu den Stoffen und ihren Umwandlungen gewinnen.« Chemische Erzeugnisse bestimmen in einem so unübersehbaren Ausmaß unseren Alltag, daß uns diese Tatsache in aller Regel kaum noch bewußt ist.

Die veraltete Schulweisheit, wonach Chemie sei, »wenn es stinkt und knallt«, erweist sich in der heutigen umweltpolitischen Zuspitzung als wenig hilfreich und nicht aussagekräftig genug, um das Phänomen der klassischen Chemie zu umschreiben und gute Argumente für einen ökologischen Umbau dieses in 130 Jahren gewachsenen Wirtschaftszweiges zu erörtern. Zwischen »Chemie« und »Gift« steht seit jeher dieses unsichtbare »Ist-Gleich-Zeichen«. Das umgangssprachliche Klischee deutet an, daß unter »Chemie« vorzugsweise giftige Chemikalien, Chemieanlagen und Störfälle verstanden werden. Chemie ist in der Tat weit mehr: Zum Erscheinungsbild dieser Wissenschaft zählen heute die Rohstoffgewinnung von Erdöl, die Verarbeitung und Anwendung von Chemikalien in anderen Industriebranchen, Landwirtschaft und Verkehr, selbst Recycling und Entsorgung sind essentielle Bereiche der aktuellen Chemieproblematik.

Daß die moderne Chemie in einer tiefen Krise steckt, gehört längst zum Allgemeingut ökologischer Aufklärung. Trotz aller Parolen ihrer segensstiftenden Leistungen sind ihre negativen Folgewirkungen für Gesundheit, Umwelt und Lebensqualität offenkundig. Interessanterweise ändern sich Inhalte und Diktion dieser Parolen seit 100 Jahren kaum: Immer wieder versprechen die Propagandisten der harten Chemie den Menschen das baldige Ende des Hungers auf der Welt, die endgültige Ausrottung der schlimmsten Krankheiten, einen ungeahnten Zugewinn an Lebensqualität. Zur Propaganda gehört auch, daß »die Menschen immer älter werden«. Doch ist die Verschiebung der Alterspyramide nicht ursächlich den Segnungen der Chemie geschuldet, sondern den Fortschritten der Hygiene und medizinischen Versorgung. Dabei soll nicht geleugnet werden, daß manches »feinchemikalische« Präparat, vom Narkosemittel bis zum Ovulationshemmer, in einer fairen Güterabwägung vielleicht mehr Nutzen als Schaden gestiftet hat. Es fällt allerdings auf, daß gerade in letzter Zeit Produkte mit unerwartet positiver Perspektive für schwerwiegende Krankheiten Naturstoffe oder naturnahe Stoffe sind. Beispiele: der Eibenrinden-Extrakt Taxol oder das Schöllkraut als Hauptwirkstoff im Ukrain gegen Krebserkrankungen.

Die Zuordnung »harte Chemie« impliziert, daß wir uns mit den Folgen der Chemisierung unserer Welt und unseres Alltags abwägend auseinanderzusetzen haben. Harte Chemie funktioniert in der Regel nach einem bestimmten Grundmuster: Sie zeichnet sich aus durch ein Maximum an Eingriffen in die molekulare Integrität der vorgefundenen Stoffe, wobei unter hohem Energieaufwand in störfallreichen Anlagen und unter Hinterlassung erheblicher Mengen an Sondermüll zumeist sehr naturfremde Strukturen aufgebaut werden. Chemiker sagen, die Chemie sei eine Wissenschaft, die – zugegebenermaßen – mit den Stoffen brutal umgeht. Aber das, sagen sie, geschehe »allein zum Nutzen des Menschen«. Dieser hat dann schließlich lange haltbares Essen, kann seine Wäsche strahlend weiß waschen, bleichen oder färben, sein Haus schnell und bunt anmalen, seine Kunststoffmöbel glänzend und antistatisch polieren, seinen Fußboden keimfrei machen, damit er sich keine Grippe holt, wenn er ihn ableckt. Und »diese Wissenschaft«, sagen sie, »läßt sich nicht einfach mit dem Wort sanft in Zusammenhang bringen«. Das sei ein Widerspruch in sich. »Keineswegs«, meint dazu der Naturstoffchemiker Hermann Fischer, der Geschäftsführer von AURO Naturfarben aus Braunschweig, und ergänzt mit seiner Kurzformel: »Die Methoden der harten Chemie sind primitiv und gewaltsam, die Methoden der sanften Chemie sind intelligent und schonend. Von der Natur zu lernen und soziale und ökologische Folgen vorher zu bedenken, ist unser Arbeitsprogramm.«

Zweifellos ist der Begriff der »sanften Chemie« im engeren Sinne als Gegenbild zur Realität der »harten Chemie« entstanden. Die historische Reihenfolge war jedoch genau umgekehrt: Die Chemie war, soweit sie sich in der Umgebung von Lebewesen abspielte, in all den Jahrmillionen »sanft« – erst die Eroberung der Stoffumwandlungen durch den modernen »Molekülbastler« hat eine »harte« Chemie hervorgebracht. Dabei ist uns wohl bewußt, daß die Entstehung der Elemente, wie auch die frühe geologische Chemie der Erde, keinesfalls sanft abliefen, sondern unter dem Einfluß enormer Drucke und Temperaturen. Es geht hier jedoch um die Chemie der Biosphäre, jener schmalen und verletzlichen Lebenszone, in welcher der weit überwiegende Teil der Lebewesen ohne besondere Schutzmaßnahmen existieren muß. In der Menschheitsgeschichte ist die »harte Chemie« jedoch nur eine winzige Episode, die sich allenfalls über ein Tausendstel des Gesamtzeitraumes menschlicher Existenz erstreckt. Ihr Gegenbild, die »sanfte Chemie«, will darum nicht etwas völlig Neuartiges schaffen, sondern bemüht sich um die Renaissance dessen, was sich als Stoffgebrauch schon seit Jahrmillionen bewährt hat.

Bei der konkreten Umsetzung greift die sanfte Chemie einerseits auf toxikologisch unbedenkliche und problemlos verfügbare Stoffe und Strukturen des Primär- und Sekundärstoffwechsels im biogenen Kohlenstoffkreislauf zurück, z.B. auf Zellulose, Stärke und Lignin oder das kaum genutzte Chitin. Andererseits stehen »biologisch aktive« Agentien des Sekundärstoffwechsels zur Auswahl, die möglichst gezielt und gemäß ihrer »natürlichen Funktion« zum Einsatz kommen. Dazu zählen u.a. Farbstoffe, Harze, Gerbstoffe, Wachse, ätherische Öle usw.

Das Leitbild der sanften Chemie geht davon aus, daß Vielfalt und Komplexität der aus Naturprozessen entstandenen Stoffe bei intensiver Forschung und Entwicklung einen wesentlichen Teil der stofflichen und energetischen Grundbedürfnisse des menschlichen Lebens ohne einschneidenden Komfortverzicht und ohne Verlust an Lebensqualität zu befriedigen vermögen. Ein »sanfter« Gebrauch der Stoffe fragt jedoch nicht zuerst nach den Möglichkeiten, diese Stoffe mit Hilfe aggressiver chemischer Operationen möglichst weitgehend zu verändern, sondern »schätzt die in der Natur gebildeten, insbesondere organischen Strukturen um ihrer selbst willen, will sie in ihrer natürlichen Vielfalt, ohne Raubbau und Monostrukturen, für die stofflichen und energetischen Grundbedürfnisse unserer Kultur nutzen« (von Gleich, 1995:2).

Die derzeit stattfindende Wiederentdeckung und Neubelebung der Qualitäten und Nuancen von Naturstoffen und nachwachsenden Rohstoffen beruht auf der Erkenntnis der Endlichkeit fossiler Ressourcen und auf ungezählten Umweltdesastern, die uns der verschwenderische Einsatz von Erdöl & Co bisher beschert haben. Dabei hat der scheinbar unaufhaltsame Aufstieg der chemischen Industrie vor 130 Jahren gerade mit den Farbstoffen angefangen, deren Vielfalt und Nuancen heute auf diesem einzigen, monopolistischen und lebensfeindlichen Grundstoff aufbauen. Die tatsächliche Vielfalt des Pflanzenreiches, ihre Farbigkeit, Schutzwirkung und Pflegekraft für das Leben in der Biosphäre wird zunehmend durch das Weltmonopol der Petrochemie bedrängt, ausgerottet und wegrationalisiert. Der Rückblick in die Geschichte der Chemie offenbart: Die Chancen für einen Neubeginn, für einen nachhaltigen Gebrauch und Umgang mit den Stoffen sind eben dort zu finden, wo einst der Siegeszug der Retortenmoleküle begonnen hat, bei der Verdrängung der Naturfarben durch die synthetische Chemie.

4. Traditionelle Textilfarben: Beizen und Küpen

Malen, Schminken, Gerben und Färben haben einen gemeinsamen Technikursprung. Ihr Zweck besteht darin, anorganische oder organische Farbmittel zusammen mit mit wasserabweisenden Substanzen, mit Fetten, Ölen, Wachsen, an der Oberfläche eines Gegenstandes aufzutragen und dort zu fixieren. Die Textilfärberei begann schon im Altertum und konnte sich hoch entwickeln, seitdem mit Alaun (Kaliumaluminiumsulfat) das wichtigste Metallbeizmittel zum Fixieren der Farbstoffe auf der Faser endeckt worden war. Bis ins Mittelalter kam der Gerbstoff aus den Alaunsiedereien der Türkei und Italiens, später wurden ergiebige Alaunschieferlager auch in Deutschland – z.B. bei Merseburg – entdeckt. In der ursprünglichen Beizenfärberei verwendete man auch sogenannte »Naturbeizmittel« wie Moorwasser, Moorschlamm, Urin und Auszüge von Bärlappgewächsen (Hofmann, 1992). Zum Färben selbst dienten verschiedene Flechten, Wurzeln, Rinden, Blüten und Blätter von wildwachsenden Pflanzen wie Färberginster, Färber-Kamille, Holunder, Lab-Kraut und in der Hochblüte der Naturfarben natürlich Reseda, Färberwaid, Krapp, Indigo und der tierische Purpur. Der blaue Indigofarbstoff aus dem Indigostrauch und die Rot- und Violettöne des Purpurs aus den Meeresschnecken (*Murex brandaris*, *Murex trunculus* und *Purpurea haemastome*) sind übrigens chemisch nahezu identisch. Purpur unterscheidet sich vom Indigo lediglich durch zwei Bromatome; eine erstaunliche Entdeckung, da ja die beiden Stoffe zwei völlig verschiedenen Lebensräumen entstammen.

Die Verwendung von Färberwaid (*Isatis tinctoria*) hat schon Plinius beschrieben, doch die Faszination dieser natürlichen Blautöne beruht auf dem besonderen Prozeß der Farberzeugung mit dem Waid, der wie Zauberei wirkt. Der blaue Küpen-Farbstoff, das Indigotin, ist nämlich anfangs unsichtbar. Es exististiert in der Pflanze nur als sogenannte Leukoform, das Farbbad muß durch Gärungsvorgänge sauerstofffrei gehalten werden. Indigoweiß zieht als grün-gelbliche Farbe in der Küpe (Färbebottich bzw. -lösung) auf die Faser auf, und erst durch die Einwirkung von Luftsauerstoff, bei der eine Reoxidation des Indigoweiß zum Indigotin auf der Faser stattfindet, entwickelt sich die leuchtend blaue Farbe in verschiedenen Nuancen: von hellblau über dunkelblau bis tiefschwarz. Durch Doppelfärbung mit Krapp-Rot entsteht Violett, mit Resedagelb Grün und mit Schwarz-Rot ein tiefes Braun. Da bei der Waidküpe das Eintauchen und »An die Luft hängen« jeweils bis zu 12 Stunden dauerte, blieb den Färbern und Gesellen viel Zeit zum »Blaumachen«. Auch der »Blaue Montag« soll dort seinen Ursprung haben (Ploss, 1989). Dennoch war Waid der bedeutendste Farbstoff des Mittelalters und ein beachtlicher Wirtschaftsfaktor. Noch zu Anfang des 17. Jahrhunderts flossen über drei Tonnen Gold in die thüringischen Waidanbaugebiete (Reckel, 1990), aber schon als 1618 der Dreißigjährige Krieg ausbrach, wurde der Waid immer teurer, weil die Waidäcker nicht mehr sorgfältig bewirtschaftet wurden. Der neue König der Farbstoffe hieß Indigo. Er wurde aus den spanischen, britischen und französischen Kolonien nach Europa gebracht. Sein Aufstieg, schreibt Sylvia Reckel, ging einher »mit Menschenraub und Ausbeutung«. Indigogefärbte Stoffe fanden reißenden Absatz – das Indigoblau entwickelte sich zur Modefarbe.

Mit Gelbholz, einer tropischen Maulbeerbaumart, und Querzitron, der Rinde der Färbereiche, die zehnmal so stark färbte wie das Färbegelb des Mittelalters, Reseda, mit der getrockneten Wurzel von *Curcuma tinctoria* und den Früchten und Samen des getrockneten Orleanbaumes »*Bixa orellana*« (sie enthalten den orangegelben Farbstoff Bixin), verloren die einheimischen Färbepflanzen immer mehr an Bedeutung. Auch bei der Farbe Rot hat der Kolonialismus die Ressourcen verschoben. Das zur Scharlachrotfärberei während des gesamten Mittelalters verwendete Kermes wurde durch Cochenille, einen Farbstoff ebenfalls animalischen Ursprungs, verdrängt. Während Kermes aus getrockneten Schildlausweibchen, die auf Eichen parasitieren, gewonnen wird, lebt die Cochenille-Schildlaus auf dem Feigenkaktus *Opuntia Coccinellifera*, und der ist bekanntlich nur in wärmeren und trockenen Gegenden (Südamerika, Java, Mexiko, Kanarische Inseln etc.) beheimatet. Cochenille färbt intensiver, ist preiswerter als Kermes und wird auch noch heute in bedeutsamen Quantitäten zum Färben von Lebensmitteln und Spirituosen (z.B. Campari), aber auch von Naturtextilien verwendet. Was wäre die Farbe Rot ohne die Tradition der Krappwurzel? Die zerkleinerte Wurzel der Färberröte (*Ruba tinctoria*), einer Verwandten des Waldmeisters, stammt ursprünglich aus Vorderasien und Südeuropa. Griechen und Römer haben sie schon kultiviert, und Karl der Große hat um 800 n.Chr. neben dem Anbau von Waid und Wau (Reseda) die Anpflanzung von Krapp auf den Meierhöfen angeordnet (Reckel, 1990: 73). Hauptliefergebiete heute sind der Iran und die Türkei. Die Krappernte ist arbeitsintensiv, da die Wurzelstöcke herausgezogen und dabei nicht beschädigt werden dürfen. Sie werden anschließend getrocknet, zerkleinert und pulverisiert. *Ruba tinctoria* enthält ein Spektrum von etwa 20 verschiedenen gelben, roten und braunroten Farbtönen, die unterschiedlichen Krappsorten zugeordnet werden. In der Summe erzeugt das »Türkisch-Rot« eine ausnehmend kräftige, sehr lichtechte Farbe. Der rote Farbstoff Alizarin (arabisch »Al Izari« für Krapp) macht davon den Löwenanteil aus.

5. Aus Dreck Gold machen

Es war immer schon ein Traum skrupelloser Alchemisten, aus der eigenschaftslosen »Prima Materia«, aus Dreck Gold zu machen. Die Funktion der Prima Materia wurde in die Mitte des vorigen Jahrhunderts vom Steinkohlenteer, später von der Braunkohle und dann vom Erdöl übernommen. Und statt des kostbarsten aller Metalle entstand etwas nicht weniger Machtvolles: synthetische Farben, später Medikamente, Kunststoffe, Fasern, Biozide ... Dahinter versteckte sich ein massiges Entsorgungsproblem: Die Herstellung von Hochofenkoks und Leuchtgas lieferte enorme Mengen eines stinkenden, giftigen, schmierig-schwarzen Abfalls, der sich in unübersehbaren Tümpeln türmte. Es gab einfach nicht genug Löcher in der Erde. Wohin mit dem Steinkohlenteer? Wohin mit dem naturfremden Dreck? Eine Frage, die die Chemiker seit damals beschäftigt und die uns heute in Bergen von Wohlstandsmüll, z.B. in Kunststoffgebirgen, versinken läßt. Damals wie heute lautet die technokratische Zauberformel »Recycling«. 1833 kam der Zufall zu Hilfe. Der Chemiker Friedlieb Ferdinand Runge entdeckte im Steinkohlenteer das Aminobenzol, bekannt unter dem Kürzel Anilin. Weil die gleiche Verbindung auch bei der trockenen Destillation von Naturindigo entstand, lag der Rückschluß nahe, aus dem Steinkohlenteer etwas Ähnliches herauszuholen. Den Durchbruch schaffte dann der englische Chemiker W.H. Perkinsen. 1856 stieß er auf der Suche nach Chinin, welches er aus Anilin herstellen wollte, rein zufällig auf einen malvenfarbigen Phenazin-Farbstoff. Dieses »Mauvein« traf genau den Modegeschmack der eleganten Welt im Geburtsjahr Sigmund Freuds.

Bereits im Folgejahr wurde das Mauvein von Perkin und seinem Junior in der Nähe von London fabrikmäßig produziert und machte so als erster synthetischer Farbstoff Karriere. Gehandelt wurde es zwar nicht zum Goldpreis aber zum Preis von Platin. Weil der Rückstandsrohstoff Steinkohlenteer nichts kostete, war damit sehr viel Kohle zu verdienen. Die natürlichen Farbstoffe, die seit jeher eine ganz zentrale Rolle in der Kulturgeschichte der Menschheit gespielt hatten, waren zum Abschuß durch die Retorte freigegeben. Hunderttausende Menschen in den Kolonien und in Europa verdienten damals ihr Brot mit Anbau, Ernte, Verarbeitung, Handel und Verwendung der beiden Pigmente Indigo und Krapp. Mit der Alizarinsynthese 1869 durch Graebe und Liebermann und mit der Indigosynthese 1878 durch Adolf v. Baeyer wurde diesen traditionellen Kulturen endgültig das Rückgrat gebrochen. Gegen eine Industrie, die Sondermüll als Rohstoff einsetzte, die sich um die gesundheitlichen Folgen für die Arbeiter und die umliegenden Anwohner nicht viel scherte, hatten die Krapp- und Indigo-Bauern keine Chance.

Nach diesen »Siegen« über die Natur ging so richtig die Post ab. Die erstarkte Farbenindustrie hatte freies Feld und schritt in ihrem Eroberungsfeldzug von Erfolg zu Erfolg. Jetzt kümmerte man sich nicht mehr um »natürliche Vorbilder«, die Phantasie des »kosmischen Chemikers« kennt keine Grenzen. Mit der Synthese des ersten Azofarbstoffes in den 70er Jahren des vorigen Jahrhunderts wurde eine Farbstoffklasse entdeckt, die auch am Ende des 20. Jahrhunderts noch eine wichtige Rolle spielt.

5.1 Azofarben: beliebt und bedenklich

Farbecht und mit brillantem Glanz sind gerade Azofarbstoffe sehr beliebt bei Modemachern. Doch die hydrophilen (wasserliebenden) unter ihnen haben einen gravierenden Nachteil: Hautschweiß und die Wirkung von darin enthaltenen Enzymen spalten die charakteristische Stickstoff-Doppelbindung der Farben und lassen sie in aromatische Amine zerfallen; das bekannteste und gefährlichste ist das Benzidin. (Aromatische Verbindungen sind stark riechende Verbindungen, deren Grundkörper ein sechseckiger Benzolring ist.) »Auf der Liste krebserregender Stoffe stehen diese Verbindungen ganz weit oben«, sagt Peter Stolz, Chemiker am Bremer

Umweltinstitut, 1995. Und damals? »Damals war man so in diese Farben verliebt«, schildert der Öko-Manager 1992, Hermann Fischer aus Braunschweig, nicht ohne Ironie, »daß man mit einer gelben Variante dieser Azofarbstoffe, dem para-Aminoazobenzol, die im Verlauf der zunehmenden Industrialisierung etwas blaß gewordene Butter einfärbte.« Erst nach Jahrzehnten wurde offenkundig, daß dieses »Buttergelb« als potentes Karzinogen sogar zahllose Verbraucher hinweggerafft hatte. Azofarbstoffe auf Benzidinbasis wurden als Ursache für Blasenkrebs bei Arbeitern in Farbenfabriken identifiziert. Erkrankungen der Harnwege, inklusive Blasenkrebs, durch aromatische Amine, machen im Bereich der Textilveredlung immerhin neun Prozent der anerkannten Fälle von Berufskrankheiten aus (Bundesanstalt für Arbeitsschutz, Enquete-Kommission, 1993). Seit 1994 sind die Benzidinfarbstoffe in der Bundesrepublik verboten. Die Firmen BASF, Bayer und Hoechst produzieren nach eigenen Angaben 435 Farbstoffverbindungen, wovon fünf in die Gruppe der Stoffe mit begründetem Verdacht auf krebserzeugendes Potential einzuordnen sind (Moll, 1991). Die eindeutig krebserzeugenden Benzidinfarbstoffe werden jedoch in anderen Ländern, wie zum Beispiel in Südamerika, Südostasien, in der GUS und in Osteuropa noch ohne Bedenken hergestellt. Gefährliche Azofarbstoffe setzen vor allem noch Färbereien in China und Indien ein. Aber auch in Kleidern aus Italien und Frankreich sind Chemiker fündig geworden. Im Hohensteiner Textilforschungsinstitut entdecken die Analytiker ein- bis zweimal pro Woche Benzidinfarbstoffe in Kleidung, die über deutsche Ladentische verkauft wird (Cejka, 1993).

Es ist ungewiß, wie gefährlich es ist, benzindingefäbte Kleidungsstücke auf der Haut zu tragen. Mit Sicherheit kann man jedoch davon ausgehen, daß es nicht gesund ist, wenn Kleinkinder an solchen Stoffzipfeln nuckeln. Am 14. Juli 1995 wurde der Azofarben-Verordnungstext erneut im Bonner Bundesrat beraten. Die Ländervertreter haben einer weiteren Fristverlängerung zugestimmt: Ab Frühjahr 1996 sollen keine Produkte mit Azofarben mehr importiert, ab Herbst 1996 nicht mehr verkauft werden. Azohaltige Pigmentfarben dagegen, die zum Bedrucken von Stoff eingesetzt werden, fallen erst zwei Jahre später unter diese Verordnung. Die Textilindustrie hatte heftig protestiert, daß sie überhaupt in den Verbotskatalog aufgenommen wurden. Die nicht wasserlöslichen Pigmente, so wurde argumentiert, seien nicht bioverfügbar – bewiesen ist das jedoch nicht. Deshalb hat sie das Gesundheitsministerium auch vorbeugend untersagt. Aber erst ab 1998 müssen alle Textilien frei von den gefährlichen Azofarben sein, und es steht noch keineswegs fest, wer das Verbot überhaupt kontrollieren soll, und wer die Analysen bezahlt. Daß jetzt wieder mal ausgerechnet schräges Orange zur Modefarbe gekürt wurde, ist eine nicht ungefährliche Laune der Trendindustrie: Bei Orange gibt es keine Alternative zur krebserregenden Azofarbe (Traufetter, 1995).

5.2 Ganz neu: die Welt der Surrogate

Die synthetischen Farben wurden aufgrund der hohen Margen, die bei der Produktion erwirtschaftet werden konnten und in der Folge zur Gründung zahlreicher Fabriken für »Theerfarben« führten, zum Zugpferd für die gesamte Riege der »petro- und karbochemischen Surrogate« – von den Kunstharzen über die Arzneimittel, Synthesefasern bis zu den synthetischen Lösemitteln, Treibstoffen, Insektiziden, Fungiziden, Bakteriziden und anderen chemischen Hilfsmitteln zur Erleichterung unseres irdischen Daseins. Ein Regisseur hätte es sich kaum dramatischer und publikumswirksamer ausdenken können: Mit schillernden Farben aus Steinkohlenteer hat einst der Überraschungsangriff der harten Chemie begonnen. Das ehrenwerte Publikum bekam ja den chemischen Abfall niemals zu Gesicht. Das Publikum wurde mit zahllosen leuchtenden (häufig krebserzeugenden) – damals noch sehr unechten – Farbstoffen verzaubert. Kein Wunder: Der Reiz des Mauveins und später des knalligroten Fuchsins lag in den Nuancen, die Naturfarbstoffe nicht bieten konnten. Die Farbstoffe wurden zum Renner und Hauptumsatzträger der neugegründeten Anilinfabriken, die wir heute als BASF, Bayer und Farbwerke Hoechst kennen. Möglich wurde der chemische Fortschritt durch die Instrumentalisierung der Natur in nie gekanntem Umfang. Die Erzeugnisse dieses gigantischen Industriezweigs brachten eine Vielzahl neuer, bis dahin unbekannter Stoffe hervor, deren Eigenschaften nur dann von Interesse waren, wenn ihre Kenntnis die Produktion optimierte oder neue, verkäufliche »Kunststoffe« aller Art ermöglichte. Obwohl die weißen Flecken in der Wirkungsforschung noch heute bestehen, waren die eingesetzten Grundstoffe und Technologien über jeden Zweifel erhaben. »Wissenschaft bricht Monopole«, heißt das Programm; es beruft sich auf die Geschichte der Farbstoffe.

Die Synthese von Azofarbstoffen benötigt viele aufeinanderfolgende Prozeßschritte. Dabei entsteht auch eine Vielzahl gefährlicher reaktiver Zwischenprodukte. Hinter jedem Schritt steckt in Wirklichkeit wiederum ein komplexer chemischer Ablauf mit einer Vielzahl unterschiedlicher Stoffströme, Reaktionsbehälter, Rohrleitungen, Mischaggregate, Apparaturen zur Erzeugung, Zufuhr und Abfuhr von Wärme etc. Schließlich muß auch die quantitative Seite der Sondermüllentstehung in der chemischen Industrie am Beispiel der Azofarbstoffe dokumentiert werden. Genaue

Mengenbilanzen über die stofflichen Ströme bei chemischen Synthesen werden selten publiziert. Es war daher ein Glück, daß einer der drei Großen der Chemieindustrie vor einigen Jahren wenigstens für die letzten Schritte der Synthese eines Azofarbstoffes eine solche Materialflußbilanz preisgab.

Materialfluß: Bei der Herstellung von 100 Kilo rotem Farbstoff Benzopurpurin 4B wird in Kauf genommen, daß nicht weniger als 768 Kilo Abfälle und Nebenprodukte anfallen! Dabei handelt es sich gar nicht um die Abfall-Mengenbilanz des gesamten Produktes, sondern lediglich um die letzten Schritte in der Synthese (ohne die Produktion der eingesetzten Vorläufersubstanzen wie Toluol, Naphtalin, Anilin etc.). Zur Gesamtbilanz liegen keine Zahlen vor. Selbst Industriechemiker fühlen sich bei deren Erhebung überfordert, doch es ist vorstellbar, daß bei einem solchen Produkt und vergleichbaren Gebilden der Harten Chemie für ein Kilogramm Zielprodukt Dutzende und mehr Kilogramm Abfälle und Nebenprodukte zwangsläufig in die Welt gesetzt werden. Freilich sind einige der Nebenprodukte in anderen Produktionsprozessen wieder verwendbar, aber dazu müssen sie zunächst aufwendig abgetrennt und gereinigt werden, wozu wiederum viel Energie erforderlich ist. Außerdem ist die Weiterverwendbarkeit bestimmter Nebenprodukte noch kein Beleg dafür, daß dieses »Recycling« auch sinnvoll ist: zu vielfältig sind die Beispiele, nach denen Nebenprodukte von bestimmten Reaktionen zu sinnlosen, umweltschädlichen Endprodukten verarbeitet werden, nur um die hohen Entsorgungskosten zu sparen. »Abfallprodukte werden einfach als Wirtschaftsgüter deklariert – ein Verfahren, das ebenso beliebt wie unausrottbar zu sein scheint.« (Fischer, 1993: 80)

6. Pracht und Harmonie der Farben

Im Jahr 1808 hat Goethe mit seiner Farbenlehre (1808–1810) den Grundstein zur wissenschaftlichen Betrachtung der heute schon wieder geschätzten Farbenharmonielehre gelegt. Er hat sich in dieser Arbeit vor allem gegen die Überbetonung der rein physikalischen Seite der Farbeindrücke gewandt – wie sie z.B. Newton vertreten hat – und deren physiologische Seite hervorgehoben. In seiner Schrift *Zur Farbenlehre* beschreibt Goethe das Farberlebnis und seine typischen Wirkungen auf die Psyche. Nach mehreren bahnbrechenden Arbeiten (H. von Helmholtz, T. Young) hat der deutsche Nobelpreisträger für physikalische Chemie, Wilhelm Ostwald, eine Phänomenologie der Farben entwickelt. Ostwald schreibt in seiner

1918 entstandenen Arbeit *Die Harmonik der Farben*: »Harmonisch oder zusammengehörig können nur solche Farben erscheinen, deren Eigenschaften in bestimmten einfachen Beziehungen bestehen.« (Zit. nach Reichart, 1995: XII)

Dies wurde später vehement angezweifelt. Durch neuere Forschungen mit Hilfe der Rechenleistungen des Computers konnten erst vor kurzem ganz neue Erkenntnisse in Fragen der Farbästhetik gewonnen werden. Roman Liedl, Ordinarius für Mathematik an der Universität Innsbruck, hat nach vielen Experimenten zwei Harmonieprinzipien gefunden und auf den Punkt gebracht: das Prinzip der Gleichartigkeit und das Prinzip der Ungleichartigkeit (Liedl/Amerstorfer, 1994). Liedls These stützt sich auf folgende Beobachtung: Das menschliche Gehirn steht beim Betrachten von Farbzusammenstellungen vor der Aufgabe, einander gegenüber gestellte Farbflächen als Ton-in-Ton-farbig (gleichartig) oder bunt-unbunt, hell-dunkel, groß-klein, komplementärfarbig (eben als ungleichartig) zu klassifizieren. Wenn diese Aufgabe leicht fällt, resultiert logischerweise daraus die Empfindung von Harmonie. Registrieren wir hingegen sich widersprechende Signale – also Hinweise sowohl auf Gleichartigkeit als auch auf Ungleichartigkeit –, kommt es unwiderruflich zu disharmonischen Empfindungen – und genau das haben frühere Farbharmonie-Theoretiker übersehen. »Aus dem Bereich der sinnesphysiologischen Forschung ist die Erkenntnis gestützt worden, daß die früher üblichen völlig gleichfarbigen Flächen ebenso wie die grell konturierten Muster den physiologischen und psychologischen Notwendigkeiten der menschlichen Wahrnehmungs-Organisation nicht entsprechen«, schreibt der Naturstoffchemiker Fischer. Doch Disharmonie, wie sie der Innsbrucker Liedl versteht, war bisher nicht Objekt irgendeiner Untersuchung.

Ein einleuchtendes Beispiel für farbige Disharmonie ist die gleichzeitige Präsenz von buntem, hellem, strahlendem Orange und buntem, hellem, strahlendem Blau (genauer von Cyan). Beide Farben sind bunt, hell und strahlend; es wird Gleichartigkeit signalisiert. Da jedoch Orange und Cyan zueinander typische Komplementärfarben sind, wird andererseits Verschiedenartigkeit signalisiert – Disharmonie ist die Folge. Wissende Farbkünstler verschieben die Harmonie bewußt ein Stück in Richtung Disharmonie, um Spannung beim Betrachter zu erzeugen. Denken wir an van Gogh: Vincent setzte häufig strahlendes Gelb und die Farbe Ultramarinblau nebeneinander auf die Leinwand (nicht aber die Komplementärfarbe Violett!). So schwächte er das Harmonieprinzip zu einem geringen Teil ab und erzeugte eine phantastische Spannung.

In jedem farbigen Material steckt unbewußte Pädagogik: Farbstoffe können uns belehren, empören, aufregen oder beruhigen und entspannen.

Zweifelsfrei vermögen vor allem synthetische Farben mit ihrer prägnanten, grellen Charakteristik Spuren zu hinterlassen: physische Spuren, indem unsere Sinne durch die ständige Überreizung mit den grellen Farben abstumpfen; seelische Spuren, indem das Empfindungsvermögen für die differenzierte, fein strukturierte Erlebniswelt des Lebendigen verlorengeht; schließlich auch Spuren im Bewußtsein, indem wir vor allem als junge Menschen auf die allgemeine gesellschaftliche Illusion konditioniert werden, ein Überfluß an Objekten mit starker Wirkung sei mühelos, ohne Vorbedingungen und Folgewirkungen billig und unbeschränkt zu erwerben. Anders ausgedrückt: Es sollte uns nicht gleichgültig sein, mit welchen Farben wir uns kleiden und umgeben. Stoffe haben ihre Wirkung über die Ergebnisse der Toxikologie hinaus.

Viele Pfade führen in das Innere eines Organismus, und der Ausschluß von Giftwirkungen auf den kindlichen Organismus im Sinne einer genormten und TÜV-geprüften Speichelfestigkeit und Schweißechtheit nach DIN sollte nicht einziges Kriterium sein. »Es wird sich immer mehr herausstellen«, warnt Hermann Fischer (1993: 105), »daß die uns im Alltag umgebenden Stoffe unsere unerbittlichen Erzieher sind. Wir werden den uns umgebenden Stoffen immer ähnlicher.« Öffnet sich hier nicht ein grotesker Teufelskreis: die Abstumpfung unserer Sinne fordert immer stärkere Reize, die Chemie liefert uns diese wohlfeil und beliebig und schafft so erneut die Grundlage für ein wachsendes Bedürfnis nach noch stärkeren Reizen.

Ohne Farbe geht gar nichts. »Mehr noch«, gibt Doris Binger (1995: 85) zu verstehen: »Die Mode lebt vom Farbenrausch.« Farbe »pusht« die Umsätze. »Deshalb wird immer mehr und raffinierter gefärbt. Mit schrillen Modefarben, leuchtenden Satintönen und subtilen Changeants buhlen Modemacher um die Gunst der Verbraucher.« Die Fakten bestätigen Fau Bingers Einschätzung. Der Colour Index, die Datenbank für Farbstoffe, listet 50 000 verschiedene Handelsprodukte aus 8 000 verschiedenen chemischen Substanzen auf. Immerhin 3 000 Chemiefarben werden davon tatsächlich verwendet (Rosenkranz/Castelló, 1993: 89).

Die Frage, welche Farben man heute unter dem gesamtökologischen Aspekt für Textilien überhaupt noch benutzen sollte, ist nicht leicht zu beantworten. Wir vertreten jedenfalls nicht die Auffassung, daß jeder umweltbewußte Mensch am besten ganz auf Farben verzichten soll. Für die Umwelt wäre es natürlich schon eine enorme Erleichterung, wenn wir uns mit den Farben begnügen könnten, die uns die Natur liefert (s. Kap. 6.2). Viel wäre schon erreicht, wenn mit Farben eher Akzente gesetzt würden. Häufig ist ja der Verzicht auf das Bunte auch ohne Einbußen möglich. Im Gegenteil: Hautempfindliche Menschen wissen die Vorteile naturweißer

Bettwäsche aus Baumwolldamast zu schätzen – und auch naturbelassene Bouretteseide (Nachthemden und Pyjamas) umgibt den Menschen wie ein Kokon, schafft Wohlbehagen und Geborgenheit. Die ganz kleinen Erdenbürger sehen übrigens besonders bezaubernd aus, wenn sie von ungefärbten Sachen umhüllt sind. Ein Versuch lohnt sich allemal. »In knallbunten Strampelhosen, wie sie derzeit bei den Kleinsten Mode geworden sind, achtet man eher auf die niedliche Hülle als auf das kleine Wesen selbst«, gibt Meike Ried (1994:75) zu bedenken. Womit sie sicher nicht unrecht hat.

6.1 Harte Chemie koloriert unsere Stoffe

Was sind Farbstoffe aus der Sicht der heutigen Chemie und Physik? Es sind Verbindungen, die einen Teil des Lichtes selektiv absorbieren und dann in der Komplementärfarbe gefärbt erscheinen. Die Fähigkeit der Farbstoffmoleküle zur selektiven Lichtabsorption hängt mit ihrer Durchlässigkeit zusammen und ist zumeist an bestimmte Atomgruppen, die sogenannten chromophoren Gruppen gebunden. Chromophore sind u.a. die Carbonylgruppe, die Nitrogruppe, die Nitrosogruppe oder die Azogruppe. Neben den Chromophoren sind an der Farbbildung aber auch noch sogenannte auxochrome oder farbgebende Molekülbestandteile, etwa die Amino- oder Hydroxylgruppe beteiligt. Diese verfügen nicht selbst über eine farbgebende Eigenschaft, können aber den Farbton vertiefen oder aufhellen. Die Sulfonylgruppe etwa erhöht die Wasserlöslichkeit und die Carboxylgruppe die Echtheit des Farbstoffes.

Jeans and Genes: Es blaut so blau

Die Baumwolle erhält ein Indigo-Gen, oder hat sie es schon? Angeblich um die enormen Umweltschäden beim Färben der charakteristischen blauen Beinkleider zu verringern, haben die US-Genfirmen Calgene und Agracetus unlängst vorgeschlagen, die Baumwolle mit der Erbsubstanz aus der blauen Indigo-Pflanze zu verschmelzen, auf daß sie bereits blau geerntet werden könnte. Das würde außerdem den Energieverbrauch senken, aber auch Arbeitsplätze wegrationalisieren. Die biologischen und ökologischen Konsequenzen sind offen. Eine interessante, aber nicht ungefährliche Entwicklung. Andere Gentechniker der Firma Amgen in Thousand Oaks/California haben Coli-Bakterien so verändert, daß sie Indigo in großen Fermentern produzieren können. Seit den 70er Jahren kennt man Schimmelpilze, die den Indigo-Farbstoff bilden und ausscheiden können, und seit 1983 weiß man, daß auch Coli-Bakterien zur Indigosynthese befähigt sind. Doch bislang stand den Bakterien ein Enzym (Naphthalen-Dioxygenase) nicht in ausreichender Menge lange genug zur Verfügung, es mußten teure Ausgangsstoffe wie Tryptophan oder Indol-Verbindungen zugefüttert werden.

1994 haben die kalifornischen Wissenschaftler einen Weg gefunden, das Enzym fest in Coli-Bakterien zu verankern. Dabei wurden auch noch fremde Gene eingeführt, die es erlauben, als Nährlösung reine Glucose zu verwenden. Der Ertrag ist noch nicht so groß, um synthetischen Indigo derzeit preislich zu unterbieten, aber schon eine Verbesserung um den Faktor fünf könnte die Lage drastisch verändern. Die biotechnische Produktion hat den Vorteil, daß Glucose billig aus Biomasse verfügbar ist und nicht mehr mit teils toxischen Ausgangsstoffen gearbeitet werden muß. Was aber nicht geführt wird, ist eine offene Diskussion über die Risiken der Gentechnik. »Die populäre Literatur über die unermeßlichen Möglichkeiten des ›biotechnischen Zeitalters‹«, schreibt Joachim Radkau in seinem Aufsatz über »Die Inszenierung des Diskurses über die Gentechnik vor dem Hintergrund der Kernenergiekontroverse«, erinnere »unverkennbar an die euphorische ›Atomzeitalter‹-Literatur der 50er Jahre; wie damals die Atome, so erscheinen heute die Gene in der Rolle von Heinzelmännchen, die zu beliebig vielen Geschäften zu gebrauchen sind und in ihren Fertigkeiten etwas Märchenhaftes besitzen.« (Radkau, 1988:531) Es hat den Anschein, als sollte die Erwartung eines »Zeitalters der Gentechnik« die Lücken füllen, die durch den Zusammenbruch der Illusionen über das »Atomzeitalter« und das »Zeitalter der Raumfahrt« entstanden sind. Die Sanfte Chemie würde sich daher beim oben beschriebenen »Technologiesprung« weder für den synthetischen noch für den von gentechnisch manipulierten Coli-Bakterien produzierten Indigo entscheiden, sondern ganz einfach auf die »solar materials« in den evolutionserprobten Pflanzen, auf den Indigostrauch oder auf den neuerdings wiederentdeckten Färberwaid zurückgreifen.

»Farben sind derzeit das größte Problem«, moniert Ralf Ketelhut vom Hamburger Umweltinstitut EPEA in der Zeitschrift Öko-Test-Magazin (1995). Es stimmt schon: Sowohl die Couleurs der Natur als auch die bunten Wunderkinder aus der Retorte haben ihre Schwachstellen in der textilen Praxis. Zutreffend ist auch, daß die meisten Pflanzenfarben schlecht auf Baumwolle haften und aufwendig fixiert werden müssen. Aber chemisch-synthetische Farben sind in Summe ebensowenig als problemlos einzustufen. Im Gegenteil: Die meisten künstlichen Textil-Farbstoffe sind kaum biologisch abbaubar, sie belasten den Klärschlamm und das Abwasser der Vorfluter. Wer sorgt sich schon beim Einkauf neuer Klamotten, ob die leuchtenden Farben den Fischen im Fluß genausogut gefallen wie uns? Bis zu 50 Prozent der eingesetzten Farbstoffe gelangen nicht aufs Textil, sondern ins Abwasser (Scheck, 1993). Besonders die Säure- und die Reaktivfarbstoffe erweisen sich als sehr langlebig. Sie werden in der Kläranlage praktisch nicht abgebaut und zu 40 bis 80 Prozent im Klärschlamm abgelagert (Gow, 1983). Der Rest wandert weiter in die Flüsse und macht sich immer wieder einmal als rote, orange oder schwarze Verfärbung des Wassers bemerkbar. Obschon die direkte Giftigkeit der meisten Farbverbindungen gering ist, sind Langzeiteffekte des chronischen Farbstoffinputs bisher kaum erforscht. Farbstoffmoleküle oder deren Fragmente sind inzwischen in sämtlichen Umweltmedien, in Flüssen, im Trinkwasser oder in der Luft aufspürbar (Pfitzenmaier, 1985). In der alten Bundesrepublik wurden pro Jahr immerhin 11 300 Tonnen Textilfarbstoffe »bestimmungsgemäß verbraucht«.

6.2 CIBA: Kann denn Farbe Sünde sein?

»Wegen ihrer brillanten Farbtöne und wegen der hervorragenden Echtheiten haben sich die Reaktivfarbstoffe zur wichtigsten Farbstoffgruppe für Baumwolle und alle anderen Zellulose-Fasern entwickelt.« Diesen Satz in einer Sonderveröffentlichung der CIBA-Geigy zur CPD-Messe in Düsseldorf 94 kann man voll und ganz unterschreiben. Reaktivfarbstoffe sind leicht anzuwenden und ergeben besonders echte und auffallende Farbeffekte. Im Gegensatz zu anderen Farbstoffen haften sie auf den Textilfasern nicht nur durch Absorption, sondern aufgrund einer chemischen Bindung. In gleicher Weise können sie jedoch vermutlich auch mit körpereigenen Proteinen reagieren und damit eine Allergie auslösen. Vor allem Bronchialasthma oder allergischer Schnupfen sind ein Thema für Reaktiv-Färber/innen. Die Gefahr mit den Farbstoffen in Berührung zu kommen, ist in den Färbeküchen sowohl beim Abwiegen und Mischen der Farbstoffe als auch beim Herausnehmen der gefärbten Stoffe aus dem Färbebad am größten. Ist das vielleicht der Grund, warum uns Roland Bauhofer von CIBA-Geigy beim Textil-Symposium 95 in Achberg begeistert von seiner realisierten Lieblingsidee erzählt hat?

Bauhofer hat sich eine vollautomatische Färbestraße en miniature konstruiert, mit kleinen Bottichen und Mischbehältern, mit einer echten Färbemaschine, mit Walzen, Pressen, Pumpen – und natürlich mit kleinen Robotern, die jede für den Färbeprozeß notwendige Manipulation quasi von Geisterhand auf Knopfdruck ausführen können. »Damit können wir jede Fehlerquelle ausschließen und den Prozeß optimieren«, meinte er. Staunend lauschten wir seinen Ausführungen und dachten insgeheim an die arbeitsbedingten Erkrankungen in der Farbstoffindustrie, die mit Herrn Bauhofers Spielzeugfärberei auf scheinbar so elegante Art vermieden werden können. Doch die Praxis in der Textilindustrie sieht leider etwas anders aus. Wer häufig mit diesen Stoffen zu tun hat und erkrankt, wird durch keine Berufskrankheitenverordnung geschützt, sondern hat eben individuelles Pech.

Damit die Kasse noch mehr klingelt
Farbstoffgiganten rücken zusammen und specken ab

Bis zur Mitte 1995 führte der Basler Multi CIBA (Kürzel für »Chemische Industrie Basel«) mit einem Jahresumsatz von 1,3 Milliarden sfr den Weltmarkt für Farbstoffe an. Am 1. Juli 95 wurde ihm die Pole-Position durch einen deutsch-deutschen Coup streitig gemacht: Hoechst und Bayer legten ihre Textilfarbstoff-Geschäftsbereiche im Joint-Venture Dyestar zusammen. Jährlicher Verkaufswert der Dyestar Petro-Coulors: 1,4 Mrd. sfr. Hintergrund der Farb-Fusion: In Asien hergestellte Textilfarbstoffe überschwemmen angeblich den europäischen Markt und lassen die Gewinne schrumpfen. »Unser Hauptproblem sind die hohen Löhne«, stöhnt Jean-Luc Schwitzguébel, der neue Leiter der CIBA-Division Farbstoffe. »In Basel kostet ein Jahreslohn rund 100 000 sfr., in China nicht einmal 10 % davon.« (Schwitzguébel, 1995). Weil die Kapitalrendite bei den CIBA-Farben in den letzten Jahren »doch sehr zu wünschen übrig ließ« und weil man sich als erfolgsgewohnter Eidgenosse die Spitzenstellung nicht von der deutschen Konkurrenz streitig machen läßt, hat CIBA im Oktober 95 die Retourkutsche auf den Weg gebracht. Gemeinsam mit der BASF habe man sich entschlossen, »gegenseitig die Farbstoffproduktion zu optimieren«, gab der CIBA-Mann Schwitzguébel bekannt. »Die BASF übernimmt von uns Poduktionen. Das könnten die Küpen-Farbstoffe für das Färben von Baumwolle sein. Diese Produkte werden dann in Ludwigshafen oder in China produziert.« Umgekehrt stellt sich Schwitzguébel vor, daß die im CIBA-Angebot dominierenden Reaktiv- oder Dispersionsfarbstoffe (ebenfalls für das Färben von Baumwolle und Polyester) überhaupt nicht mehr bei der BASF, sondern ausschließlich bei CIBA hergestellt werden sollen. Das grenzt schon fast an eine Monopolstellung bei diesen Farbstoffkategorien. Interessant sind auch CIBAs arbeitsmarktpolitische Pläne: »Wir bauen rund 600 Stellen ab«, sagt der zum Rationalisieren wild entschlossene Leiter der Geschäftseinheit Klassische Pigmente. »Das ergibt jährliche Kosteneinsparungen von rund 60 Millionen sfr.« Erst dann werde man wieder kostengünstiger produzieren, denn »derzeit sind wir viel zu fett«. Die Lean Production als ganz großer Knüller also. »Bezüglich Produktqualität und Anwendungstechnik sind wir Spitze«, wird mit Selbstlob von CIBA-Geigy nicht gegeizt.

»Enorm innovationsfähig sind wir und verfügen über ein weltweites Distributionsnetz. Wir rechnen schon in den nächsten Jahren mit einer sehr profitablen Situation.« Gewinnzahlen, den Farbstoffsektor betreffend, werden nicht veröffentlicht.

Eine andere, vor allem für Kunden interessante Liaison gibt es mit dem Sandoz-Konzern. Sandoz hat bekanntlich seit dem 11. November 1986, als sich der Rhein blutrot verfärbte und die Stadt Basel haarscharf einem chemischen Supergau entging, ein angeschlagenes Image. Damals behaupteten böse Zungen: »Der Rhein ist tot – es lebe die Chemie.« In jenen Wochen hat die hautnah erlebte Chemikatastrophe viele Bürger auf die Straße getrieben. Doch der Lohn der Angst war stärker. Heute ist längst wieder alles paletti. Basel ist und bleibt eben eine Humanisten- und Philosophen-Stadt am geplagten Rhein, die ihren zwiespältigen Ruf und ihren »Wohlstand« der Chemie verdankt. Seit 1995 gehört der Geschäftsbereich Textilfarbstoffe des Chemiemultis Sandoz zur neu gegründeten Clariant. Clariant und CIBA bieten seit kurzem gemeinsam eine »umfassende ökologische Kundenberatung« im Bereich Textilchemikalien an. Diese Serviceleistung soll Kunden einen »ökologisch optimierten Produkteinsatz« ermöglichen. Die Sandoz verspricht sich von dieser unter dem Namen EcoVision propagierten Zusammenarbeit mit Produktanwendern Wettbewerbsvorteile »in einem ökologisch sensiblen und durch harten Preiskampf gekennzeichneten Markt« (*Ökologische Briefe*, 1995, 39:15).

Als »Quantensprung in der Reaktivfärberei« bezeichnet der Basler Chemiemulti die Einführung der Cibacron-LS-Farbstoffe: Mit neuartigen und patentierten »exclusiven Brücken« werde dem Farbstoffmolekül »hohe Flexibilität« verliehen – diese sei wegen ihrer »optimalen Löslichkeit« ausgewählt worden. (Cibacron LS, Produktinformation CIBA-Geigy 1995). Als »Brücke« wird jenes Molekülfragment bezeichnet, welches die beiden Chromophore (Farbträger) über jeweils eine sogenannte Fluortriazin-Gruppe verbindet. »Das neuartige von CIBA patentierte Moleküldesign« führe dazu, so die Firmenaussage, daß »mehr Farbstoff auf die Faser« gelange und »weniger Farbstoff im Abwasser« verbleibe. Als wichtigstes Umweltplus stellt CIBA heraus: »Nur noch ein Fünftel bis ein Drittel der üblichen Salzmenge wird für den Färbeprozeß benötigt.« Zweifellos sind das Vorteile, die heute im Färbeprozeß eine Rolle spielen; die »spürbar geringere Abwasserbelastung« müßte jedoch in einer ökologischen Gesamtschau von unabhängiger Seite gecheckt werden. Denn die Verringerung der Salzfracht und des Farbstoffeintrages ist noch kein Beweis für eine integrierte ökologische Produktionsweise. Fragwürdig scheint uns vor allem der Aufbau und die Produktlinie der neuen Reaktivfarbstoff-Linie Cibacron LS zu sein. Auffallend ähnelt die Fluortriazin-Struktur dem in Verruf geratenen, ebenfalls von CIBA-Geigy produzierten Atrazin, einem herbiziden Wirkstoff aus der Gruppe der Triazine. Dabei geht es uns gar nicht in erster Linie um die nachweislich mutagenen Stoffwechselprodukte und die grundwasserschädigende Wirkung des gefährlichen Unkrautkillers, dies ist ohnehin aktenkundig. Was uns bei dem angeblichen »Quantensprung in der Reaktivfärberei« stört, ist die strukturelle Verwandtschaft der beiden Chemikalien.

Die Farbstoffklasse Cibacron LS und die chemischen Sensen der Atrazine, beider Grundgerüst und Zwischenprodukt, firmieren unter dem Begriff Cyanurchlorid. Dieses Cyanurchlorid wird großtechnisch aus Blausäure und dem Kampfgas Chlor über das stark tränenreizende, im Gegensatz zur Blausäure auch chronische Vergiftungen bewirkende Chlorzyan hergestellt. Daß bei dieser extrem harten und störfallriskanten Chemie auch die unvermeidbaren Dioxine und enorme Tonnagen von Salzsäure-Abfall im Spiel sind, macht den Prozeß noch weniger sympathisch. »In Ökologie und Ökonomie«, fabuliert Hans Jürgen Danzmann indes forsch und selbstgefällig in der Firmenschrift, »hat Cibacron LS das Prädikat *Summa cum laude* verdient.« Ein bißchen zuviel Eigenlob auf einmal.

Wenn sich ein Weltkonzern wie CIBA mit der ökologischen Optimierung von Textilien befaßt, so ist das zweifelsohne bemerkenswert. Der Teufel steckt, wie so häufig, in den Details der chemischen Synthese. Es genügt heute eben nicht mehr, ein »Plädoyer für eine integrierte ökologische Produktion« (Firmenwortlaut) anzukündigen und den Beweis dafür schuldig zu bleiben. Dabei sollten in der Sorge und im Bemühen um die Innovationsfähigkeit der Unternehmen Firmenleitung, Gewerkschaften und Umweltbewegung doch einig sein! Nur moderne innovative Unternehmen sind auf den rasch sich verändernden Märkten erfolgreich, können die hohen Sozial- und Umweltstandards erfüllen und finanzieren, ihre Belegschaft weiterqualifizieren, Arbeitsplätze erhalten und den notwendigen ökologischen Umbau der Produktion vorantreiben. Wer überzeugend Nutzen gestalten will, müßte eben gleichzeitig bemüht sein, Natur zu schonen. Dies hat nach tieferer Recherche auch bei den Vorzeige-Colors von CIBA, den Reaktivfarbstoffen, bisher noch nicht stattgefunden.

Wie in vielen Industriebereichen, ist auch bei den Textilfarbstoffproduzenten ein neues Technikverständnis vonnöten. Dabei geht es prinzipiell nicht mehr um die Bereitstellung technischer Neuerungen, die eben machbar sind und die üblichen Anforderungen nach Verläßlichkeit, Sicherheit und Ästhetik erfüllen. Es kann künftig auch nicht mehr darum gehen, bewährten konventionellen Technologien ein grünes Häubchen aufzusetzen und sie mit zusätzlichem Aufwand zu »entschmutzen« – zum Beispiel mit Filtern, Katalysatoren, mit Abdichtungen von Deponien – oder mit einer lediglich beim Anwender verringerten Salzfracht wie im Fall Cibacron LS. Dabei handelt es sich nur um eine Verschiebung des Problems in einen anderen Bereich. Solche Versuche sollten so bald wie möglich in der Mottenkiste verschwinden. Interessant wird es hingegen mit einer Technologie, die darauf ausgerichtet ist, Bedürfnisse gezielt und von der Wiege bis zur Bahre mit einem Minimum an Naturverbrauch und einem Maximum an Ressourcenproduktivität zu befriedigen – wobei Qualität und Auswahl der Ressourcen besonderes Augenmerk verdienen. Dabei ist völlig klar, daß eine zukunftsfähige Wirtschaft niemals ausschließlich über technische Innovationen erreichbar ist. Auch die intelligenteste Dematerialisierung stößt irgendwann an ihre Grenzen. Ein Stichwort dazu heißt »Revision des Gebrauchs«, wie der Titel einer Tagung der Akademie des Deutschen Werkbunds 1994 in Bonn. Auch die immer wieder ins Spiel gebrachte »Null-Option« wird in der Technologiediskussion noch kaum berücksichtigt. Aber vielleicht braucht es dazu ganz andere Wirtschaftsakteure, Betreiber, Bewirtschafter, Manager – welche die Werterhaltung und nicht die Nutzenoptimierung als oberstes wirtschaftliches Ziel anstreben? »Kann denn Farbe Sünde sein?«, hatte Gerhard Horstmann, Leiter der Industry Services der CIBA-Textilfarbstoffe-Division, auf dem Fashion & Ecology-Symposium 1993 in Düsseldorf etwas selbstironisch das Publikum gefragt. Die richtige Antwort lautet: im Prinzip ja.

6.3 Egal gefärbt, beschleunigt belastet

Eine große und toxikologisch interessante Gruppe in den Textilchemie-Katalogen sind auch die Färbereihilfsmittel und Färbebeschleuniger (Carrier). Zu den Hilfsmitteln zählen Oxidations- und Reduktionsmittel, die den Färbeprozeß erst ermöglichen, Egalisiermittel, die die gleichmäßige Verteilung des Farbstoffs in und auf den Textilien bewirken und Dispergiermittel, die unlösliche oder schwer lösliche Farbstoffe in Wasser leichter dispergierbar machen. Zu dieser Stoffklasse gehört auch das schlichte Natriumchlorid, Gewerbesalz, von dem Millionen Kilogramm die Flüsse und Kläranlagen versalzen.

Die Carrier-Substanzen sollen eine schnellere Diffusion der Farben in die Faser und eine bessere Farbausbeute bewirken. Vor allem die kompakt gebauten Synthetics brauchen eine Auflockerung durch Carrier, damit die Farbstoffe besser in die Faser diffundieren. Aber auch Mischgewebe lassen sich mit Farbbeschleunigern einfacher färben. Wieder einmal brauchen die von der Industrie immer als so harmlos hingestellten synthetischen Fasern Stoffe zur »Veredelung«, die aus gesundheitlichen Gründen abzulehnen sind. Die Landesanstalt für Umweltschutz Baden-Württemberg hat in einer kürzlich erschienenen Analyse *Chemikalieneinsatz in der Textilindustrie* (Zartner-Nyilas, 1994) die Carrier in der Reihenfolge ihrer Giftigkeit geordnet: Di- oder Trichlorbenzol, Butylbenzoat, Methylkresolate, o-Phenylphenol, Diphenyl, Diphenyloxid, Benzylbenzoat, Methylbenzoat, Mehtyldiphenyl, Dimethylphthalat und Methylnaphthalin. Im Kommentar heißt es: »Die chlorbenzolhaltigen Typen besaßen zwar die optimalen färberischen Eigenschaften, sind jedoch ökologisch höchst bedenklich und gelten als kanzerogen.« Wegen ihrer krebserregenden Eigenschaften seien sie »bereits weitgehend vom Markt zurückgezogen worden« (Zartner-Nyilas, 1994:24f.). Alle Carrier haben zudem aufgrund ihrer fettlösenden Eigenschaften stark reizende Wirkung auf Haut, Schleimhaut und Augen. Und sie gehören zu den Allergie-Verursachern (Zartner-Nyilas, 1994:73).

Auch die Arbeitsgruppe Textilien beim ehemaligen BGA hat sich schon über die Färbebeschleuniger (Carrier) den Kopf zerbrochen. Im Protokoll der Sitzung am 15. November 1993 heißt es zaghaft verschlüsselt, aber aufschlußreich: »Die in der 1. Sitzung des Arbeitskreises begonnene Diskussion über die gesundheitliche Bewertung von Färbebeschleunigern wurde an Hand weiterer vorgelegter Daten fortgesetzt. Die Marktbedeutung bestimmter Substanzen wurde erläutert sowie einige aus gesundheitlicher Sicht möglicherweise relevante Verbindungen genannt.« Das Protokoll der nächsten Sitzung am 15. Juni 1994 zeigt dann, daß man dem heißen Braten schon näher kam:

»Im Mittelpunkt der Beratungen standen die Färbebeschleuniger (Carrier), die als Färbereihilfsmittel beim Färben von Chemiefasern mit Dispersionsfarbmitteln verwendet werden. Nach eingehender Diskussion mit Textilwissenschaftlern wurde deutlich, daß die Gehalte auf der Faser nach der Färbung zunächst im Bereich 0,5 bis 3,7 % liegen können. Allerdings werden die Gehalte an diesen Substanzen durch verschiedene Nachbehandlungen reduziert. Wenn die Färbung sowie die Nachbehandlung nach dem Stand der Technik durchgeführt werden, ist im fertigen Textilprodukt ein Gehalt von unter 0,2 % zu erwarten. Bei der Besprechung der als Carrier eingesetzten Chemikalien wurde sichtbar, daß von den deutschen Textilveredlern inzwischen vermehrt auf besonders problematische Substanzen verzichtet wird. Trotzdem wird es vom BGA als dringlich angesehen, exemplarisch für einige Substanzen eine gesundheitliche Bewertung vorzunehmen. Die Verbände haben zugesagt, Risikoabschätzungen noch vor der nächsten Sitzung vorzulegen. Umfassende Informationen über Carrier in importierten Textilien gibt es derzeit nicht.«

Da herrscht also mehr als Klärungs- und Aufklärungsbedarf. Da herrscht Notstand! Eine nicht unerhebliche Kategorie sind dann noch die Hilfsmittel der Hilfsmittel: Faserschutzmittel sollen die Fasern vor Schädigungen durch den Färbeprozeß schützen, Abziehmittel Fehlfärbungen entfernen, andere Spezialprodukte der Einstellung des geeigneten pH-Wertes dienen. Der Gesamtverbrauch in dieser umfangreichen Gruppe von Textilhilfsmitteln lag in Österreich 1993 bei über 6200 Tonnen. Innerhalb der Färbereihilfsmittel und Carrier-Substanzen erweisen sich viele als problematisch. Das zeigt schon eine kleine Auswahl der ingesamt 34 Giftstoffe:

- Ameisensäure (85 %, ätzend)
- Sulfaminsäure (depressorische Wirkung auf das Zentralnervensystem, Gefahr eines Lungenödems)
- Quaternäre Ammoniumverbindungen (s. Kap. 2.2.1 und 2.2.6)
- Trichlorbenzol (gesundheitsschädlich, bei Verbrennung entsteht Chlorwasserstoff)
- Formaldehyd (s. Kap. 2.2.5)
- Natriummetasilikat (ätzend)
- Essigsäure (80 %, ätzend, Gefahr bei jedem Körperkontakt, besonders für Augen und Magen. Nekrose auf der Haut möglich)
- Ethanol (giftig)
- Kaliumdichromat (reizend, giftig; Chrom-VI-Verbindungen werden nach direktem Kontakt mit Haut und Schleimhäuten in den Körper aufgenommen; bei Einatmung besteht Gefahr der Bildung von Geschwüren der Nasenschleimhaut; darf nicht in Gewässer, Abwässer oder ins Erdreich gelangen; die Chemikalie gehört zu den Top-Allergenen)
- Methanol (giftig, leichtentzündlich; Flüssigkeitsaufnahme und Dämpfe verursachen Schädigung des Zentralnervensystems, insbesondere der Sehfähigkeit)
- Natriumdichromat (giftig; Chrom-VI-Verbindung)
- Natriumdithionit (gesundheitsschädlich)
- Natriumnitrit (giftig, reizend)
- Natriumsulfid (ätzend, reizend; im Magen bildet sich Schwefelwasserstoff; dieser führt zur Lähmung des zentralen Nervensystems)
- organische Sulfinsäuren (gesundheitsschädlich, stark reizend)

Im deutschen *Textilhilfsmittelkatalog* (THK) nehmen die Färbereihilfsmittel einen Raum von 100 Seiten ein. Auch hier finden sich natürlich eine Menge giftige Hilfsmittel, nur nicht so detailliert beschrieben und klassifiziert wie im österreichischen Pendant: Formaldehyd, jede Menge QAV (vor allem bei den Egalisiermitteln, die die gleichmäßige Verteilung des Farbstoffs in und auf den Stoffen bewirken, und bei Nachbehandlungsmitteln zur Echtheitsverbesserung). Als Carrier werden vielfach »aromatische Kohlenwasserstoffe« eingesetzt. Nähere Bezeichnungen läßt die Industrie aus, offensichtlich zur Tarnung. Denn viele Aromaten verursachen Krebs sowie Leber-, Nieren-, Hirn- und Nervenschäden.

Ein großer Teil der bunten Textilien ist nicht durchgehend gefärbt, sondern bedruckt. Für die Druckvorgänge bietet die Chemieindustrie eine stattliche Palette von Hilfsmitteln. Unter Druckereihilfsmitteln versteht man alle nicht-farbgebenden Produkte, die bei den einzelnen Teilprozessen des Textildrucks eingesetzt werden: für die Vorbereitung, den eigentlichen Druck, die Fixierung und die Nachwäsche. Am hohen Gesamtverbrauch, der in der Größenordnung tausender Tonnen liegt, sind auch ungefährliche Stoffe beteiligt. Die meisten aber kommen aus der Giftküche der harten Chemie. Unter ihnen finden sich so verschiedene Stoffe wie Natriumdithionit, das als gefährliches Zersetzungsprodukt Schwefeldioxid freisetzen kann, oder das gesundheitsschädliche Zinkhydroxymethansulfinat oder eine wässrige Lösung von Formaldehyd (Formalin) mit 37 % HCHO – von dem in Österreich 1993 immerhin 360 kg eingesetzt wurden. Anmerkung im österreichischen Textilchemikalien-Katalog: »Giftig, starke Reizwirkung, gegebenenfalls bleibende Schädigung an Haut und Schleimhaut (Auge, Atemweg, Verdauungskanal). Systemisch sind Bewußtlosigkeit und Kollaps möglich. 650 ppm inhaliert, 60 ml oral sind nach wenigen Minuten lebensgefährdend, MAK-Wert 1 ppm; mutagene und kanzerogene Wirkung. Bewertung C.« (Vgl. Bewertungskategorien, S. 64) Von 24 %igem Formaldehyd wurde 1993 rund eine Tonne eingesetzt!

Mehrere methanolhaltige Produkte erhielten ebenfalls die Bewertung C, z.B. Luprintol MC, das zusätzlich noch Formaldehyd enthält. Pregan E, ein Gemisch aus organischen Lösemitteln und Emulgatoren, enthält neben Methanol auch Dichlormethan. Atmet man es ein, kann es rauschartige Zustände hervorrufen, die bis zu narkotischen Wirkungen gehen. Natürlich ist das Zeug auch reizend und ätzend. Bewertung C! In dieser Giftklasse firmiert auch Thioharnstoff.

7. Die schwarze Liste des Konzerns Nemo

Eigentlich geht es um Ökobilanzen, als wir uns einer Gruppe von Leuten aus der Wirtschaft bei einer Führung durch das Textilwerk anschließen. Professionell breitet der Pressechef des Hauses die beachtlichen Leistungen seines Unternehmens für den Umweltschutz aus. Zentrale Aussage: Durch die ökologischen Maßnahmen wurde eine Menge Geld gespart. Unsere Frage: Nach welchen Kriterien wurden schädliche Stoffe eliminiert, gibt es eine schwarze Liste? Diese Frage wurde zunächst nicht beantwortet. Rücksprache mit der Konzernleitung sei notwendig. Ein zweiter Termin wird vereinbart.

Wir müssen den Konzern »Nemo« nennen, denn die verlangten Daten des mitteleuropäischen Unternehmens waren nur gegen unsere Garantie zu bekommen, Namen und Zusammenhänge nicht preiszugeben. Dabei wohnten zwei Seelen in der Brust des Pressechefs – die stolze Seele des Umweltschützers und die weniger stolze des Kaufmanns und strategischen Planers: »Damit würden wir uns Kooperation verbauen, z.B. mit CIBA Geigy. Das war auch ein Ringen am Anfang. Die haben bemerkt, die bewegen was, da machen wir mit. Die haben die Chemiker, die haben die Labors, die haben die Mittel. Ein Chemiker hat die schwarze Liste vorstrukturiert. Unsere Abwasserspezialisten und Färbereispezialisten haben mit ihm zusammengearbeitet. Dann wurde die Liste optimiert und ausgebaut.«

Unterschieden werden drei Stufen: Kategorie 1 ist »in Ordnung«. Die Gruppe 2 ist »nicht so gut«, kann aber noch eingesetzt werden. Ein Ersatzstoff wird gesucht. Darunter fallen z.B. alle biologisch schwer abbaubaren oder in Kläranlagen schwer eliminierbaren Chemikalien. Die Stufe 3 umfaßt Stoffe der eigentlichen schwarzen Liste, z.B. kritische Schwermetalle wie Cadmium, Quecksilber, Nickel, Chrom, Formaldehyd, Halogenverbindungen, bestimmte Farbstoffe, chlorierte Kohlenwasserstoffe und krebserregende Substanzen. Die Nemo-Leute sind dabei nach dem schweizer EAWAG-Modell (Eidgenössische Anstalt für Wasser-, Abwasser- und Gewässerschutz) vorgegangen und beziehen ökotoxikologische und humantoxikologische Argumente in ihre Bewertung ein. Sie wollten einen »ökologischen Filter« einbauen, der in der Betriebspraxis auch wirklich funktioniert. Stufe 1 ist so etwas wie eine grüne Liste, Stufe 3, die schwarze Liste, stoppt den Einkauf. Der Nemo-Pressemann: »Das war eine relativ strenge Bewertung. Wir sind uns darüber im klaren, daß wir das nicht von heute auf morgen umsetzen können. Wir müssen uns die Freigabe für diese neue strenge Bewertung noch von der Technik holen. Es geht auch darum, in welchen Zeitspannen wir das umsetzen. Bei manchen Substanzen müssen wir sofort handeln. Oft wußten die Mitarbeiter das gar nicht. Oft fehlt die Zeit und die Möglichkeit.«

Die ganze Liste konnte und wollte uns der Pressechef nicht geben. Da stecke das Know how von jahrelanger Arbeit drin, wobei tausende von Produkten überprüft wurden, vor allem auch Farben: »Grundlage sind für uns die Datensicherheitsblätter der Hersteller. Da muß man natürlich nachhaken. Das ist ein Vorsprung, den möcht' ich auch behalten. Soviel Methodik. Ich möchte nicht, daß die Liste und unser Konzern in Verbindung gebracht werden. Wenn Sie anprangern, bringt das nichts. Die

Methodik ist wichtig.« Wir schätzen, daß die schwarze Liste über 200 Chemikalien enthält. Eine stattliche Liste, eine strenge Liste: »Das ist unser Anforderungsprofil. Das ist Qualitätsmanagement. Damit können sich die Entwicklungsteams langfristig auf unsere Ziele einstellen.« Aber einige ausgewählte Produkte der schwarzen Liste konnten wir denn doch studieren. Natürlich war vor allem die Begründung für uns von höchstem Interesse:

- Indosol E 50 Pulver. Aliphatisches Polyamin: Ausrüstungsmittel. Hersteller: Sandoz-Quenn GmbH. Verbrauch: 1 260 kg. Bewertung: nicht ausreichend eliminierbar, zu stark fischtoxisch. Wassergefährdungsklasse 1. Substitution wird angestrebt. Stufe 3.
- Kohlflock: Der Stoff wird eingesetzt, um aus dem Abwasser die Farbstoffe herauszuholen. Hersteller: CIBA Geigy. Bewertung: biologisch sehr schwer abbaubares Flockungsmittel, das zudem fischtoxisch wirkt bei direktem Eintrag in die Gewässer. Drastische Reduzierung der Einsatzmenge oder sofortige Substitution. Stufe 3. Kommentar des Nemo-Pressechefs: »Das war eine Notlösung. Das Produkt haben wir schon um 2/3 reduziert. Das kostet auch noch unheimlich viel!«
- Ciba Tex RN (Nachbehandlungsmittel zur Echtheitsverbesserung). Hersteller: CIBA Geigy. Verbrauch: über 1 Tonne. Bewertung: ökotoxisch, humantoxisch. Gesamtbeurteilung: Stufe 3. Durch Adsorbtion an Klärschlamm schlecht eliminierbar. Nicht aerob abbaubar. Giftig für Wasserorganismen bei direktem Eintrag ins Gewässer. Nemo-Kommentar: »Für anaerob abbaubare Chemikalien braucht man eine spezielle Kläranlage. Dann ist das kein Problem.«
- Irgasol DAM Granulat (Dispergiermittel). Hersteller: CIBA Geigy. Nicht aerob abbaubar. Stoff tritt teilweise in Vorfluter über. Nemo-Kommentar: »Enthält geringe Mengen Formaldehyd, der auf dem allgemeinen Verbotsindex des Konzerns steht.«
- Ozonblau H/EXL. Hersteller: Zeneca GmbH, Frankfurt. Farbstoff, mäßig eliminierbar. Aerob kaum abbaubar. Aquatische Toxizität eher gering. Reaktivfarbstoff. Kann Sensibilisierung auslösen. Enthält halogenorganische Inhaltsstoffe. Nach den internen Öko-Richtlinien des Konzerns verboten. Nemo- Notiz: »Substitution anstreben!«
- Somazingelb 3R/A. Hersteller: Farbchemie Braun KG, Wiesbaden. Das Produkt ist sehr schwer eliminierbar und ökotoxisch. Unter Umständen ist eine Sensibilisierung möglich. Enthält chlororganische Verbindungen, die nach den internen Öko-Richtlinien als Inhaltsstoffe verboten sind. Interner Nemo-Hinweis: »Substitution anstreben!«
- Condutex C25. Hersteller: Dr. Böhme KG. Verbrauch: 1 700 Kilo. Sehr

schwer eliminierbares Biozid, welches bestimmungsgemäß bakterizid wirkt. In höheren Konzentrationen im Abwasser toxisch. EGK 3! Kann Augenschäden verursachen.
- Teban EST (Egalisiermittel). Hersteller: Dr. Böhme KG. Verbrauch: 32 750 kg. Aufgrund der extrem schlechten Abbaubarkeit und relativ hoher Fischtoxizität ist eine Substitution durch ein besser abbaubares Egalisierungsmittel unbedingt anzustreben.
- Indosol Brilliantrot SF/R/SGR. Hersteller: Sandoz-Quenn GmbH. Schwer eliminierbar. Enthält geringe Mengen halogenorganischer Verbindungen, berechnet als AOX, die auf dem Verbotsindex des Konzerns stehen. Nemo-Konsequenz: »Halogenersatzprodukt suchen!«
- Leukophor PAT flüssig (Optischer Aufheller). Hersteller: Sandoz-Quenn. Verbrauch: 120 kg. Enthält organische Halogenverbindungen, die auf dem allgemeinen internen Verbotsindex des Konzerns stehen.
- Flugene 113 (früher FOR). Hersteller: Staub & Co. Produkt besteht aus Kohlenwasserstoff = Ozonkiller. Interne Nemo-Notiz: »1993 und 1994 kein Verbrauch mehr. Wurde schon rausgeschmissen.«
- Albegal FFA (Entlüftungsmittel und Penetrationsbeschleuniger). Hersteller: GIBA Geigy. Ebenfalls rausgeschmissen. 1993 wurden noch 60 kg verbraucht, 1994 Null. Produkt kann irreparable Augenschäden verursachen.
- Indosol E50 flüssig. Hersteller: Sandoz-Quenn. 1994 bereits kein Verbrauch mehr. Produkt enthält das Schwermetall Zink. Gefahr der Anreicherung im Klärschlamm. Hohe Fischtoxizität.

Praktisch alle Substanzen, die uns in dieser Auswahl der schwarzen Liste begegnen, sind alte Bekannte aus den verschiedenen Abschnitten dieses Kapitels. Der Konzern Nemo hat sie zu Recht eliminiert bzw. ist dabei, sie aus dem Verkehr zu ziehen. Im Vordergrund scheint die Entlastung der Gewässer zu stehen (s. Kap. 5). Und wie sieht es mit der Belastung des Konsumenten via Textil aus? Gretchenfrage: Wie hält es der Konzern mit Formaldehyd? »Wenn's geht«, so die etwas weiche Antwort, »wird er nicht eingesetzt«. Unser Pressemann ist ein wenig unsicher: »Nach meinem Kenntnisstand ist Formaldehyd nur ganz kurzfristig wirksam, weil er sich mit Sauerstoff verbindet und abbaut. Das Drama um Formaldehyd wird anscheinend übertrieben, in den Medien. Ich kann es aber nicht endgültig beurteilen.« Das Formaldehyd-Verbot der Japaner für hautnahe Textilien und Babykleidung ist ihm unbekannt. Eine Beurteilungsgrundlage für den Konzern ist Öko-Tex 100, als Mindeststandard (s. Kap. 4.2). Es besteht aber das ehrgeizige Ziel, darüber noch hinauszugehen:

»Wir wollen mehr erreichen als Öko-Tex. Wir versuchen schwermetallfrei zu sein. Wir wollen formaldehydfrei sein. Aber schöne Wünsche kann jeder formulieren. Das Entscheidende ist, daß man das auch umsetzen kann. Da sind wir mitten drin. Unser erklärtes Ziel ist auch, daß wir alle Farbstoffe metallfrei bekommen. Dann versuchen wir so wenig wie möglich Pestizide und Fungizide in unseren Wollsachen zu haben. Der hohe Einsatz kommt daher, weil es in der Produktion Zeiten gibt, wo man das Material nicht sofort weiterverarbeiten kann. Da liegen die Sachen dann feucht drei, vier Tage herum. Und da kriegen die Stockflecken, werden von Schimmelpilzen befallen. Grad neulich haben wir wieder einen Fall gehabt: Da haben drei Mitarbeiter Allergien bekommen. Das war so ein Pilzschutzmittel. Das hat sich dann bei der Weiterverarbeitung konzentriert am Arbeitsplatz gelöst und hat Allergien ausgelöst.«

Die schwarze Liste des Konzerns Nemo stimmt uns optimistisch. Sie zeigt, daß selbst Großunternehmen die Gesundheit des Menschen und den Schutz der Natur ernst nehmen. Das geschieht nicht nur unter dem Titel Imagepflege und Geldeinsparen – denn Umweltschutz bringt schon mittelfristig mehr Geld, als er kostet, langfristig sowieso. Vielmehr ist eine neue Ethik, ein neues Verantwortungsbewußtsein für die nächsten Generationen spürbar, mehr noch: Freude an Innovationen. Der Sprecher des Konzerns gehört zum Vorstand und ist nach seinem Lebensalter dem Jung-Management zuzuordnen.

III. Kapitel

Durch Haut und Hirn

Der Giftcocktail, der uns umgibt, den wir einatmen, der in Form von Rückständen in Lebensmitteln auf unsere Teller kommt, den wir gespeichert in textilen Gebilden auf unserer Haut tragen, wird in alle unsere Organe transportiert. Dafür kommen zwei Wege in Frage: die Einatmung und die Aufnahme über die Haut. Das gilt auch für die schlimmsten Schadstoffe, mit denen Textilien belastet sein können: Pestizide, Konservierungsstoffe, Flammschutzmittel, Formaldehyd, Schwermetalle, Azo- und Benzidin-Farben, Dioxine. Textilchemikalien, die sich in bestimmten Zell- und Bakterientests als erbgutverändernd erweisen, stehen unter dringendem Verdacht, krebserregend zu sein. Forscher rechnen dazu auch schlecht raffinierte Mineralöle, die in der Garnindustrie verwendet werden, und das Lösungsmittel Dichlormethan. Gerbsäure, die bei der Nylonerzeugung zum Einsatz kommt, ist nach Untersuchungen des Wiener Instituts für Tumorbiologie »stark komutagen«, das heißt, die Schädigung der DNA durch andere Mutagene wird verstärkt (Knasmüller u. a., 1992:130). Unter den Schwermetallen sind insbesondere Chrom-Verbindungen gefährlich, die zur Wollkonservierung eingesetzt werden.

Die anfängliche Schutzbehauptung der Industrie, daß die Chemikalien untrennbar mit den textilen Fasern verbunden seien und daher eine schädliche Wirkung gar nicht möglich sei, erwies sich leider als falsch. Die Stoffe gasen aus (Formaldehyd, PCP), werden mechanisch oder durch Wasch- und Reinigungsmittel, vor allem aber auch durch Schweiß und Körperwärme aus den Textilien herausgelöst. Dazu gab es sogar eine Bestätigung auf politischer Ebene. Staatssekretär Baldur Wagner (Gesundheitsministerium) teilt dem Petitionsausschuß des Deutschen Bundestages in einem Brief am 29. Mai 1991 unter anderem folgendes mit: »Bei chemischen Substanzen, die zur Behandlung und Ausrüstung von Bekleidungstextilien eingesetzt werden und auf diesen verbleiben, muß mit einer großflächigen, langdauernden und somit möglicherweise nicht unerheblichen Aufnahme solcher Stoffe über die Haut gerechnet werden.«

Die menschliche Haut ist ein geniales Instrument der Natur. Sie ist mit nahezu zwei Quadratmetern und mehr als 10 Kilogramm das größte Organ. In einem Quadratzentimeter steckt eine Wunderwelt: vier Meter Nervenbahnen, ein Meter feinste Blutgefäße, bis zu 300 Schweiß- und 800 Talgdrüsen. Innerhalb von 24 Stunden werden von der Haut 0,5 bis 10 Liter Wasser und 150 Liter Blut umgesetzt. Eine Million Sinneskörperchen reagieren mit 10 Billionen Aktionspotentialen. Die Haut gehört zum äußerst komplizierten System der Immunabwehr, die vor allem über die sogenannten Langerhans-Zellen abläuft. Wenn körperfremde Substanzen, wenn Gifte auf die Haut einwirken und sie durchdringen, reagiert diese mit mit deutlichen Symptomen. Im Prinzip besteht die Haut aus drei Schichten: der Oberhaut (Epidermis), der Lederhaut (Dermis) und der Unterhaut (Hypodermis). Der äußerste Teil der Oberhaut ist die Hornschicht, eine Art Barriere oder Schutzschild gegenüber der Umwelt. Trotzdem gelingt es vielen Substanzen, diese Hornschicht zu durchdringen, vor allem wenn sie sich bevorzugt an Lipide (Fette) und fettähnliche Substanzen (Lipoide) binden. Allergien sind dann noch das mindeste, was sie auslösen.

Der Industrie nahestehende Dermatalogen kommen regelmäßig mit dem Argument, »echte Allergien« durch Textilien könne man nur im Promillebereich feststellen. Da machen sie ein übles Spiel mit der Statistik, mit der man bekanntlich alles und nichts beweisen kann. Sie sollten zur Kenntnis nehmen, daß nur ein winziger Bruchteil der Fälle überhaupt in der Klinik landet und daß nach neuesten Schätzungen der Fachärzte nur jeder fünfte Allergiker überhaupt ausreichend behandelt wird (*APA-Journal*, 20. 9. 1995:3). Viele Patienten wüßten gar nicht, daß ihr Leiden auf einer allergischen Reaktion beruht, erklärt der Dermatologe Josef Wenninger, Geschäftsführer der 1995 in Weimar gegründeten »Deutschen Akademie für Allergologie und Umweltmedizin«. Auch Informationsdefizite von niedergelassenen Ärzten seien Ursache für unzureichende Diagnose und Therapie. Die Folge könne die Entwicklung einer chronischen Krankheit sein.

1. Allergie: Volksseuche Nummer 1

»An Allergien leidet, zumindest zeitweise, beinahe ein Drittel der Deutschen. Die Tendenz ist steigend, die Krankheit gefährlich. Eine Statistik über Todesfälle gibt es nicht ...« Dieses Zitat aus dem Artikel »Unheimlich unseriös« im *Spiegel* (7/1995) dramatisiert die Situation keineswegs. Der Allergiker- und Asthmatikerbund setzt die Zahl der Betroffenen noch wesentlich höher an: bei rund 30 Millionen. Untersuchungen am Rudolf

Virchow-Universitätsklinikum in Berlin haben ergeben, daß Allergien in jüngster Vergangenheit um 30 % pro Jahrzehnt zugenommen haben. Auch in Österreich ist die Situation nicht anders. Im April 1995 meldete die *Austria Presse Agentur*: »Rund ein Drittel der Österreicher leidet an einer mehr oder weniger stark ausgeprägten Allergie.« Wolfgang Raab, Universitätsprofessor und Leiter eines Allergieambulatoriums in Wien, hält auch mit der Ursache nicht hinter dem Berg: »Die Umweltbelastung ist heute derart hoch, daß sich das Spektrum in den vergangenen Jahren enorm ausgeweitet und zu einem dramatischen Anstieg der Patientenzahl geführt hat.« (*APA-Journal*, 12. 4. 1995:3)

Die beängstigende Zunahme der Allergien wird von vielen Wissenschaftern in erster Linie auf die schleichende Schwächung des Immunsystems zurückgeführt. Diese Schwächung ist die Folge von immer mehr Umweltverpestung, Chemie, Medikamenteneinsatz, Radioaktivität und Streß. Unsere komplizierte und störanfällige Abwehr gerät dadurch aus dem im Lauf der Evolution mühsam aufgebauten Gleichgewicht. Gewiß, nahezu alle Fremdstoffe, die in den Körper gelangen, können Allergien verursachen – die meisten glücklicherweise recht selten. Ein hohes Allergiepotential besitzt nur eine begrenzte Gruppe von Substanzen. Zu den Top-Allergenen gehören auch natürliche Materialien wie Pollen, Tierhaare, Federn, Wildseide oder Rizinusschrot. Viel aggressiver und gefährlicher sind aber die synthetischen Chemie-Allergene. Sie nehmen auf der Liste der Top-Allergene 90 % ein und nicht die Naturstoffe. Unter ihnen befinden sich vor allem Arzneimittel, synthetische Duftstoff-Mixturen, Schwermetalle und Farben. Nach dem »European Standard«, einer Liste der 22 Top-Allergene unter einer Unmenge von Chemikalien (einschließlich der Medikamente), sind eine Reihe dieser Haupt-Allergiemacher auch Retortenprodukte in der Textilchemieküche: Schwermetalle, Formaldehyd und Formaldehydharz, quaternäre Ammoniumverbindungen und der Färbereihilfsstoff Kaliumdichromat. Zünd-Stoff für Zeitbomben.

Erschreckend ist, daß immer mehr Vorschulkinder an Allergien erkranken. Nach Untersuchungen des Münchner Mediziners Johannes Ring an 500 Kindern leiden schon 20 % der Fünf- bis Sechsjährigen an einer Allergie. Weitere 24 % reagierten auf Hauttests empfindlich. Luftschadstoffe – zu ihnen gehört auch der Zigarettenrauch – machen allergieauslösende Stoffe erst richtig scharf. Wissenschaftler des Medizinischen Instituts für Umwelthygiene an der Düsseldorfer Universität stellten bei Untersuchungen an Kölner Kindern fest, daß sie gegenüber Landkindern nicht nur höhere Mengen an Benzol, Toluol und Blei im Blut hatten, sondern daß sie auch vermehrt an Heuschnupfen litten. Sie konnten auch nachweisen, daß die Kinder allergieauslösende Antikörper der Klasse IgE (Immunglobulin E) im Blut hatten (Hingst, 1992:106-112). Schon gibt es Menschen, die nur in Spezial-Wohncontainern – ausgekleidet mit Metallfolien und unter peinlicher Vermeidung aller »Reizstoffe« – leben können. Die »Heuschnupfen-Helme« (Atemschutz, der ähnlich aussieht wie ein Motorradhelm), die manche Pollenallergiker im Freien tragen, täuschen über die wahren Ursachen der Verschlimmerung der Allergien hinweg: Nicht die Natur ist giftig, sondern wir muten unserer Abwehr via Zivilisationsdreck zuviel zu.

Im Zusammenhang mit Textilien sind zwei Allergiearten interessant: die vom Früh- oder Soforttyp (in der Medizin auch als Typ 1 bezeichnet), auch humorale Allergie genannt, und die vom Spättyp (Typ 4), die auch als zellvermittelte Allergie bezeichnet wird. An Typ 1 sind vor allem Antikörper (Immunglobulin IgE) beteiligt, die in Minuten, manchmal sogar in Sekunden, die Oberfläche ihrer Ziel-Zellen besetzen und zur Ausschüttung von Histaminen oder anderen Mediatoren veranlassen. Diese Mediatoren verursachen dann die allergische Reaktion. Zu dieser Allergieform gehören allergisches Asthma, Heuschnupfen, Nesselsucht, Ödeme (Schwellungen) sowie der gefürchtete und lebensgefährliche Kreislaufschock.

Neuerdings kursiert auch der Begriff Pseudo-Allergische-Reaktion (PAR). Manche Schulmediziner verstehen darunter eine Reaktion nach Allergie-Typ 1 ohne vorhergehende Sensibilisierung. Die Auswirkungen sind aber identisch. Es ist daher nicht einzusehen, warum Allergien durch den Begriff »Pseudo« bagatellisiert werden. Wurde er am Ende nur eingeführt, um die Allergiestatistik zu schönen? Der deutsche Allergologe Erich Fuchs (1992:94) schreibt ganz richtig: »Aus der Sicht des Patienten ist es … ziemlich gleichgültig, ob einer krankhaften Reaktion noch ein Immunmechanismus vorgeschaltet ist oder nicht.« Und die im süddeutschen Raum beheimatete Alternativ-Medizinerin Sigrid Flade (1989:14) erklärt klipp und klar: »Die Auswirkungen für die Patienten sind dieselben. Die Symptome einer Allergie und die einer Pseudoallergie unterscheiden sich nicht voneinander.«

Allegietyp 4 wird durch sogenannte Haptene oder Halb-Antigene hervorgerufen, winzige Moleküle, welche die Barriere der Hornschicht der Haut durchdringen und sich an größere Einheiten (z.B. Proteine oder Körperzellen) anheften. Die Reaktion tritt erst nach frühestens zwölf Stunden auf, wenn vorher eine Sensibilisierung stattgefunden hat, d.h. die Bildung von Antikörpern ohne Krankheitserscheinungen. Die Vermittler sind T-Lymphozyten oder Makrophagen, Zellen des Immunsystems. Medikamente – etwa Penicillin – können solche Allergien auslösen, aber auch Chemikalien aus Kunststoffen, Desinfektionsmitteln, Kosmetika und Textilien. Sie rufen eine ganze Kaskade von Immunantworten hervor, die unter anderem zu den heftig juckenden Kontakt-Ekzemen (Hautentzündungen) führen.

Auch die Langerhans-Zellen in der Haut sind an dieser allergischen Reaktion der Immunabwehr maßgeblich beteiligt. Besonders schlimm ist, daß die Ekzeme bei fortgesetztem Kontakt mit dem Allergen chronisch werden können. Durch sogenannte *memory cells* (Zellen, die das Allergen sofort wiedererkennen) kommt das Ekzem sofort wieder zum Ausbruch, wenn ein Kontakt mit dem verursachenden Stoff zustande kommt. Wer am Körper, an Armen und Beinen eine Kontakt-Allergie bekommt, der kann mit hoher Wahrscheinlichkeit damit rechnen, daß sie durch Kleidungsstücke verursacht ist (Fuchs, 1992:181).

In jünster Zeit wurde ein schweres Kontaktekzem an den Beinen, die sogenannte »Leggins-Dermatitis« bekannt. Wenn Textilien eng an der Haut anliegen, können Chemikalien die Haut leichter durchdringen. In der wissenschaftlichen Literatur ist das mehrfach nachgewiesen worden, z.B. auch für Azofarbstoffe, die ein krebserzeugendes aromatisches Amin enthalten. Die allergischen Kontaktekzeme sind geradezu der Nachweis, daß Textilchemikalien durch die Haut gehen und Krankheiten hervorrufen können. Die durchdringende Wirkung von Chemikalien aus eng anliegenden Textilien wird durch die Einwirkung von Schweiß noch wesentlich verstärkt. Nach dem Züricher Dermatologen Peter Elsner sind neben Ausrüstungsstoffen wie Formaldehyd Textilfarben die häufigste Ursache für Textilallergien: »Die meisten allergieauslösenden Textilfarben sind Dispersionsfarbstoffe, die bei Polyester- und Acrylgeweben verwendet werden. Sie zerfallen in zwei Gruppen: Azo- und Anthrachinon-Farbstoffe.« (Elsner, 1993:7) Als Top-Allergene werden Dispersionsgelb 3, Dispersionsorange 3, Dispersionsrot 1, Dispersionsrot 17 und Dispersionsblau 3 sowie Dispersionsblau 106 und 124 genannt. Dispersionsblau 106 ist vor allem an der »Leggins-Dermatitis« beteiligt. Vor allem Dispersionsorange 3 und Dispersionsgelb 3 sowie p-Phenylendiamin (PPD) sind an Strumpffarben-Ekzemen bei Frauen und Nylonsocken-Farbstoffekzemen bei Männern in der internationalen Literatur als Hauptverursacher mehrfach beschrieben worden. Auch bei Damen- und Herren-Oberbekleidung tauchen die Farbgruppen immer wieder als Allergene auf, vor allem in Verbindung mit synthetischen Faserkomponenten (Hornstein, 1989:14f.).

Die Neurodermitis, auch atopisches (ererbtes) Ekzem genannt, zählen Schul-Dermatologen nicht zu den Allergien, sondern zu den »Unverträglichkeiten« bzw. »Irritationen«. Die Neurodermitis ist eine der häufigsten Hautkrankheiten überhaupt, an der drei bis fünf Prozent der mitteleuropäischen Bevölkerung leiden. 15 bis 25 % tragen die Neigung zu erkranken in sich. Neuodermitiker vertragen vor allem gröbere Textilfasern schlecht – egal ob Wolle oder Kunststoff (Hornstein, 1989:12). Der Stiefenhofener

Hautarzt und Allergologe Lüder Jachens, der dem Arbeitskreis Naturtextil nahesteht, meint, daß hier »eine Überaktivität des Seelischen im Hautorgan zur Entzündung kommt« (Jachens, 1995:104). Wenn auch nicht geleugnet werden soll, daß die Haut ein Spiegel der Seele ist, so scheint uns ein eindimensionaler Ansatz unstatthaft. Auch der familäre Erbfaktor darf nicht darüber hinwegtäuschen, daß auch bei an Patienten mit atopischem Ekzem (Atopikern) Chemikalien und Gifte eine entscheidende Rolle spielen. Die Arbeitsgemeinschaft »Allergiekrankes Kind« in Herborn hat schon 1985 die Zunahme von Allergien und Neurodermitis mit der fortschreitenden Schadstoffbelastung unserer Umwelt erklärt. Hugbald Volker Müller, Homöopath und Professor an der Universität Köln, brachte es für die Neurodermitis auf den Punkt: Sie entstehe durch eine Leberschädigung im Kindesalter durch massive Antibiotikabehandlung und Rückstände von giftigen Spritzmitteln (Hingst, 1992:110). Möglicherweise spielt auch eine Störung in den Langerhans-Zellen eine Rolle. Als Ursachen werden in der Literatur auch genetische und psychische Faktoren genannt. Daß die stofflichen Inputs auch in der Textilindustrie ernstgenommen werden, zeigt ein Statement von Britta Steilmann, der deutschen Vorzeigefachfrau und Unternehmerin: »Es gibt Einschätzungen, die davon ausgehen, daß im Jahr 2000 vielleicht noch vier Prozent der Kinder, die geboren werden, vollkommen gesund sind. Dies muß jeden von uns sehr nachdenklich machen und uns dazu animieren, zu sagen, ich stehe auf und will jetzt etwas verändern, auch wenn es verschiedene Unbequemlichkeiten bedeutet.« (Horx/ Steilmann 1995:87)

Mit gutem Grund fordern Ärzte, vor allem Hautärzte, immer wieder die Deklaration der Inhaltsstoffe von Kosmetika und Textil-Hilfsmitteln, um bei Allergien rascher und effizienter helfen zu können. Ingrid Graf aus St. Ingbert im Saarland kann ein Lied davon singen. In das Umweltanalytische Labor, für das sie arbeitet, überweisen Ärzte laufend Patienten, deren Behandlung sie mit konventionellen Methoden nicht mehr bewältigen können. Im Vorfeld habe der Arzt in der Regel durch Blut- und Harnuntersuchungen bereits versucht, hinter das Symptom zu kommen, jedoch ohne Erfolg, erklärt uns Ingrid Graf. Sie veranlasse dann Tests im Wohnbereich, am Arbeitsplatz und bei der Kleidung: »Die Kleidung wird von der Medizin überhaupt noch nicht im Kausalzusammenhang gesehen. Oft ist es die Kleidung, die bereits vorhandene Beschwerden, z.B. durch Holz- oder Lösemittel, verstärkt.«

Gifte in Textilien müssen im Gesamtzusammenhang aller Umweltbelastungen gesehen werden. Oft sind sie eine Art Auslöser und bringen längst im Gange befindliche chronische Prozesse an die Oberfläche. Ingrid Graf:

»Die Zunahme von allergischen Reaktionen ist beängstigend hoch. Allergiker gehen einen jahrelangen verzweifelten Weg von Arzt zu Arzt und von Klinik zu Klinik, ohne Aussicht auf Heilung oder Klärung der Symptome. Oft ist es eine Kombination mehrerer allergieauslösender Stoffe, die die Beschwerden vervielfachen. Eine nicht ausgeleitete [durch ein Medikament aus dem Körper beseitigte; Anm. d. Autoren] Vergiftung durch PCP oder Lindan kann z.B. eine immer höhere Allergiebereitschaft fördern. Gesichert ist jedenfalls, daß Textilien praktisch in allen Fällen Allergien verstärken und vervielfachen.«

Bei der Ausleitung von Giften arbeitet Ingrid Graf eng mit homöopathischen Ärzten zusammen. Durch genügend Aufträge aus der Textilindustrie könne die Beratung und Begutachtung noch kostenlos durchgeführt werden. Es sei aber nicht einzusehen, warum die Krankenkassen sich nicht zumindest mit einer Pauschale beteiligen. Ingrid Graf plädiert für eine »drastische Reduzierung von toxischen Stoffen in Textilien« und fordert den Einsatz von mehr naturbelassenen Materialien.

Zu den wirksamsten Medikamenten gegen die entzündlichen Symptome aller Allergieformen gehören die Glukokortikoide, deren bekanntester Vertreter das Kortison ist. Diese Gruppe ist aber zu Recht ins Kreuzfeuer der Kritik geraten, weil eine ihrer schweren Nebenwirkungen die Hemmung der Immunantwort auf vielen Ebenen ist. Bei einer Dauerbehandlung mit Kortisonen kann es außerdem zu Hautschädigung, Bluthochdruck, Blutfettanstieg, Zuckerkrankheit, Kalium- und Kalziumverlust, Thrombosen, Magengeschwüren und Magenblutungen kommen. Es wird also wieder einmal das Immunsystem gerade dort geschwächt, wo es dringend gestärkt werden müßte. Auch andere Therapien gegen Allergien schwächen das Immunsystem. Bei der »Desensibilisierung« wird das reizauslösende Allergen über längere Zeiträume – drei bis fünf Jahre! – in die Haut gespritzt. Es kann zu unangenehmen Nebenwirkungen kommen: Rötungen und Schwellungen an den Einstichstellen, Reizungen der Schleimhäute, Müdigkeit und Übelkeit. In seltenen Fällen kommt es zu einem Schock, der ohne sofortige Gegenmaßnahmen tödlich sein kann.

Hautärzte und Allergologen schätzen Tragweite und Umfang von Gesundheitsschäden durch Textilien sehr unterschiedlich ein. Trotz der offensichtlichen chemischen Brisanz und Giftigkeit vieler verwendeter Stoffe stellen gewisse Fachärzte dieser Gruppe negative Auswirkungen weitgehend in Frage. Ein gutes Beispiel dafür ist ein Artikel von Otto P. Hornstein, Dermatologe an der Universität Erlangen-Nürnberg. Dieser Aufsatz wurde uns quasi als offizielle Stellungnahme zum Thema von der Industriellenvereinigung Chemiefaser e.V. in Frankfurt am Main zur Verfügung gestellt. Kernaussage: »Echte Allergien gegen moderne synthetische Textilien sind extrem selten, mit Ausnahme von Formaldehyd-Spuren und einzelnen Dispersionsfarben bei minderwertigen Textilwaren. Die meisten Formen von Textil-Unverträglichkeit beruhen auf scheinbarer Allergie und sind eher durch unphysiologische Bekleidungsmode als durch Textilien selbst hervorgerufen.« (Hornstein, 1989:21)

Auch ein anderes Elaborat aus dieser Ecke zeigt, woher der Wind der Beschwichtiger weht. Peter Elsner von der dermatologischen Klinik des Universitätsspitals Zürich schreibt, indem er ein ähnliches Verwirrspiel zu treiben versucht wie Otto P. Hornstein: »Während Textilfasern selten Allergien verursachen, jedoch Ursache von irritativen Kontaktekzemen sein können, können die Ausrüstungsstoffe und die Farbstoffe Ursache sowohl irritativer als auch allergischer Kontaktdermatitiden sein. Die Azofarbstoffe Dispersionsblau 106 und 124 erscheinen wegen ihrer, auch klinisch relevanten, erheblichen Sensibilisierungspotenz allergologisch bedenklich.« (Elsner, 1993:2)

Auch Franz Klaschka, Präsident des Allergie- und Umweltzentrums Berlin, beteiligt sich am Verniedlichungs- und Verwirrspiel. Allergische Kontaktreaktionen durch Textilien seien sehr selten: »Im Jahresdurchschnitt werden nur etwa ein bis zwei Fälle auf eine Million Einwohner festgestellt.« Anders liege die Sache bei »Textil-Unverträglichkeit«, die durchaus nicht selten sei und mit spürbarer Hautreizung einhergehe: »Hinzu kommen pseudoallergische Phänomene, deren Erscheinungsbild den echten Allergien meist stark ähnelt. Medizinisch gesehen, handelt es sich um eine Unverträglichkeit, deren Ursache oft undurchschaubar und daher schwer zu behandeln ist.« (*Test* 2/1995:81)

Den meisten Menschen ist es doch egal, ob sie durch Textilien an einer seltenen Allergie oder an einer viel häufigeren »Pseudoallergie« oder »Hautirritation« erkranken. Solche Unterscheidungen mögen für akademische Tüftler wichtig sein. Für die Praxis sind sie ohne jede Bedeutung. Diese Borniertheit wird nur noch von Textil-Technikern wie Wolf-Heiner Hemmpel aus Geretsried in den Schatten gestellt, der Kleidung allen Ernstes als »Chemie bis aufs Unterhöschen« definiert (Hemmpel, 1991:1338). Für Hemmpel sind textilverursachte Allergien nur »extrem seltene Einzelfälle«, jede Kritik an Giften in der textilen Kette ein »Geschäft mit der Angst«. Er kennt nur eine Devise: »Nichts geht ohne Chemie.«

Ganz konträr die Position einer Gruppe von Ärzten, die weniger Propaganda als vielmehr den Menschen im Sinn haben. Hans Uwe Wolf, Toxikologe an der Universität Ulm, warnt mehr als deutlich vor der Textilchemie in ihrer gesamten Breite: »Synthetische Stoffe, die in der Textilherstellung gebräuchlich sind, beispielsweise für Imprägnierung, können über die Haut in den Körper gelangen ... Bei der Aufnahme toxisch relevanter Fremdsubstanzen über die Haut in den menschlichen Organismus stehen synthetische Stoffe aus der Textilherstellung an erster Stelle.« (Wolf, 1994:1) Die Industrie legt in ihrem Auftrag erstellte Klinik-Gutachten vor, es gäbe nur äußerst wenige Allergiefälle durch Textilien. Wir fragten dazu den Münchner Toxikologen Max Daunderer. Seine Antwort: »Jetzt machen wir einen Vergleich: Es gibt in der Welt bloß 60 offizielle Fälle von Quecksilbervergiftung. Erstens existiert keine Meldepflicht. Zweitens ist zu untersuchen, wieviele Fälle es wirklich gibt. Ich schätze, daß Quecksilbervergiftungen so im Milliardenbereich liegen. Zirka zwei Milliarden sind durch Quecksilber massiv vergiftet. Das klingt natürlich jetzt makaber. Das darf doch nicht sein. Das geht doch nicht.« Die enorm hohe Zahl dieser Vergiftungen kommt nach Daunderer durch das aus Zahnfüllungen abgegebene Quecksilber zustande.

Wenn ein bestimmter Stoff bereits eine Allergie oder Unverträglichkeitsreaktion hervorgerufen hat, muß natürlich jede Berührung mit ihm vermieden werden. Die Frage an die hohe Professorenwelt ist aber, wie man das überhaupt feststellen soll. Es fehlt jede Deklaration der Inhaltsstoffe. Die werden regelrecht verschleiert oder geheimgehalten. Nach wie vor sind Textilchemikalien ein weißer Fleck in der medizinischen Landkarte: Unerforschte Chemie auf unserer Haut. Ein Hautarzt sagte uns hilflos: »Wenn wir wüßten, welche Chemikalien in einem bestimmten Kleidungstück eingesetzt wurden, könnnten wir Allergien viel leichter bestimmen.« Nicht nur den Allergikern wäre es dann möglich, gezielt einzukaufen. Die Verbraucher Initiative Bonn hat daher immer wieder vom Bundesminister für Gesundheit ein umfangreiches Textilkennzeichnungsgesetz gefordert. Das Motto ihrer Aktion »Gesunde Textilien« war: »Kleider machen nicht nur Leute, sondern auch Allergien.« Slogan: Neue Kleider braucht das Land. (*Verbraucher-Telegramm* 3/1993, Dossier 20)

Daß die Gifte durch die Haut in den Organismus aufgenommen werden, steht fest. Da das nicht zu leugnen ist, ziehen sich die Systemkonformen mit der Formel »Was nicht sein darf, kann nicht sein« auf die Dosis- und Grenzwertdiskussion zurück. Ganz typisch ist da die Formulierung von Franz Klaschka: »Soweit krebserzeugende Chemikalien als Verunreinigung überhaupt in Textilien auftreten, liegt ihre Konzentration nach heutigem Kenntnisstand weit unterhalb des für eine Schädigung erforderlichen Schwellenwertes. Sie müßten durch die Haut wandern und in den Körper eindringen. Die Fähigkeit dazu wird heute als gering eingeschätzt.« (*Test* 2/1995:81) Auch ein Professor müßte wissen, daß nach heutigem Kenntnisstand bei krebserregenden Substanzen keine auch noch so geringe unschädliche Dosis angegeben werden kann und daß die Gifte sehr wohl durch die Haut gehen.

Dazu kommt, daß der Hautpfad nicht der wichtigste Vergiftungsweg durch Textilschadstoffe ist. Die Hauptquelle ist nämlich die Atmung. Deshalb empfehlen Konsumentenschützer offenbar immer in ihren gutgemeinten Tips, zuerst an der Ware zu riechen. So z.B. das Magazin *Test*: »Beim Kauf die Nase zu Hilfe nehmen und stark riechende Textilien liegen lassen.« Nun meint es die Natur manchmal gut mit uns Menschen und stattet Gifte mit unangenehmem Geruch aus. Der Haken ist nur, daß unsere Nase etwa Dioxine, die zu den Supergiften gehören und in Textilien reichlich enthalten sind, überhaupt nicht wahrnimmt. Nach Daunderers Auffassung ist nicht der Weg über die Haut, sondern die Einatmung entscheidend:

»Der moderne Mensch schnauft ständig irgendwelche Chemikalien ein. Was er in den letzten 30 Jahren eingeatmet hat, das sehe ich mittlerweile im Kiefer: Arsen, Schwermetalle, Pestizide, Lösemittel, Formaldehyd usw. Und diese Kenntnisse sagen mir: Hoppla, warum haben denn die Leute, die in der Textilindustrie arbeiten, riesige Lösemittelherde? Das sind doch keine Bodenleger oder Maler. Alles, was an Textilchemikalien über die Haut resorbiert wird, gelangt ins Blut, dann in die Leber. Dort kommt dann ein Metabolitenschwanz von meist ungiftigen Nebenprodukten. Dieser Filterprozeß wird umgangen, wenn diese Gifte eingeatmet und genau dorthingepfropft werden, wo sie nicht hinsollen: ins Stammhirn im Bereich der Hypophyse.«

In dieser Region, am obersten Teil des Rückenmarks, wo auch der Nervus olfaktoris, der Geruchsnerv, endet, wirken die Giftstoffe am stärksten. Dort werden sie auch eingelagert, die fettliebenden rascher als die wasserlöslichen. Beim Sezieren eines Vergifteten findet man genau dort die Gifte. Er stirbt am Hirntod, am Atemstillstand, erklärt Max Daunderer: »Jede Chemikalie macht irgendetwas am Hirn.« Auf unsere Frage, ob man z.B. auch Formaldehyd dort findet, antwortete er:

»Das Formaldehyd ist etwas Brutales. Es hat was ganz Heimtückisches. Damit können wir gar nicht umgehen. Es gibt Leute, die sind unfähig, Formaldehyd abzubauen. Oft ist das ein Enzymdefekt. Wir messen z.B. die Glutathionschwefeltransferase. Das ist das wichtigste Enzym zum Formaldehyd-Abbau. Ein Viertel aller Deutschen haben dieses Enzym nicht, weil einfach zuviele Gifte dieses Enzym geraubt haben. Die Hälfte aller Europäer haben einen Defekt in diesem Bereich. Nur ein Viertel Europäer haben ein normales Enzym. Wenn die Ameisensäure beim Formaldehyd-Abbau sehr hoch ist, dann liegt ein Immundefekt vor, der sich in Allergien äußert. Der Formaldehyd in der Kleidung macht nur dann schwer krank, wenn man ihn irreversibel im Körper eingelagert hat.«

Die ganze Geschichte ist also ungeheuer komplex und verflochten. Vor allem geht es immer wieder um die Summenwirkung der Gifte. Meist sind eine ganze Reihe von Faktoren beteiligt, wenn die körpereigene Abwehr des Menschen kapituliert. Max Daunderer:

»Formaldehyd wird von Zahnärzten zum Abtöten von Nerven bei der Wurzelbehandlung verwendet. Es gibt heute kein Zahnwurzelfüllungsmaterial ohne Formaldehyd. Viele haben dadurch eine Stoffwechselstörung, einen Immundefekt und irgendwann auch einen Nervendefekt zu erwarten. Wenn der jetzt noch irgendwo Formaldehyd dazukriegt – und da reicht ein Regal mit formaldehydhaltigen Preßspanplatten oder ein schönes T-Shirt als Formaldehyd-Quelle – dann ist halt der Ofen aus.«

2. Arbeitskleidung: Kratzen bis aufs Blut

»Juck-Epidemie im Spital durch Dienstkleidung« – diese Meldung der *Austria Presseagentur* (APA) vom 8. Februar 1995 elektrisierte uns. Betroffen seien 400 Beschäftigte des Krankenhauses Schärding in Oberösterreich, hieß es in der Meldung. Schon kurz nach dem ersten Tragen von Hosen, Röcken und anderer Dienstkleidung seien »bei einem guten Teil der Beschäftigten Rötungen, starker Juckreiz und in vielen Fällen auch Ausschläge aufgetreten«. Die Betriebsratsobfrau Bozena Mayer packte da schon etwas mehr aus:

»Es war wie eine Epidemie. Ich bin Hebamme und konnte mit dieser Kleidung nicht mehr arbeiten. Betroffen war nicht nur Schärding, sondern auch andere Krankenhäuser, z.B. das in Ischl. Bei manchen Kollegen sind sehr starke Symptome aufgetreten, großflächige Hautausschläge mit Juckreiz und Nesseln. Es handelt sich um Leihwäsche der Firma Wozabal, um stark chemisch behandelte Baumwolle, bügelfrei oder bügelleicht. Gebügelt wird an einer Puppe mit Heißluft. Über die Wirkstoffe haben wir nichts erfahren. Das Krankenhaus ist im Winter stark geheizt. Die meisten tragen darunter nur Unterwäsche. Die Spitalskleidung liegt direkt auf der Haut auf ... Die Firma war sehr kulant. Die Sachen wurden sofort ausgetauscht, ein großflächiger Test gemeinsam mit Betriebsärzten unternommen, um den Symptomen auf die Spur zu kommen.«

Die Firma Wozabal Sterilgut-Systeme im oberösterreichischen Lenzing – »Ihr Partner für Textile Systeme in allen Bereichen des Gesundheitswesens sowie in der Industrie, Spezialberufskleidung für jeden Anwender, Gesamtausstattung in der Gastronomie« – war auch uns gegenüber sehr entgegenkommend. Die Spur der textilen Giftkette führte uns zu einem alten Bekannten: zur Pfersee Chemie nahe Augsburg. Doch der Reihe nach: Wozabal bezieht die »Oberstoffe Berufskleider bügelfrei« von der Firma Cilander Textilveredlung in Herisau in der Schweiz. Die legte ein mit 29. April 1993 datiertes Zertifikat des Forschungsinstituts Hohenstein in Bönnigheim vor: Die Prüfung habe ergeben, daß die Stoffe den Anforderung des Öko-Tex Standards (ÖTS) 100 entsprechen. Cilander erhalte damit die Erlaubnis, sie folgendermaßen zu kennzeichnen: »Textiles Vertrauen Schadstoffgeprüft nach Öko-Tex Standard 100«. Gezeichnet: Prof. Dr. Jürgen Mecheels, Dr. Rainer Weckmann, eigenhändig. Im Prüfbericht fällt nur auf, daß in drei der fünf eingereichten Stoffmuster 47 bis 83 mg/kg

(=ppm) Formaldehyd enthalten waren. Der ÖTS-Grenzwert von 75 ppm wurde also in einem Fall überschritten. Für die Prüfer war das aber kein Anlaß, das begehrte Zertifkat zu versagen. In einer Stoffprobe waren 0,02 mg/kg Quecksilber enthalten. Da ruht aber das hohe Institut auf dem hohen Grenzwert von 0,1 mg/kg. Also kein Einwand.

Äußerst interessant war dann ein Brief der Firma Cilander vom 26. Jänner 1994, der uns auf Umwegen zugespielt wurde. Der Adressat war abgedeckt. In diesem Schreiben nehmen die Schweizer zu »Allergien durch Souplesse-Ausrüstung« Stellung und beziehen sich auf in letzter Zeit eingegangene »verschiedene Reklamationen hinsichtlich Allergien«. In dem Schreiben weist Cilander jede Verantwortung weit von sich: »Die umweltschonende Produktion ist in unserem Firmenleitbild verankert ... Baumwollstoffe sind heutzutage von den Medien und von gewissen Organisationen als beispielsweise ›Gift im Kleiderschrank‹ stark kritisiert. Solange es sich um eine europäische Herstellung handelt, ist diese Kritik völlig verfehlt.« Man habe seit Beginn der Produktion von Souplesse keine Reklamation erhalten. Wenn aber »nun trotzdem Allegien auftreten«, dann könne die Ursache in drei Bereichen liegen: »Hautirritationen durch Faserstaub, Allergien durch schlecht ausgewaschene Waschmittel (umweltschonende Waschmaschinen) und Allergien durch Chemikalien, insbesondere Formaldehyd.« Um das »Thema Formaldehyd zu begrenzen«, so heißt es weiter im Brief von Cilander, habe man sich dem Öko-Tex Standard 100 unterstellt: »Schon lange bevor diese Öko-Tex-Prüfung durchgeführt wurde, hatten wir das Problem der Allergien durch verwendete Kunstharze mit unserm Chemielieferant eingehend erörtert. Sie erhalten dazu eine Kopie der Unbedenklichkeitserklärung unseres Lieferanten, der Firma Pfersee Chemie GmbH in Augsburg.« Hier schließt sich der Kreis. Nach einem Telefonat mit Pfersee erhielten wir die gleiche Reinwaschungs-Broschüre zu Formaldehyd wie die Schweizer (s. Kap. 2.2.5). Da es sich um »lizenziertes Know How« handle, sei es dem Unternehmen nicht erlaubt, »Rezepturen herauszugeben«.

Wie sich herausstellt, wurden die Souplesse-Berufskleidung Cotton 2 000 von den Schweizern exklusiv für Österreich produziert, und zwar für die Firma Goldhauben-Webe in Linz. In einem Brief der mit eingeschalteten E.H. Spoerri & Co. AG an die Allgemeine Unfallsversicherungsanstalt in Linz heißt es sehr aufschlußreich zur Verteidigung der Baumwolle gegen Kunstfasern: »Bedenken Sie bitte, daß viele Leute auf Polyester und deren Mischungen allergisch sind. Und nicht zuletzt ist zu beachten, daß das getragene Konfektionsgut einmal ausgeschieden werden muß. Es wird dann in einer Kehrrichtverbrennungsalage verbrannt, dabei wird Dioxin freigemacht.« Außerdem sei »Souplesse-Bügelfrei« wesentlich beständiger gegen Chlordesinfektion ...

Kein Einzelfall: Der deutsche Textilmogul Klaus Steilmann (s. Kap. 6.4) hat uns im Interview ein persönliches Schlüsselerlebnius geschildert: Vor fünf Jahren fällt ihm in einem Flugzeug der Lufthansa auf, daß alle Stewardessen Hals und Dekolleté mit großen Schals bedeckt hielten. Seltsam züchtige Arbeitskleidung, dachte Steilmann bei sich. Auf Anfrage belehrten ihn die Flugbegleiterinnen eines besseren. Ursache seien Blusen und Krageneinlagen eines italienischen Workwear-Lieferanten, der die Fluguniformen reichlich mit Formaldehyd getränkt hatte. Um die peinlichen Pusteln und Hautrötungen schamhaft zu verhüllen, hätte man kollektiv zu den Schals greifen müssen.

Aber nicht nur über den Wolken ist die Freiheit der Chemie grenzenlos, auch bei den Bodentruppen wird der Kratzteufel auf die leidende Menschheit losgelassen. Ein Kombi-Team des Instituts für Tumorbiologie und des Instituts für Analytische Chemie in Wien prüfte kürzlich 26 Textilproben des österreichischen Bundesheeres mit einer modifizierten Version des Salmonellen-Tests auf erbgutverändernde Substanzen (s. Kap. 3.5). Fünf Proben waren positiv. Die Forscher führen die Ursache auf Amine zurück (Kassie u. a., 1995:26).

Auch Deutschland hat so seine Arbeitskleidungsskandale. Was jedoch die Informationen für die Öffentlichkeit betrifft, werden sie auf ebenso kleiner Flamme gekocht wie in Österreich. Im Oktober 1994 berichtet die *Süddeutsche Zeitung* (Aumeier, 1994:55) über »Gift in Schutzanzügen von Bahnarbeitern«. In ganz Bayern habe die Deutsche Bahn AG die gesamte Arbeitsschutzkleidung austauschen müssen. Grund: »Hohe PCP-Belastung«, obwohl Pentachlorphenol in Deutschland verboten sei. Die Kleidung müsse als Sondermüll vernichtet werden. Draufgekommen war man nicht so ohne weiteres. Seit Dezember 1993 hatten Arbeiter des Bahnbetriebswerkes Nürnberg-Gostenhof über Atemnot, Kopfschmerzen und Hautbeschwerden geklagt. Bis ein Vorhandwerker nach sechs Krankenhausaufenthalten im Laufe von 18 Monaten auf einer Blutuntersuchung bestand. Labormediziner stellten daraufhin einen Wert von 118,7 Mikrogramm PCP pro Liter fest. 43 Bedienstete reichten daraufhin einen Antrag auf Anerkennung von PCP-Vergiftung als Berufskrankheit bei der zuständigen Berufsgenossenschaft in Frankfurt ein. Fragt sich nur: Woher kommt das viele PCP, wenn es doch verboten ist? Dazu kursieren zwei Versionen. Es könnte die Ausrüstung sein – oder die chemische Reinigung.

Wir fragten bei der Deutschen Bahn AG an. Unterlagen stellte man uns nicht zur Verfügung. Gerne wollte aber Christine Geißler-Schild, die stellvertretende Sprecherin der DB AG, unser »komtetenter Gesprächspartner« sein. Sie bestätigt die PCP-Vergiftung der Arbeitskleidung. Es handle sich um insgesamt mehr als 100 000 Stück, die aus dem Verkehr gezogen werden mußten. Sondermüll? Ja Sondermüll. Im Durchschnitt habe der PCP-Wert im Blut bei Mitarbeitern, die sich freiwillig zur Untersuchung meldeten, 70 bis 80 μg/kg betragen. Der Gesprächsfluß riß aber abrupt ab, als wir nach dem Verursacher fragten. Es könne eventuell die Reinigungsfirma sein, da nach einem Wechsel zu einer anderen Firma keine PCP-Belastung mehr festgestellt werden konnte. Den Namen der chemischen Reinigung wollte uns Frau Geißler-Schild aber partout nicht verraten, ebensowenig natürlich die Bezugsquelle der Arbeitskleidung. Die ganze Geschichte liege bei der Gewerbeaufsicht in München und sei ein schwebendes Verfahren. Da dürfe man nicht eingreifen. Ein Anruf bei der Münchner Behörde klärte uns darüber auf, daß man Anfragen nur schriftlich stellen könne und eine zuständige Stelle für den Fall hieramts nicht bekannt sei.

Die *Süddeutsche Zeitung* berichtet, daß es eigentlich zwei Umtauschaktionen gab: einmal für schwarze, dann für orangefarbene und blaue Schutzkleidung. Allein für die zweite Umtauschaktion seien bisher (Stand Oktober 1994) 187000 Stück angekauft worden, 18000 weitere würden in den nächsten Wochen folgen. Die Höhe der Kosten sei unbekannt, gehe aber sicher in die Millionen Mark. Betroffen seien nach Auskunft der Gewerkschaft rund 17000 Beschäftigte.

3. Heavy Metal

Die Schwermetalle spielen – wie auch die Spritzmittelrückstände – eine Hauptrolle beim vermehrten Auftreten von Allergien und Autoimmunerkrankungen. Sie stören offensichtlich die verschiedenen Zelltypen der Immunabwehr entscheidend. Das ist aus neueren Studien in schwermetallbelasteten Regionen, etwa in der Nähe von Metallfabriken oder Müllverbrennungsanlagen, deutlich abzulesen. Die Schwächung des Immunsystems durch Schwermetalle ist zuerst im Tierversuch beobachtet worden. Die Schwermetalle erhöhen die Infektionsanfälligkeit und so indirekt die Wirkung krebserzeugender Stoffe. Einige, wie Nickel und Cadmium, sind selbst kanzerogen. Die Schwermetalle Kupfer, Eisen, Mangan und Zink sind in geringen Mengen – als Spurenelemente – lebenswichtig. Erst in höheren Dosen sind sie giftig und führen zu Störungen des Stoffwechsels. Im Gegensatz zu ihnen sind die giftigen Schwermetalle Quecksilber, Cadmium, Blei, Chrom, Nickel und Thallium immer schädlich. Sie verdrängen die lebenswichtigen Schwermetalle aus ihren Enzymbindungen. Es kommt zu schweren Störungen der Enzymfunktionen und zu Ablagerungen in Knochen und Organen.

Das Hohensteiner Textilforschungsinstitut untersuchte 1993 für das *Öko-Test-Magazin* 15 blaue und 15 schwarze Jeans verschiedener Marken. Besonders heavy fündig wurden die Tester bei Levi's Jeans der legendären Type 501 (Shrink-To-Fit Button Fly) mit 600 Milligramm pro Kilo: »In den besagten Levi's fand unser Labor erhebliche Rückstände von Kupfer. Das geht beim Färbeprozeß im wahrsten Sinne des Wortes in die Hose, denn schwarze Jeans werden mit schwermetallhaltigen Farben gefärbt. Am Ende erwies sich die 501 doch als Original, allerdings war sie möglicherweise ›nachgefärbt‹«, so Marketing-Manager Alois Burkhart (zu den Schwermetallgrenzwerten s. Kap. 4.2). Die Tester fanden auch in anderen Hosen metallische Reste vom Färben:

»Dazu gehören giftiges Blei und Quecksilber sowie allergisierendes Nickel. Ebenso Vanadium, ein Stoff, der in höheren Konzentrationen Schleimhautreizungen, Asthma, Überkeit und Krämpfe auslösen kann. Besonders bedenklich sind die Chromrückstände. Möglicherweise wurden die Jeans durch sogenannte Chromat-Bäder gezogen. Dieses Färbeverfahren wird noch häufig in Ländern der Dritten Welt angewendet. Chromat gehört zu den stärksten Krebsgiften. Die höchsten Mengen dieser giftigen Substanz steckten in Mc-Duncan-Jeans, einer Billigmarke von Woolworth.« (*Öko-Test-Magazin*, Sonderheft 1993/94)

Gemessen wurden 68 mg/kg Chrom. Mit wenigen Ausnahmen fanden sich aber auch in den Beinkleidern von allen anderen Marken Reste von Chrom, Kupfer und Nickel. In einer Lee Riders Kansas Comfort Fit, Boot Cut/ Nevada Loose Fit wurden 23 mg/kg Vanadium gefunden. Diese Jeans wies auch den höchsten bei diesem Test gemessenen Wert von PCP auf: 20 μg/ kg. Immer noch 10 μg/kg wurden in einer Edwin Newton Slim entdeckt. Blei konnte in sechs Marken festgestellt werden, Quecksilber in fünf, Formaldehyd in allen.

In fast allen Hosen steckten aus dem Baumwollabau stammende Pestizide. Die Flut von Giftrückständen ist umso erschreckender, wenn man einkalkuliert, daß die Hosen mehrmals vorgewaschen wurden. Dabei gehen 90 % dieser Rückstände ins Spülwasser! Bei den getesteten Jeans wurden keine Benzidinfarbstoffe gefunden. Rainer Weckmann vom Hohensteiner Textilforschungsinstitut führt das auf reinen Zufall zurück: »Ein Glücksstreffer, denn normalerweise finden wir ein bis zweimal pro Woche Benzidinfarbstoffe in der Kleidung, die über deutsche Ladentische verkauft wird.« Benzidinfarbstoffe sind in Deutschland verboten, nicht aber in Billiglohnländern, wo fast 85 % der deutschen Kleidung hergestellt werden. Diese Aussagen sind nach wie vor aktuell: 1995 wurde bei einem Test des Wiener Vereins für Konsumenteninformation Benzidinfarbstoff in einer Mustang-Jeans nachgewiesen (*Konsument* 9/1995:10). Kommentar der Tester: »Bei der Hose von Mustang wurden gar ein Benzidinfarbstoff sowie Spuren eines problematischen Azofarbstoffes festgestellt. Beide können nachweislich krebserregend wirken. Solche Farbstoffe sollten eigentlich gar nicht mehr verwendet werden. Viele Unternehmen der Textilbranche haben ihre Produktionsstätten jedoch in Länder der Dritten Welt verlagert, wo es kaum Umweltschutz- und Sicherheitsstandards gibt.« Aber Profite.

In einer Hose von United Colors of Benetton wurde Kupfer gefunden. Die Handelsvertretung in Wien argumentierte, mit 11,7 ppm liege der Wert unter dem vom Öko-Tex Standard 100 akzeptierten Wert von 50 ppm. Das Textil sei »somit völlig unbedenklich«. Bedenklich ist nur die Grenzwertakrobatik. Benetton könnte statt aggressiver Werbung einmal wirkliches Öko-Engagement erkennen lassen. Da wäre das Geld besser investiert. Bei einer Bluejeans von Catch halfen auch die Grenzwerte nichts mehr. Die Formaldehydbelastung lag über dem erlaubten Grenzwert des Öko-Tex Standard 103. Leider wurden die Werte von den Leuten des Vereins für Konsumenteninformation (VKI) nicht angegeben.

Chrom wird leider nicht nur in Bluejeans gefunden. Bei einem vom VKI und von der Stiftung Warentest durchgeführten Shirt-Check entpuppte sich ein Produkt von Qui als »verchromt«. Gemessen wurden 14 ppm. Zur Dimension: Der Grenzwert des Öko-Tex Standards für hautnah getragene Kleidung sieht nur 4 ppm vor. Schwacher Trost: Das krebserzeugende Chrom VI wurde nicht gefunden (*test* 2/1995:79). Dafür gab es in einer ganzen Reihe von Shirts Formaldehyd.

Nickel gehört zu den Top-Allergenen. Trotzdem ist das gefährliche Schwermetall nicht aus der Mode (*Öko-Test* 8/1994:5). Fast alle medizinischen Ohrstecker enthalten trotz eines Verbotes immer noch Nickel. Das Chemische Untersuchungsinstitut Wuppertal/Solingen fand 1993 nur ein nickelfreies Paar. Das Untersuchungsamt Bielefeld mußte alle getesteten Proben bemängeln. Durchschnittlich 10 % der Bevölkerung sind auf Nickel allergisch, wobei junge Frauen mehr betroffen sind als Männer. Bei der weiblichen Bevölkerung liegt der Anteil der Nickelallergien bei 22 %. Typische Anzeichen einer Nickelallergie: Die Haut wird rot, schuppt, juckt und näßt. Das Schwermetall ist auch in Modeschmuck, Uhrarmbändern und Jeansknöpfen zu finden. Erst seit Anfang 1994 kam nickelfreier Stahl für Modeartikel auf den Markt. Trotzdem blieben viele Hersteller dem sensibilisierenden Metall treu. Sie gingen einfach dazu über, die Nickelprodukte mit einem Schutzfilm zu überziehen. Der hält aber nicht ewig. Nachdem der Lack ab ist, kann Nickel wieder zuschlagen. Das Wuppertaler Institut entdeckte mit einer genaueren Untersuchungsmethode extrem hohe Nickelanteile von 22 % unter der Schutzschicht.

4. Horror hautnah: Gift im Babyhemdchen

Hautnah getragene Textilien müssen naturgemäß besonders genau unter die Lupe genommen werden. Immerhin sind sie die zweite Haut, die uns umgibt: Unterwäsche, Pyjamas, Nachthemden, Bettwäsche, Strümpfe, Leggins und Bodys. Besonders heikel ist, versteht sich, auch Babywäsche. Denn die Kleinen sind gegenüber allen Giften superempfindlich. Die Haut von Neugeborenen ist für Chemikalien wesentlich durchlässiger als die des Erwachsenen (Elsner, 1993:3).

Einer 1994 publizierten Untersuchung der Abteilung Konsumentenschutz des österreichischen Gesundheitsministeriums ist es zu danken, daß wir zumindest über Babykleidung und Unterwäsche etwas mehr wissen, als uns die Textilindustrie gönnt. Durchgeführt wurde die Studie vom Österreichischen Textilforschungsinstitut (ÖTI) in Wien. Titel: *Untersuchung von Textilien (Babykleidung, Unterwäsche) auf aus der Herstellung stammende Rückstände* (ÖTI, 1994). Die Ergebnisse der Studie sind erschreckend. Nach den nicht einmal strengen Grenzwerten des Öko-Tex Standards wurden bei der Babykleidung von 20 Mustern 11 abgelehnt, bei der Damenunterwäsche von 30 Mustern eine Probe. Dabei ist zu berücksichtigen, daß das ÖTI als durchaus industrienah bezeichnet werden kann. So wurde bei sechs Mustern der Damenunterwäsche »starkes Ausbluten des optischen Aufhellers« festgestellt, ohne daß dies zur Ablehnung führte. Die aus gesundheitlichen Gründen abzulehnenden optischen Aufheller waren in weißen und farbigen Textilien enthalten. Die Untersuchung zeigte, daß nur 13 Muster – sechs Babykleider und sieben Unterwäscheproben – keine optischen Aufheller enthielten!

Es wundert wenig, daß das schädliche Formaldehyd in fünf Baby-Textilien enthalten war. Gemessen wurden 12 bis 204 ppm. Nach Öko-Tex Standard 100 dürfen in Babykleidung keinesfalls mehr als 20 ppm Formaldehyd enthalten sein. Die höchste Formaldehydwert wurde in einem Baby-Sweatshirt aus »100 % Baumwolle« gefunden. Das Herkunftsland war nicht feststellbar. In dem Sweatshirt fanden sich auch Spuren von Kupfer, Kobalt und Nickel. In einem Damen-Top wurden 41 ppm Formaldehyd registriert. Dabei sollte in hautenger Kleidung überhaupt kein Formaldehyd nachweisbar sein. Wieder war das Herkunftsland nicht feststellbar. Muster 17, eine Cord-Latzhose für Babys, war nicht schweiß- und speichelecht. Sie enthielt Spuren von Kupfer, Chrom und Nickel. Herkunftsland unbekannt. Als besonders negativ ist zu werten, daß ein Produkt – noch dazu für Babys – das dioxinrelevante Pentachlorphenol enthielt. Im Muster 3, einem Baby-Cordhemd aus Italien aus »100 % Baumwolle«, wurden 0,64 ppm PCP festgestellt. Fälschlicherweise ist in der Studie ein Grenzwert nach dem Öko-Tex Standard von 0,5 ppm angegeben. In Wirklichkeit liegt er für Babykleidung bei 0,05 ppm. Der Grenzwert wurde also um das Dreizehnfache überschritten. Im Grunde sind aber Grenzwerte bei so gefährlichen Stoffen überhaupt unzulässig, vor allem bei Babykleidung! Äußerst bedenklich ist auch, daß fast keine Probe ohne Schwermetall-Rückstände war. Die Druckknöpfe eines Baby-Sweatshirts aus Frankreich enthielten zirka 90 ppm Nickel, der Reißverschluß eines Strampelanzugs aus den Benelux-Ländern 4 ppm, die Ziernähte und Druckknöpfe einer Baby-Cord-Latzhose nicht feststellbaren Ursprungs 80 bzw. 25 ppm, ein Plüsch-Strampelanzug (Druckknöpfe) 110 ppm. Grenzwert nach Öko-Tex 100: 1 ppm. Dazu wurden oft noch Kobalt, Kupfer und Chrom gefunden. Fazit: Die konventionelle Babykleidung ist vollkommen unakzeptabel. Hier besteht politischer Handlungsbedarf. Es kann doch nicht sein, daß ein Ministerium eine so haarsträubende und niederschmetternde Analyse liefert und dann geschieht nichts.

5. Krebs durch Textilien?

»Wo sind denn die 2000 Leute, die von ihren Kleidern hingerafft wurden? Natürlich kann man sich auch an seinem Hemd aufhängen.« Diese zynische Scheinfrage stellte Jürgen Mecheels, der Leiter der Textilforschungsinstitute Hohenstein, beim Frankfurter Symposium *Umwelt und Forschung – Standortbestimmung der deutschen Textilindustrie*. Mecheels ist einer der Hardliner der Chemie-Textillobby, der behauptet, Rückstände in Textilien seien »im Millionstel Grammbereich garantiert verträglich«. Schließlich würden Textilien »weder gegessen noch getrunken« (Brem, 1993:9f.). Bei manipulativen Aussagen dieser Art weiß man in der Regel nicht, wo man anfangen soll. Das Weltbild, das hinter ihnen steckt, ist so unwissenschaftlich und verkehrt, daß nicht einmal eine polemische Antwort die Blockade aufheben kann. Doch sei es noch einmal versucht: Für krebserregende Stoffe gibt es keine unschädliche Dosis. Das ist internationaler Stand der Wissenschaft. Außerdem scheint Mecheels die Migration der Gifte über Haut und Lunge nicht zu kennen.

In der textilen Kette sind zwei Arten von Vergiftungen festzustellen: akute und chronische. Die akuten kommen praktisch nur bei Landarbeitern durch den Umgang mit Pestiziden und bei Textilarbeitern und -verarbeitern durch den direkten Kontakt mit größeren Mengen von aggressiven Chemikalien und Giften zustande. Den chronischen Belastungen, der langandauernden Intoxikation durch sehr kleine Mengen, unterliegen wir alle.

Die Schäden setzen am Immunsystem an und bewirken eine unüberschaubare Zahl von Beschwerden und Erkrankungen. Und sie sind krebserregend. Sogar von industrienaher Seite wird zugegeben, daß Azofarbstoffe – Farbstoffe auf der Basis von Benzidin und verwandten Verbindungen – durch ihr krebserregendes Potential in Textilien nichts verloren haben. Der schwarze Peter wird sofort den Textilimporten zugeschoben. Solche Farbstoffe würden von westeuropäischen Herstellern schon seit 1970 nicht mehr hergestellt und seit einigen Jahren nicht mehr angewendet. Aber die Türkei, Taiwan, China und Indien hätten die Fabrikation von benzidinhaltigen Farbstoffen wieder aufgenommen (Zartner-Nyilas 1994:77). Eine Gefährdung der Träger von mit Azofarbstoffen gefärbten Textilien liege aber ohnehin nicht vor, »da die Farbstoffe nicht durch die Haut dringen« (Zartner-Nyilas, 1994:75).

Gewiß, es liegen wenig gesicherte Daten vor, weil die Forschung über die Bioverfügbarkeit, über die Wirkung von Textil-Chemikalien, die über Lunge und Haut in den menschlichen Organismus gelangen, bisher offenbar schlicht unterdrückt wurde. Wie könnte denn ein so gravierender Mangel in einer zentralen Frage sonst entstanden sein? Aber immerhin existiert sogar Literatur aus dem konservativen Lager. Danach können bei mit Azofarben gefärbten, eng anliegenden Kleidungsstücken von der auf die Haut gelangenden Menge immerhin etwa 1 % pro Tag durch die Haut aufgenommen werden. (Die exakte Angabe lautet: 7,0 x 105 mg/Person/Tag perkutane Penetration = Eindringen über die Haut; Elsner 1993:4.) Mit dieser Menge gehen auch karzinogene aromatische Amine durch die Haut. Außerdem können aus der Beschaffenheit der Chemikalien – z.B. ihrer lipophilen Komponente – sehr wohl Rückschlüsse auf ihre Hautdurchgängigkeit gezogen werden. Bei Farben, die ja auch in die Fasern eindringen, ist dieses Penetrationsvermögen durchaus gegeben, ebenso bei Schwermetallen, Formaldehyd, Halogenverbindungen, Dioxinen (s. Kap. 3.6.2) sowie bei einer Reihe anderer Chemikalien, die im Kapitel »Die textile Gift-Kette« beschrieben wurden. Schließlich können viele Textilgifte auch durch die Atmung aufgenommen werden. Es ist also unverständlich, wenn in der sonst recht ordentlich gemachten, von der Landesanstalt für Umweltschutz Baden-Württemberg herausgegebenen Broschüre *Chemikalieneinsatz in der Textilindustrie* die von diesen Substanzen ausgehende Gefahr durch folgende Bewertung verniedlicht wird: »Ob diese Stoffe in die menschliche Haut eindringen und dort resorbiert werden, ist noch unbekannt.« (Zartner-Nyilas, 1994:142ff.)

1993 erregte eine Studie des Instituts für Tumorbiologie und Krebsforschung der Universität Wien großes Aufsehen. Ihre schockierende Generalaussage: Rund 10 % der 196 untersuchten Textilproben sind im Bakterientest mutagen, d.h. erbgutverändernd. Für die Untersuchung, einen nach dem amerikanischen Biochemiker Bruce Ames benannten Salmonellen-Mutagenitätstest (Ames-Test), hatten die Wissenschafter Salmonella-Bakterienstämme verwendet. Um die Stoffwechsel-Prozesse bei Säugern besser nachzuahmen, wurden menschliche Leberenzyme zugesetzt. Wenn Chemikalien in solchen Tests erbgutverändernd sind, dann besteht der dringende Verdacht auf Krebsgefahr, nicht nur für Textilarbeiter, auch für den Konsumenten. Die Hauptursache sehen die Krebsforscher hauptsächlich in Aminen aus Azofarben. Aber auch Nitro-Verbindungen spielen eine Rolle (Knasmüller u. a., 1992:125–133; 1993:45–53). Untersuchungsleiter Siegfried Knasmüller erklärt uns dazu in einem Interview: »Die Identifizierung mutagen wirkender Verbindungen ist insofern von Bedeutung, da Schädigungen der DNA, des Trägers der Erbsubstanz, einen Hinweis auf krebsauslösende Effekte darstellen können. Amine sind Molekülbestandteile von sogenannten Azofarbstoffen und entstehen bei deren Spaltung, die sowohl in den Zellen wie auch in der Darmflora von Säugetieren stattfindet.«

Von den 196 im Wiener Institut für Tumorbiologie geprüften Textilien waren 134 österreichischer, 62 unbekannter Herkunft. Knasmüller: »Ein Teil der Proben wurde von der Modeschule Hetzendorf in Wien geschenkt. Die Schnippsel haben nichts gekostet. Die Forschung hat kaum Geld. Erst dann kam das Textilforschungsinstitut hinzu und lieferte österreichische Ware. Ein Teil wurde vom Krebsforschungsinstitut selbst gekauft, z.B. indische Seidenstoffe.« Von den 21 mit mutagenen Substanzen belasteten Stoffen waren neun aus Seide und sechs aus Baumwolle, der Rest aus Viskose und Mischfasern. Knasmüller meint, die Gifte könnten aus der Färbung und Verarbeitung ebenso stammen wie aus Imprägnierungen, Formgebern oder Bakterienhemmern. Welche Substanzen Erbgutschäden auslösen, könne das Krebsinstitut mangels öffentlicher Forschungsgelder nicht feststellen. Wir fragten den Forscher, ob es zutreffe, daß die Schadstoffe aus den Textilien bereits nach der ersten Wäsche oder schon durch die Reinigung in der Produktion aus den Textilien verschwinden. Seine Antwort sollten sich all jene hinter die Ohren schreiben, die Waschen als Zaubermittel gegen Gifte verkünden. Knasmüller: »Nach einer halben Stunde Waschen verschwinden die Rückstände noch lange nicht. Man muß mindestens drei bis vier Stunden waschen!« Die 1993 gefundenen mutagenen Stoffe in Textilien waren kein Einzelfall, berichtet Siegfried Knasmüller. Bei Tuch-Untersuchungen beim Österreichischen Bundesheer sei er bei fünf von 30 Textilien fündig geworden. Menschlicher Schweiß könne bei normaler Körpertemperatur von 37 Grad Celsius in einem langsamen Prozeß die Giftstoffe herauslösen. Die gentoxische Wirkung korreliere mit den aus Farbstoffen freiwerdenden Aminen. Schwermetalle spielten dabei keine Rolle. Formaldehydspuren seien immer dabei.

Zu ganz ähnlichen Ergebnissen kam kürzlich das Freiburger Hydrotox-Labor aufgrund der Untersuchung von Seidenstoffen. In neun von 43 fand der dort amtierende Genetiker Rolf Willmund eindeutig erbgutverändernde Substanzen. Zur Austestung verwendete er den Ames-Test. Drei weitere Stoffstücke enthielten ebenfalls problematische Chemikalien. Insgesamt war also ein Fünftel der Seidenproben belastet. Rolf Willmund: »Das sind ernstzunehmende Hinweise auf mutagene und damit krebserzeugende Wirkung der Substanzen, die im Gewebe lagern und beim Tragen auf die Haut übergehen können.« (Pfitzmaier, 1995:40) Eine Testtabelle zeigt deutlich, daß vor allem Proben aus Haspelseide Satin mutagen sind. Dabei scheint auch die Farbe eine Rolle zu spielen: Schwarz, Dunkelblau und Anthrazit kommen im Risikobereich besonders oft vor. Bei Haspelseide sind aber auch Pink und Weiß darunter. Unter den Bourette-Seide- und Pongee-Proben waren eine hellbraune und eine weiße toxisch.

Hauptbetroffene der von den gefährlichen Giften Geschädigten sind die Textilarbeiter. Einige internationale Studien belegen ein gesteigertes Risiko von Textilarbeitern – besonders von Färbern und Webern – an Blasenkrebs zu erkranken. Eine kanadische Studie schätzt das Risiko auf das Vier- bis Fünffache. Die Wirkungskette wurde in Tierversuchen nachgewiesen. Knasmüller: »Azofarbstoffe werden im Säugetier reduktiv gespalten. Die entstehenden Amine werden in vielen Fällen bevorzugt in der Leber am Stickstoff hydroxyliert und nach Acetylierung in reaktive, instabile, DNA-schädigende Metabolite umgewandelt. Beispielsweise können Beta-Naphtilamin oder Benzidin aus Azofarbstoffen freigesetzt werden. Beide Substanzen könen Blasenkrebserkrankungen auslösen.« Aus dem Fachchinesischen übersetzt: Spaltprodukte von Azofarbstoffen schädigen die Erbsubstanz in den Zellen der Leber. Einige Arbeiten weisen auch auf eine Erhöhung des Nasenkrebs-Risikos um das Zwei- bis Dreifache hin. Finnische und amerikanische Studien belegen eine deutliche Erhöhung der Aborte (Knasmüller u. a., 1992:127). In den EU-Ländern sind rund 1 Million Menschen in der Textilindustrie beschäftigt. Davon sind 10 bis 12 % Chemikalien und Stäuben ausgesetzt. In Österreich liegen bisher keine Daten von epidemiologischen Studien über die Krebshäufigkeit bei Textilarbeitern vor. Knasmüller: »Dies ist ein bedauernswerter Mangel.«

Ein vielversprechender Ansatz auf dem Gebiet der Krebstests kommt aus Berlin: Ein vom Universitätsklinikum Charité entwickelter Test arbeitet mit einer schweißähnlichen Flüssigkeit, die aus verdächtigen Stoffproben Chemikalien herauslöst. Der Extrakt wird dann auf lebende menschliche Hautzellen im Reagenzglas aufgebracht und die Wirkung auf ihren

Stoffwechsel gemessen. Sind Gifte enthalten, geht die Zelle zugrunde. In einem Fall wurden 80 (!) verschiedene Stoffe aus einer Substanz isoliert. Die gefährlichsten Stoffe, die die Berliner Wissenschaftler bis jetzt heraustesten konnten, waren Phenole und Benzensulfonamid in der Probe eines »reinen« Baumwollstoffs (Dehn, 1995). Kommentar der Leiterin der Testserie Christiane Schewe: »Die Kombinationseffekte der Chemikalien untereinander sind noch kaum erfaßt. Wir wissen nichts über ihre gegenseitige Verstärkung ...« Der völlig unübersichtliche und weitgehend unkontrollierte Chemikalieneinsatz auf dem Textilmarkt könnte durch diese Tests transparenter werden.

6. Der Weg der Pestizide und seine Opfer

Schon in den 60er und 70er Jahren zeigten zahlreiche Studien, daß Pestizide und andere Umweltchemikalien die körpereigene Abwehr des Menschen schwächen. Diese Immunschwäche begünstigt nicht nur Infektionskrankheiten, sondern auch Krebs. Es ist auffällig, daß eine ganze Reihe von Spritzmitteln sowohl erbgutverändernd als auch krebserzeugend wirken können bzw. im Verdacht einer solchen Wirkung stehen, z.B. Lindan, PCP (Pentachlorphenol), 2,4,5-T, 2,4-D, Captan und Methylparathion. Dabei geht es nicht um akute Vergiftungen, wie sie bei Landarbeitern vorkommen. Die Prozesse sind heimtückisch schleichend. Die Verantwortlichen in Politik und Industrie wissen, daß man den direkten Kausalnachweis kaum führen kann. Das ist der Grund, warum die Pestizide nach wie vor in riesigem Umfang eingesetzt werden. Christel Brem (s. Kap. 3.6.3), die durch Pestizide in Textilien chronisch vergiftet wurde, brachte es in einem Gespräch mit uns auf den Punkt: »Schädliche Chemikalien wirken mit einer gewissen Zeitverzögerung. Wie wollen Sie heute nachweisen, wenn Sie Krebs haben, daß Sie vor 20 Jahren irgendein Kleidungsstück getragen haben, das mit hochkarätig krebserzeugenden Substanzen ausgerüstet war?«

Lindan ist zwar in der EU verpönt. Trotzdem spritzen etwa die Spanier ungeniert mit Lindan und exportieren mit dem Pestizid belastete Produkte: etwa Babynahrung. Bei der Lindanherstellung entstehen übrigens auch Supergifte aus der Dioxin-Furan-Gruppe. 2,4-D, ein Unkrautvernichtungsmittel, führt nach amerikanischen Untersuchungen an Farmern zu einer sechs- bis achtfach erhöhten Rate von Lymphdrüsenkrebs (Non-Hodgekin-Lymphom). Captan, im mikrobiologischen Kurzzeittest mutagen und im Tierversuch bei Mäusen auch karzinogen, steht auf der Liste von zehn besonders gefährlichen Pestiziden, die von der US-Akademie der Wissenschaften kürzlich publiziert wurde. Zu dieser Gruppe zählen auch Linuron, Zineb, Captafol, Maneb, Permethrin, Mancozeb, Folpet, Chlordimeform und Chlorothalonil.

Allein durch Pestizide, so die Wissenschaftler, müssen in den Vereinigten Staaten jährlich 20 000 Menschen an Krebs sterben. In den 30er Jahren betrug das Weltvolumen an Pestiziden nach einer Auflistung von UNEP (United Nations Environmental Programme) 1 Million Tonnen pro Jahr, in den 50er Jahren 7, 1970 schon 63 und 1985 fast 250 Millionen Tonnen. Derzeit liegt der Weltverbrauch bei zirka 350 Millionen Tonnen. Die globale Vergiftungsbilanz ist entsprechend katastrophal, weil diese Gifte in Lebensmitteln, Textilien und anderen Produkten auf der ganzen Welt fein verteilt werden, vor allem natürlich in den reichen Industrieländern. Die Internationale Konsumentenunion ICO spricht von 2 Millionen Vergifteten und 40 000 Toten pro Jahr. Die größte Chemiekeule schwingen übrigens die Japaner, die zu den Hauptlieferanten von Baumwolle gehören. Sie setzen sechsmal soviel Pestizide ein wie die Deutschen – und das will schon etwas heißen.

Bei der Jahrestagung der Amerikanischen Gesellschaft zur Förderung der Wissenschaften in San Francisco wurden 1994 erschütternde Forschungsergebnisse der letzten Jahre zusammengefaßt: Es existierten eindeutige Belege für die Verbindung zwischen Umweltgiften und Schäden an der menschlichen Zeugungsfähigkeit sowie Krebserkrankungen der Geschlechtsorgane. Die Wissenschaftler fanden heraus, daß besonders die Rückstände von Agrargiften die Reaktion des Hormons Östrogen bei Frauen und Männern völlig aus dem Gleichgewicht bringen und zu Krebserkrankungen führen. Vor allem die Chlorverbindungen DDT und DDE (Abbauprodukt von DDT), Kepone, Dieldrin, Dicofol und Methoxychlor werden genannt. Sie halten sich ein Leben lang im Fettgewebe des Menschen. Diese Gifte werden über Nahrung oder Hautkontakt – also auch über Textilien – in den Körper aufgenommen. Sie können auch über die Plazenta in den Fötus eindringen. Durch Umweltgifte ist die Samenproduktion der Männer seit 1940 weltweit um die Hälfte gesunken. In vielen Ländern hat sich Hodenkrebs verdreifacht und Prostatakrebs verdoppelt. Seit 50 Jahren steigt auch die Brustkrebshäufigkeit bei Frauen in Westeuropa und den USA. 15 bis 20 % aller Paare im fortpflanzungsfähigen Alter können in den Industriestaaten keine Kinder bekommen. Der Wiener Arzt Wilfried Feichtinger hat schon Ende der 80er Jahre Spritzmittelrückstände in der Samen- und Eibläschenflüssigkeit von sterilen Paaren nachgewiesen und in direkten Zusammenhang mit ihrer Unfruchtbarkeit gebracht (Hingst/Ortner, 1995:26). Diese Ergebnisse sind inzwischen auch von anderen Forschern bestätigt worden. Den größten Anteil an dieser Problemgruppe hat die bäuerliche Bevölkerung durch ihren direkten Umgang mit den Agrargiften.

6.1 Pentachlorphenol und kein Ende

Pentachlorphenol (PCP), tückischerweise schon bei der Herstellung mit Supergiften aus der Klasse der Dioxine und Furane verpestet, ist ein starkes Nerven- und Lebergift. Es ist erbgutverändernd und verursacht im Tierversuch Krebs. Es gast aus allem aus, was mit ihm präpariert ist: aus Lederwaren, Holz, Textilien. Das Gift kommt vor allem über die Atemwege in den menschlichen Organismus. PCP geht aber auch durch die Haut. »Ich habe einige Patienten, die auf Pentachlorphenol bzw. Quecksilbersalze reagieren, aber die Verknüpfung zur Bekleidung ist meistens sehr schwierig, weil niemand weiß, ob das Textil damit behandelt wurde oder nicht.« Diese für die Verschleierung des Pentachlorphenol-Problems typische Aussage stammt von der Hautärztin und Allergologin Eva Meigel aus Hamburg (Rosenkranz/Castelló, 1993:143).

PCP ist nicht irgendein Stoff. Von der Industrie als Holzschutzmittel für Innenräume angepriesen und von vielen Konsumenten dankbar angewendet, hat er ungezählte Menschen über Jahre und Jahrzehnte vergiftet. Die betrogenen Betroffenen müssen noch immer bei Gerichten um ihre Rechte kämpfen. Einer der beispiellosesten Chemieskandale ist mit PCP verbunden. Im August 1995 verwies der Bundesgerichtshof die Beschwerde der Interessengemeinschafft der Holzschutzmittel-Geschädigten, die im Namen von Tausenden Opfern agiert, nach zwölf Jahren Prozeßdauer wieder zurück ans Erstgericht. Die Richter zogen sich auf einen Formalgrund zurück: Einer der Gutachter habe bei der Staatsanwaltschaft persönlich Stellung gegen die angeklagten Industriellen bezogen und sei daher befangen. In Wahrheit konnte eine Verurteilung offenbar aus sozialpolitischen Gründen nicht erfolgen, denn vor dem Richterstuhl standen stellvertretend der gesamte chemisch-industrielle Komplex und der Staat: »Die aus einem Schuldspruch resultierenden Regreßansprüche an Staat und Produzenten belaufen sich auf zirka eine Billion Mark. Das wäre das Ende von Staat und chemischer Industrie.« So formulierte es der Chemiker, Baubiologe und Sachverständige Gerd Schneider in der Zeitschrift *Umwelt und Gesundheit* (Schneider, 1995:68).

Henning Rüden, Professor für Hygiene an der Technischen Universität Berlin, hat schon Ende der 80er Jahre ein haarsträubendes Statement abgegeben: Wenn es für die Zimmerluft so klare und verbindliche Schadstoffgrenzwerte gäbe wie für Arbeitsplätze, müßten 10 Prozent der Wohnungen in der Bundesrepublik Deutschland evakuiert werden, bekämen Millionen Menschen Hausverbot im eigenen Haus. In Österreich, wo die Verhältnisse ähnlich liegen, wären dann 700 000 Menschen obdachlos (Hingst 1990:9). Für die Vergiftung innerhalb der eigenen vier Wände wurde sogar ein eigener Fachausdruck geprägt: Indoor Pollution.

Zwar existiert für PCP in Deutschland seit 1. April 1990 ein generelles Anwendungs- und Herstellungsverbot. In einigen Nachbarländern wird es allerdings immer noch hergestellt (Daunderer, 1995:130). Es ist daher ein Ausdruck famosen Pharisäertums, nur auf die Entwicklungsländer zu zeigen, die das Teufelszeug allerdings in rauhen Mengen anwenden. In Österreich wird das PCP-Verbot durch das Bundesgesetzblatt 58/1991 geregelt. Streng ist es nicht, sonst gäbe es nicht nach dem Öko-Tex Standard 100 einen dubiosen Grenzwert von 0,5 ppm. Sogar für Babykleidung und Bettwäsche werden 0,05 ppm akzeptiert! Auch in der EU existiert kein Totalverbot. Wie einer Einspalter-Notiz in *Branche & Business* vom 6. Februar 1991 zu entnehmen war, ist PCP unter anderem noch in Imprägnierungen von schweren Textilien, die nicht für Bekleidung und Möbel bestimmt sind, sowie als Synthesewirkstoff in industriellen Verfahren weiter erlaubt. Für ein Totalverbot fand sich nicht einmal im Europäischen Parlament die erforderliche Mehrheit.

Laut Auskunft von Heribert Wefers vom Institut für Umweltchemie in Bremen wird PCP immer noch in Textilien festgestellt. Es wird nach seiner Kenntnis »sicher als Lager- und Transportschutzmittel eingesetzt«, z.B. beim Schiffstransport. Bis mindestens 1978 wurde Holz noch in großem Stil auch in Innen-, also auch in Lagerräumen, mit PCP behandelt. Da PCP ausgast, wird es an die Textilien weitergegeben und z.B. von Wolle und Baumwolle sehr gut aufgenommen. Von den daraus gefertigten Textilien geht PCP dann durch die Haut in den Organismus.

In den Entwicklungsländern wird PCP auch als Konservierungsmittel für Lederhäute verwendet. Im November 1994 warnte der TÜV Rheinland, daß PCP ungehindert zum Schutz vor Schimmel mit den Lederimportwaren ins Land komme. Die Reste gasen dann aus Schuhen und Lederkleidung aus. Nahezu unkontrolliert sei auch, so klagten die TÜV-Leute, was in Asien beim Anbau oder der Verarbeitung an Gift in die »reine Baumwolle« gelange. Im wasserabstoßenden Bereich sei das meiste, was nicht Gummi ist, mit PCP verseucht, sagt der Münchner Toxikologe und Internist Max Daunderer. Im August habe seine Mitarbeiterin in einem ganz teuren Münchner Schuhgeschäft Stiefel um 220 Mark eingekauft. Sie hätten penetrant nach PCP gestunken. Von seiner Mitarbeiterin zu Hilfe gerufen, habe er dem Geschäftsführer erklärt, was die Folgen von PCP sein können:

Totgeburten, Regelstörungen, Immunschäden. Der Händler habe geantwortet, er bekomme von den Lieferanten immer eine Bestätigung, daß die Schuhe PCP-frei wären. 1994 sei einem der leitenden Manager eines großen deutschen Konzerns der Führerschein wegen Alkoholverdacht entzogen worden. In Wirklichkeit hatte er nach Daunderer die Leberschäden von einem für rund 20000 Mark erstandenen französischen Designer-Sofa, in dem er 1500 Milligramm PCP festgestellt habe. Daunderer: »Dank der Aktivität der Polizei hat der Mann eine langfristig sicher tödliche PCP-Vergiftung überlebt. Er bleibt aber bis ans Lebensende durch PCP belastet. Auch das Dioxin bleibt im Organismus.«

Auch heute, so Daunderer, gebe es noch immer viel zu wenige »bewohnbare Matratzen«. PCP finde man in Bezug und Fütterung. In einem Kindergarten in Petershausen habe er kürzlich Trevira-Vorhänge untersucht. Sie enthielten 284000 mg/kg Antimon. Antimon wird als Flammschutzmittel eingesetzt. Die Firma schrieb, so wenig könne nicht giftig sein. Daunderer: »Die haben die Meßergebnisse nie gekriegt. Ich schrieb ihnen nur, daß sie weiteres von den Behörden hören.« Unsere Frage, ob diese Gifte etwas mit dem Plötzlichen Kindestod zu tun haben, beantwortet Daunderer wie folgt:

»40 % der Gifte kommen von der Mutter über die Plazenta. Und nach der Geburt gehts weiter. Jetzt läßt man die Kinder auf dem Bauch liegen. Bei den toten Kindern hätte man alles untersuchen müssen: Quecksilber, PCP, Dioxine und Antimon. Ausnahmslos alle Gifte lähmen das Atemzentrum: das Antimon, das Quecksilber, PCP, Dioxine. Man kann nicht sagen, die sind am PCP oder am Antimon gestorben, sondern an der Summenwirkung. Antimonbelastet sind vor allem die Überzüge der Matratzen.«

Eine weitere Gefahr der chemischen Substanzen sieht Daunderer darin, daß diese Gifte auf das Zentrum im Gehirn, auf den Bereich der Hypophyse, zerstörerische Auswirkungen haben können:

»Die Gifte verändern unseren Charakter. Mindestens 15 Jahre lang haben die Chemikalien unsere Seele krank gemacht, unser ganzes Denken. Alle diese Chemikalien machen ja mehr oder weniger dumm. Diese Stoffe bewirken ja etwas in der Hypophyse. Im Gehirn haben Fremdstoffe gar nichts zu suchen, nur die Naturstoffe. Alle Fremdstoffe verändern unsere Psyche. Im Grunde genommen ist das auch alles irgendwie Sucht. Jede Chemikalie macht Sucht. Wenn einer erfährt, daß er irreversibel durch Chemikalien geschädigt ist, dann fragt er: Aber welches Medikament, also welche Chemikalie, kann ich denn jetzt nehmen? Das fragen die alle!«

PCP wurde noch bis Mitte der 80er Jahre auch in Deutschland hergestellt. Erst am 1. April 1990 kam das generelle Herstellungs- und Anwendungsverbot (Daunderer 1995:130). Eine Anfrage bei der Pfersee Chemie in Augsburg im Jahr 1987, ob ein Ersatzstoff für PCP im Einsatz sei, beantworteten die Textilchemiker folgendermaßen: PCP sei nach ihrer Kenntnis in der Regel »zur Schimmel- und Verrottungsfestausrüstung von zellulosischen Materialien eingesetzt worden«. Pfersee hätte aber »seit zirka 1 Jahr ein in ökologischer, dermatologischer und physiologischer Hinsicht praktisch unbedenkliches Produkt zur Schimmel- und Verrottungsfest-Ausrüstung von textilen Flächengebilden zur Verfügung«: Fungitex Rop. Auf unsere Anfrage nach diesem Produkt hielt sich Pfersee bedeckt. In den Textilhilfsmittelkatalogen fahndet man danach vergebens. Im österreichischen Katalog findet sich unter Fungitex RPC die Eintragung: »Laut Angaben des Herstellers gibt es dieses Produkt nicht mehr.« (Die Hersteller werden nicht genannt.)

Ist PCP in den Untergrund abgetaucht? Hat es sich auf die ebenfalls keineswegs harmlosen Ersatzstoffe zurückgezogen, z.B. auf die Organozinn-Verbindungen (Adler/Mackwitz, 1990:274)? Diese Pilzkiller finden sich im THK unter den Markennamen Rustol HEC und Rustol HED von der Firma Rudolf in Geretsried sowie unter Konservan SN von der Firma Thor Chemie GmbH in Speyer. Für das Produkt Rustol HED gibt es einen interessanten Hinweis für die Anwendung: »Antimikrobielles Mittel ... für die Ausrüstung von Zelt- und Markisenstoffen gut geeignet.« (THK, 1994/95:283ff.) Zwei Organo-Zinnverbindungen findet man auch unter den Hydrophobiermitteln. Dort werden sie als Katalysatoren gehandelt (THK, 1994/95:247f.). Der Nachweis von PCP in den Schutzanzügen von deutschen Bahnarbeitern und in ihrem Blut 1993/94 (s. Kap. 3.1) ist jedenfalls ein Indiz dafür, daß der schreckliche Stoff noch längst nicht weg vom Fenster ist. Auf kryptischen Wegen scheint er sich immer wieder in die textile Kette einzuschleichen und Mann und Maus zu vergiften.

PCP ist übrigens ein gutes Beispiel dafür, daß die Chemie ihre Abfälle und Überschußgüter über die Einführung immer neuer Produktgruppen »entsorgt«. In gewissem Sinn gilt das für die gesamte Chlorchemie, die letztlich darauf gründet, daß Salz nicht mehr mühsam bergmännisch abgebaut, sondern großtechnisch aus der Erde gepumpt wird (Sole-Verfahren). Die Salzsole ist der Rohstoff für die enorm energieaufwendige Elektrolyse, bei der in rauhen Mengen Chlor anfällt. Eines der Folgeprodukte, PVC (Polyvinylchlorid), wurde in Tausende verschiedene Produkte umgewandelt, von der Verpackung bis zum Fußboden, vom Wasserrohr bis zur Textilfaser. Zu den großen Herstellern von PCP in Deutschland gehörte bis zur skandalumwitterten Stillegung 1984 die Firma Boehringer Ingelheim in Hamburg. Sie hatte auch große Mengen 2,4,5-T (Trichlorphenoxyessigsäure) – besser bekannt als *Agent Orange*, das die Amerikaner als »Entlaubungsmittel« zur chemischen Kriegführung in Vietnam einsetzten – und Lindan produziert. Alle diese Pestizide waren mit Dioxinen verseucht.

6.2 Selbstmordgift Dioxin

Die Anwendung von PCP-haltigen Holzschutzmitteln in Innenräumen brachte die Supergifte der Dioxingruppe bereits in den 70er und 80er Jahren ins traute Heim. Einer der Slogans der Holzschutzmittelhersteller lautete: »Holen Sie sich die Natur ins Haus.« Ein Öko-Trick der Sonderklasse. Da Dioxin-Messungen aber sehr teuer sind, sprach sich nur sehr langsam herum, was der *homo domesticus*, der hauszahme Mensch, sich da für einen Mitbewohner eingeladen hatte. Zunächst tippte man bloß auf die Holzschutzmittel als Verursacher der Dioxinbelastung. Aber allmählich tauchte der Verdacht auf, daß es auch andere Quellen geben müsse. Doch erst 1990 gab das ehemalige Bundesgesundheitsamt in Berlin eine Empfehlung ab, auch Textilien, Schwertextilien und Möbelstücke auf Dioxine zu untersuchen. Die erste Reaktion der Industrie war natürlich der Hinweis auf die »ubiquitäre Belastung« der Umwelt mit Dioxinen. Aber hinter vorgehaltener Hand wurde schon zugegeben, daß da auch ein Problem sei. Textilfachleute kennen ja eine Reihe von Dioxin-Abspaltern in Textilhilfsmitteln, z.B. die chlorierten Aromaten. Erst 1991 wurde aber die Spur erst richtig heiß, als die Dioxin-Kontamination in Destillationsrückständen chemischer Reinigungsanlagen beschrieben wurde. Schon damals vermutete man den Verursacher in Textilfarbstoffen. Gemessen wurden 660 μg/kg Dioxin. Textilfarben wurden auch im Zusammenhang mit der teilweise erheblichen Belastung des Klärschlamms als Dioxin-Quelle diskutiert. Dabei ging es vor allem um die Farbtöne Lila und Türkis.

1992 wurde festgestellt, daß Chloranil und Phthalozyanine, die Ausgangsprodukte für einige Farbstoffe sind, mit Dioxinen und Furanen verunreinigt sein können (Staatliche Pressestelle Hamburg, 1992). Die Mitgliedsfirmen des Verbandes der Farbenhersteller (ETAD) verringerten daraufhin freiwillig den Gehalt der Färbemittel an Dioxinen und Furanen auf 20 ppb. Ob damit die Gefahr tatsächlich gebannt ist, scheint uns zumindest fragwürdig. Nach Aussage der BASF werden dioxin- und furanhaltige Farbstoffe in anderen Ländern noch produziert und verwendet.

Klarheit über die Verteilungsmuster der Dioxine und Furane im Klärschlamm brachte aber erst die breit angelegte Untersuchung von Michael Horstmann von der Universität Bayreuth. In einer großartigen, auf jahrelangen Recherchen und Messungen aufbauenden, publizierten Dissertation liefert er den Beweis, daß die Vermutung richtig war. Horstmann (1994:139) stellt mehrere entscheidende Punkte klar:

– Häusliche Abwässer stellen eine der Hauptquellen von Dibenzodioxinen und Dibenzofuranen PCDD/F in Kläranlagen dar.

- Die eigentliche Quelle sind mit PCDD/F kontaminierte Textilien.
- Die PCDD/F werden bei gewöhnlicher Textilwäsche in die Lauge abgegeben. Die Fixierung der Dioxine und Furane ist nur gering, so daß sie in der Waschmaschine leicht ausgewaschen werden.
- Viele Indizien verweisen auf PCP (s. Kap. 3.6.1) und Chloranil-Farbpigmente als Quelle für die gefundene PCDD/F-Textilbelastung. Auf PCP deutet vor allem die Zusammensetzung (die Isomerenverhältnisse) der Dioxine und Furane hin. Technisches PCP ist bis in den mg/kg-Bereich mit PCDD/F verunreinigt. Trotz einer Beendigung der PCP-Produktion in der Bundesrepublik seit 1985 wird die Verbindung immer noch in Import-Textilien gefunden.
- Der Anteil von PCDD/F aus Textilien an der Klärschlammbelastung liegt bei 20 bis 40 %.
- PCDD/F aus Niederschlägen haben nur einen Anteil von maximal 3,4 % des Eintrags in die Kläranlagen.
- Ein Teil der Dioxine und Furane wird auch an unkontaminierte Textilien abgegeben: eine Art »Gift-Recycling«.
- Während des Tragens gelangen Dioxine und Furane von den Textilien auf die Haut, durch Duschen und Baden ins Abwasser.
- Wenn der Klärschlamm in der Landwirtschaft eingesetzt wird, kommt es zu einer Anreicherung in den Böden. Letztlich kehren dann Dioxine und Furane über die Nahrungskette wieder zum Menschen zurück.
- In den Destillationsrückständen der chemischen Putzereien ist ein Anteil von über 99 % der PCDD/F auf die Textilien zurückzuführen. Auch hier können nicht kontaminierte Textilien die Gifte aufnehmen.

Michael Horstmann hat auch das Eindringen von Dioxinen und Furanen in die menschliche Haut untersucht. Er schreibt: »Jede Textilie liegt wie ein großes Pflaster auf der Haut. Durch Schweiß, Körperwärme, Hautfett und mechanische Beanspruchung können Textilinhaltsstoffe mobilisiert werden und in den menschlichen Organismus gelangen.« (Horstmann, 1994: 118) Die Hornschicht bildet zwar eine gewisse Barriere, um Stoffe am Eindringen in die Haut zu hindern. Wenn sie aber fettliebend sind wie Dioxine und Furane, dann dringen sie doch durch, denn die Haut bietet durch Talg und eingelagertes Fettgewebe quasi ideale Passagemöglichkeiten. So konnte Horstmann (1994:128) noch im Fettgewebe unter der Haut Dioxine feststellen.

»Wir waschen die höchste Dioxinmenge aus den Kleidern heraus«, bestätigt auch Max Daunderer. »Ich weiß das von all meinen Chemischreinigern, noch vor der Bayreuth-Studie. Das kommt hauptsächlich aus den PCP-haltigen Textilien. Nicht die Art des Lösemittels – Perchlorethylen oder Wasser – entscheidet, wieviel Dioxine in die Kläranlage gehen, sondern die Art der Textilien.« Neben PCP könnten auch Gifte aus dem Baumwollanbau die Ursache sein – vor allem Entlaubungsmittel, die vor dem maschinellen Pflücken eingesetzt werden – oder chlorhaltige Bleichmittel, Farb- und Färbereihilfsstoffe oder Konservierungsmittel für Lagerung und Transport. Alle Dioxine und Furane werden als (unterschiedlich) giftig, krebsauslösend, keim- oder erbgutschädigend eingeschätzt (Daunderer, 1995:74). Als Folge chronischer Vergiftung durch Dioxine und Furane nennt der Toxikologe außer Depressionen und Selbstmordgefahr Leberschäden, Störungen der Schilddrüsenfunktion, des Fett- und Hirnstoffwechsels, Herz-Kreislauferkrankungen und Immunschäden. »Langzeitfolgen sind Krebserkrankungen der Weichteile, Lymphome, Sarkome und Arteriosklerose.« (Daunderer, 1995:75f.) Die Textilindustrie betreibt angesichts dieses seit mindestens zwei Jahren bekannten Dioxin-Horrorszenarios Vogel-Strauß-Politik. Dabei wäre allerdringendster Handlungsbedarf angesagt. Ein Berater der Augsburger Kammgarnindustrie, so Daunderer, habe ihm einmal die Augen geöffnet über die wahren Zusammenhänge:

»Der hat mir einmal beim Autofahren gesagt: Es ist eben immer die Frage, was man einsetzen kann, in der Textilindustrie. Wir haben die Chemikalien und müssen sie verkaufen. Das ist das eigentliche Verbrechen. Da ist mir erst der Zusammenhang klar geworden. Wir haben jetzt die ganzen Dioxine in die Textilien gekippt, um die Dioxine loszuwerden ... Zu denken, wir müssen jetzt der Textilindustrie helfen, von dem Zeug runterzukommen, das ist der falsche Ansatz. Wir müssen zurückkehren und fragen: Warum habt ihr überhaupt angefangen mit dem ganzen Theater? Ich weiß, daß wir alle wahnsinnig durch Dioxine beeinträchtigt sind. Das sieht man an den geringen Werten der Glutathionschwefeltransferase, eines globalen Giftabbauenzyms. Alles was unter 50 ist, ist ausgesprochen beschissen. Die Höhe ist sicher abhängig von der Menge des eingelagerten Dioxins, hauptsächlich in den Mandeln und anderen Speicherorganen. Ich glaub', daß wir erst ganz am Anfang von der Dioxinforschung beim Menschen stehen und ganz gedankenlos immer neue Quellen schaffen, jetzt, wo wir wissen, daß das wirklich gefährlich ist, daß das alle Leute krank macht, daß das Allergien macht, daß das irre Nervenschäden macht. Alle Dioxinvergifteten – und es sind schon viele gestorben – haben Selbstmord gemacht. Das ist ein Selbstmordgift schlechthin, macht wahnsinnig depressiv. Und das macht unser Leben weg vom Fröhlichsein hin zum Verzwergten.«

6.3 Der Fall Christel Brem

»Zuerst gingen die Geranien ein, dann fielen die Fliegen von der Wand. Boutiquebesitzerin Christel Brem hatte Blasen auf der Haut, Sehstörungen und Langzeitnervenschäden. Heute ist sie arbeitsunfähig. Beim Umgang mit Baumwolldirndln, Lederhosen und Lodenjankern hatte sich der Organismus der Münchner Trachtenhändlerin mit Schadstoffen wie ein Schwamm vollgesogen. Allein in der Belastung mit dem Insektenkiller Lindan hält die 47jährige den Weltrekord.« So schildert die österreichische Journalistin Ingrid Greisenegger (1992:66) ihre Eindrücke vom vielleicht spektakulärsten Textilvergiftungsfall in unseren Breiten. Die im Vergleich zu ihrer ursprünglichen Größe um ein Vielfaches geschrumpften Blätter ihrer Zimmerpflanzen hat Christl Brem in Fotokopie noch heute aufbewahrt. »Die Insekten im Laden haben mitgelitten. Bienen, Fliegen, alles im Laden war am nächsten Morgen tot. Vor der Ladentür erholten sich die Pflanzen, so wie ich, wenn ich nicht im Geschäft war«, bestätigt sie heute. Zünd-Stoff Textil.

Die Münchner Boutique-Besitzerin wäre durch Pentachlorphenol- und Lindan-Rückstände in der von ihr verkauften und vorgeführten Trachtenmode beinahe zu Tode gekommen. Toxikologen hatten im Blut von Christel Brem enorme Mengen der Pestizide gefunden, außerdem Formaldehyd und Schwermetalle. Sie habe sich mehr tot als lebendig gefühlt, berichtet die Betroffene. Man habe ihr dann die Psychiatrierung nahegelegt – ein übliches Verfahren, um Geschädigte mundtot zu machen, praktiziert bei Quecksilber-Amalgam-Opfern ebenso wie bei Holzschutzmittel-Geschädigten. Christel Brem: »Das war wirklich eine schlimme Zeit. Ich hab Angst gehabt, in einer Nervenheilanstalt zu enden.« Auch ein anderer Trick ist recht beliebt: Man empfiehlt den kämpferischen Betroffenen, keine Panikmacherei zu betreiben. Um den Fall Christel Brem in seiner ganzen Tragweite für die Textilbranche verstehen zu können, muß man ganz zurück zu den Anfängen gehen. Wir haben dazu ein ausführliches Interview mit Christel Brem geführt und mit Dokumenten und Materialien ergänzt. Sie hat uns, inzwischen Expertin für Textilchemie, viele wertvolle Hinweise für unsere gesamte Arbeit gegeben.

Der Leidensweg von Christel Brem begann im September 1979 (!), als sie in München-Neubiberg ein Trachtengeschäft eröffnete. Besonders tragisch ist, daß sie nur auf Natur bauen wollte: Wolle, Leinen, Seide ... Schon bald waren prominente Leute der Schickeria ihre Kunden, z.B. auch die Strauß-Familie. Die zierliche Frau führte die Trachten selbst vor und war, wie sie sagt, ihre beste Werbung. Doch mit ihrer Gesundheit ging es rapid bergab:

»Schon zwei Monate nach der Geschäftseröffnung fing es mit Schmerzen im rechten Arm an, dann im linken. Irgendwann waren beide Arme ganz kraftlos. Ich wurde noch im selben Jahr auf Nervenentzündung behandelt. Dann kamen auch die tauben Zehen dazu. Dann im nächsten Jahr massive Infekte. Kaum ein Monat, in dem ich nicht Nebenhöhlenerkrankungen und Halsentzündungen hatte, Harnwegsinfekte, Schwindelanfälle, wahnwitzige Kopfschmerzen, so daß ich mich grad noch bis zu Geschäftsschluß retten konnte. Zu Hause bin ich dann flachgelegen und war richtig im Trancezustand vor lauter Schmerzen. Teilweise mußten wir im Geschäft einen Arzt holen und ich konnte nicht mehr gehen und stehen ... Ich hatte Gedächtnislücken. Nach einem Jahr hatte ich schlimme Sehsörungen. Ich hab' plötzlich nur noch den Rand klar gesehen und in der Mitte war alles nur noch ein grauer Fleck oder umgekehrt in der Mitte einen Punkt, wo ich was erkennen konnte und außen war alles grau. Das kam und ging wieder. Nach ein paar Jahren kamen die Farbsinnstörungen dazu. Ich hab überall Flecken gesehen, wo sie nicht waren. Ich wußte nicht, ist das ein Schmutzfleck oder nicht. Oder an allen Rändern so vibrierende Ränder, rote und grüne Ränder. Dann kamen Herz-Rhythmus-Störungen dazu. Die Farbflecken seh ich heute nur noch ganz selten. Die Doppelbilder, das hat so nach sechs bis sieben Jahren angefangen, die krieg ich auch nimmer weg. Das ist ein irreversibler Schaden.«

Die Schilderung der Symptome liest sich wie ein Handbuch der Folgen von Dioxinvergiftungen (vgl. Daunderer, 1995:76). Dioxin-Tests waren damals nicht gemacht worden. Die waren zu teuer, sagt Christel Brem. Die billigste Untersuchung kostete 3 000 Mark. Von den Dioxinen habe sie erst 1990 überhaupt erfahren. Da hatte sie ihr Geschäft schon ein Jahr lang nicht mehr. Aber Trägersubstanzen der Dioxine, die wurden gemessen: PCP und Lindan. Allerdings erst 1983, also vier Jahre nach der Geschäfteröffnung. Auf den Verdacht, daß es sich um eine Chemikalienvergiftung handeln könnte, war Christel Brem durch die Holzschutzmittelgeschädigten gekommen. Elvira Spill, selbst unter den Betroffenen, hatte im *Stern* große Berichte veröffentlicht. Sie starb 1995 an Krebs. Ein akuter Anämie-Schub brachte Christel Brem schließlich vollends aus dem Gleichgewicht. (Aus der Literatur ist zu entnehmen, daß die bei Christel Brem vorliegende hypochrome, also durch Hämoglobinmangel definierte Anämie auch durch Lindan verursacht wird.)
    Das Bremer Umweltinstitut untersuchte den Harn auf PCP und Lindan. Gemessen wurden »zirka 1600 Mikrogramm PCP und 130 Mikrogramm Lindan pro Liter«. Warum Zirka-Werte angegeben wurden, wird in der haarsträubenden Bewertung der Analyse vom 24. März 1983 erklärt: »Im Befund werden nur ungefähre Werte angegeben, da die Gehalte so hoch sind, daß sie nach Verdünnung ermittelt werden mußten. Daher können keine exakten Werte angegeben werden, da hier der Fehler größer wird. Die gefundenen Werte sind extrem hoch und übersteigen bei weitem bisher in unserem Institut gemessene Gehalte.« Zusatz der Analytikerin Barbara Zeschmar: »Ich hoffe, daß ich Sie nicht zu sehr erschreckt habe mit diesem Befund ... Sie müssen selbst gezielt nach der Quelle suchen. Mit freundlichen Grüßen.« Es könne sich auch um eine einmalige hohe Belastung durch Verstreichen eines Holzschutzmittels handeln.

Woher kam die Lindan-Belastung? Christel Brem hatte 1983 Staubproben aus ihrem Trachtenmodenladen zur Untersuchung an das Institut für Ökologische Chemie in Neuherberg eingeschickt. Antwort: »Pentachlorphenol (PCP) 5,4 μg/g, Lindan 1,9 μg/g Staub.« Die PCP-Werte erreichten demnach schon die Größenordnung von Wohnungen mit »großflächiger Holzschutzmittelanwendung«. Und auch ein Rat war wieder parat: »Ein unmittelbarer Hautkontakt mit Kleinkindern sollte nicht erfolgen.« Mit freundlichen Grüßen, gezeichnet Dr. I. Gebefügi.

Nicht viel besser ging es Christel Brem beim ehemaligen Gesundheitsamt in Berlin, genauer dem Institut für Wasser-, Boden- und Lufthygiene. Sie teilte dem BGA die hohen PCP- und Lindan-Werte mit, die das Bremer Umweltinstitut bei ihr gemessen hatte, und die ebenfalls hohen PCP- und Lindan-Wert im Staub ihres Geschäfts. Christel Brem: »Die haben zurückgeschrieben, es sind ihnen keine Untersuchungen der Textilien auf PCP und Lindan bekannt.« Das war's. Aus der internationalen Literatur könne man aber darauf schließen, daß Kontaminationen möglich wären. Die Staubwerte seien höher als in unbelasteten Räumen. Aber ob die gesundheitsschädlich sind, das sei noch nicht geklärt, da würden sie noch forschen.

Nachdem sich herausgestellt hatte, daß PCP und Lindan nur aus den Textilien stammen konnten, wandte sich Christel Brem natürlich auch sofort an ihre Lieferanten, vor allem an den Chef einer österreichischen Firma, von dem sie Strickwaren bezogen hatte, aus denen beim Auspacken ein weißes Pulver rieselte. Der legte sofort den Betriebszweig still und benahm sich auch sonst laut Brem so fair, daß sie uns den Namen nicht verraten wollte. Christel Brem:

»Die Österreicher erklärten, sie hätten die Ausrüstung von einer chemischen Fabrik in Augsburg bekommen. Ich vermute, es war die Chemische Farbrik Pfersee in Augsburg. Was aus den Textilien rausgerieselt ist, das hat ausgeschaut wie Porzellan, so ganz schön weiß geschliffen. Wir haben es unter dem Mikroskop angeschaut. Ganz glatte Oberfläche. Im Forschungszentrum Neuherberg verschwand dann das Pulver. Vier Jahre später habe ich mich von Insidern aufklären lassen müssen, daß der Chef des Forschungszentrums einen jahrelangen Beratervertrag mit der Chemischen Fabrik Pfersee in Augsburg unterhielt und daß auch zeitweise Personal von Pfersee kostenlos im Institut gearbeitet hat. Eine Journalistin und ich haben dann den Dr. Gebefügi ins Kreuzfeuer genommen. Da hat er sich in Widersprüche verwickelt. Ist doch klar: Wenn die Firma Pfersee da ihre Finger im Spiel hat, dann darf ja nix raus.«

Christel Brem tappte weiter im dunkeln. Selbst ein Max Daunderer, der sie etwas später behandelte, tippte zu dieser Zeit nicht auf Textilien:

»Frau Brem kam damals zu mir wegen der Anämie. Sie hat mir gesagt: ›Ich glaub', daß in den Textilien Gift ist, z.B. Lindan.‹ Da hab ich mir gedacht: Gift in Textilien, das ist doch ausgeschlossen. Das gibt's doch nicht, und dann noch in Trachten! Dann hat sie mir erzählt: Immer wenn eine Lieferung kommt, dann stinkt das penetrant wie nach Mottenkugeln. Die Kleider kommen zusammengelegt und die muß sie ausschütteln und dann ist der Boden von einem weißen Pulver übersät. Dann muß sie es bügeln, und nach dem Bügeln ist sie immer todkrank. Und das ist das Geheimnis, um das alles zu verstehen. Das weiße Pulver war 100 %iges Lindan. Vor zehn Jahren konnte man Lindan in Deutschland noch nicht messen. Ich hab gesagt: ›Liebe Frau Brem, das ist nicht das Lindan.‹ Es ist auch nicht das Lindan gewesen. Es waren die Dioxine, die beim Bügeln vom Lindan eingeschnauft werden. Das wissen wir sicher erst seit drei Jahren und veröffentlicht ist es seit einem halben Jahr in der *Ärztlichen Praxis*, daß 80 % der deutschen Textilien dioxinhaltig sind.«

Erst Mitte 1986 wurde Christel Brem neuerlich untersucht. Diesmal vom Institut für Arbeitsmedizin der Universität München. Im Jänner 1987 erhielt ihr Hausarzt vom Institut einen umfangreichen Befund. In der zusammenfassenden Beurteilung heißt es unter anderem: »Urin- und Serumproben auf PCP waren unauffällig ... Nach eingehender Arbeitsanamnese können wir nicht von einer erhöhten berufsbedingten Lindan- oder PCP-Exposition ausgehen.« Mit freundlichen kollegialen Grüßen unterzeichnet von Frau Dr. med. A. Pethran und dem Chef des Instituts, Professor Dr. med. G. Fruhmann. Christel Brem will die genauen Werte, will mehr über die Möglichkeiten einer Vergiftung durch Textilchemikalien wissen. Noch heute erinnert sie sich mit einem totalen Ohnmachtsgefühl an ihre Bemühungen, telefonisch etwas Konkretes herauszubekommen, nachdem der Befund vom 16. Jänner 1987 vorlag: »Da hieß es, PCP haben wir gar nicht untersucht, und Lindan ist schon was da, aber es ist gesundheitlich nicht relevant. PCP wäre zu teuer. Alles sei eindeutig. Dann habe ich doch auf den Werten bestanden. Da hieß es, die Akte läge in der Registratur. Dann haben sie mir zwar die richtigen Ziffern genannt, aber bei den Maßeinheiten herumgedruckst. Für mich war die Sache erledigt.«

Nach über einem Jahr läßt sich das Institut endlich zu einer schriftlichen Antwort herab. Am 4. Mai 1988 erhält Christel Brem einen Brief, in dem ihr lapidar die (falschen) Daten mitgeteilt werden: Lindan im Urin 116,53 Nanogramm pro Liter (1 Nanogramm ist 1 Milliardstel Gramm), Lindan im Serum 0,468 Nanogramm per Milliliter, also 468 μg/l. Zusatz: »Ob in Textilien weitere gefährliche Chemikalien enthalten sein können, ist global nicht zu beantworten.« Und dann wird's kriminell. Christel Brem: »Fast vier Jahre später habe ich einen Hinweis bekommen, den Werten nachzugehen. Das seien keine Nanogramm pro Liter gewesen, sondern Mikrogramm. Da bin ich denen auf den Leib gerückt, mit Zeugen. Die wollten mich nicht reinlassen. Dann mußten sie nach langem Kampf zugeben, sie hätten Mikrogramm gemessen. Und das waren 468 μg/l im Serum und 116 μg/l im Urin – alles Lindan.«

Erst am 2. Oktober 1990 (!) erhält Christel Brem eine offizielle Bestätigung des »Irrtums« vom Institut für Arbeitsmedizin in Müchen. Darin schreibt Oberarzt Professor R. Kessel: »Ich habe von unserem Chemiker, Herrn Römmelt, eine Kopie des Befundes aus dem Jahr 1986 erhalten, aus dem hervorgeht, daß der Ihnen am 4. 5. 1988 von Frau Dr. Pethran mitgeteilte Befund irrtümlicherweise in Nanogramm angegeben war. Es handelt sich hier offenbar um eine Verwechslung der Meßeinheiten.« Nur, zwischen den beiden Meßeinheiten liegen Welten: Ein Nanogramm ist tausendmal weniger als ein Mikrogramm. Arbeitsmediziner haben andauernd mit solchen Meßeinheiten zu tun und kennen auch den Unterschied und die Tragweite für die Gesundheit – und für die Anerkennung einer Berufsunfähigkeitspension. Außerdem hatte das Arbeitsamt München im Februar 1989 in einem Gutachten festgestellt, daß bei Christel Brem eine »chronische Vergiftung durch Textilveredelungsstoffe und eine Allergie gegen Kobalt (immer zusammen mit Nickel vorkommend) sowie Mercaptobenzothiazol (Gummiinhaltsstoff)« vorliege. Die Gefährlichkeit von PCP und Lindan war auch damals kein Geheimnis. Brems Anwalt hatte einen Artikel aus der Zeitschrift *Science* aus dem Jahr 1948 ausgegraben, in dem anhand von Tierexperimenten vor dem Einsatz von Lindan in menschlicher Kleidung gewarnt wurde (Horton u. a., 1948: 246). Man hatte die bedauernswerten Versuchskaninchen in mit Lindan präparierte »Mäntelchen« gepackt. Die Tiere starben daran reihenweise. Womit der Mensch die Tiere malträtiert, damit drangsaliert er dann auch seinesgleichen.

Ahnungslosigkeit und Borniertheit sind aber rationalen Argumenten in der Regel unzugänglich. In der ZDF-Fernsehdokumentation *Zündstoff: Das verleugnete Gift*, gesendet am 11. März 1992, fragte die Reporterin Sylvia Matthies Professor Fruhmann (Institut und Poliklinik für Arbeitsmedizin, München), warum er die Anerkennung einer Berufskrankheit von Christel Brem verhindert habe. Sie zeige doch alle Symptome einer Lindanvergiftung. Es seien allerhöchste Werte gemessen worden. Fruhmann antwortete: »Das sagen Sie ... Auch Sie und ich haben Kopfweh ... Nach unserer damaligen Kenntnis ist es für die organische Befindlichkeit der Patientin nicht von Bedeutung gewesen, ob das Mikrogramm oder Nanogramm waren ... Ich gehe doch nicht von irgendwelchen Laborwerten aus, sondern von der Gesundheitsstörung des Patienten.« Der ZDF-Report enthielt auch noch jede Menge weiteren Zünd-Stoff: So bestritt der Gesamtverband der Textilindustrie zwar energisch, daß Abfälle aus der chemischen Industrie für die Stoffproduktion verwendet werden, aber: »Das schließt jedoch nicht aus, daß Koppelprodukte chemischer Prozesse, die Abfall sein würden, wenn sie nicht verwendet würden, eingesetzt werden.« Dafür zahlen wir letzten Endes alle die Zeche. Christel Brem ist nur die Spitze des Eisbergs, das sichtbare Opfer der Entsorgung von »Koppel-produkte« in unseren Kleidern: »Wenn ich nichts esse, steigen bei mir nach etwa 4 Stunden die Chlorphenole im Blut stark an. Wir haben das gemessen. Die T-Säure stieg am stärksten an. [Anm. der Autoren: T-Säure ist 2,4,5-T (Trichlorphenoxyessigsäure), besser bekannt als Bestandteil von *Agent Orange*, einer Mischung von 2,4-D und 2,4,5-T]. Bei Bernhard Rosenkranz steht, daß die T-Säure in Textilien als Veredelungsprodukt eingesetzt wurde. Nach dem Vietnamkrieg haben sie sie auf den bundesdeutschen Feldern über die Raiffeisengenossenschaften und in Textilien eingesetzt. So haben sie das Gift entsorgt.«

Auch Max Daunderer war weiter in das Geschehen involviert. Er erinnert sich mit bayrisch-beißendem Zynismus an den Eiertanz seiner »Kollegen«:

»Dann sagte Frau Brem: Der Daunderer sagt, ich muß mein Geschäft aufgeben. Darauf haben die Arbeitsmediziner in München, die über chronische Vergiftungen entscheiden, gesagt: Nein, nein, das ist alles keine Vergiftung, denn das, was bei ihr gemessen wurde, sind Nanogramm. Da ist überhaupt nix los. Und der Istvan Gebefügi vom Forschungszentrum Neuherberg hat das weiße Pulver untersucht und es ist eben im Labor verlorengegangen. Eine Doktorandin hat Frau Brem angerufen und gesagt: ›Sie, das war reines Lindan, aber ich darf Ihnen das nicht sagen.‹ Das Forschungszentrum ist die staatliche Gesellschaft, die den Deutschen lernen soll, Chemikalienverständnis zu entwickeln. Früher haben sie das für die Radioaktivität gemacht. Das ist jetzt nicht mehr opportun.«

1989 kam dann das endgültige Aus. Christel Brem:

»Dann haben wir innerhalb von sechs Wochen das Geschäft gesperrt. Räumungsverkauf und aus. Dr. Daunderer hat mir gesagt, Sie leben nimmer lang, wenn Sie so weitermachen. Ich geb Ihnen noch ein bis eineinhalb Jahre, dann sind Sie unter der Erde. Ich hab das nicht mehr mitgekriegt. Ich war so weit weg. Ich brauchte alle Kraft, um mich auf den Beinen zu halten. Wir haben das Geschäft aus moralischen Gründen nicht verkauft. Die Nachfolger hätten mich auch haftbar machen können. Die Ladeneinrichtung haben wir auf den Sondermüll gebracht. Die Liegenschaft steht leer. Jetzt beziehe ich eine Rente des gesetzlichen Rentenversicherungsträgers, bei dem ich mich freiwillig weiterversichert habe, nicht die Rente der Berufsgenossenschaft, um die ich seit 1983 kämpfe.«

Dabei hatten eine Reihe von Fachärzten die Chemikalienvergiftung von Christel Brem in ihren Befunden eindeutig diagnostiziert. Max Daunderer bestätigte mit einem Befund vom 4. April 1990, daß bei Christel Brem eine »irreversible Schädigung des zentralen und peripheren Nervensystems und eine deutliche Schädigung des Immunsystems, hervorgerufen durch toxische Substanzen« vorliegt. Sie sei auf Dauer erwerbsunfähig. Bis heute aber muß die Mindestrentnerin Christel Brem mit übermächtigen Gegnern um ihr Recht kämpfen, das ihr wie so vielen Betroffenen (siehe Holzschutz-mittel) vorenthalten wird. Hat man versucht, sie als psychiatrischen Fall abzuschreiben? Christel Brem:

»Ja, das hat man. Das können Sie ruhig schreiben. Das hat System, die Psychiatrisierung umweltkranker Leute. Ich war fünf Tage stationär in Behandlung. Das geschah im Zuge meiner ganzen Prozesse. Ich hab' ja gegen die Verantwortlichen im Institut für Arbeits-medizin Strafanzeige erhoben, wegen Körperverletzung. Meinem Arzt hat man gar keine, mir falsche Werte mitgeteilt, aber der Berufsgenossenschaft und dem staatlichen Gewerbearzt die richtigen. Das ist nachweisbar. Die haben mir das vorsätzlich verheim-licht. Und der staatliche Gewerbearzt hat behauptet, dieses schwere Krankheitsbild kann ganz unmöglich aufgrund dieser niedrigen Werte zustande gekommen sein. Und damit ist meine Berufskrankheit abgelehnt worden.«

Um sich ein rechtes Bild von den Gründen für die restriktive Anerken-nungspraxis machen zu können, muß man wissen, daß die Budgets der Berufsgenossenschaft aus Arbeitgeberbeiträgen finanziert werden! Chri-stel Brem hat die bittere Erfahrung machen müssen, daß sachliche Argu-mente gegen die Mauer politischer Interessen nicht weiterhelfen. Ihr war das alles umso unverständlicher, als sie bei ihren Nachforschungen in der wissenschaftlichen Literatur kaum höhere Lindan- und PCP-Werte als die bei ihr gemessenen fand: »Bei den Recherchen für meinen Zivilprozeß bin ich draufgekommen, daß es in der Literatur noch einen höheren Wert gibt. Der stammt aus den 60er Jahren. Da sind die Messungen noch ziemlich unzuverlässig gewesen.«

Der Prozeß, den Christel Brem anstrengte, ist noch immer in Schwebe. Die ganzen Verfahren laufen. Es ist Strafbefehl ergangen gegen zwei Ärzte – den für Arbeitsmedizin und den staatlichen Gewerbearzt. Diese haben Einspruch eingelegt, und es gibt jetzt eine Verhandlung vor dem Strafge-richt in München. Das Verfahren ist aber ausgesetzt. Ende nächsten Jahres tritt die absolute Verjährung ein, obwohl es gerichtsanhängig ist.

»Ich kann gar nichts machen. Es ist ausgesetzt in Anlehnung an den Zivilprozeß, denn ich hab den Freistaat Bayern auf Schadenersatz verklagt. Ich hab' Prozeßkostenhilfe beantragt. Ich bekomme ja nur 980 Mark Rente. Davon kann ja kein Mensch leben heutzutage. Die ist mir genehmigt worden. Und von seiten des Landgerichts ist ein Schaden von einer Viertelmillion festgestellt worden. Es muß jetzt der Beweis erbracht werden, daß die Erkrankung tatsächlich von der Lindanvergiftung herrührt. Und so lange ist das Verfahren ausgesetzt.«

Wenn Christel Brem den Prozeß verliert, muß sie erst einmal 10 – 12 000 Mark für den gegnerischen Anwalt zahlen und hat dann auch keine Pro-zeßkostenhilfe mehr für die nächste Instanz. Kann David heute noch gegen Goliath gewinnen? Heißt der Kampf nicht eigentlich Freistaat Bayern gegen Christel Brem? Ihre Anwort: »Ja. Und nicht nur Freistaat Bayern, es ist die chemische Industrie. Es ist nicht die Textilindustrie. Es ist die chemische Industrie. Es sollen 8 % der gesamten chemischen Produktion in die Textilien wandern. Wenn die nur einen Einbruch von 30 % haben … Ja die Chemische Industrie gibt doch nicht 2 % von ihrem Umsatz preis. Das ist es. Da seh' ich die Hauptgefahr, gegen die ich anzukämpfen habe.«

Der Fall Christel Brem steht stellvertretend für eine unübersehbare Zahl von ähnlichen Fällen. Der Unterschied ist der, daß die Betroffenen sich nicht immer so resolut auf die Beine stellen, nicht so bohrend recherchieren, so zäh ihre Interessen verfolgen wie Christel Brem. Seit 1979, seit mehr als 15 Jahren, läßt sie nicht locker, hat sie sogar Fachleuten und Fachärzten die Augen für die Problematik der Textilgifte geöffnet. Auch in ihrem unmittelbaren Umfeld gab es zahlreiche, bisher weniger bekannt gewordene Fälle. Christel Brem: »Wir haben fünf Schneiderinnen in Heimarbeit beschäftigt. Von denen mußten drei ihren Beruf aufgeben, mit auch ganz massiven Gesundheitsbeschwerden, bei denen die längere Zeit beschäftigt waren. Unsere Tochter hat im Laden ab und zu gearbeitet und fing auch an mit Anämie, Zittern, schlecht schlafen, Kopfschmerzen. Das ist auch ärztlich dokumentiert.«

Auch die Kunden von Christel Brem hatten naturgemäß Beschwerden. Sie erinnert sich noch genau an diverse Szenen:

»Beim Probieren von Blusen kamen manche Kundinnen und sagten: Die kann ich nicht anziehen. Die kratzt und beißt, ich krieg alle Zustände mit der Bluse. Da gab es Unterschiede, je nach Ausrüstung der Stoffballen. Als erstes haben wir uns ans Gewerbeaufsichtsamt gewendet. Die haben gesagt, um Gottes willen, die Textilien unterliegen dem Lebensmittel- und Bedarfsgegenständegesetz, wir wissen nichts, tut uns leid, wir können auch nicht untersuchen, da müssen Sie sich an andere wenden. Wir wüßten auch gar nicht, was wir untersuchen sollten.«

Christel Brem wird ihr ganzes Leben mit den Giften leben müssen. Als sie versuchte, mit einer Null-Diät Gift loszuwerden, kam es zu einem massiven Zusammenbruch am zweiten Tag. Als sie in der Früh aufstehen wollte, sackten ihr die Füße weg. Dann kamen Schweißausbrüche, Herz-Rhythmus-Störungen, wahnsinnige Atemnot. Die Niere hörte auf zu arbeiten. Auf Max Daunderers Rat brach sie die Diät sofort ab.

Christel Brems vehementer Kampf gegen die Gifttextilien konnte bislang kaum etwas ausrichten. Mehrere Petitionen an den Deutschen Bundestag 1990/91 halfen wenig. Frau Brem verlangte ein Verbot gefährlicher Textilchemikalien und eine Kennzeichnungspflicht der Ausrüstung. Die Petitionen wurden zwar ernst genommen und diskutiert, aber mit ihren Hauptforderungen kam Christel Brem nicht durch. Der einzige Erfolg war, daß Forschungsprogramme versprochen wurden. Konkretisiert wurde bisher nichts, denn es fehlt einfach die ökonomische Grundlage. Zwei Direktoren des ehemaligen Bundesgesundheitsamtes in Berlin (Max von Pettenkofer-Institut des BGA) gaben Christl Brem 1991 und 1992 aber die schriftliche Bestätigung, daß sie nie auch nur eine Mark Forschungsgelder für Textilprobleme bekommen haben.

Wir fragten Christel Brem zum Abschluß unseres Interviews: »Wie können Sie mit diesem ganzen Irrsinn leben? Wie kommt es, daß Sie nicht längst aufgegeben haben?« Ihre Antwort war denkwürdig:

»Ich bin von Natur aus optimistisch eingestellt, nicht verbittert. Das hat mir sehr viel geholfen. Manches erinnert an mafiaähnliche Strukturen. Weltweit gibt es kein Land, in dem es besser wäre als in Deutschland. In vielen ist es noch schlimmer. Und durch diese Erkenntnis kam auch der Wille zu kämpfen und wenigstens den Versuch zu unternehmen, etwas zu verändern. Auch aus der Verantwortung meinen Kindern und Enkelkindern gegenüber. Das Kämpfen und Arbeiten hat mir Auftrieb gegeben. Das erhält mich.«

IV. Kapitel

Kennzeichnungs-Wirrwarr

»Natürlich, umweltfreundlich, biologisch, naturrein, naturnah, naturidentisch, recyclingfähig, chlorfrei, schadstoffarm, *Textiles Vertrauen Schadstoffgeprüft* ...« die Liste ökologisch anmutender Produktauslobungen ließe sich mühelos fortsetzen. Wieviel daran ist Wahrheit und wieviel Worthülse? Ist die Öko-Welle bereits zur Springflut angewachsen? Das ironische Motto könnte lauten: »Lüg dich grün – Umweltschutz light macht sich bezahlt.« Häufig – aber nicht in jedem Fall – ist die vollmundige Ökowerbung bereits ein Hinweis für die Umweltschädlichkeit von Produkten: z.B. bei manchen Weißwaschern, Grünhaschern und Faserschmeichlern, die schon alle zu »mindestens 80 % biologisch abbaubar« sind. Selbst Insider finden sich im Dschungel von »ÖKO« und »BIO« kaum noch zurecht. Öko-Trickser und Bio-Schwindler können unbehelligt ihr Unwesen treiben. Einerseits führt das zu einer wachsenden Verunsicherung und gefährdet in Teilbereichen auch die Erfolge der Umweltbewegung. Andererseits wird sich der kritische Verbraucher eben nicht mehr mit ein paar Begriffen abspeisen lassen. Das hohe Interesse aufgeklärter Konsumenten an echten Öko-Produkten nimmt weiterhin zu, die Wertvorstellungen wandeln sich, und selbst manche Unternehmer sind schon davon überzeugt, daß ihr wirtschaftlicher Erfolg, der schonende Umgang mit den Ressourcen und die Erfüllung der sozialen Verpflichtungen gleichrangige Verantwortungsebenen bilden.

Die Umsetzung dieser Vision in die Praxis erfordert allerdings häufig einen Bruch mit dem bisherigen Unternehmensleitbild. Stichworte dazu sind Transparenz, Glaubwürdigkeit, Nachvollziehbarkeit ... Bis es soweit ist, wird »Öko« verlabelt, und das hat bei Textilien tatsächlich schon eine gewisse Tradition. Werbesprüche wie »formaldehydfrei«, »hautsympathisch«, »Endausrüstung mit kristallklarem Wasser«, oder Hinweise wie »Naturfaser«, »Naturprodukt«, »Naturfashion« oder auch »Reine Baumwolle« sind erfahrungsgemäß ebenso nichtssagend wie irreführend. Die tatsächlich verwendeteten Chemikalien werden damit wohlweislich verschwiegen.

Ein Grund für die mangelhafte Textilkennzeichnung ist die Gesetzeslage. In Deutschlands Paragraphendschungel sind Textilien dem »Lebensmittel- und Bedarfsgegenständegesetz« unterworfen. Die diesbezüglichen Bestimmungen sind – im Gegensatz zu Kinderspielzeug, Geschirr und Zahnbürsten – zahnlos. Die österreichische »Lösung« klammert sich verzweifelt an das Chemikalienrecht, ein kuschelweicher Papiertiger. Kuschelweich deshalb, weil die Altstoffe – und dazu zählt das Gros der Textil-»Veredelungsmittel« – für alle Zeiten den Generalablaß erhielten. Ein Bruchteil der komplexen Materie wird über das Textilkennzeichnungsgesetz geregelt. Demnach müssen die Kleidungsstücke ein Label enthalten, auf dem die Zusammensetzung des Stoffs angegeben ist. Gleichwohl schützt das Gesetz den Verbraucher nicht vor Täuschung oder halbherziger Information. Eine Deklaration für Formaldehyd in Textilien wird erst ab sagenhaften 1 500 ppm (!) gefordert. Alle anderen Ausrüstungsstoffe fallen ganz einfach unter den Tisch. Auch wer die spaltbaren Azo-Farben vermeiden will, tut sich schwer, denn für Textilien gibt es keine Kennzeichnungspflicht.

Als Grundregel Nummer Eins für den Textilkauf wird daher von den Verbraucherzentralen empfohlen, vor dem ersten Tragen die überschüssige Farbe auszuwaschen. Soll das der Weisheit letzter Schluß sein? Außer bei echten Naturtextilien, die vom AKN (Arbeitskreis Naturtextil) kontrolliert werden, kann der Kunde nur bei zwei Öko-Labels sicher sein, kein Azo-Gift auf der Haut zu tragen: Das sind die Auszeichnung Toxproof vom TÜV Rheinland und der (aus anderen Gründen dürftige) Öko-Tex Standard 100 (s. Kap. 4.2), ein Label der Bekleidungsindustrie. Die Labels bei einem Einkaufsbummel auf einem Etikett zu finden, grenzt trotzdem an ein Wunder. Karl Sander vom TÜV Rheinland: »Ihr Anteil an der Gesamtmenge der Ware liegt weit unter einem Prozent.« (Traufetter, 1995)

Die Unsicherheiten beginnen schon bei der Kennzeichnung der wichtigsten Rohstoffe. 1964 führte das Internationale Wollsekretariat, IWS, das »Wollsiegel« ein.

Dieses in vielen Ländern gesetzlich geschützte Zeichen garantiert aber nur, daß die Kleidung verschiedene IWS-Qualitätsnormen erfüllt. Dennoch

muß, wenn »Wolle« draufsteht, das Gewirk nicht unbedingt direkt vom Schaf kommen. Das trifft nur für »Schurwolle« oder »reine Schurwolle« zu, wobei auch hier maximal vier Prozent Fremdfasern und geringe Mengen Haare von Schlachttieren zugelassen sind. »Reine Wolle« hingegen kann durchaus auch Reißwolle, d.h. aus Abfällen und Lumpen aufbereitete Wolle sein.

Das Baumwollzeichen – eine stilisierte Baumwoll-kapsel – ist ein international geschütztes Zeichen für Artikel aus reiner Baumwolle. Es sagt nichts über die Qualität und den Pestizidgehalt aus. Gelabelt werden damit Haft-, Anhäng- und Einnähetiketten. Es klebt auf der Verpackung, man findet es in Annoncen, Prospekten, Musterbüchern, Katalogen und anderen Werbemitteln.

Ganz arg aber wird es mit der Aussage »100 % reine Baumwolle«. Das kann bedeuten, daß das gute Stück tatsächlich nur aus Baumwolle gewebt wurde. Es ist aber auch möglich, daß der Baumwollanteil nur 70 % beträgt und der Rest aus anderen Fasern, z.B aus Synthetics herrührt. Ganz konkret und unter Einbeziehung der Ausrüstung wäre folgendes Etiketten-Beispiel. »100 % Baumwolle« können enthalten:

- 73 % Baumwolle (konventionell angebaut, pestizidbelastet)
- 2 % Polyacryl
- 8 % Farbstoffe
- 14 % Harnstoff-Formaldehydharz
- 3 % Weichmacher
- 0,3 % optische Aufheller

Frei nach Gottfried Keller sagt man: »Kleider machen Leute.« Das geflügelte Wort aus der Novelle des Schweizer Dichters gilt auch noch heute. Und andere Leute machen Kleider. Weil Kleidermacher schon vor Jahren erkannt haben, daß die Konsumenten immer umweltbewußter werden, haben sie sich etwas einfallen lassen: jede Menge Öko-Siegel, Umwelt-Zeichen, Natur-Labels, die den Weg zum ökologischen Wohlstand weisen wollen. Der Verbraucher ist bei der Bewertung meist sich selbst überlassen. Bedauerlicherweise auch bei Naturmode, weil es hier Gütezeichen auf gesetzlicher Grundlage (noch) nicht gibt. Mehr noch, den meisten Kunden ist es bis dato nicht klar, was Humanverträglichkeit und ökologisches Design bei Textilien bedeuten soll (s. Kap. 6.1).

Der Blaue Engel aus den 70er Jahren, das Umweltzeichen der Vereinten Nationen, das heute bereits Tausende von Gebrauchsartikeln ziert, sollte uns Konsumenten glauben machen, daß wir mit dem Erwerb eines derart markierten Gegenstands einen aktiven Beitrag zu unserer Gesundheit oder zum Schutz der Umwelt geleistet hätten. In Wirklichkeit war das schon immer etwas differenzierter zu sehen. Bisher konnte nicht widerlegt werden, daß das Umweltzeichen in der Regel der Imageverbesserung und Umsatzsteigerung der damit bedienten Industrie zugute kommt und zu Mißverständnissen führt, weil es dem Verbraucher eine absolute Umweltfreundlichkeit suggeriert, die die Produkte in Wirklichkeit gar nicht aufweisen. Es gibt heute einen Wildwuchs ähnlicher Zeichen und Werbeaussagen auf dem Markt. Man denke an den durchtriebenen Recycling- und Verwertungsschwindel mit dem Grünen Punkt. Der nouveau cri im Modezirkus sind Pullis aus alten Plastikflaschen, z.B. solchen aus Polyethylenterephtalat (PET). Das PET-Garn habe ähnliche Eigenschaften wie Polyester und sei »selbstverständlich pflegeleicht«, werben die Hersteller (König, 1995: 83). Bunte Pullover und Socken als echte Recycling-Produkte? Schon eineinhalb Plast-Flaschen würden ausreichen, um ein paar Plast-Socken zu stricken. Na, denn prost. Beim Blauen Engel wurde zu Recht moniert, daß die Begriffskombination »Umweltzeichen weil schadstoffarm« zum sorglosen Umgang mit den Produkten verleitet, daß die Hersteller nicht zur Deklarierung der Inhaltsstoffe verpflichtet sind, daß die Vergabe für die Öffentlichkeit zu wenig transparent gemacht wurde, und daß letztlich mit dem Engel auch eine ganze Palette unnötiger und problematischer Produkte forciert wurden. Ein Paradebeispiel aus der Öko-Steinzeit war der blaue Schutzengel auf den PVC-Fußbodenbelägen samt der dazugelieferten Begründung: »Weil sie asbestfrei sind.« Heute ist alles ganz anders. Produkte mit umweltschonenden Eigenschaften liegen voll im Trend – das ist gut so. Doch leider ist das Label »Bio« auch bei der zweiten Haut oft nicht mehr als ein Werbetrick.

Es lebe das Label! So könnte der Wahlspruch der Textilbranche lauten, wenn es um deren ökologischen Leumund geht. Ein wahrer Öko-Schilderwald wächst derzeit aus der Modelandschaft heraus und läßt dennoch viele Ökoprobleme links liegen. Es gibt so viele Umweltzeichen, daß es für Verbraucher und Einzelhändler kaum mehr möglich ist, den Überblick zu behalten. Einmal sind es Unternehmen, die Umweltsignets kreieren: Die heißen dann ecollection, Eco Cotton, Green Cotton … Ein anderes Mal sind es Verbände, Institute oder Firmen einer Branche, die sich zusammengeschlossen haben, um den Umweltschutz per Label zu propagieren – z.B. Öko-Tex Standard 100, M.S.T. (Markenzeichen schadstoffgeprüfter Textilien; s. Kap. 4.2), GuT (Gemeinschaft umweltfreundlicher Teppichböden). Aber auch große Einzelhändler und Versender setzen Öko-Symbole ein. Das Label dient vorwiegend als Öko-Marketinginstrument. Doch Klarheit gibt es nicht, weder in der Sprache noch bei der Symbolik. Im Gegensatz zu Lebensmitteln (Österreichisches Lebensmittelbuch – Codex-Kommission »Bio« oder EU-Lebensmittelkennzeichnungsverordnung) sind die Begriffe »Natur« und »Bio« bei Textilien bisher legislatorisch nicht festgeklopft worden. So geistern unterschiedliche Vorstellungen von Natur ebenso herum wie unterschiedliche Bewertungskriterien. Die Schadstoffgrenzwerte sind – wenn überhaupt vorhanden - nirgendwo verbindlich festgelegt.

1. Grenzwerte kappen – Angst bekämpfen?

Trotz aller durch die chemische Industrie hervorgerufenen Umweltskandale der letzten Zeit sind in dieser Branche immer wieder Beschwichtiger und Bagatell-Akrobaten zugange: Grenzwerte für Schadstoffe seien weniger aus Gründen des Umweltschutzes als aus politischem Opportunismus erlassen worden, verlautet es neuerdings aus der Molekülbastelecke. Die Überschreitung der unter dem Druck der Öffentlichkeit entstandenen Grenzwerte sei in vielen Fällen ungefährlich, die Einhaltung aber koste die Chemie-Industrie unnötig Geld. So war es auf dem von den europäischen Chemie-Dachorganisationen CEFIC und FECS gemeinsam mit dem Fachverband der Chemischen Industrie Österreichs und der Gesellschaft Österreichischer Chemiker in Wien abgehaltenen Dioxin-Symposium im August 1993 zu vernehmen. Von der Industrie dotierte Wissenschafter sollten von Fall zu Fall die Gefährlichkeit von Schadstoffen prüfen. Beweist das Gutachten trotz Überschreitung gesetzlicher Grenzwerte die Harmlosigkeit des Altstoffs, sollte einfach »nichts« getan werden – eine seltsame Auffassung von modernem Risikomanagement.

Der Mediziner Müller-Mohnssen – er hat sich um die Aufklärung der verleugneten Gesundheitsgefahren von Pyrethroiden unter schwierigsten persönlichen Umständen verdient gemacht – berichtet dazu aus leidvoller Erfahrung:

»Hat etwa die chemische Industrie in ein Produkt investiert und will nicht durch Forschung Gefahr laufen, es vom Markt nehmen zu müssen, so ist die Aufgabe des beauftragten wissenschaftlichen Experten, die im Sinne des Auftraggebers manipulierten ›wissenschaftlichen Aussagen‹ zu liefern, die das Produkt verkaufsfähig machen. Konkret bedeutet dies: Ansprüche Geschädigter ›im Namen der Wissenschaft‹ abzuwehren – auch wenn in Gutachten Flüsse bergauf fließen und hochkarätige Gifte zum unentbehrlichen Lebenselixier werden müssen. Solcherart angekaufte Experten sind vorzugsweise Hochschulprofessoren oder andere Mitglieder des wissenschaftlichen Establishments, denen das Kommunikationssytem der wissenschaftlichen Gesellschaften offensteht.« (Müller-Mohnssen, 1994: 281)

In der Scientific Community zähle nicht so sehr die wissenschaftliche Leistung, viel wichtiger sei es, die »richtige« Meinung zu haben und die Faktenlage so zu interpretieren, daß sie den Auftraggeberinteressen nicht zuwiderläuft. »Mit der Produktion unverkäuflicher oder sogar gegen das Interesse des Zeitgeistes gerichteter Leistungen liefert der Wissenschaftler Waffen an die ›falsche Seite‹ und setzt seine sowie die Existenz seiner Familie aufs Spiel.« Existenzgefährdend nennt Müller-Mohnssen (1994: 282) die Aufdeckung von Vergiftungsfällen, »die es nicht geben darf«, die Aufklärung über Gesundheitsrisiken, »deren Auswirkungen die Eltern und Vorgesetzten nicht mehr erleben werden«. Die Umweltwissenschaft hat freies Denken bitter nötig. Freies Denken ist ungewohnt und wird auch kaum gelehrt und geübt. Freies Denken vermittelt vielen das Gefühl, den sicheren Boden unter den Füßen zu verlieren; es ist angstbesetzt, da es erfahrungsgemäß bestraft wird. Die herrschende Lehrmeinung wird quasi zur Religion, die konkurrierende zum Teufelswerk erklärt. Daß die modernen Alchemisten die Verharmlosung immer noch als Strategie betrachten, zeigt schon die Ankündigung zum Dioxin-Symposium: »Umweltgifte – Macht schon die Angst krank?«

War es ein Chemiker in seinem Element, ein Textilingenieur auf der Suche nach »praktischen« Hilfsmitteln, ein von der Agrochemie abhängiger Baumwollfarmer oder war es nun der »anspruchsvolle Konsument«, der die Lawine von Fremdstoffen auf den Textilfasern ins Rollen gebracht hat? Faktum ist, daß nun unter erheblichem analytischem Aufwand »migrierende Spurenstoffe« dingfest gemacht werden müssen, damit möglichst wenig von der Giftfracht von der zweiten Haut auf die erste wabert und dort möglicherweise Unheil anrichtet. Problematische Farbstoffe, Chlorbleiche, Formaldehyd werden begrenzt oder verboten; oder auch nicht, je nachdem, ob humanmedizinisch oder produktionsökologisch argumentiert wird. Genau darin liegt das Problem: Die meisten Labels entziehen sich jeder systematischen Bewertungs- und Prüfungsgrundlage. In der Regel beschränken sich die Label-Kreateure darauf, die Chlorbleiche, den Synthetikanteil oder eine Veredlungsvariante wegzulassen. Ökologisches Pseudo-Engagement – viel mehr steckt noch nicht dahinter. Außer beim Arbeitskreis Naturtextil sucht man vergeblich nach Produktlinienanalysen, auch betriebliche Öko-Bilanzen sind derzeit noch Raritäten im Kabinett der Textilanten und Veredler.

2. Die Öko-Texler – Richtwerte und Labels

Wenn ein Branchenverband ein Umweltzeichen verleiht, kann er eigentlich nur Selbstverständlichkeiten in die Qualitätskriterien hineinpacken. Andernfalls bekämen es die Verbandsfunktionäre schnell mit den ökologischen Schlußlichtem der Zunft zu tun, die schließlich auch in die Verbandskasse einzahlen. Sie können kein Interesse an einem Gütezeichen haben, das nur die Konkurrenz begünstigt. Mit dem Markenzeichen Schadstoffgeprüfte Textilien (M.S.T.), das kürzlich in »Textiles Vertrauen Öko-Tex Standard 100« umbenannt wurde, verleiht er »das wohl am meisten umstrittene Branchenzeichen«, urteilen die Gütezeichen-Experten Frieder Rubik und

Volker Teichert (*Öko-Test* Sonderheft Naturmode, 1994:102). Das können wir nach unseren Recherchen unterschreiben. Unser Fazit deckt sich auch mit jenem der Textilfachfrau Doris Binger (1995b: 162): »Textilien und Bekleidung, die nach dem Öko-Tex Standard geprüft wurden, sind schadstoffgeprüfte Textilien und keine Öko-Textilien.«

Und das vermittelt die betroffene Institution. »Auf dem sprichwörtlich sensiblen Gebiet der Textilien beginnen sich die Verbraucher zu fragen: Wie schadstoffbelastet sind eigentlich die vielen Kleidungsstücke, Bettbezüge, Heimtextilien, mit denen wir täglich in Berührung kommen?« So wörtlich im Werbefolder, mit dem sich die »Öko-Tex-Initiative« als »Ausdruck eines neuen Bewußtseins« präsentiert. Gleich daneben steht auch die Antwort: »Die meisten Textil- und Bekleidungserzeugnisse sind nicht wirklich gefährlich für den Menschen. Dennoch steigt der Wunsch, Kleidung-, Bett- und Heimtextilien kaufen zu können, die geprüft und mit Sicherheit nicht irgendwie bedenklich schadstoffbelastet sind. Und dazu bedarf es nicht unbedingt chemiefreier Produkte!« Und womit läßt sich unser Produktwunsch erfüllen? Mit der »Öko-Tex-Idee«, einem »Wertezeichen im Zeichen des Wertewandels«. Und wie soll das funktionieren?

»Der neue Öko-Tex Standard setzt Maßstäbe. Für Garne, Stoffe und Textilerzeugnisse aller Art wurden Schadstoffgrenzwerte ermittelt, die den aktuellsten wissenschaftlichen Erkenntnissen entsprechen. Nur diejenigen Hersteller, die sich strengen Prüf- und Kontrollverfahren unterziehen und für eine nachprüfbare Qualitätssicherung sorgen, dürfen ihre Artikel mit der Öko-Tex-Auszeichnung versehen.«

Es sei jetzt schon vorauszusehen, daß das »humanökologische Denken« in bezug auf textile Waren zunehmend an Bedeutung gewinnen werde, wissen die Öko-Tex-Auguren. Schließlich folgt die muntere Aufforderung: »Lassen Sie uns gemeinsam ein entsprechendes Zeichen setzen – mit dem neuen

Vertrauen in Öko-Tex, das nicht öko ist? Für das verwirrende Zeichen »Öko-Tex Standard 100« verlieh die Wiener Arbeiterkammer den Preis des Monats Juli 95 für »Verdienste um die Fortentwicklung des Öko-Schmähs« an das Österreichische Textil-Forschungsinstitut. Statt der Margerite (Wucherblume) verziert jetzt ein globales Wollknäuel das Etikett.

Öko-Tex Standard 100 .. Die ersten Schritte sind also getan, damit die Öko-Tex-Vision Wirklichkeit wird. Machen Sie mit!« Mit konsequenter Ökologie hat dieses Zeichen allerdings nichts am Hut. Es ist vielmehr in die erste Garnitur der Öko-Tricks einzureihen.

Der Romancier George Orwell hat in seinem Opus *1984* dargestellt, wie »Neusprache« zum Ausdrucksmittel der Herrschenden und wie damit ein Instrument des Machtapparates geschaffen wird, um das kritische Denken auszuschalten. Das »Wahrheitsministerium« verfälscht die Sprache, verringert die Zahl der erlaubten Wörter und erweitert ihre Bedeutung ins Uferlose. Um noch Denkbares unsagbar zu machen, stellt das »Zwiedenken« den Sinn von Begriffen auf den Kopf. Offenbar bedient sich die Öko-Tex Standard 100-Initiative des charakteristischen Idioms der Umweltbewegung, welches sich bei uns in den vergangenen Jahren herausgebildet hat. Wie bei Orwell gehen die neuen Öko-Texler von der geschichtlichen Tatsache aus: »Wer die Vergangenheit beherrscht, beherrscht die Zukunft.« Der Ausdruck für das, was unsere Sprache mit dem Monströsen, das wir herstellen, anstellt, heißt nach Günther Anders (1990: 17) »Verbiederung«. Einerseits spricht der radikale Denker hier von »beabsichtigter Ignoranz«, andererseits davon, daß »jeder auf jeden hereinfällt«. Der wortgewaltige Anders erklärt auch, wie dieses »Hereinfallen« abläuft: »Der ›Verbiederte‹ fällt auf den ›Verbiederer‹ herein; und dieser auf sich selbst und auf die Gläubigkeit seines Opfers. Und weder der eine noch der andere, sofern ihre Unterscheidung noch rechtmäßig ist, spüren, daß sie sich gemeinsam dem Unheil entgegenlügen.«

Was nun die wissenschaftliche Seite betrifft, agiert das Öko-Tex Standard-Konzept mit Grenzwerten, noch dazu mit recht laschen, die sich aber nur auf das textile Endprodukt und nicht auf die verschiedenen Stationen der textilen Kette beziehen.« Textiles Vertrauen – schadstoffgeprüft – Öko-Tex Standard 100«, prangt auf Etiketten von Leiberln und Teppichen, von Vorhängen und Strampelhosen, auf allem, was die Textilindustrie herstellt. Öko-Tex Standard 100 ist das bisher wohl geläufigste Öko-Siegel für Bekleidung und Raumtextilien. Entwickelt wurde der Standard vom Forschungsinstitut Hohenstein und dem Österreichischen Textilforschungsinstitut in Wien. Mittlerweile wird das »Gütesiegel« von 10 Instituten in der Schweiz, in Frankreich, Belgien, Dänemark, Schweden, Norwegen, Portugal, Spanien, Großbritannien und Italien vergeben.

Im Land der Marillenknödel und Mozartkugeln vergibt das Prüfzeichen das Österreichische Textilforschungsinstitut (ÖTI); eine Einrichtung, die von der Textilindustrie gesponsert wird. Dennoch, beteuert man uns, werden die strengsten Kriterien angelegt und ihre Einhaltung ständig kontrolliert. Was aber wird denn da gemessen und kontrolliert? Der Standard heißt zwar »Öko-Tex«, hat aber mit einer Umweltprüfung nichts zu tun.

Die Zauberformel lautet »schadstoffgeprüft«. Untersucht werden die textilen Produkte darauf, ob sie nicht vielleicht doch ein wenig gesundheitsschädlich sind. Die Kriterien für die Stofflieferanten sind nicht besonders streng. Unser »textiles Vertrauen« soll bestärkt werden, indem Pestizide, Formaldehyd und Schwermetalle nur bis zu bestimmten Grenzwerten in den Geweben enthalten sein, krebs- und allergieauslösende Farbstoffe nicht verwendet werden sollen. Außerdem wird eine Geruchsprüfung vorgenommen, und die Stoffe sollen ziemlich farbecht und schweißecht sein. Was die olfaktorische Inspektion betrifft, dürfen die Kleidungsstücke nicht nach Schimmel, Schwerbenzin, Fisch, Aromaten oder anderen Geruchsveredlern riechen, immerhin ein Vorteil für manche gequälte menschliche Nase. Konkret legt der Öko-Tex Standard 100 folgende Parameter fest:

	Bekleidung, ausgenommen Babybekleidung	Baby-bekleidung
Formaldehyd	300	20
Schwermetalle		
As (Arsen)	1,0	0,2
Pb (Blei)	1,0	0,2
Cd (Cadmium)	1,0	0,1
Cr (Chrom gesamt)	2,0	1,0
Cr VI	N/N	N/N
Co (Cobalt)	4,0	1,0
Cu (Kupfer)	15,0	5,0
Ni (Nickel)	4,0	1,0
Hg (Quecksilber)	0,02	0,02
Pestizide		
DDT, DDD, DDE	1,0	0,5
HCH's (außer Lindan)	0,5	0,25
Lindan	1,0	0,5
Aldrin	0,2	0,1
Dieldrin	0,2	0,1
Toxaphen	0,5	0,5
Heptachlor, Heptachlorepoxid	0,5	0,25
2,4-D	0,1	0,1
2,4,5-T	0,05	0,05
Summe	1,0	0,5
Pentachlorphenol	0,5	0,05

Die Grenzwerte des Öko-Tex Standard 100 in ppm (Auszug)

Die meisten Öko-Tex-Grenzwerte sind so bequem ausgelegt, daß bereits 90 % der Textilien die Anforderungen erfüllen. Der »Öko-Tex Standard 100« teilt uns also mit, daß wir vom T-Shirt oder der Bettwäsche keinen Krebs bekommen. So gut diese Nachricht auch sein mag, »öko« ist sie nicht, denn geprüft wird eben nicht, ob die verwendeten Fasern (etwa Baumwolle) umweltgerecht produziert wurden, ob bei der Produktion ökologische Richtlinien gelten, ob das Textilstück umweltverträglich entsorgt werden kann.

Der Öko-Tex Standard konkurrierte bis Anfang 1994 mit dem »Markenzeichen schadstoffgeprüfter Textilien M.S.T.«. Dieses noch fragwürdigere Öko-Zeichen wurde 1992 vom Verein für umweltfreundliche Textilien M.S.T. ins Leben gerufen. Der Verein wurde maßgeblich vom Textilverband Gesamttextil unterstützt. Die Schadstoffprüfung war nahezu identisch mit der von Öko-Tex Standard. In beiden Fällen handelte es sich um eine Schadstoffkontrolle für Textilien und Bekleidung ausschließlich nach gesundheitsrelevanten Richtwerten. »Es ist das Papier nicht wert, auf dem es gedruckt ist«, schimpfte Petra Kristandt, Umweltreferentin der Verbraucherzentrale Niedersachsen in Hannover über M.S.T. (De Groot, 1993: 40). Wie ihre Kollegin Ewen-Lammers von der Verbraucherzentrale Bremen kritisierte Frau Kristandt, daß hier nur der in Westeuropa längst übliche Standard festgeschrieben wurde.

Die Gegenüberstellung der Kriterien und eine kurze Bewertung in der Tabelle auf S. 172 zeigt, woran sich die Kritik am »Markenzeichen schadstoffgeprüfter Textilien« entzündet.

1994 haben sich die beiden Umweltsignets M.S.T. & Öko-Tex Standard zusammengetan, um ein vereinheitlichtes Zeichen herauszugeben. Die Vergabekriterien für das Öko-Label sind leicht überarbeitet worden, doch Wesentliches hat sich nicht verändert. Seriöse Öko-Labels beziehen jeden Produktionsschritt in die ökologische Bewertung ein. Transparenz wäre gefragt, bei jedem Glied der textilen Kette, vom Faseranbau über die Verarbeitung und Veredlung bis hin zur Konfektion und Resteverwertung. Dafür scheint aber bei den Großen der Branche die Zeit noch nicht reif zu sein. Im Handel ist das Label kaum zu sehen. »Zwar ist es praktisch bereits zur Lieferbedingung erhoben«, weiß das österreichische Textilforschungsinstitut, der Handel fürchtet aber die Ausgrenzung traditionell hergestellter Waren. *Tiroler-Loden*-Inhaber Andreas Gebauer hat das Ökotex Zertifikat mittlerweile in allen Produktionsstufen: »Das genügt meinen Konfektionären aber bei weitem nicht«, erklärte der Lodenfabrikant einer Kollegin (Bauer, 1995). Uns genügt der Standard auch nicht. Dennoch wäre eine europäische Vereinheitlichung der Standards dringend nötig. Umweltschutzorganisationen wünschen sich zusätzlich zum Humanaspekt

M.S.T. Kriterien	Bewertung und Kritik
Keine Verwendung von Farbstoffen, die Amine der MAK-Klassen III A I und III A II abspalten können. Keine Verwendung sonstiger Farbstoffe, die als krebserregend eingestuft sind.	Krebserregende Farbstoffe, z.B. Benzidinfarbstoffe, werden in Westeuropa bereits seit 1970 nicht mehr eingesetzt, sie sind allerdings in Importware anzutreffen. Für allergene Farbstoffe wurden keine Parameter festgelegt, obwohl diese Problematik immer mehr an Bedeutung gewinnt (z . B. Azofarbstoffe Dispersionsorange 3, Dispersionsrot 1, Dispersionsgelb 3).
Keine Verwendung chlororganischer Carrier im Färbeprozeß.	Nach Aussagen der Textilindustrie werden diese Carrier in der Bundesrepublik generell nicht mehr eingesetzt.
Keine Verwendung von Flammschutzmitteln.	Nach der Bedarfsgegenstände-Verordnung werden diese in normaler Kleidung in der Bundesrepublik ohnehin nicht mehr appliziert. Anders ist es bei Raumtextilien.
Gehalt an Schwermetallen	Die zulässigen Schwermetallgehalte wurden der Trinkwasser-Verordnung entnommen. Das Umweltbundesamt hält insbesondere die Werte für Kupfer (3,0 mg/l) und Zink (5,0 mg/l) für zu hoch. Stattdessen sollten 0,5 mg/l (Cu) bzw. 2,0 mg/l (Zn) gelten.
Freier Formaldehyd	Der Wert für Babybekleidung sollte 0 und für Unterwäsche 0,0075 % betragen (Japan) und nicht 0,002 % bzw. 0,06 %. Für den Formaldehyd-Ersatzstoff Glyoxal sollten mindestens ebenso scharfe Grenzwerte festgelegt werden.
Gehalt an Pestiziden	Der Summengrenzwert ist mit 1 mg/kg weit überhöht, Textilien sind pestizidbelastet, wenn sie mehr als 0,1 mg/kg Agrargifte enthalten.
Pentachlorphenol	Der Grenzwert muß bei 0 und nicht bei 0,5 mg/kg liegen. Tests mit Naturtextilien beweisen, daß dies möglich ist.

die Einbeziehung der Produktionsbedingungen (Pestizideinsatz) und der Entsorgungsbedingungen in eine Zertifizierung. Und die Erklärung von Bern (EvB), eine entwicklungspolitische Organisation in der Schweiz, wünscht sich vor allem »sozialverträglich produzierte und fair gehandelte Textilien«. (EvB, 1995: 100) Diesen wichtigen Aspekt läßt der Öko-Tex 100 völlig außen vor. Zwei Pluspunkte wollen wir dem Signet gutschreiben: Der Chemikalieneinsatz in der Textil- und Bekleidungsproduktion wird ein Stück weit transparenter. Die Produzenten müssen jetzt nachforschen, was, wann, wo und in welchen Mengen eingesetzt wird. Ausdrücklich wurde der Standard für alle Teile der Bekleidung definiert. Das sind zum einen die textilen Flächengebilde (Gewebe, Maschenware und Vliesstoffe), zum anderen das Zubehör (Reißverschlüsse, Knöpfe, Schnallen, Schulterpolster, nichttextile Applikationen). Die Schwachstellen des Labels Öko-Tex 100 lassen sich folgendermaßen zusammenfassen:

1. Es fordert keine Angaben zur Rohstoffverarbeitung, Vorbehandlung und Veredlung.
2. Die Verbotsliste ist viel zu klein, erlaubt ist fast alles. Nur zwei der allergenen Textilfarben sind tatsächlich verboten.
3. Die Schadstoffkontrollen für Pestizide sind unzureichend, denn sie berücksichtigen die häufig eingesetzten Organophosphatpestizide und die synthetischen Pyrethroide nicht. Außerdem ist der Grenzwert für Pestizide nach der zweiten Wäsche der Rohfaser praktisch erreicht. Die Pestizide sind dann zwar nicht mehr in der Faser, aber im Waschwasser.
4. Es werden keine Qualitätskriterien über Abwasser, Abfall etc. gefordert. Der vorsorgende Schutz der Umwelt bei der Textilherstellung bleibt außen vor.
5. Die Grenzwertakrobatik ist keine Lösung für Giftstoffe.

Vor kurzem hat das Textilforschungsinstitut bekanntgegeben, bereits am »Standard 1000« zu arbeiten. Dabei ginge es aber jetzt wirklich um die »umweltbewußte« Produktion von Textilien. Im September 1995 wurde der neue Standard veröffentlicht. Eine Durchsicht der Kriterien enttäuscht jedoch abermals in den Details: Abgesehen von einigen Verboten längst bekannter Öko-Schädlinge orientiert sich auch der 1000er Standard daran, was in der modernen Produktion und in der Arbeitsschutz- und Umweltgesetzgebung bei uns schon üblich ist. Immerhin muß, wer das Öko-Siegel beantragt, seine »Produkte und Betriebsstätten umwelttechnisch überprüfen« lassen und »unabhängig dokumentieren, daß Umweltbemühungen gemacht werden und dabei bereits eine gewisse Mindeststufe erreicht ist«. Doch auch das ist leider noch Zukunftsmusik. Einstweilen haben wir – den »Leider nicht-Öko Standard 100«. Für dieses verwirrende Zeichen verlieh die Wiener Arbeiterkammer an das Österreichische Textil-Forschungs-institut den Preis für »Verdienste um die Fortentwicklung des Öko-Schmähs«. Wir gratulieren!

Im Dialog-Textil-Bekleidung (DTB) haben sich Unternehmen der Deutschen Textil- und Bekleidungsindustrie zusammengetan. Mit der Öko-Info hat der DTB ein pragmatisches 10 Punkte-Programm erstellt. Dieses Paket soll es den Mitgliedern ermöglichen, »ökologisch optimierte Bekleidung und Textilien« zu fabrizieren. Primär wurde auch dieser Anfor-derungskatalog nach gesundheitlichen Kriterien und der Grenzwertphilo-sophie entwickelt. Praxisnähe und unbürokratische Handhabung sollten gewährleistet sein. Eine genauere Analyse zeigt jedoch die Orientierung an den bekannten (und kritikwürdigen) MST-Grenzwerten. Die Öko-Info soll mit den »gegenwärtigen Produktionsbedingungen« realisierbar sein. Die Publizistin und Textilfachfrau Doris Binger sieht in dieser Initiative des Dialog-Textil-Bekleidung »nicht viel mehr als den zarten Versuch einer ersten Produktlinienanalyse, ein Schrittchen in Richtung ökologisch trans-parenter Produktion und Schadstoffreduzierung« (Binger, 1995: 164). Zu Recht!

Der TÜV Rheinland wollte beim Labelling mitmischen und hat sein eigenes Umweltlogo »Toxproof« entwickelt. Die Vorteile gegenüber der Konkurrenz werden zwar dick herausgestrichen, sie sind aber nicht welt-bewegend. Wieder wird nur das Endprodukt gecheckt. Als Fortschritt ist anzumerken: Grenzwerte gibt es nicht nur für Formaldehyd, sondern auch für den Ersatzstoff Glyoxal; Flammschutz sowie Biozidausrüstung sind nicht erlaubt. Die Toleranzen für Schwermetalle sind etwas strenger als beim Öko-Tex Standard, und alle chlorierten Phenole (nicht nur Pentachlorphe-nol) wurden limitiert. Unter den zu untersuchenden Bioziden ist endlich auch Permethrin, ein umstrittenes und vor allem gegen Mottenfraß bei Wollsachen häufig eingesetzes Pyrethroid.

Ein umfangreicheres Bewertungsraster bietet das GEA (Institut für angewandte Ökologiem, früher eco-tex-Konsortium), das von vier Textil-firmen gegründet wurde. Es handelt sich um ein ein Beratungs- und Ser-vice-Unternehmen in Köln, das für alle textilen Stufen von der Faser bis zum Handel seinen Service anbietet, »um ökologisch optimierte Textilien zu entwickeln«. Die notwendige Zielsetzung und Kompetenz wird GEA auch von Christoph Geisler-Kroll, dem ex-Öko-Berater des Arbeitskreises Naturtextil, zugestanden. Zum Service zählt die weltweite Inspektion der Produktionsstätten und Consultingleistungen bei der ökologischen Opti-mierung der Produkte und Verfahren, wo es häufig darauf ankommt, die Einsatzmengen zu beschränken. eco-tex bzw. GEA beurteilt das Produkt auch im Hinblick auf den Einsatz und Nutzen. Da geht es um Energieverbrauch, Wasserbelastung und Arbeitshygiene bei der Herstellung: Parameter, die mit einem Punktsystem beurteilt werden. Im Fertigprodukt werden erfreulicherweise auch allergene Farbstoffe geprüft. Sie dürfen, ebenso wie Pentachlorphenol, nicht nachweisbar sein. (ToxProof und Öko-Tex akzeptieren 0,5 ppm dieser Gifthämmer.) Leider, das moniert auch Meike Ried (1994: 129), »ist die Liste der zu testenden Pestizide ebenso wie bei den anderen Siegeln unvollständig«. So stehen zum Beispiel Entlaubungsmittel für Baumwolle, wie Paraquat, nicht auf der Liste. Aber was nicht ist, kann ja noch werden.

V. Kapitel

Wasser in Not

Erfrischendes Wasser aus der Quelle, aus Bach und Brunnen – unser Verhältnis zu und unser Umgang mit diesem kostbaren Naturprodukt hat sich im Lauf der Menschheitsgeschichte auffallend verändert. Einen deutlichen Umkehrpunkt markiert die Rechtsprechung und Gewerbeordnung in bezug auf das Wasser gegen Ende des vorigen Jahrhunderts. Das Urteil des Reichsgerichtes Berlin vom 22. Dezember 1897 wird gern als Meilenstein in der Umweltgesetzgebung bezeichnet: »Das Wasser eines öffentlichen wie eines Privatflusses ist die von der Natur gegebene Abflußrinne, nicht nur für das vom Boden selbst abfließende, sondern auch für das vielfach mit fremden Stoffen vermischte Wasser, welches zu Wirtschaftszwecken gedient hat und künstlich fortgeschafft werden muß.« Kaum verwunderlich ist deshalb auch die im englischen Sprachraum noch heute übliche Kurzformel: »The common use of water is to dirty it.« Dabei weiß jedes Kind, wie notwendig reines Wasser zum Leben ist. Es muß klar, sauber und appetitlich sein, damit sich seine heilende, reinigende und ausgleichende Wirkung im menschlichen Organismus entfalten kann.

In 80 Ländern der Welt, die rund 40 % der Weltbevölkerung stellen, bedroht akuter Wassermangel die Gesundheit der Menschen, die Grundlagen der Landwirtschaft und der Industrie. Das ist das Ergebnis einer 1995 publizierten Studie der Weltbank, die sich selbst als den größten Förderer von Wasserprojekten bezeichnet. Die Weltbank, die Entwicklungsländern Kredite gewährt, verbucht jährlich ca. 1 Billion US-Dollar Nettogewinn (Manser, 1993: 14). Von ihr finanzierte Projekte wurden vor einiger Zeit unter dem Slogan »Die Weltbank macht die Welt krank« kritisiert. Weltweit haben eine Milliarde Menschen kein sauberes Trinkwasser, und 1,7 Milliarden Menschen leiden unter mangelhaften sanitären Einrichtungen – meist auch aufgrund von Wassermangel. Nach Berechnungen der UNO verursacht schmutziges Wasser fast 80 % der Krankheiten in den Entwicklungsländern und führt damit jedes Jahr zum Tod von mindestens 10 Millionen Menschen. Wasserknappheit wird die wesentliche Ursache für den unzureichenden Ausbau der Landwirtschaft in den Entwicklungsländern bleiben. »Viele Kriege wurden um das Öl geführt«, sagt Weltbank-Vizepräsident Ismail Serageldin. »Die Kriege des nächsten Jahrhunderts gelten dem Wasser.« In den nächsten zehn Jahren müssen nach Schätzungen der Weltbank 600 Mrd. Dollar in Wasserprojekte der Dritten Welt investiert werden. Drei Gründe hat die Weltbank für die zunehmende Wasserknappheit ausgemacht:

- Die Weltbevölkerung wächst vor allem in den Städten rasant. Bis zum Jahr 2025 wird sie von heute 5,6 Milliarden auf 8 Milliarden Menschen gestiegen sein. Nicht nur sie brauchen mehr Wasser, sondern auch die damit wachsende Industrie.
- Die Wasserqualität nimmt weiterhin ab. Wasser wird zunehmend von Industrie- und Agrarchemikalien verunreinigt.
- Die Aufbereitung des Wassers und die Aufschließung neuer Quellen sind teurer als die Nutzung bereits bekannter Quellen.

Die Erschließung durch öffentliche Finanzierung hat sich, vor allem in der Dritten Welt, als sehr ineffizient erwiesen. Für die Verwaltung und die Zuteilung des Mangelrohstoffes Wasser seien, so die Weltbank, »Wassermärkte«, wie sie z.B. im Westen der USA oder Australien entwickelt wurden, ein Vorbild. Kühl und berechnend plädiert daher Weltbank-Vizepräsident Serageldin für eine Art Privatisierung des Wassers. Privatisierte und börsennotierte Wasserversorger sind weltweit schon auf dem Vormarsch. Und die Chancen, aus dem kostbaren Naß Kapital zu schlagen (und es denen sündhaft teuer zu verkaufen, die es vorher eben nicht als billiges Transportmedium für Flüssigmüll mißbraucht haben), stehen nicht schlecht. Doch es gibt auch hoffnungsvollere Ansätze.

Neben immer teurer werdenden Rohstoffen und Energiequellem drängen vor allem das gestiegene Umweltbewußtsein der Kunden und gesetzliche Auflagen heute die Unternehmen zu einem stärkeren Engagement in Sachen Umwelt. Immer mehr Firmen erkennen, daß gerade durch Vermeidung von Emissionen und Schadstoffen, durch umweltbewußte Fertigungs- und Anlagentechnik und durch konsequentes sowie intelligent betriebenes Recycling Kosten in ungeahntem Ausmaß vermieden werden können. Ökologie und Ökonomie als Gegensatzpaar, dieser Zielkonflikt löst sich auf, wenn der Schutz der Umwelt langfristig als ökonomischer Erfolgsfaktor und wirksames Instrument zur Wettbewerbsprofilierung verstanden und genutzt wird.

Für Deutschland läßt sich die Wasserkrise exakter berechnen als die Klimaveränderungen. Die Bundesrepublik, die reich an Wasser ist, steht vor dem Wassernotstand. Die deutsche Industrie verbraucht jährlich 16 Milliarden Kubikmeter Wasser. Die Landwirtschaft verseucht Grund- und Oberflächenwasser mit Pestiziden und Düngemitteln. Jeder von uns verbraucht achtmal soviel Wasser wie seine Großeltern vor 80 Jahren. Unser Wasser ist quantitativ und qualitativ bedroht. Es wird verschwendet, verschmutzt und vergiftet. Und unsere Kleider sind daran nicht ganz unbeteiligt: Alles in allem benötigt die bundesdeutsche Textilindustrie ein jährliches Abwasseraufkommen von 247 Millionen Kubikmetern. Das sind mehr als 60 % des Wasserbedarfs des gesamten verbrauchsgüterproduzierenden Gewerbes.

Glaubhafte und nachvollziehbare Lösungsansätze sind auch in der Textilindustrie dringend gefragt. Gefordert ist hier diejenige Disziplin, die sich den stofflichen Vorgängen in der belebten und unbelebten Natur verschrieben hat, sie versteht oder verstehen lernen kann: die Chemie. Anspruch und Wirklichkeit in Sachen ökologisch verträglicher und auch gesunder Kleidung bringt Modemacher Joop auf den Punkt: »Modedesigner sind schließlich keine Chemiker.« (Knobloch, 1990)

Wohl wahr. Der Modemacher Joop ist abhängig davon, was die Heerscharen von Chemikern bei CIBA, BASF, Bayer und Hoechst, bei DuPont und ICI austüfteln, entwickeln und in Verkehr bringen. Nur wenn diese Damen und Herren bereit wären, die ökologische Herausforderung anzunehmen, sind Lösungen für die Branche zu erwarten, welche auch die Natur versteht. Moleküle, das zeigt sich immer wieder, sind politischen, philosophischen und technischen Argumenten nicht zugänglich. Es sind die Menschen, die Moleküldesigner, die die Last der verbindlichen Verantwortung für den Verbleib der Produkte und Emissionen tragen müssen.

1. Wie sauber ist die Textilindustrie?

Wie in anderen von der Chemie beeinflußten Branchen schleppt auch die »textile Kette« – sie gleicht verblüffend der »petrochemischen Schlange« – ein besonders vertracktes Risiko mit sich herum: den schleichenden, scheinbar harmlosen, aber irreparablen Rücklauf von Schadstoffen. Mancherorts ist dieses Umweltproblem heute nicht mehr ohne weiteres erkennbar. Noch vor kurzem zeigten die wechselnden Farben der Bäche und Flüsse in den Textilzentren – beispielsweise auf der Schwäbischen Alb – mehr als augenfällig, daß die üblichen mechanisch-biologischen Kläranlagen der Kommunen mit den Textilabwässern nicht fertig wurden. »Albstadt will die bunte Schmiecha waschen«, titelte die *Stuttgarter Zeitung* am 2. März 1991. Die Schmiecha ist ein Nebenfluß der Donau im badischen Zollalbernkreis und »entspringt in der Albstädter Kläranlage«, behaupteten Spötter damals. Durch behördliche Auflagen »ermuntert« sorgen heute verbesserte Reinigungstechnologien für Abhilfe – mit dem Effekt, daß der Klärschlamm der kommunalen Kläranlagen mit den schwerabbaubaren Abwasserinhaltsstoffen aus den Textilveredelungsbetrieben noch mehr als ohnehin angereichert wird. Fragwürdige End-of-Pipe-Technologien gelten in der Branche als das Non-Plus-Ultra ökologischer Zugeständnisse, ein deutlicher Hinweis dafür, daß die Bestrebungen zur innerbetrieblichen Abwasserreinigung und -vermeidung bei den über 300 indirekt einleitenden Textilveredlungsbetrieben (BRD alt) noch immer in den Kinderschuhen stecken. Beim 17 Mio DM teuren und schon sehr »fortschrittlichen« Pilotprojekt Albstadt, das zu 80 % von Bund und Land finanziert wurde, heißt das Zauberpulver Aktivkohle (Menzel, 1991). Aufgrund der sehr großen inneren Oberfläche kann der schwarze Staub die im Abwasser enthaltenen Farbstoffe adsorptiv festhalten. Danach muß die Pulverkohle aber wieder vom Wasser getrennt werden, und dazu werden sogenannte Polymerflockungsmittel (verschiedene Kunststoffe aus Erdöl) benötigt. In einer anschließenden Sedimentations- und Filtrationsstufe werden dann die Restkohle, die absorbierten Farbstoffe und die Polymerflockungsmittel, wie es so schön heißt »eliminiert«. Aber wohin damit? Selbstverständlich in den Klärschlamm ... Das bloße Verlagern der Abfälle und Schadstoffe, jedes Verteilen, jeder Transport weg vom Ort des Geschehens bedeutet aber nur, daß sich die Abfälle jetzt woanders befinden. Sie sind ja nicht verschwunden. Unser Globus ist ein geschlossenes Reaktionsgefäß, er ist »die Welt in der Retorte«, wie ein griffiger, seiner Zeit vorauseilender Buchtitel dokumentiert (Flechtner, 1938).

Langfristiges Denken und Handeln ist zugegebenmaßen schwierig. Aber Vorsorge und Vermeidung bleiben gleichwohl die einzigen wirksamen Methoden – auch im globalen Rahmen. Denn gefährliche Stoffe, die trotz biologischer Vorklärung als Restabfall in die Flüsse gelangen, sind unweigerlich irgendwann in den Meeren wiederzufinden. Nach neueren Erkenntnissen dauert es weniger als ein Jahrzehnt, bis das, was über den Missisippi in den Golfstrom, über die Donau ins Schwarze Meer, über Elbe und Rhein in die Nordsee gelangt ist, über die Fische und Meeresfrüchte zurück wieder auf unserem Teller landet. Oder sollen wir vielleicht jetzt beginnen, auch für die Ozeane Klärwerke zu bauen? Eine abstruse und seltsam technoid-verrückte Vorstellung.

Die Belastung der Umwelt durch die Textilindustrie war in Deutschland lange Tabuthema. Solange, bis 1989 eine vom Arbeitskreis Wasser im BBU (Bundesverband Bürgerinitiativen Umweltschutz) initiierte und u.a. von den Grünen im Landtag von Baden-Württemberg eingebrachte Anfrage zur Beschaffenheit der Abwässer der Textilveredlungsindustrie die Leiche erstmals aus dem Keller holte. Der darauf eingebrachte Antrag des Abgeordneten Winfried Kretschmann hat folgerichtig zu erheblichen Verstimmungen zwischen dem Textilverband und dem Stuttgarter Umweltministerium geführt. In seiner Antwort auf die parlamentarische Anfrage ließ das Ministerium nämlich zwischen den Zeilen durchblicken, daß nach seiner Auffassung die Textilveredler »flüssigen Sondermüll über den Abwasserpfad entsorgen« (Kretschmann, 1989). Der Textilverband konterte mit einer Stellungnahme an die Medien, das Abwasser aus der TVI (Textilveredelungsindustrie) sei »in der Regel weniger belastet als häusliches«. Fakt ist, daß die TVI häufig mit extrem gewässerschädigenden Stoffen herumpanscht, die etwa in Haushaltswaschmitteln laut Waschmittelgesetz schon lange nicht mehr erlaubt sind. Nikolaus Geiler, Abwasserexperte des BBU und BUND in Freiburg, kommentierte die Stellungnahme der TVI als »Musterbeispiel einer manipulativen Darstellung« mit spitzer Feder: »Modebewußtsein zeigt die Textilindustrie zwar bei der Schöpfung ständig neuer Modefarben – an Modebewußtsein im Gewässerschutz mangelt es dieser schadstoffträchtigen Branche aber noch erheblich!« (Geiler, 1989)

Stellvertretend für ihre Kollegen hatten sich badische Textilunternehmer seit 1987 tapfer geweigert, einer Aufforderung des Landratsamtes Waldshut/Baden nachzukommen und »eine Auflistung aller im Betrieb eingesetzten Chemikalien (Textilhilfsmittel) nach Art und Menge einschließlich der Sicherheitsdatenblätter vorzulegen«, berichtete die *Badische Zeitung* am 5. 2. 1991. Angeblich aus »Gründen das Datenschutzes und des Schutzes von Betriebgeheimnissen« wollten die Textilveredler ihre Schadstofffracht von sich aus mitnichten preisgeben. Mit der Vernebelungstaktik machte 1991 der Verwaltungsgerichtshof Mannheim Schluß, er sprach ein bahnbrechendes Urteil, womit die Unternehmen zur Offenbarung der Daten verpflichtet wurden (VGH Mannheim, 1991). Obwohl das Abwasser aus der Textilfabrik nicht unmittelbar in das Grundwasser oder in ein oberirdisches Gewässer, sondern in die Kanalisation der Gemeinde eingeleitet werde (Indirekteinleiter), sei »eine Beeinträchtigung des Wassers möglich«, verlautete aus dem VGH. Mit täglich über 1000 Kubikmetern Abwasser verursache das Unternehmen rund 30 % des gesamten Abwasseraufkommens der Gemeinde. Unzweifelhaft enthalte das Abwasser des Textilbetriebes eine große Menge anorganischer und organischer Schadstoffe. Die Möglichkeit, daß dadurch die Funktionsfähigkeit der Kläranlage beeinträchtigt werde und Schadstoffe in den Rhein fließen könnten, sei genausowenig auszuschließen wie die Beschädigung der öffentlichen Kanalisation und eine Gefährdung des Grundwassers. Ein negativer Einfluß auf die Gewässer müsse, so der Richterspruch, vor allem auch deshalb einkalkuliert werden, »weil Abwässer aus Textilveredelungsbetrieben wegen der darin enthaltenen Stoffe als gefährlich zu bewerten seien«. Dies begründe sich mit der möglichen »Giftigkeit, Langlebigkeit und Anreicherungsfähigkeit, sowie krebserzeugenden, fruchtschädigenden und erbgutverändernden Wirkung solcher Substanzen«. Der VGH gab folglich dem Schutz des Wassers den Vorrang, die Textilfirma mußte Farbe bekennen.

Mengenmäßig haben die Textilveredler in Deutschland einen jährlichen Stoffdurchsatz von geschätzten 100 000 Tonnen Textilhilfsmitteln, 11 000 Tonnen Farbstoffen und 100 000 bis 280 000 Tonnen sonstiger Chemikalien. Von dieser Schlamm- und Giftlawine gelangen jährlich etwa 211 000 Tonnen ins Abwasser (Geisler-Kroll, 1994:2). Besondere chemische Verschmutzungsbrisanz steckt in der schwer durchschaubaren Vielfalt von ca. 8 000 verschiedenen Textilhilfsmitteln. Dieter Streichfuss von der Oberen Wasserbehörde beim Regierungspräsidium Tübingen taxiert, daß sich hinter den Geheimrezepturen 15 000 unterschiedliche Substanzen verbergen (Streichfuss, 1989). Dazu gehören z.B. schwer abbaubare Tenside (quaternäre Ammoniumverbindungen, manche Polyglykoläther und -ester, Alkylsulfate und Alkylsulfonate) sowie Komplexbildner wie die ebenfalls schwer abbaubare EDTA (Ethylendiamintetraessigsäure). Dieser »harte« Komplexbildner findet sich inzwischen im Trinkwasser der Städte, die mit Rheinuferfiltrat versorgt werden. EDTA kann weder bei der Uferfiltratpassage noch bei den nachfolgenden Aufbereitungsschritten im Wasserwerk völlig entfernt werden.

Kritisch in diesem Substanzgemisch sind u.a. die sogenannten Reste von Appreturen, die über den »Abwasserpfad« verfrachtet werden. Mit diesen »Ausrüstungsmitteln« werden Stoffe knitter- und bügelfrei gemacht. Die »Hochveredelungsmittel« (Harnstoff/Formaldehyd- und Melamin/Formaldehydharze, Fluorcarbonharze) sind in der Regel biologisch nicht abbaubar. Gleiches gilt auch für viele synthetische Schlichtemittel (Acrylate, Vinylpolymere, Polyesterverbindungen), mit denen die Fasern für die Weiterverarbeitung im Webstuhl behandelt werden – und die ja anschließend von diesen Stoffen wieder befreit werden müssen: Auch sie landen im Klärschlamm und »bereichern« Feld und Flur. Tatsächlich resultiert aus der Schlichte und den Entschlichtungsschritten mehr als die Hälfte der organischen Gesamtfracht im Abwasser, sie »fressen« den im Wasser gelösten Sauerstoff quasi auf. Nikolaus Geiler (1989) verrät, daß die Abwasserteilströme mit Restappreturen und Schlichten eine organische Belastung aufweisen, »die oft beim 50- bis 500fachen der organischen Konzentration von häuslichem Abwasser liegt«. Deswegen kommt die Ableitung von Resten derartig hochkonzentrierter Prozeßlösungen nach Auffassung des Regierungsbeamten Streichfuss »einer Sonderabfallentsorgung auf dem Abwasserweg gleich« (Streichfuss, 1989).

Auf der bundespolitischen Ebene brachte eine Kleine Anfrage der Grünen 1990 den Stoffballen ins Rollen. Die 15 Fragen nach der »Entsorgung von flüssigem Sonderabfall in der Textilindustrie« an den damaligen Umweltminister Klaus Töpfer lösten in der Folge eine Lawine von hektischen Aktivitäten aus (Garbe, 1990). Aber erst im März 1993 wurden die schmutzigen Karten der Textiler bei einer öffentlichen Anhörung der Enquete-Kommission des Deutschen Bundestages von Brancheninsidern auf den Tisch gelegt.

Die Öko-Fakten präsentieren sich in einem düsteren Licht, ein Schwall von Schmutz und Schlamm, der noch dazu große Mengen an Energie verschlingt.

Verblüffende Umweltbelastung durch Textilien:

Wasser: Zur Veredelung von 1 Kilogramm Textilware werden etwa 100 Liter »hochreines« Wasser benötigt.

Energie: Zur Veredelung von 1 Kilogramm Textilware werden etwa 15 bis 20 kWh Energie verbraucht.

Chemikalien: Ein »Universalausrüster« setzt 300 bis 400 verschiedene Chemikalien ein.

Abfall: Pro Kilogramm veredelter Textilien entstehen 60 bis 70 Gramm Klärschlamm und 30 bis 40 Gramm Textilabfälle aus Scherstaub, Fehlchargen und Prüfresten.

Mineralöl: Aus Schlichte und Appretur werden schlecht abbaubares Paraffin und polykondensierte aromatische Kohlenwasserstoffe ins Wasser geschwemmt.

Tenside: Einige der verwendeten Tenside sind nicht bzw. nur schwer biologisch abbaubar, sie sind giftig für Fische, Wasserflöhe und Algen und gelten allgemein als wassergefährdend.

Schwermetalle: Bei der Polyamid- und Wollfärberei kommt es zur Freisetzung von Schwermetallen, aus der Hochveredelung stammt Zink für die Pflegeleichtausrüstung.

Dioxine: Eine ganze Reihe von Farbstoffpigmenten (Dioxazin-, Phtalocyanin-, Chloranil- und Anthrachinonfarbstoffe) enthalten Spuren der Ultragifte als »unvermeidbare Verunreinigungen«.

Perchlorethylen: Das flüchtige krebsverdächtige Lösemittel, ein typisches Langzeitgift, wird nicht nur bei der Chemischen Reinigung, sondern etwa auch bei der Entölung von Polyamidfasern freigesetzt.

Auch die Situation in Österreich muß dringend entschärft werden. In der Alpenrepublik gibt es ungefähr 260 Textilbetriebe, von denen ca. 50 auch eine Textilveredlung betreiben. Im Zeitraum 1992–1993 hat das österreichische Umweltbundesamt (UBA) einige dieser Betriebe untersucht (Scharf u.a. 1995). Es handelte sich um fünf Direkteinleiter (ohne Abwasserreinigungsanlage direkt in den vorbeifließenden Bach rsp. Fluß) im Waldviertel (Niederösterreich), im Mühlviertel und im Salzkammergut (Oberösterreich) sowie im Oberinntal (Tirol).

Die Namen der Firmen und ihre wichtigsten Merkmale haben wir in der folgenden Tabelle aufgelistet.

Name Standort	Firmen- größe	Vorfluter Abwasser- menge	Ver- arbeitete Fasertypen	Sortiment Waren- programm	Textilver- edlungs- verfahren
Firma Kubes Frei- zeitmoden Helfenberg O.Ö.	1992: 26 Mitarbeiter 1994: 18 Mitarbeiter	Steinerne Mühl 67 m³/Tag	vornehm- lich Baum- wolle	indigo- gefärbte konfek- tionierte Ware	Verarbeitung von Garnen, Entschlichten, Bleichen und Ausrüsten
Firma Steiner Ramsau Steiermark	1993: 40 Mitarbeiter 1994: 30 Mitarbeiter	Rössingbach 30 m³/Tag	Wolle	Walkerei und Erzeu- gung von Loden (Wolljanker, Stutzen und Socken)	Verarbeitung von Flocke, Färben und Ausrüsten von Woll- waren, Abscheren der Fasern, Dekatieren
Firma Baumann Gmünd Nieder- österreich	1992: 275 Mitarbeiter 1994: 220 Mitarbeiter	Braunau- bach 640 m³/ Tag	Baumwolle, Polyester, Wolle (nur in der We- berei)	hochver- edeltes Sor- timent von Ware im Strang und Meterware	Entschlich- ten, Bleichen, Drucken, Färben, Ausrüsten
Firma Stapf bzw. Textildruck Imst, Tirol	1992: ca.150 Mitarbeiter 1994: 46 Mitarbeite- rInnen	200 m³/Tag	Baumwolle, Leinen, Viskose, Polyester	Färberei, Gerbfär- berei und Ätzdruck aufgelassen, jetzt nur noch Pig- mentdruck	Druck, Ausrüstung
Firma Amstetter Heiden- reichstein N.Ö.	1992: ca.150 Mitarbeiter 1994: 106 Mitarbeiter	Romaubach 200 m³/Tag	Baumwolle	Garne und Frottier- waren, Weberei und Konfektion	Entschlich- ten, Bleichen, Färben, Ausrüsten, Weichmachen

Die Autoren des UBA-Berichtes schlußfolgern aus ihren Recherchen die folgende Punktation; sie gilt für alle untersuchten Betriebe:

— Ohne entsprechende Maßnahmen können die Grenzwerte für Direkteinleiter »kaum« eingehalten werden.
— Es empfiehlt sich eine »Gesamtabwasserbehandlung«, vorzugsweise jedoch eine »Abwasserbehandlung im Teilstrom«.
— Es gibt »Probleme mit zu beseitigenden Abfällen«, die gelöst werden müssen.
— Eine Wassereinsparung scheint sinnvoll.
— Der »Verzicht auf gefährliche Komponenten, die direkt in Fließgewässer gelangen«, wird dringend empfohlen.
— Beim »Überschreiten der Grenzwerte« (s. Punkt eins), wird »eine Teilstrombehandlung zwingend vorgeschrieben.«
— Alle untersuchten Betriebe zeichnen sich durch ein »hohes Störfallrisiko« aus.

Bei der Veredelung von Textilien müssen künftig das Vorsorgeprinzip und das Minimierungsgebot absoluten Vorrang erhalten. Dabei besteht die Notwendigkeit, wie später in den Richtlinien des Arbeitskreises Naturtextil ausgeführt wird, die Chemikalienpalette selbst stringent zu straffen und nicht nur ein bißchen zu reduzieren. Kenner der Textilbranche wie Ulrich Rösch, Geschäftsführer von Rakattl Naturtextilien in Wangen im Allgäu, halten eine Zahl von bis 400 Chemikalien in einem Textilveredelungsbetrieb für »nicht mehr beherrschbar« (Rösch, 1995). Durch das isolierte Herausgreifen einzelner Ausrüstungsstoffe, wie »Formaldehydfreiheit«, »Verzicht auf Chlorbleiche«, »Verzicht auf krebserregende benzidinhaltige Farbstoffe« wird eine Markttransparenz und Öko-Qualität vorgetäuscht, die von der betrieblichen Realität der textilen Kette weit entfernt ist. Die tatsächlich verwendeten Chemikalien und die mögliche Belastung des Konsumenten werden dagegen verschleiert und verschwiegen.

Harald Schönberger, Textilexperte aus dem badischen Gottenheim, nahm bei der Anhörung der Enquete-Kommission in Bonn kein Blatt vor den Mund. Als rechtes Sorgenkind mit echtem Nachholbedarf sieht auch er vor allem die Textilveredelung »mit ihrem hohen Wasser-, Energie- und Stoffinput mit ensprechend hohen Emissionen« (Schönberger, 1993a). Im Vergleich zu anderen Branchen, z.B. der Metallverarbeitung und Chemischen Industrie, komme die Vermeidung und Verminderung der Emissionsmassenströme hier »nur schleppend voran«. Das Umweltmanagement sieht Schönberger in der Textilveredelung als so »stark unterentwickelt«, daß es »den heutigen Anforderungen nicht gerecht werden kann«. Der Experte beanstandet konkret das Fehlen von qualifiziertem Personal. Der

»autorisierte Umweltlibero« sei unverzichtbar, meint er, »auch für die Zukunftssicherung des Textilveredelungsbetriebes«. Ein »Umweltlibero« verfügt nach den Vorstellungen Schönbergers über fundiertes, verfahrenstechnisches und textilchemisches Wissen sowie über ökotoxikologisches Know-how. Er führt das Abwasserkataster und informiert sich über sämtliche verfahrensbezogene Emissionsfaktoren. Er kennt die Grundlagen der Abwassertechnik und des Wasserrechts und arbeitet sytematisch an Verbesserungen und nachvollziehbaren Konzepten eines Textilveredelungsbetriebes. Damit die Position des »Umwelt-Liberos« nicht als Alibi eines Pseudo-Umweltbeauftragten verkümmert, sei es notwendig, diese Funktion als Bestandteil einer umweltorientierten Unternehmensführung von der Geschäftsleitung mitzutragen und in diese zu integrieren.

Bemerkenswert ist Schönbergers Aussage, daß »mehr als 90 % der emittierten Stofffrachten die Textilveredelungsbetriebe mit dem Abwasser verlassen«. Jeder Kubikmeter enthält 1–2 kg organische Stoffe. Für eine Tonne textiles Produkt werden 100–250 Kubikmeter Wasser mit teilweise hochproblematischen Stoffen »veredelt«. Daran knüpft sich logischerweise die Frage nach dem biologischen Abbau. Die Bandbreite reicht dabei von sehr leicht bioabbauren (z.B. Essigsäure oder enzymatische gespaltene Stärke) über schwer verdauliche (Polyvinylalkohol oder m-Nitrobenzolsäure-Na-Salz) bis hin zu faktisch nicht abbaubaren Stoffen (z.B. manche Farbstoffe, Polyacrylate oder Ethylenharnstoff-Derivate). Für letztere wird auch häufig der Vernebelungsbegriff »refraktär« verwendet. Das Problem der refraktären Stoffe aus einem Textilbetrieb wird eindrucksvoll am chemischen Sauerstoffbedarf (CSB) im Ablauf einer kommunalen Kläranlage deutlich, wenn der Textilabwasseranteil mehr als 20 % beträgt. Die CSB-Fracht ist dabei deutlich erhöht und geht während der Betriebsferien drastisch zurück (Killer, 1991/92).

Die einfachste Methode zur chemischen Abrüstung wären Verwendungsverbote für diejenigen Substanzen, deren (öko-)toxisches Potential bekannt ist bzw. deren Gefährdung sich aus Struktur-Wirkungsbeziehungen ableiten läßt (Knackmuss, 1984). Aus den an anderer Stelle mehrfach genannten Gründen ist das aber nicht im erforderlichen Tempo möglich. Der Öko-Berater Geisler-Kroll (1994: 3) plädiert deshalb für die Mitwirkung der betroffenen Industrie: »Hier ist eine zuweilen detektivische Suche nach verträglicheren Alternativen unerläßlich und nur in enger Kooperation mit den Herstellerfirmen möglich.« Solange das nur frommer Wunsch bleibt, mußte eine Übergangsregelung gefunden werden, die den Weg für die Öko-Avantgarde markiert. Genau aus diesem Grund hat der Arbeitskreis Naturtextil die heute als problematisch erkannten Substanzen aus der Produktion verbannt. Weitere »Verbesserungen sind möglich und werden, sobald sie technisch erprobt sind, umgehend berücksichtigt«, erläutert Christoph Geisler-Kroll, der die Richtlinien des AKN ausgearbeitet hat (s. dazu Kap. 6.3.1). Die AKN-Bestimmungen sind notwendigerweise als kontinuierlich fortzuschreibendes Kompendium einer ökologisch optimierten Textilproduktion zu sehen.

Damit nicht nur Berge von Papier mit Wünschen ans Christkind für einige Auserwählte bedruckt werden, müßten bei dieser gigantischen Aufgabe in der Tat viel mehr Praktiker aus der Industrie mitmachen. Insider wie Schönberger beklagen: »An der Lösung der Umweltprobleme in der Textilveredelungsindustrie arbeiten viel zu wenig Fachleute. Diese Feststellung hat Ursachen. Bislang kommen die Fakten nicht bzw. viel zu wenig ›auf den Tisch‹.« Die offene Strategie mit dem Blick nach vorne setzt sich bei den Ausrüstern noch viel zu wenig durch.

»Nötig sind preiswerte und effiziente, d.h. ›intelligente‹ Lösungen zur Reduzierung der Emissions-Massenströme, möglichst mit hohem ›pay back‹. Derart hohe Ansprüche machen jedoch um so mehr Arbeit. Um so mehr Fachleute verschiedener Disziplinen müssen sich deshalb daran beteiligen. Nicht zuletzt muß erwähnt werden, daß eine solche Strategie der aktiven Standortsicherung dient.« (Schönberger, 1993)

2. Unerwünschte Massenströme dingfest machen

Welches Prozedere schlagen die Experten vor? Zunächst wird in jedem Textilveredelungsbetrieb ein »Produktmix« gefertigt, womit ein stark variierender Abwasseranfall verbunden ist, den es aufzuspüren gilt. Wirklich vergleichbare Werte können nur erhalten werden, wenn verfahrens- bzw. prozeßspezifische Daten offengelegt werden. Einzelne Ausrüstungsschritte sind beispielsweise die Kontinue-Bleiche von Baumwolle, das Laugieren von Viskose, die Dispersionsfärbung von Polyester-Garnen sowie die Drucknachwäsche von Reaktivdrucken. Solche verfahrens- bzw. prozeßspezifischen Befunde müssen noch systematisch erarbeitet werden, teilweise sind sie schon verfügbar. Daß die eingesetzten Chemikalien, Farbstoffe und Textilhilfsmittel in ihrer Zahl und ihrem Chemismus »schier unüberschaubar« seien und die Qualität des Abwassers eines Textilbetriebes sich saisonal (Modeeinflüsse), täglich (Produktionsprogramm) und stündlich/minütlich (diskontinuierlicher Abwasseranfall) ändere, ist eine faule Ausrede. Die gängige Sichtweise muß »der verfahrens- bzw. prozeßbezogenen Betrachtung weichen, da die Quantität und Qualität der je Prozeßschritt eingesetzten Stoffe nicht stark schwankt«, stellt Schönberger (1993: 26), der beim Regierungspräsidium Freiburg für den Bereich »Industrieabwassereinleitungen« zuständig ist, richtig. Auch den Vorwand, daß kein Betrieb mit einem anderen verglichen werden könnte, läßt er nicht gelten. »Es gibt viele Textilveredlungsbetriebe, die Baumwollgewebe vorbehandeln, das heißt entschlichten, abkochen und bleichen, wenngleich die nachfolgenden Veredlungsstufen unterschiedlich sein können.« (ebd.: 26) Ähnlich ist die Lage bei vielen anderen Prozessen. Auch deshalb kann in der Textilveredlungsindustrie sinnvollerweise die Abwassersituation nur verfahrens- beziehungsweise prozeßbezogen bearbeitet werden.

In der Tat sind sämtliche Abgase, Abfälle und Abwässer »unerwünschte Massenströme«. Die gesamten Umweltschutzbemühungen – auch in der Textilveredlungsindustrie – müssen sich daher mit diesen Stofflüssen befassen. »Die Diskussion dreht sich um nichts anderes, als diese Massenströme zu vermeiden, zu verwerten, zu vermindern und/oder diese unter dem Aspekt der Umweltverträglichkeit zu verbessern.« (Geisler-Kroll, 1994) Diese Ziele können nur dann kostengünstig und effizient mit »intelligenten Lösungen« erreicht werden, wenn die vorhandenen Massenstromverhältnisse detailliert erfaßt und dargestellt beziehungsweise »gläsern« und transparent gemacht werden.

Auf diese Weise gelangt man dann zu den verfahrens- bzw. prozeßbezogenen Emissionsfaktoren. Und die bedeuten, daß die anfallende Abwassermenge in einem bestimmten Prozeß je Kilogramm Substrat (Textil) dokumentiert wird. Erst mit Hilfe dieser Faktoren läßt sich der Input (Substrat, Wasser, Chemikalien) mit dem Output (hier vor allem Abwasser in Menge und Qualität) verknüpfen. Und dann ist sogar eine (Voraus-)Berechnung der Emissions-Massenströme eines gesamten Textilveredlungsbetriebes übers Jahr durchführbar. Dies kann mit den Möglichkeiten der modernen EDV »just-in-time« erfolgen und wird dann eine Verknüpfung mit dem betrieblichen Controlling ermöglichen. Ein solches »Abwasserkataster« ist z.B. von der Firma Kunert im Allgäu erhoben und in leicht codierter Form publiziert worden; es ist die unabdingbare Voraussetzung, um den Chemikalieninput anzupassen, zu reduzieren und – bei schwerwiegenden Systembeeinträchtigungen – völlig zu unterlassen. Kunert mißt sämtliche Stoffströme, die durch die Strumpffabrik fließen, ehe die Nylons, Socken oder Leggins das Firmenlager verlassen. Nun stehen nicht mehr Mark und Pfennig im Saldo, sondern Kilogramm und Liter. Die Detektivarbeit machte den Immenstadter Strumpfhersteller darauf aufmerksam, daß der Boom der Modefarbe schwarz direkt die Sondermüllmenge aufblähte – wegen des darin enthaltenen Chroms. Was hat Kunert aus dieser Erkenntnis gelernt? Er hat mit den Lieferanten verhandelt und solange mit ihnen gefeilscht, bis die schwarze Farbe für die Strümpfe chromfrei geliefert werden konnte.

Seit 28. Mai 1993 ist es in Deutschland gemäß Bundesratsbeschluß »vorgesehen«, für das Gesamtabwasser von Textilbetrieben einen AOX-Wert von 0,5 Milligramm/Liter und einen »Behandlungsschwellenwert« von drei Milligramm/Liter für Teilströme verbindlich vorzuschreiben (UBA-Text 33/93). AOX meint die Summe der besonders gefährlichen absorbierbaren organisch gebundenen Halogenverbindungen. Zwölf verschiedene Textilveredlungen wurden untersucht; neun in den alten und drei in den neuen Bundesländern. Jetzt kann keiner mehr behaupten, er wisse nicht, woher die Umweltgifte kommen. Die Fakten sind bekannt. Daraus ergibt sich ein – für unseren Geschmack leider noch viel zu vage formulierter – Maßnahmenkatalog zur AOX-Vermeidung mit 12 Punkten:

1. Substitution von Bleichmitteln (z.B. Natriumhypochlorit)
2. Substratreinigung vor Bleichprozessen (d.h.: die Ware muß vorher gewaschen werden)
3. Substitution von Farbstoffen (z.B. einige Reaktivfarbstoffe, einige Küpenfarbstoffe)
4. Substitution von Textilhilfsmitteln (z.B. einige optische Aufheller)
5. Minimierung bzw. Optimierung der Farbstoff-, Chemikalien- und Textilhilfsmitteldosierung
6. Optimierung der Verfahrenstechnik
7. Stoffrückgewinnung und Wiederverwendung
8. Verringerung der Vorverschmutzung der Substrate
9. Reinigung von Färbeapparaten ohne Einsatz von chlorabspaltenden Reinigungsmitteln
10. Behandlung von Brauchwasser ohne Einsatz von chlorabspaltenden Chemikalien
11. Getrennte Sammlung, Wiedereinsatz bzw. ordnungsgemäße Entsorgung von unverbrauchten Betriebsstoffen
12. Pufferung und Vergleichmäßigung (Homogenisierung) des Gesamtabwassers

Kohlenwasserstoffe, nicht die halogenierten, sondern die ganz normalen, wurden in den Prozeßschritten »Vorwäsche und Entschlichtung« (für synthetische Fasern und Baumwolle) sowie in den »Spülgängen zur Entfernung von Reststoffen an der Textiloberfläche nach dem Drucken« und »bei der Reinigung von Maschinenteilen bei der Verwendung von kohlenwasserstoffhaltigen Druckverdickungsmitteln« identifiziert (UBA-Text 33/93). Trotz dieser Dingfestmachung wurden diese Gewässerschädlinge »als nicht gefährlich im Sinne des § 7 a Wasserhaushaltsgesetz« bewertet. »Eine Anreicherung ist möglich, aber nicht hinreichend belegt«, heißt es lapidar im offiziellen UBA-Bericht. Ein schwerer Rückschlag für den Wasserhaushalt, der auf die Verfasser der Studie selbst zurückfällt.

Neuere Veröffentlichungen zeigen, daß eine sinnvolle Kombination bekannter Technologien die gespannte Wassersituation gleichwohl entschärfen kann. Die in der Metallver- und -bearbeitungsbranche vielfach schon seit Jahrzehnten angewandte separate Behandlung von Teilströmen hat sich in der Textilbranche noch kaum durchgesetzt. Interessanterweise wird die Wiederverwendung der Spülwässer dort bereits praktiziert, wo die Betriebe das Produktionswasser zu vergleichsweise hohen Preisen von der öffentlichen Wasserversorgung beziehen. Betriebe, die ihr Nutzwasser fast zum Nulltarif aus eigenen Brunnen pumpen, sahen bislang offenbar keine Notwendigkeit zum Aufbau von Kreislaufsystemen.

Ein intelligenteres Wassermanagement bietet viele Vorteile: Es würde die Rückführung von aufbereiteten Spülwassern in den Produktionsprozeß erlauben.

Außerdem könnten unmittelbar verfügbare bioeliminierbare Schlichtemittel eingeführt, oder – das da und dort bereits existierende – Schlichte-Recycling forciert werden.

Schlichte Gemüter statt Schlichte-Recycling?

Rattsch. Zoingg. Wenn der Faden auf dem Stuhl reißt, kann das den Webvorgang empfindlich stören. Die senkrecht gespannten Kettfäden müssen während des Webprozesses mehrere Male hin und her bewegt werden, während der Schußfaden nur einmal belastet wird, wenn er mit hoher Geschwindigkeit durch den Webstuhl schießt. Die Kettfäden werden daher entweder mit Stärke, mit wasserlöslichen Kunststoffen oder abgewandelten Naturpolymeren imprägniert. Die Imprägnierung wird »Schlichte« genannt, sie verklebt und umhüllt die Zellulosefasern, die im normalen Garn nur durch die Verdrillung des Fadens Zusammenhalt finden.

Die fürs Weben nötige Schlichte stört indes die Weiterverarbeitung: Textilfarben finden keinen Halt auf den Fasern, der Stoff krumpft sich beim Nähen, und der Konsument möchte die Schlichte auch nicht in der Waschmaschine vorfinden. Deshalb wird das gewebte Tuch vor der Weiterverarbeitung gewaschen. Die wasserlöslichen Polymere werden dabei nicht verändert; die entstehende Waschlösung ist aber zur Wiederverwertung zu verdünnt und bereitet große Umweltprobleme. Natürliche Schlichtemittel werden zwar abgebaut, brauchen dafür aber viel Sauerstoff. Synthetische Schlichtemittel sind Fremdstoffe im Wasser. Sie hängen sich irgendwo an, verstopfen Organe von Wasserorganismen oder kleben am Klärschlamm.

Vor kurzem ist es dem amerikanischen Maschinenproduzenten Gaston Count mittels Ultrafiltration gelungen, den im Wasser schwimmenden Rückstand aus der Webware in eine gebrauchsfähige Schlichte zurückzuverwandeln. Der Trick: Count hat auf einem porösen Träger, in diesem Falle ist es Kohlenstoff, eine Membran aufgebracht, deren Löcher so winzig sind, daß sich nur die kleinen Wassermoleküle hindurchquetschen können. Die Schlichtepartikel bleiben außen vor. Die Ultrafiltation benötigt wesentlicher weniger Energie als die Destillation. Die marktüblichen Anlagen sind in zwei Jahren amortisiert.

Doch die Einführung des Schlichte-Recylings scheitert bisher an der absurden Logistik der texilen Kette. Selbstverständlich läßt sich der Unfug auch ökonomisch begründen: Die Weberei ist heute hochgradig automatisiert und deshalb auch in Ländern wie Österreich, Deutschland und Schweiz konkurrenzfähig. Entschlichtet wird der Gewohnheit entsprechend bei der Weiterverarbeitung des Tuches, da das Gewebe je nach weiterer Verwendung unterschiedlich gewaschen und behandelt wird. Als »passive Lohnveredlung« wird das Färben und die Endausrüstung immer häufiger nach Osteuropa ausgelagert. Die polnischen Freunde können aber mit zurückgewonnener Schlichte nichts anfangen, und der Rücktransport des Recyclates in die Weberei wäre zu teuer und aufwendig. Darum bemüht man sich jetzt, die verwendeten Substanzkombinationen weltweit zu standardisieren und Technologien zu entwickeln, um derartige Misch-Schlichten problemlos recyclieren zu können. Das Ziel, daß der Weiterverarbeiter sein Recycling-Produkt statt bei den Tuchlieferanten bei der nächstgelegenen Weberei unterbringen kann, ist aber bei der Vielfalt der marktüblichen Schlichtemittel in sehr weiter Ferne. Einen anderen und klügeren Weg hat die deutsche Textilgruppe Hof gewählt: Sie ist bisher die einzige Firma, die entschlichtete Gewebe an ihre Abnehmer liefert und die Schlichtelösung im eigenen Betrieb wiederverwendet. Es geht also doch!

Die Eidgenossen haben den Streit auf andere Weise geschlichtet. In der Schweiz verwenden alle Webereien (20 Betriebe) Schlichtemittel beziehungsweise Schlichtemittelkombinationen (sogenannte Schlichtemodelle), die im Zahn-Wellens-Test zu 90 % eliminierbar sind (Tobler u.a., 1992). Harald Schönberger berichtet:

»Mittlerweile wurden rund 600 Textilhilfsmittel (Marktprodukte) nach einem nachvollziehbar wissenschaftlichen und publizierten Einteilungsverfahren in drei Gefährdungsklassen eingestuft. Stoffe der Klasse 1 müssen vom Abwasser fernhalten werden, von den Stoffen der Klasse 2 sollten wenig ins Abwasser gelangen. Stoffe, die in Klasse 3 eingeordnet wurden, unterliegen keinen Einschränkungen in ihrer Anwendung.«

Doch dabei gibt es einen bitteren Wermutstropfen: »Die Einstufung der einzelnen Produkte wurde nicht veröffentlicht, da die Verfasser Regreßansprüche seitens der Textilhilfsmittelhersteller befürchten.« (Schönberger, 1993: 27) Ein kleiner Lichtblick: Jeder Schweizer Textilveredlungsbetrieb kann bei den Verfassern anfragen, wie seine Einsatzprodukte eingestuft sind und welche Substitutionsmöglichkeiten bestehen. Auch für die Textilveredlungsbetriebe in Deutschland und Österreich wäre es eine große Hilfe, wenn diese Liste zur Verfügung stünde und fortgeschrieben würde.

3. Kleine Zeichen der Hoffnung

Die Bremer Wollkämmerei hat in Zusammenarbeit mit Prof. Norbert Räbiger und seinem Team eine »beispielhafte Lösung für produktionsorientierten Umweltschutz« gefunden: Große Mengen an Soda, die bislang zum Waschen der Wolle unerläßlich waren, können den neuesten Erkenntnissen entsprechend durch Asche ersetzt werden, die bei der Verbrennung von Eindampfrückständen im selben Unternehmen entsteht (Brünings/Naumann, 1993).

Unter der Devise »ökologisch vorteilhafter Verfahren« steht auch die enzymatisch gesteuerte Vorbehandlung von Rohbaumwolle. Zumindest schon im Labormaßstab gelingt es neuerdings, die natürlichen Begleitsubstanzen der Rohbaumwolle durch Pektinasen und Cellulasen abzubauen (Bach/Schollmeyer, 1992). Konventionelle Reinigungsverfahren, die mit hohem Energie- und Chemikalieneinsatz diese Trennarbeit bewerkstelligen, können durch diese schonendere Methode abgelöst werden.

Die deutsche Firma Brinkhaus in Warendorf spezialisiert sich auf Bettwäsche und Oberbekleidung aus Baumwolle. Das Unternehmen hat große Bemühungen unternommen, den Wasser- und Materialumsatz in der Herstellung zu vermindern, und war erfolgreich. 1987 wurden nach Schätzungen von Brinkhaus für die Herstellung von 1 kg Baumwollbekleidung folgende Materialströme benötigt: 165 Liter Wasser, 2,4 kg andere Stoffe und 6,3 kWh elektrische Energie. Seitdem wurden die benötigten Wasser-, Stoff- und Energiemengen beachtlich reduziert. Der Wasserverbrauch sank um 80 %, das Abwasservolumen um 92 %. Der Energieverbrauch innerhalb der Fabrik konnte um 13 % verringert werden, aber durch die Nutzung der Abwärme für die Heizung von 73 umliegenden Wohnhäusern kann die Energieeffizienz noch um insgesamt 61 % gesteigert werden. Weitere Materialeinsparungen könnten nach Richard Elsner vom Wuppertal-Institut – er hat sich mit den Stoffinputs bei Brinkhaus beschäftigt – »durch eine Verminderung der Anzahl der Produktionsschritte erreicht werden« (Weizsäcker, 1995: 120).

Wissenschaftler des Instituts für Textilchemie und Textilphysik in Dornbirn entwickelten eine elektrochemische Färbetechnik, mit der beträchtliche Mengen an bisher eingesetzten Färbechemikalien wegfallen können. Die Farbfixierung erfolgt mit Eisensalzen, die nach Gebrauch elektrolytisch abgeschieden und auf diese Weise zurückgewonnen werden können. Im Gegensatz zur früheren »Einbahnstraße« kann nun praktisch »im Kreisverkehr« gefärbt werden. Entwickelt wurde das Verfahren für das Einfärben von Baumwolle mit synthetischen Schwefel-, Indigo- und Küpenfarbstoffen. Der erfolgreiche Praxistest mit einer 12 000 Meter langen »elektrochemischen« Färbepartie ermutigte die beteiligten Wissenschaftler zu der Aussage: »Das weltweite Potential liegt im Bereich von Millionen Kilometern Baumwoll-Stoff.« (Santler, 1995: 15)

Der Bewußtseinswandel zum präventiven Öko-Management vor allem auch im Hinblick auf das kostbare Umweltmedium Wasser steht bei den meisten Textilern auf noch recht schwachen Füßen. Krankjammern, den Konkurrenzdruck beklagen, vor »übertriebenen Auflagen« warnen, die Umweltpolitik an den Pranger stellen – ist allemal leichter als aus der selbstverschuldeten Umweltnot eine Tugend zu machen und im Interesse aller Beteiligten die textile Kette aus ihrem chemischen Würgegriff weitgehend herauszulösen. »Ich kenne viele konkursgegangene Textilunternehmen in Deutschland, aber keines, das an Umweltschutzauflagen eingegangen wäre«, sagte Peter Reinelt, der Umweltstaatssekretär von Baden-Württemberg vor einer hochkarätigen Textiler-Runde (Hupka, 1993). Das wirkliche Problem: Die Chemie als wichtigster Zulieferant verkennt die Lage und versinkt in Eigenlob. »Auf dem Gebiet der Textilverdelung sind bei der BASF umweltgerechte Produkte seit Jahren Teil einer kontinuierlichen Entwicklungsarbeit«, heißt es in der BASF-Information 93. Das mag ja für einen Bruchteil der Agenzien durchaus zutreffen, doch der ökologische Nachholbedarf ist insgesamt doch gigantisch. »Umwelt hat ihren Preis«, schreiben die Ludwigshafener Textilchemiker und schieben damit ihre Verantwortung in die Anonymität des Marktes. Doch Ulrich Steger, der ehemalige hessische Wirtschaftsminister und jetzige Vorstand der European Business School in Eltville, weiß es besser: »Über kurz oder lang«, mahnt Steger, werde die Lösung für die Umweltprobleme der Industrie »zur Existenzfrage«. Firmen, die hier eine Vorreiterrolle übernehmen, werden gegenüber den internationalen Konkurrenten Vorteile lukrieren (Steger, 1991). Ökologisches Produktmanagement muß zum festen Bestandteil der Unternehmerstrategie werden. Nicht mit Worten, sondern mit Taten.

Öko-Audit macht fit

Im Juni 1993 wurde vom Ministerrat der Europäischen Union die sogenannte Öko-Audit-Verordnung (EWG Nr. 1836/93) über die freiwillige
Teilnahme gewerblicher Unternehmen an einer Umweltmanagement-
und Umweltbetriebsprüfung einstimmig von allen Mitgliedsländern ver-
abschiedet. Ziel ist die kontinuierliche Verbesserung des betrieblichen
Umweltschutzes. Die Unternehmen sollen dazu entsprechende Instrumente in den Betrieben einführen und sogenannte Umweltmanage-
ment-Systeme einrichten. Ab April 1995 ist diese Verordnung rechtskräf-
tig, d.h. ab diesem Zeitpunkt werden amtlich anerkannte Umweltprüfer
überall in Europa die Umweltleistungen der Betriebe sowie die Wirksamkeit der betrieblichen Umweltschutzorganisation begutachten. Ver-
gleichbar ist diese Entwicklung im Bereich des betrieblichen Umweltschutzes mit den Anfängen der Wirtschaftsprüfung vor etwa 100 Jahren.
Diese Verordnung ist zwar freiwillig. Doch bereits heute ist festzustellen,
daß die Wirtschaft dieses von der EU geschaffene Instrument offensiv
aufgreift und ein reger Wettbewerb entsteht, so daß bereits Ende 1995
voraussichtlich ca. 1 000 Unternehmen in Deutschland ein entsprechendes Umweltzertifikat erhalten haben.

   Die Öko-Audit Verordnung fordert die Umsetzung folgender Instrumente in den Unternehmen:

- die Einführung eines systematischen Umweltschutzmanagements
  sowie die Festlegung von Umweltprogrammen und Umweltmanage-
  mentsystemen mit dem Ziel der kontinuierlichen Verbesserung des
  Umweltschutzes,
- die regelmäßige und systematische Überprüfung der umweltorientierten Leistungen (z.B. Reduzierung von Abfällen, Emissionen etc.),
- die Unterichtung der Öffentlichkeit über den Stand des betrieblichen
  Umweltschutzes (Umwelterklärung),
- die regelmäßige unabhängige Validierung des Umweltschutz-Systems
  und Ergebnisse des Öko-Audits durch staatlich anerkannte Umweltprüfer.

Unternehmen, die diesen Anforderungen gerecht werden und sich darüber hinaus zum Einsatz der jeweils bestverfügbaren Technik verpflichten, erhalten – nach entsprechender Überprüfung der öffentlichen
Umwelterklärung durch einen amtlich anerkannten Umweltprüfer – das
Umweltzertifikat der EU.

   Die Öko-Audit Verordnung der EU ist auch für die Naturwaren- und
Naturtextilbranche von größter Bedeutung, weil hier ein entscheidender
Wettbewerbsfaktor entsteht. In allen wichtigen Branchen wird die Verordnung zum Industriestandard. Verbraucher werden ihre Kaufentschei-
dungen mehr und mehr davon abhängig machen, ob ein Unternehmen

nachweislich umweltgerecht wirtschaftet. Von der Bio-Branche wird dies insgeheim erwartet, ohne daß bisher ein Beweis dafür erbracht werden mußte. Mit der Öko-Audit Verordnung steht die Naturwarenbranche nun vor der Alternative, den Weg und die Normen für eine umweltgerechte Wirtschaftsweise aktiv mitzugestalten oder mittelfristig am Markt von innovativen Industriebetrieben verdrängt zu werden. Und das wäre eigentlich schade.

VI. Kapitel

Die sanfte zweite Haut

Natürlich fällt wieder ein Haufen Leute auf die Lifestyle-Einpeitscher der Modeindustrie herein, vor allem junge Leute, die sich sonst »mega-out« fühlen würden. Die sind zunächst einmal an Techno- und Metallic-Fetzen, an PVC-Kunststoffschläuche und Chemie-Look verloren. Ungeachtet dieser von der Kunstfaserindustrie inspirierten Modetorheiten verlangen immer mehr Zeitgenossen nach einer zweiten Haut, die auf harte Chemie verzichtet, die nicht krank macht und der Umwelt nicht schadet. Sie suchen Schick und Wohlbefinden, Ästhetik und Qualität, Lebensfreude und Umweltschutz. Sie verlangen eine kreative Naturmode, die funktionell, urban, attraktiv, langlebig und einer sanften Philosophie verpflichtet ist. Das hat nichts mit Modetrends zu tun. Das ist einfach eine Sache der Vernunft.

Nun können auch noch so ausgefuchste Industriechemiker und ihre Werbeleute das Rad der Zeit nicht mehr zurückdrehen. Längst geht es nicht mehr um Hopp oder Tropp, um nichts als die reine Natur oder das total synthetische Textil. Die Kunstfaser-Hersteller waren längst klug genug, ihre sperrige, hautphysiologisch problematische Ware mit Naturfasern zu mischen. Häufig ist heute nur ein kleiner Anteil Kunst, alles andere Natur – von der Faser her. Die chemische Ausrüstung, die mit allen negativen Folgen harte Chemie auf die Haut bringt, legt sich dann über beide Fasern drüber wie ein Giftschleier, der Freund und Feind zudeckt.

An beiden Enden setzt die Naturtextil-Philosophie an. Sie beobachtet den gesamten Stoffkreislauf, von der Entstehung der Faser bis zum Recycling oder zur Deponierung. Und sie entwickelt ein neues intelligentes System der Ausrüstung von Textilien, in dem auf harte Chemie grundsätzlich verzichtet wird, in dem Sanfte Chemie das Sagen hat. Naturtextilien müssen aus reinen Naturfasern bestehen, die am besten unbehandelt bleiben. Werden sie behandelt, sind Kompromisse unausweichlich. Möglichkeiten einer unbedenklichen Behandlung und Färbung mit Naturfarben existieren aber. Wo sie nicht existieren, sollten sie Anlaß zu weiterer Forschungsarbeit sein. Last but not least muß der ganze Produktionsprozeß in einem sozialverträglichen Rahmen ablaufen. Die Ausbeutung der sogenannten Billiglohnländer hat in diesem Konzept keinen Platz. Angesagt sind strikte Ablehnung der Kinderarbeit, Kooperation auf partnerschaftlicher Basis und, für Europa, die verstärkte Nutzung eigener Ressourcen durch den Anbau von Leinen und Hanf.

1. Freundliche Fasern

Als »reine Naturfasern« dürfen nach der Definition des Arbeitskreises Naturtextil (AKN) in Stuttgart nur unbehandelte Fasern pflanzlicher oder tierischer Herkunft bezeichnet werden. Es ist eine exklusive Bezeichnung für solche Garne und Stoffe, »die weder Kunstharz- noch Chemie- oder andersgeartete, faserverändernde Ausrüstungen erhalten haben« (*Zukunft braucht Initiative*, 1993:6). Dazu zählen die Antifilz-Appretur (Superwash, Basolan, Dekatur etc.), Mottenecht-Appretur (Eulan, Mitin etc.), Antischmutz-Appretur (Scotchgard, Antisoiling), Hygiene-Appretur (antimikrobielle Ausrüstung) sowie die Knitterarm-, Krumpfecht-, Maschinenfest-, Flammhemm-, Antistatik-, und Antipilling-Appretur. Hinzu kommen die Mercerisierung und die Seidenbeschwerung. Darüber hinaus dürfen unbehandelte Naturfasern weder gebleicht noch gefärbt werden. Unter unbedenklich behandelten Naturfasern versteht der Arbeitskreis ausschließlich mit mechanischen Verfahren ausgerüstete Textilien. Als unbedenklich gefärbt gelten nur Stoffe, die »ohne vorherige Chlorbleichung pflanzlich oder mit unbedenklichen synthetischen Farbstoffen gefärbt wurden«. Hier ist der Kompromiß mit Händen zu greifen. Die Frage ist nämlich, ob es unbedenkliche synthetische Farbstoffe überhaupt gibt, wenn man die gesamten Produktionsabläufe und Öko-Bilanzen im Auge hat.

Abgesehen vom Einsatz harter Chemie bei der Herstellung von Kunstfasern ist der gravierendste Unterschied zu den Naturfasern ihre schlechte Aufnahmefähigkeit von Feuchtigkeit. Wolle kann bis zu 40 % ihres Eigengewichts an Feuchtigkeit aufnehmen, ohne sich feucht anzufühlen, Seide und Hanf 30 %, Baumwolle 25 %, Leinen 23 %. Synthetics erreichen diese Werte bei weitem nicht. Viskose, eigentlich eine Kunstfaser, ist in diesem Punkt eine Ausnahme und kann ohne Probleme bis zu 35 % ihres Eigengewichts an Feuchtigkeit aufnehmen (Strütt-Bringmann, 1994:39ff.).

Der dem Arbeitskreis Naturtextil nahestehende Dermatologe Lüder Jachens aus Stiefenhofen, der sich selbst als »redlichen Schulmediziner« bezeichnet, charakterisiert die Kunststoffaser so:

»Die synthetische Faser entbehrt der Möglichkeit, den menschlichen Organismus über die Sinnesorgane qualitativ zu ernähren. Dafür hat sie spezielle physikalische Eigenschaften wie z.B. hohe Reißfestigkeit und Elastizität, die ihr gegenüber den Naturfasern Vorteile geben. Gegenüber der synthetischen Faser kann man das Erlebnis haben: ›Da bleibt man draußen vor‹. Es stellt sich kein Wohlbehagen ein. Man fühlt sich nicht aufgenommen. Sensible Menschen berichten sogar von einem saugenden Gefühl, empfinden, daß Kräfte abgezogen werden.« (Jachens, 1995:113)

Man wird also nicht warm mit den Synthetics. Es entsteht kein Miteinander. Sie entsprechen der Kälte einer Leistungsgesellschaft, deren unaufgearbeitete Frustrationen sich im Techno-Rausch entladen, um schließlich zum Syndrom zu werden. Die Kunstfasern sind von Natur aus nicht leitend. Sie ermöglichen keinen kontinuierlichen Austausch der kleinen elektrischen Ströme, mit denen wir ständig leben. Sie werden an ihrer Oberfläche aufgeladen, bis eine explosive kleine Entladung erfolgt, wenn wir die Türklinke berühren. Das spiegelt sich in einer modernen Zeitkrankheit, die im Zunehmen begriffen ist, im Bild der Neurodermitis (s. Kap. 3.1). Die Haut des Neurodermitikers steht quasi »unter Strom« (Jachens, 1995:111) und alles, was von der textilen Hülle signalisiert wird, schlägt an der Haut wieder doppelt zu Buche. Lüder Jachens vergleicht die Wirkung von Synthetics mit der allopathischen Medizin und die Wirkung von Naturfasern mit homöopathischen Mitteln: ein nachdenkenswerter Ansatz, der allerdings die Hersteller von Naturtextilien zu höchster Genauigkeit und eingehendem Studium ohne Ende verpflichtet.

1.1 Baumwolle aus kontrolliert biologischem Anbau

Die Baumwollpflanze, ein Malvengewächs wie die heimische Stockrose, wurde bereits vor 5 000 Jahren in Indien angebaut und zu Kleidern verarbeitet. Das bezeugen archäologische Funde. Erst zur Zeit Alexanders des Großen wurden Baumwolltextilien durch den regen Handel in den Mittelmeerraum gebracht. Die Baumwollfaser hat wie Flachs einen röhrenförmigen Querschnitt. Sie ist daher ein wunderbar leichter Temperaturregulator. Ein luftiger Freund im Sommer und eine angenehm wärmende zweite, dritte und vierte Haut im Winter. Das Geheimnis des Mehrschicht-Systems ist jedem Kenner ein Begriff, besonders in milderen Klimazonen, wo dicke Wolle oft zu warm wird. Bei der herrlich luftdurchlässigen Baumwolle gibt es auch bei körperlicher Anstrengung keinen Wärmestau unter den Hüllen. Baumwolle ist schon an sich etwas Feines. Ein richtig königliches Vergnügen wird sie dann, wenn sie im Bioanbau wächst und ohne harten Chemieeinsatz zu Stoff verarbeitet wird.

»Die Nachfrage steigt. Ständig rufen Leute bei mir an und wollen wissen, wo es organisch produzierte Baumwolle gibt«, klagt Dieter Neumann von der Bremer Baumwollbörse in Hamburg, »aber ich muß immer wieder passen.« Dabei hat die Weltproduktion an Bio-Baumwolle in den letzten Jahren stark zugenommen. 1990 waren es nur zehn Tonnen Bio-Baumwolle (*Öko-Test-Magazin* »Naturmode« 1993/94:31)! Vier Jahre später wurden schon rund 6000 Tonnen kbA-Baumwolle erzeugt (kbA ist das Kürzel für kontrolliert biologischer Anbau). Diese Angabe stammt aus einem an uns gerichteten Brief von Thorsten Bruxmeier von Esprit Düsseldorf, einem der größten Abnehmer in Deutschland. Esprit allein hat für 1995 nach eigenen Angaben an die 700 Tonnen kbA-Baumwolle geordert. Etwas optimistischer schätzt M.F.C.A.M. van Esch (ja, so schreibt er sich) von der holländischen Firma Bo Weevil, dem größten Bio-Baumwollproduzenten, den Anteil von Bio-Baumwolle an der Weltproduktion ein. Bei der Konferenz »Cotton Connection« Ende November 1994 in Hamburg bezifferte er die Ernte 1993 auf 6000 bis 8000 Tonnen. Die Steigerungsrate für 1994 sah er bei 50 % (Cotton Connection, 1994:5). Bei einer realistischen Annahme von derzeit über 10000 Tonnen nähert sich also der Anteil der Bio-Baumwolle an der globalen Produktion der bescheidenen Marke von 0,01 %. Dabei muß man allerdings die beachtlichen Steigerungsraten sehen, nach denen sich die Produktion in nur wenigen Jahren vervielfacht hat: ein zartes Pflänzchen, das gute Pflege braucht.

Handgepflückte und biologisch angebaute Baumwolle tauchte erstmals 1983 auf, als die dänische Firma Novotex mit der Marke »Green Cotton« startete. Sie erhielt dafür 1988 den Umweltpreis der EG und 1994 den Umweltschutzpreis der American Fashion Group Foundation. Seit 1990 sind die Produkte öko-zertifiziert. Kontrolliert wird der gesamte Produktionszyklus vom Anbau bis zur fertigen Ware. Baumwolle ohne Einsatz von Kunstdünger, Pestiziden und Entlaubungsmitteln wird derzeit vor allem in Ägypten, der Türkei, Griechenland und Indien angebaut. Ein Hoffnungsschimmer tauchte kürzlich auch in Paraguay auf: 1993 wurden nach den IFOAM-Richtlinien 300 Hektar »Organic Cotton« angebaut. Auch in Peru, Tunesien, Argentinien und den USA gibt es Bio-Baumwolle. Sally Fox in Kalifornien züchtet widerstandsfähige, robuste Baumwollsorten, die keine Spritzmittel brauchen. Sie kreuzt wilde Arten (*Gossypium barbadense und G. hirsutum*) mit längerfasrigen Züchtungen. Auch das Färben entfällt, weil sie durch die Einkreuzung der Wildsorten rötliche, grüne, braune, gelbe und beige Pastell-Töne erhält.

So wie in der Lebensmittelproduktion das Ziel die komplette Umstellung auf ökologische Landwirtschaft sein muß, so sollte auch die Textilindustrie die kontinuierliche Umstellung auf Bio-Baumwolle betreiben.

Sicher, das ist ein weit gestecktes Ziel. Selbst, wenn es jetzt einen Konsens gäbe, würde der Umstieg 25 bis 30 Jahre dauern, zum einen, weil die Ökosysteme in den Anbaugebieten bereits nachhaltig geschädigt sind, zum andern, weil für widerstandsfähige Pflanzen erst wieder genügend Saatgut herausgezüchtet werden müßte. Zudem hätten die Cotton-Bauern umzudenken und umzulernen.

Der ersten zaghaften Schritte des Bio-Baumwollanbaus wurden 1991 in der Türkei gesetzt, kontrolliert von der holländischen Organisation S.E.C. Bei Bio-Baumwolle wird durch eine Dreifelderwirtschaft oder Mischkulturen verhindert, daß sich Schädlinge ungehemmt ausbreiten. Auf Entlaubungsmittel wird natürlich verzichtet. Man hilft sich mit Nachtfrösten, wie in den USA, oder mit dem guten alten händischen Pflücken. Einige kalifornische Bio-Baumwollbauern setzen anorganische Salzlösungen (Soda- und Kochsalz) zur Entblätterung der Stauden ein, wie das Institut für Ökologie und Politik in Hamburg 1992 feststellen mußte (Knirsch, 1993:38). Das ist natürlich mit der Bio-Philosophie nicht vereinbar und außerdem vertragen das die Böden nur kurz. Dann ist durch Versalzung Endstation.

Das gemeinnützige, international operierende »Pestizid-Aktions-Netzwerk« (PAN) in Hamburg versucht, unterstützt von den Verbraucherverbänden, in die Dritte Welt hineinzuwirken und die Produktion von giftfreier Baumwolle zu fördern. Das war das erklärte Ziel einer Konferenz, die Ende November 1994 in Hamburg stattfand. Der Arbeitskreis »Cotton Connection«, der von Verbraucherverbänden und Umweltorganisationen gegründet wurde, und das Pestizid-Aktions-Netzwerk (PAN) gründeten damals eine gemeinsame Plattform.

Ein eigenes Kapitel ist die Baumwollproduktion mit integriertem Pflanzenschutz. Der ist zwar ein Öko-Trick schlechthin. Trotzdem kann man ihn, wenn er als Zwischenstufe zum Bio-Anbau dient, bis zu einem gewissen Grad tolerieren. Das sieht z.B. das Öko-Konzept des Schweizer Handelskonzerns Coop im Textilbereich vor. Im April 1993 hat Coop als erster Großverteiler in der Schweiz mit seiner Bekleidungslinie »Coop Natura Line« nach eigener Definition versucht, »dem Konsumenten Qualität aus umweltschonender Produktion mit minimalem synthetisch-chemischem Hilfsstoffeinsatz« anzubieten. Analog zur »naturaplan«-Produktlinie im Lebensmittelbereich war die erste Stufe die Integrierte Produktion (IP). Bis ins Jahr 1996 wurden diese Produkte vollständig auf kontrolliert biologischen Anbau umgestellt. Und dementsprechend soll auch die »gesamte Kollektion Natura-Line auf Baumwolle aus kontrolliert biologischem Anbau umgestellt werden« (Egger, 1995:2). Dabei geht es um das sogenannte Maikaal-Projekt in Indien. Partner sind die Maikaal Fibres Ltd. in Zentralindien und die Schweizer Garnhandelsfirma Reimei AG. Mittlerweile sind in Indien rund 600 Bauern an diesem Projekt beteiligt. Ein großartiger Anfang. Ein hoffnungsvoller Ansatz ist auch in Nicaragua zu registrieren. Zusätzlich entwickeln sich auch erste Anfänge im kbA-Segment. 1993/94 begann ein einziger Bauer mit dem Anbau von Bio-Baumwolle. In der nächsten Saison waren es schon 50 kleine Farmer mit einer Gesamtfläche von 75 Hektar (Jansen, 1995:4).

Das faszinierendste Bio-Baumwollprojekt ist vielleicht die Plantage Sekem in Ägypten. Sie liegt doppelt in der Wüste: in der Sandwüste und in der Wüste eines wüsten Einsatzes von Spritzmitteln im Baumwollanbau. Ägypten gehört zu den durch Pestizide am meisten geschädigten Ländern. Doppelt so hoch ist daher die Leistung des Arztes Ibrahim Abouleish zu rechnen, der 1978 in Heliopolis, ungefähr 60 Kilometer nordöstlich von Kairo, ein 70 Hektar großes Stück Wüste kaufte, einen Brunnen bohrte, schnell wachsende Bäume und Hecken pflanzte, mit dem Aufbau einer Kuhherde begann und damit anfing, die Einöde fruchtbar zu machen. Heute umfaßt die Sekem-Landbauorganisation 60 Farmen und rund 800 Hektar Land. Nach der biologisch-dynamischen Methode, die auf den österreichischen Anthroposophen Rudolf Steiner zurückgeht, werden Heilkräuter, Gewürzpflanzen, Gemüse und Baumwolle angebaut. »Sekem« heißt Lebenskraft aus der Sonne. Die uralte Tradition Ägyptens wird hier wieder lebendig, die sicher älter ist als der Sonnenkult des Pharaos Echnaton (1364–1348 v.Chr.) und der Nofretete, die den Sonnengott Aton zum einzigen Gott machten. Zum grünen Imperium von Sekem gehören auch eigene Webereien, wo die eigene Ernte zu Tuch verarbeitet wird. Und dieser Baumwollstoff wird wieder in eigenen Sekem-Schneidereien zu T-Shirts und anderen Produkten konfektioniert. 1200 Menschen gibt die Organisation Arbeit und Brot.

Die Bio-Praxis in Sekem ist bereits ausgezeichnet und z.T. euphorisch beschrieben worden (Merckens u.a., 1994; Gleich, 1995:32–39). Wir verstehen die Begeisterung, möchten aber auch an die Schwierigkeiten erinnern, die mit solchen Projekten verbunden sind. Darauf hat auch der Agraringenieur Julius F. Obermaier aus Salem-Beuren beim Achberger Symposium 1995 aufmerksam gemacht. In seinem Referat sagt er: »Anbausysteme wie in Sekem stellen an die Beobachtungsgabe der Anbauer hohe Anforderungen. Im Bioanbau kann man nicht über einen Kamm scheren, sondern muß je nach Standort neu entwickeln. Die einjährige Baumwollpflanze ist unter Kulturbedingungen leicht anfällig für Schadpilze und attraktiv für Insekten. Sie bedarf daher besonderer Pflegemittel.« Für Bio-Baumwolle werden seit 1995 unter anderem das System KASCO und das Pflanzenpflegemittel Indira getestet. KASCO wurde von der mit der Ayurvedischen Medizin vertrauten indischen Biologin

Seema Gandhi (Bombay) entwickelt. In mehreren Schritten werden pflanzliche Präparate verabreicht, etwa eine Mixtur aus milchsauer vergorenen Meeresalgen vermischt mit Kräuterauszügen zur Düngung oder pflanzliche Repellents zum Schutz vor Schädlingen. Indira ist eine Komposition aus verschiedenen pflanzlichen Ölen, vor allem eine Mischung spezieller Fraktionen von Senfölen und Pimentöl. Die Forschungen und Versuche begannen schon 1974.

Einer der deutschen Partner von Sekem ist die Alnatura Produktions- und Handelsgesellschaft in Bickenbach, deren geschäftsführenden Gesellschafter Götz Rehn wir beim Achberger Symposium 1995 kennenlernten (s. Nachwort). Er hat eine neue Initiative mit dem Namen »Cotton People Organic Babytextilien« ins Leben gerufen, die sieben Öko-Schritte in der textilen Kette für unverzichtbar hält:

– Babytextilien aus Baumwolle müssen aus biologischem Anbau kommen. Die Baumwolle muß handgepflückt sein.
– Das Entkernen und Spinnen der Baumwolle muß nach ökologischen Kriterien erfolgen.
– Die Textilien werden entweder aus ungebleichtem und naturbelassenem oder aus mit schwermetallfreien Reaktivfarben gefärbtem Garn gefertigt. Das Garn wird ohne zusätzliche Chemikalien zu Rippjersey, Singlejersey oder Piqué verstrickt.
– Die Stoffe werden nur mechanisch ausgerüstet, z.B. nur mit heißem Wasserdampf gekrumpft und gestaucht. Selbstverständlich werden keine Formaldehydharze verwendet.
– Zuschnitt und Konfektion der Stoffe erfolgen auf menschengerechten Arbeitsplätzen. Die Accessoires sind nach ökologischen Kriterien ausgewählt. Die Knöpfe bestehen aus Holz, Nüssen und Kamelknochen, die Reißverschlüsse und Nieten sind nickelfrei. Auch die eingenähten Etiketten sind aus Baumwolle.
– Die Preise werden nach den Grundsätzen des fairen Handels (Fair Trade) festgelegt. Ägyptische Familien sollen die Chance erhalten, eine eigene Existenz aufzubauen. Die Unterbringung, Verpflegung und ärztliche Versorgung der Arbeiterinnen und Arbeiter wird sichergestellt. Außerdem werden Bildungsprojekte gefördert. Beim Transport wird die energiegünstigste Möglichkeit bevorzugt.
– Die Textilien weisen eine besondere Schnittform auf und sind besonders hautsympathisch und atmungsaktiv. Sensible Kinderhaut braucht natürliche Kleidung. Hochwertige Verarbeitung soll »longlife«-Produkte gewährleisten. Nachdem die Textilien ausgedient haben, ist das Recycling kein Problem.

»In love with nature« ist die Devise der Cotton-People. Wir können uns ihrem Engagement durchaus anschließen. Auch die Wilhelm Grözinger Strumpffabrik in Dornhan im Schwarzwald bezieht seit 1994 Bio-Baumwolle aus den ägyptischen Plantagen für ein komplettes Strumpfprogramm. Markenname: »Grödo« (Gruber, 1995:9). Neuerdings haben die Schwarzwälder ihr Programm um Naturseide erweitert. Auf dem Programm stehen T-Shirts, Rollis und Unterwäsche. Living Crafts in Achberg nahe dem Bodensee bezieht für sein umfangreiches Strumpf- und Bekleidungsangebot aus Baumwolle kbA-Qualität aus der Türkei, genauer aus der Gegend um Izmir, wo in drei Dorfgemeinschaften mit traditioneller Kleinfelderwirtschaft in Fruchtfolge mit Sesam, Erdnüssen und Weizen Bio-Baumwolle angebaut wird. Gründüngung bringt Nährstoffe in den Boden. Gegen Insekten werden Duftfallen eingesetzt. Alle weiteren Produktionsschritte werden in Deutschland nach den strengen Richtlinien des Arbeitskreises Naturtextil (AKN) durchgeführt (s. Kap. 6.3.1).

1.2 *Linum usitatissimum:* der Edelknitter

Leinen: eine Kleidung für Götter, Priester und Pharaonen, für Trachtenbewegte oder auch solche, die sich ein gutes Stück für die Ewigkeit leisten. Leinen: ein edler Stoff, heimisch und kostbar, stilecht. Verdrängt von Baumwolle und Chemiefasern, kommt er heute wieder in »Mode«. Leinfasern sind Stengelfasern der traditionellen Faserpflanze Flachs oder Lein aus der Familie der Leingewächse (*Linaceae*). Als der große schwedische Systematiker Carl v. Linné 1758 der Leinpflanze den Namen *Linum usitatissimum*, »der äußerst nützliche Lein« gab, standen in vielen Teilen Europas Anbau und Verwertung dieser vielseitigen Nutzpflanze in voller Blüte. Heute bahnt sich eine Renaissance des zeitweise in Vergessenheit geratenen All-Rounders unter den Kulturpflanzen an, und neue Perspektiven zeichnen sich ab.

Die Einsatzmöglichkeiten des Leins reichen von der Lackindustrie bis zur Herstellung edler Stoffe – die bereits Karl der Große zu schätzen wußte –, von Spezialpapieren über Baumaterialien bis hin zu pharmazeutischen Produkten. Die frühesten Nachweise von kultiviertem Lein stammen aus Syrien und den östlichen Vorgebirgen Mesopotamiens ca. 6 000 v. Chr. Seit dem 4. Jahrtausend v.Chr. ist Leinen in Ägypten bekannt. Die ältesten Leinenreste stammen aus El Badâri in Oberägypten. In einem etwas jüngeren Grab in der libyschen Wüste fand man ein bemaltes Leinentuch, das einige Ruderschiffe zeigt. Weil die dargestellten Menschen weiße Lendentücher tragen, muß der Stoff schon vorher gebräuchlich gewesen sein. Nach Mitteleuropa wurde der Lein in der jungsteinzeitlichen Bandkeramik-Kultur (ab 3000 v. Chr.) gebracht. Aus Pfahlbauresten, etwa am Bodensee, konnten wiederholt verkohlte Leinenstücke geborgen werden. Die gewebten Stoffe weisen auch schon verschiedenartige Muster auf. Die ältesten Funde von Leinsamen in Norddeutschland, Dänemark und Schweden gehen auf die Zeit um 500 v.Chr. zurück. Seit dem Mittelalter ist der Lein ein fixer Bestandteil der Nutzpflanzen. Es finden sich zahlreiche Angaben über die medizinische Verwendung der Leinsamen wie auch über die Leinenweberei. Schon im frühen Mittelalter existierte eine Strafbestimmung für Flachsdiebstahl mit Roß und Wagen. Zu besonderer Blüte gelangten der Flachsanbau und die Leinenweberei bereits ab dem 13. Jahrhundert in Schlesien. Auch in anderen Gegenden Deutschlands gedieh das Flachshandwerk, so zum Beispiel in Westfalen, in Straßburg, Konstanz, Ravensburg, Ulm und Augsburg. Friedrich der Große förderte das Leinengewerbe auf jede mögliche Weise und war überzeugt davon, daß es ihm mindestens ebensoviel einbringen werde wie dem König von Spanien sein Goldland Peru.

Die Leinenweberei ist einer der ältesten Industriezweige und damit auch ein frühes Beispiel für den Ersatz menschlicher Arbeitskraft durch Maschinen und die Abhängigkeit von ehemals selbständigen Bauern und Handwerkern von größeren Betrieben. Die aufstrebende Leinenindustrie versprach den Unternehmern schnellen Reichtum, während die kleinen Weber in den Familienbetrieben immer mehr verarmten. Dagegen wehrten sie sich in den schlesischen Weberaufständen, die mit Gerhard Hauptmanns *Die Weber* auch Eingang in die Weltliteratur fanden. Die Aufstände wurden niedergeschlagen, an der immensen Bedeutung des Faserleins änderte sich vorerst noch nichts. Erst gegen Ende des 19. Jahrhunderts wurde das Linnen Schritt für Schritt von der Baumwolle zurückgedrängt, die es in seiner 6000 Jahre währenden Rolle als wichtigste Naturfaser ablöste. Ob der Lein auch als Faserlieferant das nächste Jahrtausend erleben wird, hängt zum einen von der Wiederentdeckung seiner traditionellen Qualitäten ab und zum anderen von neuen, erfolgversprechenden Möglichkeiten der Nutzung.

Lein wird in zwei verschiedenen Kulturformen angebaut: als kleinsamiger Faserlein und als großsamiger Öllein. Der Faserlein, besser bekannt unter der Bezeichnung Flachs, liefert neben dem Fasermaterial auch nutzbare, ölhaltige Samen, die allerdings kleiner sind als jene desÖlleins und ein Nebenprodukt der Fasergewinnung darstellen. Faserlein wird 100–140 cm hoch. Der gerade Stengel trägt in einer Trugdolde die himmelblauen Blüten, die sich nur für einen Tag öffnen. Zur Ertragsoptimierung wird derzeit an der Entwicklung neuer Leinsorten gearbeitet.

Die Weichen für eine wirtschaftliche Zukunft der Flachsfaser sind gestellt. Drei Schwerpunkte zeichnen sich ab: Erstens die Gewinnung der Langfaser, des wertvollsten Produkts der Pflanze, zweitens die weitere Forcierung innovativer Verwendungsbereiche der Kurzfaser und drittens die Schaffung von verkaufsfähigen Leinenwachsprodukten, wodurch die Verwertbarkeit und Wirtschaftlichkeit des »äußerst nützlichen Leins« noch weiter gesteigert werden könnte. Hier liegt wohl das größte innovative Potential.

Mit Langfasern für die Textilproduktion wird freilich die höchste Wertschöpfung erzielt. 40 % des Linnens gehen in die Bekleidung, 25 % in Haushaltswäsche, 20 % in Heimtextilien und 15 % werden für technische Zwecke verwendet. Höchste Ansprüche an die Garnqualität stellt die Oberbekleidungsindustrie. Leinen gehört zu den besten Naturstoffen und war, als festes und dauerhaftes Tuch, der Stolz unserer Ahnen. Da es sich ebenso wie Baumwolle angenehm kühl anfühlt, wird es heute von Mailänder und Pariser Modeschöpfern gerne für Sommerkollektionen auserkoren. Als Haushaltswäsche, wie etwa Bett- oder Küchenhandtücher, verfügt Leinen neben großer Strapazierfähigkeit auch über einen gewissen rustikalen Charme und strahlt in schwülen Sommernächten eine wohltuende Kühle aus. Leinen knittert. Das steht fest. Aber die Falten gehören einfach zu echtem Leinen. Leinen knittert edel.

Die wesentlich billigeren Kurzfasern (Werg) werden vor allem zu Flachswerggarn versponnen oder als Füllstoff verwendet, beispielsweise für Möbelfüllungen. Sie eignen sich aber auch zur Papierherstellung für Banknoten, Zigaretten, Müllsäcke u.a. Neue Nutzungsoptionen eröffnen sich für Formpreßteile, beispielsweise für Türverkleidungen von Kraftfahrzeugen, als Ersatz für Glasfasern, Vliesstoffe, Beläge und Fasern in der Baustoffindustrie.

Ein typischer Rohstoff aus Abfall ist Leinwachs. Dieses Material ist zu etwa 1 % im Flugstaub enthalten, der bei der textilen Verarbeitung anfällt. Durch Extraktion aus dem Staub gewinnt man das dunkelgrüne Rohwachs, dessen Fraktionierung einen pharmazeutisch wirksamen Stoff und reinweißes Wachs liefert. Die Wirksubstanz hat nachweislich durchblutungsfördernde und wundheilende Wirkung; das Wachs eignet sich als Rohstoff für eine Vielzahl chemischer Produkte, etwa auch als Hilfsmittel für die Textilindustrie.

Um an die wertvollen Langfasern des Leins selbst heranzukommen, muß vorher geröstet werden, entweder im Bottich (Wasserröste) oder gleich auf dem Feld nach der Ernte (Tauröste). Unter Röste versteht man allgemein einen biologisch-fermentativen oder auch chemisch unterstützten Aufschlußprozeß, bei welchem die Fasern in den Stengeln der Pflanze freigelegt werden. Bei der Tauröste werden die Pflanzenstengel in gleichmäßig dünner Schicht auf dem Boden ausgebreitet, bleiben dort, je nach Temperatur und Witterung, einige Zeit liegen, um auf natürliche Weise durch Pilze und Bakterien zu fermentieren. Danach kann die Abtrennung des Faserbasts mit Hilfe transportabler Maschinen direkt auf dem Feld erfolgen. Anschließend wird die Masse getrocknet. Das Brechen und Hecheln entspricht der Prozedur wie bei der Hanffasergewinnung. Selbstverständlich ist der rein biologische Aufschluß den chemischen Verfahren mit Natronlauge, Schwefelsäure und Chlorkalk vorzuziehen. Elegant, umweltschonend und billig ist sie jedenfalls, die Tauröste. Der Morgentau begünstigt das Wachstum von Mikroorganismen, die den Ablöseprozeß der Langfaser vom Bastmantel bewirken. Das sanfte Verfahren braucht allerdings etwas, was wir uns heute immer weniger leisten können, nämlich Zeit. Der Prozeß dauert 3–6 Wochen, und außerdem sollte es dann wenig regnen.

Eine andere ökologisch interessante Variante schließt die Flachsfaser mit Ultraschall auf. Eine kleine Pilotanlage der bayerischen Firma Ecco Gleittechnik wird derzeit getestet. Eine andere neue Form der sogenannten Wasserröste wird gerade unter der Bezeichnung »Flash Hydrolysis« ebenfalls im Rahmen eines Pilot-Projektes erprobt (Prunier, 1989). Dabei werden die Flachsstengel mit heißem Wasserdampf (200° C) behandelt. Außerdem gilt, daß die Qualität der Faser mit der Natürlichkeit des Aufschlußverfahrens steigt, was besonders dort zum Tragen kommt, wo aus Leinfasern edelste Stoffe hergestellt werden.

Die Flachsfaser besteht aus einzelnen Bastbündeln, die wieder aus Elementarfasern zusammengesetzt sind. Um den gleichen Fasertyp handelt es sich auch beim Hanf, bei der Jute und beim Kenaf (Faser-Hibiskus). Die zu verarbeitende Flachsfaser ist ein ungleichmäßiger Verband von Bastbündeln aus 10–30 einzelnen Faserzellen (= Elementarfasern). Die Größe der Einzelzelle, der Bau ihrer Wandung, ihre chemische Zusammensetzung und ihre Bündelung bestimmen die Charakteristik der technischen Flachsfaser. Messungen der Faserzellen ergaben sehr unterschiedliche Werte; ihre Länge schwankt zwischen 1–120 mm, meist liegt sie zwischen 40 und 60 mm. Die Mittellamelle, welche zwischen den einzelnen Faserzellen liegt, verklebt diese miteinander. Als Kittsubstanz fungieren Pektine. Die Fasern enthalten folgende chemische Bestandteile: Zellulose (65 %), Hemizellulose (16 %), Wasser (8 %), Pektin (3 %), Eiweiß (3 %), Lignin (2,5 %), Fette und Wachse (1,5 %) und Mineralien (1 %).

Die charakteristischen Eigenschaften der Flachsfaser sind: eine sehr hohe Festigkeit, sehr geringe Dehnungsfähigkeit, besonderer Glanz, rasche Feuchtigkeitsaufnahme, gutes Wärmerückhaltevermögen (worauf die angenehme Kühle der Leinenstoffe beruht), die Fähigkeit, dampfförmiges

Wasser aus der Luft aufzunehmen (hygroskopische Eigenschaften), gute Quellfähigkeit und Saugfähigeit sowie gute Hitzebeständigkeit bis 300° C. Die Faser schmilzt vor Entflammung nicht. Wie die Baumwollfaser ist auch die Flachsfaser ein Hohlrohr und daher ein guter Wärmeregulator. Im Sommer kühl, im Winter wärmend, dazu elektrostatisch neutral und robust.

Flachs ist eine sehr genügsame Kulturpflanze, die auch in unseren Breiten gut gedeiht. Aus Leinen oder Flachs fertigten schon die Menschen zur Zeit des »Ötzi« Stoffe für den Hausgebrauch. Bio-Flachs wird erst relativ wenig angebaut: insgesamt nur 5 % der Weltjahresproduktion von etwa 700 000 Tonnen (Ziegler, 1995:18). In Deutschland und Österreich sind erst in jüngster Zeit wieder zarte Ansätze zu registrieren, die fast ausgestorbene Leinenproduktion wieder anzukurbeln.

So ist z.B. in Schleswig-Holstein ein Flachszentrum entstanden. 50 000 Meter Leinen wurden schon 1993 aus dem dort angebauten Flachs gewebt, übrigens bei der österreichischen Firma Blaas (*Öko-Test-Magazin* Naturmode, 1993/94:28 f.). Größere Chargen liegen auf Abruf bereit. Greenpeace und C&A lassen daraus Blazer, Hosen, Bermudas und »Jacken im Jankerstil« schneidern. Das Gesundheitsmagazin *Vital* stellte erleichtert fest: »Endlich: Öko-Mode, die sich sehen lassen kann!« Das Konsumentenmagazin *DM* krönte die grünen Roben gar zum »neuen chic der haute nature«. Und die Frauen-Gazette *Elle* beantwortete ihre Frage »Öko?« gleich selbst: »Logisch!« Was so logo nicht war: Die Schleswig-Holsteiner verzichten beim Anbau nur »weitgehend auf Chemikalien«, zu deutsch: Es handelt sich um »Integrierten Pflanzenschutz«, der unter Öko-Tricks einzureihen ist. Ausgenommen ein kleiner Rest: 1992 stammten nur 5 % des Leinens aus kbA-Erzeugung. 70 % der Felder werden »integriert« bestellt, der Rest »mehr oder weniger konventionell« (*Öko-Test-Magazin* Naturmode 1993/94:29 f.).

Der Arzt und Biologe Georg Keller, Mitglied im Arbeitskreis Sanfte Chemie, arbeitet konsequent an einer klaren Öko-Linie beim Linnen. Logischerweise nennt er sein kbA-Leinenprojekt »ÖKOLIN«. Auf zunächst 10 Hektar in Heldenfingen auf der Schwäbischen Alb kultivieren drei Biolandwirte die blaue Blume der NaWaRo-Zukunft. NaWaRo ist kein Indianerstamm, sondern heißt nachwachsende Rohstoffe. Das Projekt entsteht in Zusammenarbeit mit dem Alb Natur Versand, der seinen Firmensitz ganz in der Nähe hat, in Laichingen, schon seit dem Mittelalter eine Hochburg der Leinweberzunft. Noch Anfang des 19. Jahrhunderts zählte man hier 214 Leinwebemeister. In den blauen Bergen der Schwäbischen Alb wurde damals nach der Arbeit in den geselligen Runden der »Kunkelstuben« gesponnen und der Faden einer uralten Märchentradition abgespult. Ökolin liefert das Leinen für Alb Natur aus einer eigenen Weberei. Daraus werden hochwertige Bettwäsche und Kleidungsstücke, Jacken und Hemden gefertigt (Alb Natur Katalog Frühjahr/Sommer 95:2).

Von der Gesamtfläche von 1000 Hektar Flachs im Waldviertel, dem Hauptanbaugebiet in Österreich, stammen nur 50 Hektar aus kontrolliert biologischen Anbau. Mit der Umstellung wurde vor zwei Jahren begonnen. Der Bio-Anteil wächst allerdings, schon auch deshalb, weil zu den Förderungsmitteln der EU noch eine nationale Stützung dazukommt. Ein wirkliches Bio-Leinen steckt also noch in den Anfängen – gegenüber der Baumwolle mit einigen Jahren Rückstand, die es aufzuholen gilt. Durch die Genügsamkeit der Flachspflanze sollte das eigentlich kein Problem sein! Wenn man in dem sonst ausgezeichneten, von der Verbraucherinitiative Bonn herausgegebenen Heft *Der Stoff, aus dem die Kleider sind* unkommentiert den Satz »Chemische Zusätze wie formaldehydhaltige Kunstharze machen Leinentextilien pflegeleicht« (Strütt-Bringmann 1994:41) findet, so glaubt man seinen Augen nicht zu trauen. Leinen ist wie Hanf *der* Naturstoff in unseren Breiten. Der kann doch nicht durch einen Allergie-Schocker verhunzt werden!

Daß es auch anders geht, zeigt die Textilwerkstatt Natura Linea in Groß Siegharts im Waldviertel. Hier wurde die alte Leinentradition seit 1989 wieder aufgenommen und mit modernem Design verbunden (s. Kap. 6.4). In der Waldviertler Flachsverarbeitung in Rastenfeld wird heimischer Flachs durch den ortsansässigen Betrieb Anderl zu ungebleichten, unbehandelten Leinenstoffen unter dem Markennamen »Waldviertler Leinen« verarbeitet, kontrolliert vom Anbau bis zum fertigen Produkt. Auch der größte leinenverarbeitende Betrieb Österreichs, die Blaas-Textilwerke im kärntnerischen Feldkirchen, werden von Rastenfeld beliefert (Gruber, 1995:10). Die Garne werden dort ohne formaldehydhaltige Kunstharzbeschichtungen und ohne andere chemische Zusätze zu Heimtextilien und Bettwäsche verarbeitet. Wie bei anderen Naturfasern, so ist es auch in diesem Fall: Das Weglassen von Chemie verbessert die Qualität entscheidend. Je naturbelassener die Garne sind, desto schmutzabweisender, wärmeausgleichender und haltbarer sind die Gewebe. Beide Betriebe beziehen ihren Rohstoff aus 50 Hektar kbA-Flachs. 1995 war bereits das dritte Umstellungsjahr, insgesamt sind dort im Waldviertel 1000 Hektar Flachs unter dem Pflug. Es ist zu hoffen, daß auch die restlichen Flächen bald umgestellt werden. Der Bio-Flachs wird natürlich zur Gänze für Textilien eingesetzt.

1.3 Biofaser-Boom: Hoffnung Hanf

Hanf macht euphorisch. Dazu muß man ihn offenbar nicht einmal als Haschisch oder Marihuana konsumieren. Vielen genügt es schon, sich diese Kultpflanze der Hippie-Zeit als Kulturpflanze des europäischen Agrarmarktes vorzustellen. Die Vision vom wogenden Hanffeld um die Ecke ist zur Verheißung geworden (*FAZ* 8. 3. 1995).

In den letzten zwei Jahren ist das Interesse am Hanf rasant angestiegen, nicht zuletzt wegen der deutschen, französischen und englischen Ausgaben von Jack Herers und Mathias Bröckers Bestseller *Die Wiederentdeckung der Nutzpflanze Hanf* (Herer/Bröcker, 1994). In vielen europäischen Ländern vernetzten sich Produzenten und Händler. Insgesamt eignet sich Hanf sehr gut für eine nachhaltige ökologische Landwirtschaft, wie sie in Europa zunehmend gefordert wird. Hanf liefert – beinahe von selbst – saubere Biorohstoffe, die sich für die Entwicklung ökologischer Produktlinien geradezu anbieten. »Auch auf der politischen Ebene hat sich in den letzten Monaten sehr viel getan«, teilt uns Hanf-Guru Michael Karus (1995: 22) aus Köln mit, »so daß eine (Teil-)Freigabe des Anbaus THC-armer Hanfsorten für das Jahr 1996 zu erwarten ist.« THC ist die Abkürzung für Tetrahydrocannabiol, den Hauptwirkstoff von Haschisch.

Zwei Jahre intensive Öffentlichkeitsarbeit, konkretes Interesse von seiten der Industrie und immer neue Hanfprodukte, die kaum die wachsende Nachfrage decken können, hätten inzwischen auch die Politik überzeugt, daß der Aufbau einer deutschen Hanfwirtschaft mehr als eine verrückte Idee ist, davon ist Michael Karus fest überzeugt. 1993 wurde der Hanf in Deutschland als nachwachsender Rohstoff wiederentdeckt. Seitdem ist schon viel geschehen: Heute produzieren und vertreiben Dutzende von ökologisch orientierten Unternehmen Hanfprodukte, und das mit rasch steigender Tendenz. Findige Entwickler kommen auf immer neue Ideen, Hanfrohstoffe für innovative Produktlinien zu nutzen. Hanf gilt als ökologischer Rohstoff par excellence, wie geschaffen für eine nachhaltige Kreislaufwirtschaft, in der nachwachsende Rohstoffe die Rohstoffbasis der Industrie bilden.

Die vielfältigen Nutzungsmöglichkeiten und (potentiellen) ökologischen Vorteile der Hanfpflanze haben – transportiert von aufmerksamen Medien – dafür gesorgt, daß die über Jahrzehnte vergessene und geächtete Nutzpflanze nun vor ihrer Wiedereingliederung in den Wirtschaftskreislauf steht. Während der offizielle Hanfanbau in Deutschland zur Zeit der Drucklegung dieses Buches noch immer verboten war, hat auf der politischen Bühne der Hanfsamen bereits zu keimen begonnen. In einem Antrag vom 15. März 1995 forderte die Bundestagsfraktion der SPD die Bundesregierung auf, »das Anbauverbot für Hanf mit einem THC-Gehalt bis zu

0,3 % aufzuheben ..., Maßnahmen zur Absatzförderung im Rahmen der Europäischen Flachs- und Hanf-Marktordnung einzuleiten ... und in ihren Forschungsbereichen deutliche Schwerpunkte zu setzen, um die beschleunigte Erforschung der Züchtung und Produktion sowie Entwicklung moderner Ernte- und Verarbeitungstechnologien für Hanf zu ermöglichen«. In ihrer Begründung schreibt die SPD-Fraktion: »Selten wurde ein nachwachsender Rohstoff von Interessengruppen innerhalb und außerhalb der Landwirtschaft mit so viel Interesse begleitet. Dies vor allem deshalb, weil Hanf als nachwachsender Rohstoff nicht nur ökonomisch, sondern auch ökologisch enorme Bedeutung hat.«

Auch Bundeslandwirtschaftsminister Borchert hat sich 1995 wiederholt für eine Freigabe des Hanfanbaus ausgesprochen. Borchert richtete an den für die Gesundheit zuständigen Ressortkollegen Seehofer die Bitte, das Anbauverbot für Hanf für die Landwirtschaft zu überprüfen (*FAZ* 20. 4. 1995). Borchert: »Ich sehe Chancen, das Betäubungsmittelgesetz dahingehend zu ändern, daß Hanfsorten mit geringem THC-Gehalt in Deutschland zum Anbau zugelassen werden.« (*Berliner Zeitung* 27. 4. 95).

»Dem Aufbau einer deutschen Hanfwirtschaft stehen indes die eigentlichen Hürden noch bevor«, schränkt selbst der optimistische »Hanf-Physiker« Karus ein:

»Innovative Technologien und Produktlinien müssen weiterentwickelt und realisiert werden. Hierzu ist Kapital notwendig und die Bereitschaft von Unternehmen und Endverbrauchern, den neuen Rohstoff Hanf anzunehmen und in bestehende Systeme zu integrieren. Es braucht Kreativität, Geduld und einen langen Atem, damit der Hanf nicht auf halbem Wege steckenbleibt, wie vor ihm Miscanthus oder Flachs. Es bedarf überzeugender ökologischer Konzepte, damit dem Hanf nicht das Schicksal vom Raps/Biodiesel blüht, der heute ökologisch bereits als abgeschrieben gilt. Es bedarf regionaler Konzepte, damit der einheimische Hanf gegen billige Importe bestehen kann. Die Arbeit, das ökologische Potential von Hanf dauerhaft und in relevanter Weise zu erschließen, hat gerade erst begonnen.« (Karus, 1995:24)

In früheren Zeiten hatte der Hanf eine der heutigen Petrochemie vergleichbare Tragweite. Seinetwegen wurden Kriege geführt, weil die Kontrolle über den Rohstoff Hanf eine Voraussetzung zu wirtschaftlicher Machtentfaltung war. Bevor in Europa Kohle, Erdöl und Gas im industriellen Maßstab abgebaut werden konnten und man in der Lage war, Massengüter wie Baumwolle, Jute, Sisal und Ramie aus Übersee einzuführen, hatte die Hanfverarbeitung die Funktion einer Schlüsselindustrie.

Wer kontrolliert heute die Weltfaserproduktion? Wer checkt die Arzneimittel- und Chemieindustrie? Woher kommen die Rohstoffe? Zu welchen Preisen werden sie zur Verfügung gestellt? Wie – und mit welchen Folgen – kommen diese Preise zustande?

Damit die Hanfsaat erneut aufgehen kann, muß man erwägen, warum es zum Niedergang der Hanfkultur kommen konnte, welche Anzeichen für ihre Renaissance sprechen und gegen welche Widerstände ein Ressourcenwechsel – mehr noch ein Paradigmenwechsel – durchgesetzt werden muß.

Die deutsche Chemieindustrie verarbeitet bisher nur 9 % nachwachsende Rohstoffe. 68 % der Rohstoffbasis stützen sich auf Erdöl, der Rest auf Kohle und Erdgas. Die chemische Industrie ist zugleich weltweit der größte Faserproduzent, und zwar mit steigender Tendenz. Die fossilen Rohstoffe werden nur zu 2 bis 5 % zu textilen Vorprodukten verarbeitet. Petrochemisch erzeugte Fasern zählen laut Firmenaussagen zu den »edelsten Verwendungsformen« fossiler Rohstoffe, denn der überwiegende Anteil wird mit schlechtem Wirkungsgrad »verheizt«, in Wärme und Bewegung umgewandelt. Leider gibt es noch keine wirklich objektivierbare Produktlinienanalyse zur ökologischen Bilanz synthetischer und »natürlicher« Faserprodukte. »Die Mehrheit bei uns ist nicht so sehr süchtig nach Hasch, sondern nach Konsum. Und solange wir diese Abhängigkeit, zu der uns machtvolle PR-Kampagnen immer wieder einladen, nicht in den Griff bekommen, kann die Hanfsaat nicht aufgehen! – Sie bleibt eine Öko-Mode, die unseren Blick und unseren Geist benebelt wie alle andern Moden, denen wir nachlaufen.« (Laue, 1995:24) Diese engagierte Diagnose von Dietmar Laue, einem Redakteur des *Textilforum*, können wir vorbehaltlos unterschreiben. »Der Hanf, den wir stellvertretend für unsere Süchte verantwortlich machen«, meint Laue, könnte indes wie ein Katalysator das Nachdenken über unsere gemeinsame Zukunft beschleunigen. Wieviel ist uns das Überleben unserer Kinder wert? Wie teuer müssen die fossilen Rohstoffe, wie teuer muß der Sprit sein, damit wir sie nicht mehr unseren Süchten opfern? Klar doch, wir müssen uns Überlebensstrategien und Techniken einfallen lassen, die Vertrauen schaffen können. Mit dem Hanf wächst Hoffnung, um den ganz normalen Wahnsinn zu überwinden. Die Wunderpflanze Hanf …? Man muß höllisch aufpassen, um nicht schon wieder einen Fetisch zu schaffen. Der Hanf vermag keines unserer Probleme auf Anhieb zu lösen. Was macht den Hanf für viele trotzdem so attraktiv? – Das Hanfwunder liegt in seiner mobilisierenden Kraft, genährt aus Widerstandswillen und pathologischem Optimismus.

Zusammen mit dem Hopfen bildet der Hanf die Familie der *Cannabaceae*. Die Frage, ob die Gattung Cannabis mehrere Arten umfaßt, ist allerdings umstritten. Hanf ist eine zweigeschlechtliche Pflanze. Der männliche Femelhanf ist schwächer entwickelt als die Hanfhenne, die verzweigter, dichter belaubt ist und später reift. Besonders bei kultivierten Sorten treten Zwischenformen auf, die sowohl männliche als auch weibliche Blüten tragen. *Cannabis sativa* ist eine schnellwüchsige, einjährige Pflanze mit nur einem Stengel, der 1–3 m, bei günstigen Wachstumsbedingungen sogar bis zu 5 m hoch in den Himmel wächst. Die interessanten Fasern sind, wie auch bei Lein, Jute und Ramie, die Bastfasern des Stengels. Durch gezielte Züchtung konnte der Fasergehalt des Stengels von ca. 10 auf 30–40 % erhöht werden. Rein äußerlich sind Hanf- und Flachsfasern kaum unterscheidbar.

Der grüne, im Alter verholzende Hanfstengel ist mit Haaren und Drüsen besetzt und zeigt einen vieleckigen Querschnitt. Die langstieligen, tiefgefingerten Blätter setzen sich in der Regel aus fünf bis neun gezähnten, schmalen Blattfingern zusammen, die ebenfalls mit Haaren und Drüsen besetzt sind. Die Harzdrüsen enthalten zu 80–90 % Cannabinoide, sowie ätherische Öle. Die psychoaktiven Cannabinole stammen aus der Gruppe der Tetrahydrocannabinole (THC). Die berauschende Wirkung des THC ist zwar von alters her bekannt, der Wirkstoff selbst wurde aber erst 1965 von Raphael Mechoulam, einem Mediziner der Hebräischen Universität Jerusalem, entdeckt. In den Hüllblättern der Samen konzentrieren sich die Cannabinoide, während der Samen selbst und auch die Fasern völlig frei davon sind. Hanfsorten, die zur Samen- und Fasergewinnung eingesetzt werden, enthalten nur geringe THC-Mengen, in der Regel weit unter 0,3 %. Zur Drogengewinnung tauglicher Hanf weist üblicherweise 0,3–0,8 % THC-Gehalt auf.

Der Hanfanbau in Deutschland scheiterte bisher am Nachtwächterstaat: Da könnte ja einer auf die Idee kommen, Drogen-Hanf in einem Faserhanffeld anzubauen. Wer könnte das dann kontrollieren? Mehr Vertrauen wäre besser. Alles kann der Staat eben nicht im Griff haben. Außerdem: Was tut's? Die Legalisierung der weichen Droge Hanf wird heute auch auf der politischen Ebene immer lauter gefordert. So hat etwa Heide Moser, Sozialministerin in Schleswig-Holstein, kürzlich erklärt:

»Mir ist wesentlich, daß die Konsumenten illegaler Drogen nicht länger kriminalisiert werden. Man muß die Märkte für harte und weiche Drogen auseinanderbringen ... Die Realität ist, diese Droge (Haschisch) ist da, sie wird konsumiert und sie ist nicht so gefährlich, wie bisher angenommen ... Man muß klarmachen, daß gerade um den Dealern das Handwerk zu legen, die oft in der einen Tasche Haschisch, in der anderen Heroin haben, kein Weg an der Haschisch-Legalisierung vorbeiführt.« (Juhnke, 1995:36)

An der Freigabe von Haschisch hängt der Aufbau einer weit verbreiteten Hanfkultur: die Nutzung für Textilien, Papier, Baumaterialien, Nahrungsmittel, Farben, Lacke und Kosmetika – und last but not least für Arzneimittel der besondern Art, z.B. als Medikament gegen den Grünen Star oder als schmerzstillende, euphorisierende Hilfe gegen die z.T. fürchterlichen Nebenwirkungen der Chemotherapie bei Aids.

Hanf ist anspruchslos und gedeiht fast überall. Bestens geeignet sind tiefgründige, humusreiche, kalk- und stickstoffreiche Böden mit guter Wasserversorgung. Zur Fasergewinnung werden bevorzugt eingeschlechtliche Sorten angebaut, weil diese gleichzeitig reifen. Faserhanf wird in Reihenabständen von 15 bis 17 cm und mit einer Saatstärke von 55 bis 70 kg/ha angesetzt. Weil Cannabis kaum Beikräuter aufkommen läßt, sind Herbizide unnötig und machen den Faserhanf für eine nachhaltige, ökologische Landwirtschaft sehr interessant. Ähnlich wie bei Flachs und Raps dauert eine Vegetationsperiode etwa 100 Tage. Von allen Faserpflanzen erfordert Faserhanf den geringsten Arbeitsaufwand pro Hektar und Jahr. Im Gegensatz zu Flachs, den man nur alle fünf bis sieben Jahre auf ein und demselben Feld aussäen sollte, läßt sich Cannabis mehrmals hintereinander an derselben Stelle anbauen. Hanf holt Schwermetalle z.B. aus klärschlammverseuchten Böden, die zu keinerlei sonstiger Nutzung zugelassen sind, und reichert sie in den Blättern, nicht jedoch in den Fasern an.

Im 1991 gegründeten Institut für Angewandte Forschung (IAF) der Fachhochschule in Reutlingen ist das Hanf-Fieber ausgebrochen. Emsig wird an der Technologie zur Verarbeitung von Hanf- und Bastfasern geforscht (Reinmüller, 1995). Die traditionelle Hanfverarbeitung ist nach Fachmeinung des Diplomingenieurs Kai M. Nebel nicht dazu geeignet, den Hanffasern langfristig einen Platz in der industriellen Produktion zu sichern. Denn die herkömmliche Langfaserverarbeitung, wie sie im Ausland (Rumänien, China etc.) noch praktiziert wird, sei zu unproduktiv. Die Forscher an der Schwäbischen Alb beschäftigen sich mit einem Verfahren zum sogenannten Aufschluß der Fasern, das schon in den dreißiger Jahren patentiert wurde – dem Dampfaufschluß. Dabei werden möglichst gut gereinigte kurze Hanfrohfasern mit Dampf in einer Art Druckkessel behandelt. Heraus kommen verfeinerte Hanffasern, die nach Trocknung auf Wollspinnmaschinen gesponnen und zu hochfeinen Garnen verarbeitet werden können. Das Verfahren ist ökologisch »sauber«, gibt Nebel grünes Licht. Benötigt werden Wasser, Energie und Alkali sowie hochverdünnte und biologisch abbaubare Zusätze. Auch bei den Veredelungsprozessen müssen nur geringe Mengen Chemikalien eingesetzt werden, da die dampfaufgeschlossenen Fasern bereits außerordentlich gut gereinigt sind. Ziel des weiterentwickelten Dampfdruckaufschlußverfahrens ist es, die Hanfverarbeitung in die bestehende Textilindustrie zu integrieren.

Dort stehen auch schon die geeigneten Anlagen. Im Prinzip seien nur geringe Modifikationen an den auf dem Markt angebotenen Maschinen nötig, um die Hanfproduktion zu starten. Eine industriereife Faseraufbereitung in der bestehenden Textilindustrie wäre also möglich. Allerdings wäre es besser, wenn die Anlagen zur Verarbeitung direkt beim Erzeuger stünden – dadurch reduziere sich das Transportgewicht. Kai Nebel betont: »Regionale Lösungen haben kurzfristig die größten Erfolgschancen.« Die Wissenschaftler im Institut für Angewandte Forschung sehen die Hanfproduktion als »Gesamtprozeß«, bei dem der Anbau über die Aufbereitung bis zur Weiterverarbeitung integriert betrachtet werden muß. Forschungsergebnisse zur Aufbereitung von Hanf und zur Qualitätssicherung des Hanfanbaus liegen vor.

1.4 Wolle und Seide vom Feinsten

Naturbelassene Tierfasern bestehen aus Eiweißfasern. Bei Haaren handelt es sich um »Anhanggebilde« der Haut. Und naturgemäß sind die Haut der Säugetiere und damit auch ihre Haare der menschlichen Haut sehr verwandt. Schafwolle im ursprünglichen Zustand enthält noch einen erheblichen Anteil an Lanolin, von natürlichem Wollfett. Wenn die Wolle nicht kbA-Richtlinien entspricht, kann dieses Lanolin ein Speicher für Pestizide sein, die bei der Schafzucht eingesetzt werden. Die meisten Pestizide sind fettliebend. Lanolin ist daher für sie ein idealer Speicher. Diese Problematik beschäftigt auch die kosmetische Industrie seit langem. Naturkosmetik-Hersteller legen naturgemäß auf Lanolin von unbelasteten Schafen größten Wert.

Bei den chemischen Waschvorgängen wird das Wollfett zur Gänze ausgewaschen. Statt es aufwendig wieder hinzuzufügen – ohnehin ein Irrsinn der Sonderklasse – wird Wolle meist durch Kunstharzummantelung »chemisch weich« gemacht (Gruber, 1995:11). Gewaschen wird in riesigen Woll-Waschstraßen, über die nur wenige Länder verfügen. Kaum ein größerer Hersteller kann diesem Chemiebad entgehen. Nur kleinere Hersteller können das wunderbare natürliche Wollwachs auf ihren Fasern erhalten. Sie arbeiten meist mit schonenden Verfahren auf der Basis von Pflanzenseife. Ein neues umweltschonendes Verfahren hat die zum Arbeitskreis Naturtextilien gehörende Firma Living Crafts in Achberg entwickelt: Die noch nicht versponnene Wolle wird kurzzeitig mit Enzymen aus natürlichen Fermenten behandelt, hergestellt aus Papayas und Zuckerrohr. Die äußere Schicht der Wollfasern wird aufgespalten und wasserdurchlässig. Durch Wärmebehandlung zersetzen sich diese Fermente wieder. Zurück bleibt eine wirklich veredelte, naturbelassene, schmuseweiche Wollfaser, die nicht verfilzt.

Richtige kbA-Wolle ist selten. Zu den raren Ausnahmen gehören die

Demeter-Farmen von Alfred Haupt und Ivan Stoll, die zusammen über 4 000 Schafe halten. Ihre rückstandsfrei erzeugte Schafschurwolle wird von Turmalin Naturtextilien in Deutschland zu hochwertigen Kollektionen verarbeitet (s. Kap. 6.3.2).

Auch in Österreich gedeihen Hersteller von Öko-Schafwollprodukten auf klein- und mittelbetrieblicher Ebene. 40 Biobauern im osttiroler Villgraten beliefern die »Villgratner Natur-Produkte« unter anderem auch mit Schafwolle. Sie wird zu Decken, Polstern, Strickwollsachen und Walkjankern verarbeitet. Der bäuerliche Verarbeitungs- und Vermarktungsverein Textilwerkstatt Weitersfelden produziert naturbelassene Schafwollprodukte für »den gesunden Schlaf«, Hemden, Jacken, Web- und Strickwaren. Die Textilwerkstatt Haslach im Mühlviertel ist auf Wolldecken, Jacken, Gilets, Hemden und Strickwaren spezialisiert. Die Produkte bleiben naturfarben oder werden pflanzlich gefärbt. In der Waldviertler Gemeinde Kautzen, die auch ein Muster für alternative Energieversorgung ist, wurde mit der »Wollwerkstatt« in der Obermühle 1989 ein Schwerpunkt für die Verarbeitung österreichischer Baumwolle gegründet. Janka und Barbara Pauleschitz erfanden »Wolltaten«: Filzhüte, Filzpatschen, Teppiche, Jakken, Möbelstoffe und Spielzeug, aber auch »Nudlaugen«, »Uffos« und »Ohrwaschlflieger«. Alle werden nur aus naturbelassener, pflanzengefärbter Wolle hergestellt. Die Wollwerkstatt erhielt für ihre Öko-Pionierleistung einige Umweltschutzpreise, unter ihnen den European Conservation Award für die Bewahrung kulturellen Erbes. Die Textil-Designerin Gerda Kohlmayr läßt aus Wolle und Leinen witzige, phantasievolle und unkonventionelle Designer-Kleidung entstehen.

Schon die Höhlenmenschen der Steinzeit hielten Schafe als »Haustiere« und verarbeiteten die Wolle zu Filz. Kein Wunder, denn Tierhaare sind – wie übrigens auch das Menschenhaar – wahre Wunderwerke der Natur. Ihr Hauptbestandteil ist Keratin, ein schwefelhaltiger Eiweißstoff. Die äußere Schicht des Haares besteht aus schindelförmig angeordneten Schuppen, die zur Spitze gerichtet sind. Diese geschmeidige Konstruktion wird von der Cuticula, einem schützenden, wasserabweisenden Häutchen umhüllt. Die Kräuselung des Haares und mikroskopisch winzige Luftkanälchen machen Wolle zu einem Medium des Wohlbehagens und der Wärme. Bis zu einem Drittel ihres Eigengewichts kann Wolle Feuchtigkeit aufnehmen, ohne sich naß anzufühlen. Ein absoluter Rekord unter den Fasern. Auch für Textilien aus Wolle ist es natürlich am besten, dieses Wunderwerk so zu lassen wie es ist. Aber daran könnte die Chemieindustrie nichts verdienen. Nicht einmal die Tatsache, daß unbehandelte, vor allem nicht »gereinigte« Schafwolle als »Heilwolle« in der Medizin verwendet wird – z.B. bei Wundliegen oder Neuralgien durch Kälte, bei Rheuma, Arthritis, Bronchitis, Mittelohrentzündung, Migräne, Blasen- und Nierenentzündungen (Jachens, 1995:112) –, kann die Chemiepantscher von ihren Malträtierungen abbringen.

Seide ist die erstaunlichste Faser überhaupt. *Bombyx mori* ist ein Nachtfalter, der den berühmten seidenen Faden, an dem immer so viel hängt, als Raupe aus zwei neben dem Mund plazierten Drüsen preßt. Eigentlich ist es ein Doppelfaden, der aus dem Eiweißstoff Fibroin besteht und mit Serizin (Seidenbast) verklebt ist. In Achterschleifen windet die Raupe den Faden 100 000 mal um sich selbst und wird zum Kokon. Bis zu drei Kilometer lang ist so ein Faden. Sieben bis zehn solche Kokonfäden werden zu einem Rohseidenfaden von etwa 1000 Metern verdrillt. So eine Nachtfalter-Seidenraupe ist erstaunlicherweise ein Lichtwesen, das sich während der Sonneneinstrahlung einspinnt. In einer Schweizer Klinik wurde überraschenderweise festgestellt, daß Patienten, in Rohseide gebettet, wesentlich schneller gesund wurden, daß sie tiefer schliefen und insgesamt ruhiger wurden. Vor allem Kinder überstanden in der kostbaren Bettwäsche Infektionskrankheiten wesentlich schneller. Seide ist auch ideal für Allergiker und Rheumatiker – Naturseide, versteht sich.

Wildseide wird vom chinesischen Eichenspinner oder vom indischen Tussahspinner produziert. Je nach Witterung und Futter wird der Faden des Eichenspinners aschfarben, grünlich, weiß, hell- oder dunkelgrau, bräunlich, eischalenfarben, rosa, gelblich und sogar golden schimmernd. Der Faden ist stark und unregelmäßig mit Seidenbast ausgestattet, was im Gewebe eine unregelmäßige, wunderschön charakteristische Struktur ergibt. Sowas mit Chemie zu färben – eine Sünde! Solche Wunderwerke der Natur mit »Textilhilfsmitteln« zu zerstören, um sie nachher mit Chemie zu »veredeln« – abscheulich! Nur eines versöhnt uns: Die noblen Herrschaften, die heute nur noch in Wildseidenhemden und –blusen herumrennen, weil das zur High Snobiety gehört, wissen durch die Bank nicht, wieviel Chemie sie in Wahrheit herumtragen ...

»Erschwernis« heißt das im Textilkauderwelsch. Seidenfasern wurden früher mit Zinnverbindungen (Zinnchlorid) und werden heute mit Vinylmonomeren (PVC!) oder mit Methacrylamid »gepfropft«, das heißt schlicht schwerer gemacht. Diese Chemikalien sind durchwegs abzulehnen. Die »Erschwernis« führt zu einem hohen Energie- und Wasserverbrauch, einer massiven Abwasserbelastung und vermindert im Fall Zinnchlorid Gebrauchstauglichkeit und Lebensdauer. Mit den organischen Substraten sind Gewichtszunahmen bis zu 100 % möglich. Das ist eine komplette Verdrehung der natürlichen Beschaffenheit des kostbaren Rohstoffs zur »Gewinnmaximierung« (Rosenkranz/Castelló, 1993:128).

Seide ist leicht und schirmt ab, wirkt temperaturausgleichend wie alle Naturfasern, ist also bei Kälte warm und bei Hitze kühl. Ähnlich wie Wolle kann sie bis zu einem Drittel ihres Eigengewichts an Feuchtigkeit aufnehmen, ohne sich naß anzufühlen. Seide ist das Produkt einer Metamorphose, einer Wandlung von der Raupe zum Schmetterling. So ist Seide etwas Königliches, und wir sollten sie in ihrem Naturzustand genießen wie Könige. Die japanische Kaiserin trägt entsprechend der Tradition bei offiziellen Anlässen zwölf Kimonos übereinander. Ein Symbol für die vielen zwiebelartigen Hüllen der Wirklichkeit und des majestätischen Schutzes vor der Unbill der Welt. »Bouretteseide umhüllt den Menschen wie ein Kokon. Sie schafft Wohlbehagen und Geborgenheit«: So werben die österreichischen Naturtextilanten (Setatherm) Maria und Kurt Dirry für ihre Nachthemden und Pyjamas. Die Schwierigkeiten, heute so ein Produkt auf die Beine zu stellen, lassen sich aus dem Weg erahnen, den diese hautnahen und hautfreundlichen Textilien allein in Europa zurücklegen müssen: Die naturbelassene Seide kommt aus Deutschland, wird in Vorarlberg mit formaldehyd- und schwermetallfreiem Design bedruckt und in einem österreichischen Lohnbetrieb genäht. Unterwäsche aus unbehandelter Wildseide und Gemische aus Seide-Baumwolle und Seide-Merinowolle, auch für Kinder, ergänzen das erlesene Programm.

Die rund 74 000 Tonnen Seide, die jährlich weltweit hergestellt werden (Ziegler, 1995:31), sind auf die Hauptproduzenten China, Indien, Japan, die GUS, Brasilien, Korea, Thailand, die Türkei und Frankreich verteilt. Auch Ägypten ist neuerdings in die Seidenraupenzucht eingestiegen. Grundlage ist in diesem Fall nicht der Maulbeerbaum, sondern *Ricinus communis*, auch Christuspalme oder Wunderbaum genannt. Natürlich ist reine Seide relativ teuer und wird immer zu den Luxusgütern gehören. Vielleicht ist das der Grund, warum die Naturfaserhersteller bisher noch keine eigene »Seidenphilosophie« entwickelt haben. Das ist aber nicht einsehbar und völlig unbegründet. Niemand – außer den Schickimickis und Angebern – wird Seide täglich und im Alltagsgetriebe tragen. Seide ist etwas für festliche Anlässe. Und da ist dann das eine oder andere Stück schon »tragbar«, wenn es nicht den Fieberkurven der Mode unterliegt und klassisch-edel alle Torheiten überdauert. Aber bitte dann unbehandelt, in seiner natürlichen Farbe, seinem unvergleichlichen Glanz, an die keine Chemie herankommt. Die »Textilveredelung« aus der Retorte kann Naturseide nur falschen Glitzer verleihen. Sie nimmt ihr in Wahrheit ihre Würde, ihren Reichtum, ihre angeborene Schönheit.

2. Färbepflanzen für den Modefrühling

»Italien soll in den nächsten Jahren zu einem bedeutenden Lieferanten natürlicher Textilfarben werden und damit dazu beitragen, daß die steigende Nachfrage der Textilindustrie nach Alternativen für Synthesefarben nicht mehr wie heute auf Angebotsengpässe trifft«, schrieb die österreichische *Presse* 1990 (Depas, 1990: 6). Kurz vorher hatte der Mailänder Designer und Textilindustrielle Angelo Naj Oleari ein gemeinsames Färbepflanzen-Projekt (Krappwurzel-Rot und Färberwaid-Blau) zusammen mit dem staatlichen italienischen Forschungsinstitut für alternative Energien (Enea) präsentiert. Der Verkauf von mit Pflanzenfarben gefärbten Produkten hat in der Frühjahr-Sommer Kollektion 1991 begonnen und läuft »besser, als ich erwartet habe« (Oleari, 1995). Der promovierte Botaniker Oleari hält viel davon, daß »das Publikum Bekleidungsartikel nicht mehr nur unter dem Modeaspekt kauft, sondern auch ökologische Erwägungen miteinbezieht«. Chefdesigner Oleari führt in seinem Botanik-Laden im Zentrum Mailands alle Arten von Bioprodukten »für eine immer zahlreicher werdende Kundschaft«. Als Wissenschaftler setzt er sich auch für die Erhaltung der vom Aussterben bedrohten Wildpflanzen ein. Vor allem Wildrose und Eiche sind sein Thema: »Symbole beide, der Schönheit und der Kraft.«

Oleari ist in Italien ein alteingesessener Familienbetrieb, die Naturfaserspinnerei und -weberei wird seit 1916(!) betrieben, heute werden jährlich 1,5 Millionen Laufmeter Baumwolle und Leinen verarbeitet. Während die natürliche Färbung von Wolle und Seide auf eine lange Tradition aufbaut und gute Ergebnisse liefert, macht Baumwolle noch immer gewisse Schwierigkeiten. Weil die »industrielle Entwicklung der Baumwolle mit dem Beginn der Verwendung synthetischer Farben zusammenfiel, müssen alle Forschungen auf diesem Gebiet praktisch von Null anfangen«, erläutert der Mailänder Designer. »Dringend geforscht werden muß auch deshalb,« ergänzt er, »weil die Erfahrungen der asiatischen und afrikanischen Länder mit Baumwolle und Naturfarben nur für eine handwerkliche Produktion geeignet sind.« Dennoch sieht Oleari den neuen Ökotrend als »logische Etappe einer Entwicklung, die sich heute schon mit dem Versiegen der Erdölvorkommen« und damit der Rohstoffbasis für Synthesefarben befaßt. Italien scheint ihm als Lieferant für Pflanzenfarben nicht zuletzt deshalb gut geeignet, weil hier »von den Alpen bis Sizilien geradezu ideale Klimabedingungen zum Anbau der industriell verwertbaren Pflanzen bestehen«.

Die Textilfärbung mit Pflanzenfarben ist in der zweiten Hälfte des vergangenen Jahrhunderts mit dem Aufkommen der synthetischen Textilfarben praktisch zum gewaltsamen Abbruch getrieben worden. Waren es früher einige Dutzend aufeinanderfolgende Schritte, in denen Baumwolle mit dem Rot aus der Krappwurzel gefärbt wurde, so könnten heute einfachere, energie- und wassersparende Verfahren zur Pflanzenfärbung von Textilien entwickelt werden. Immerhin sind pflanzengefärbte Textilien bereits im Angebot erhältlich, wo noch vor wenigen Jahren das Tragen pflanzengefärbter Kleidung allenfalls das Privileg von strebsamen Hobbyfärbern und Volkshochschulkursteilnehmern war. Die Literatur zu diesem Thema, soweit sie das Selberfärben betrifft, ist entsprechend vielschichtig (Bächi-Nussbaumer, 1980; Faber, 1987; Jörke, 1990; Jentschura, 1995).

Obwohl mit den farbgebenden nachwachsenden Rohstoffen auch bereits größere Chargen koloriert werden können, gibt es von der auf Synthetikfarben eingeschworenen Chemieindustrie massive Vorbehalte. Der wichtigste Vorwurf lautet: »Die natürlichen Ressourcen sind nicht vorhanden.« Dies ist ein fadenscheiniges Argument, denn allein in Deutschland werden jährlich etwa vier bis fünf Millionen Hektar Ackerfläche stillgelegt. Bis zum Jahr 2000 sollen in der EU aufgrund der Butterberge, Getreideüberschüsse und Milchseen weitere fünfzehn Millionen Hektar jetzt noch landwirtschaftlich genutzte Flächen aufgegeben werden (Bollhalder, 1993:44). Die Prämien für die Flächenstillegungen schlagen beim Steuerzahler mit schätzungsweise 15 Milliarden DM jährlich zu Buche. Geht man von der hypothetischen Annahme aus, auf allen stillgelegten Böden ausschließlich Färbepflanzen zu kultivieren, errechnet sich daraus eine Ernte zwischen 90 und 150 Millionen Tonnen Trockensubstanz. Bei einem tiefgestapelten Hektarertrag von etwa nur einer Tonne Reseda pro Hektar wären wir dann EU-weit bei einer Jahresproduktion von 15 Millionen Tonnen. Für ein Kilo Stoff oder Garn wird rund ein Kilo Trockensubstanz an Färbepflanzen benötigt. Der Weltjahresverbrauch von Naturfasern liegt bei ca. 17 Millionen Tonnen. Schon diese einfache Hochrechnung verdeutlicht also, daß fast 90 % aller Naturtextilien – vorausgesetzt die technischen Hürden sind überwindbar – mit Pflanzenfarben aus Europa gefärbt werden könnten. Sogar der größte Textilindustrielle Europas, Klaus Steilmann, teilt Bollhalders Auffassung. Im Interview ließ er uns wissen: »Man könnte stillgelegte landwirtschaftliche Flächen in der EU für den Farbpflanzenanbau verwenden.«

»Ein Raubbau an der Natur sei erforderlich«, lautet der nächste Vorwurf von Bayer Leverkusen (Sewekov, 1988). »Was hat so eine Formulierung mit pflanzlichen Farbstoffen zu tun?«, fragt Ernst Bollhalder zurück. In Wirklichkeit können Färbepflanzen ebenso wie Naturfasern nach den Richtlinien des ökologischen Landbaus kultiviert werden. Und nach dem Färbeprozeß lassen sich die Rückstände problemlos kompostieren. Eine andere Verwertungsoption wäre die Nutzung der Biomasse für energetische Zwecke mit einer vorgeschalteten Solartrocknung, was ja bei den mittlerweile eingeführten Heutrocknungsanlagen und Hackschnitzelfeuerungen schon längst praktiziert wird. Daß die dabei anfallende Asche auch noch als wertvoller Mineraldünger auf dem Feld ausgebracht werden kann, ist ein zusätzlicher Vorteil und schließt diesen Stoffkreislauf einer nachhaltigen Wirtschaftsweise. »Der Tatbestand vom Raubbau an der Natur ist nur da erbracht, wo Rohstoffe erschlossen und verbraucht werden, die nicht wieder nachwachsen, wie dies täglich bei Erdöl & Co geschieht«, gibt Bollhalder contra. Auch hier muß man ihm beipflichten.

Banana Press: Textildruck mit Naturfarben

Im Jahre 1989 entwickelte die Firma *Banana Press* in Soest gemeinsam mit der Firma *AURO-Naturfarben* in Braunschweig eine konsequent ökologische Druckfarbe für Textilien. Die Druckpaste ist für Motiv- und Rotationsdruck auf nahezu allen Grundqualitäten einsetzbar, die Farbpalette umfaßt ca. 800 Standardfarben. In der technischen Anwendung unterscheidet sich die Neuentwicklung kaum von konventionellen Pigment-Druckfarben, d. h. sie sind wasserlöslich und erreichen vergleichbare Wasch- und Lichtechtheiten. Den Grundsätzen der *Sanften Chemie* folgend werden für die Banana-Creme zwei Komponenten benötigt; das *Bindemittel* und das farbgebende *Pigment.* Alle Bestandteile wurden unter ökologischen Gesichtspunkten sorgfältig gecheckt. Bei den Bindemitteln handelt es sich um nachwachsende, pflanzliche Öle und Harze, die – soweit verfügbar – aus kontrolliert biologischen Anbau bezogen werden. Im Bereich der Pigmente sind es ausschließlich mineralische Komponenten, z.B. Eisenoxide, die als Lebensmittelfarbstoff zugelassen sind. Alle Pigmente erfüllen die Standards verschiedener Öko Labels, z.B. *Öko-Tex Standard 100, EN 71//3* für Kinderspielzeug und BGA XI (Farbstoffe in Kontakt mit Lebensmitteln). Die Produktion dieser Pigmente ist überschaubar, die Technologie hat ein geringes Störfallpotential und benötigt nur wenige Verarbeitungsschritte.

Der nächste industrielle Vorbehalt gegen die farbgebenden »Geschenke der Natur« (Bollhalders Bezeichnung der Pflanzenfarben) lautet: Pflanzenfarben seien »nicht geeignet für einige wichtige Synthesefasern«. Obwohl etwa am Deutschen Textilforschungszentrum Nord-West (DTNW) in Krefeld u.a. auch auf Polyester und Polyolefin-Fasern mit Naturfarben recht interessante Ergebnisse erzielt werden konnten (Knittel u.a. 1993). Dabei handelt es sich aber um eine bisher noch kaum praktizierte wasserfreie Färbemethode mit überkritischem Kohlendioxid in einem geschlossenen

Kreislauf. De facto sträuben sich aber die meisten Synthetics, mit den pflanzlichen Textilpigmenten eine echte und tiefere Beziehung einzugehen. Die Gründe dafür liegen wohl auf der Hand.

»Pflanzenfärben sei ökologisch bedenklich«, trommeln die Syntheseexperten. Diese Behauptung läßt sich mit vielen Beweisen entkräften. Zugegeben – manche Färbeanleitungen in Hobby-Büchern lesen sich etwas antiquiert und sind, was die Rezepturen betrifft, nicht optimiert. Doch die ökologische Bedenklichkeit der Farbe – vor allem der Chemiefarbe – beginnt ja nicht erst im Färbebad (s. dazu Kap. 2.6.1). Faktum bleibt, daß die Pigmente der Pflanzen aus dem lebendigen Prozeß der Photosynthese hervorgehen. »Die geerntete und getrocknete Biomasse muß zum Herauslösen der Pigmente mit Wasser gekocht werden«, erläutert Ernst Bollhalder. »Die im Absud enthaltenen Farben sind zum Teil direktfärbend oder werden auf dem Umweg einer Alaunbeize auf das Garn fixiert.« Wie oben im »Raubbau-Argument« dargestellt, können alle Rückstände schadlos in den Naturkreislauf re-integriert werden. »In unnachahmlicher Weise« und »ohne die Umwelt zu belasten« bringt die Natur diese Farben hervor. »Jeder kann sich dieser Tatsache bewußt werden, wenn er zum Beispiel im Frühling die Farbenpracht einer Blumenwiese genießt.«

Häufig wird in diesem Diskurs auf die »deutlich schlechteren Gebrauchsechtheiten« der Naturfärbungen abgehoben. Gemeint ist damit die Lichtechtheit, wie sie im Xenos-Apparat geprüft wird, das Ausbluten beim Waschen oder der Schamponiertest. Bollhalder: »Wir können solche Testergebnisse vorweisen.« Die Untersuchungen wurden in den Labors der Firma Sandoz in Basel durchgeführt. »Die haben nicht gewußt, daß es pflanzengefärbte Stücke sind und waren über das positive Ergebnis sehr erstaunt.« Obwohl nur für 100 Stunden vorgeschrieben, hat Bollhalder einige Farbproben 200 Stunden dem gleißenden Licht der Xenos-Lampen exponieren lassen. Selbst dieser Härtetest hat auf den naturgefärbten Stoffen »fast keine Veränderungen« mehr hervorrufen können. Natur- und Syntheseindigo, beide haben eine Lichtechtheit von 6 bis 7, erklärt er, verweist auf die Fachliteratur und großformatige Werbetexte der BASF: »Da leuchten einem auf gelbem Untergrund die Zahlen 6–7 in blauer Schrift entgegen und darunter steht: ›Lichtechtheit von höchstem Wert‹«. Auch bei den Retortenpigmenten gäbe es welche, die nur eine Echtheit von 2 aufweisen. Im Durchschnitt erreicht er bei den Pflanzenfarben Werte von 4–5, »was bei synthetischen Farbstoffen als ›gut‹ bewertet wird, wird bei der Sanften Chemie als ›schlecht‹ kommentiert«. Von den echten Orientteppichen, die früher ausschließlich und heute teilweise schon wieder mit Pflanzenfarben gefärbt werden, wissen wir, daß sie absichtlich in die Sonne gelegt werden. Jahrhundertelang bleibt so ihre wunderschöne Farbe und ihr Gesamterscheinungsbild erhalten. Dennoch ortet Bollhalder in diesem Punkt Handlungsbedarf und plädiert für eine vertiefende Erforschung der pflanzlichen Farben. »Erst dann können wir feststellen, auf welchen Farben aus dem Naturbereich wir aufbauen können.« Diesen Forschungsbedarf sieht auch der mächtige Textilfabrikant Klaus Steilmann aus Bochum-Wattenscheid. Im Interview wirft er die Frage auf, warum die prächtig bunten Tuche zur Zeit der Fugger nicht abfärbten. Wie wurden sie licht- und farbecht gemacht? Die haben doch auch geschwitzt. Klaus Steilmann im O-Ton: »Das konnte mir bisher noch niemand beantworten, auch kein Chemiker.«

Diese Frage hat uns nicht zur Ruhe kommen lassen. Viele diesbezügliche Anrufe in der Öko-Szene lösten nur ein Schulterzucken aus. Richtig spannend wurde die Geschichte aber, als wir Michael Bischof trafen.

Baumwolle und Leinen: natürlich und lichtecht gefärbt

»Bei Laien hört man oft, Naturfarben seien so etwas pastellig, flach und matschig. Das Gegenteil trifft zu: Gute Naturfarben sind klar und sehr kräftig. Und sie müssen auch so sein. Denn wenn ich die Naturfarbe pastellig einstelle, ist sie technisch schlechter, das heißt nicht mehr licht- und waschecht. Das läßt sich an 200 Jahre alten Orientteppichen eindeutig feststellen. Die Naturfarbe muß kräftig sein, dann ist sie jeder Chemiefarbe im Textilbereich immer und überall gewachsen.«

Michael Bischof ist Biologe, Geograph und beurlaubter Oberstudienrat aus dem hessischen Lohnsheim. Seit über 20 Jahren hat er sich – wann immer möglich – im Orient herumgetrieben. »Es waren die authentischen, für den Eigenbedarf hergestellten Dorfteppiche und Kelims, vor allem Anatoliens, die mich fesselten,« sagte uns Bischof im Herbst 95 bei unserer Vor-Ort-Recherche im türkischen Konya, »nicht zuletzt aufgrund ihrer prächtigen Naturfarben.« Seit 1983 betreibt Bischof zusammen mit türkischen Partnern dort eine Teppichmanufaktur, außerdem arbeitet er als Konsulent für die GTZ (Gesellschaft für technologische Zusammenarbeit) an Entwicklungshilfeprojekten, u.a. für ein Naturindigo-Projekt in El Salvador. Um die Qualität der Farben zu testen, hat der Orientfan viele eigene Kleidungsstücke mit Naturfarben gefärbt. Bischof verfügt heute über theoretische und praktische Erfahrungen nicht nur mit Wolle und Mohair, sondern auch mit Baumwolle und Leinen. Diese Fasern lassen sich erheblich schwieriger mit Naturfarben einfärben, es funktioniert aber dennoch, wenn man bestimmte Grundregeln beachtet und sich an den überlieferten Färbetraditionen orientiert.

In der Naturfärberei haben wir es vornehmlich mit drei Stoffgruppen zu tun, die mit sehr verschiedenen Techniken ausgefärbt werden: Erstens mit Gerbstoffen, das sind substantive Farbstoffe, die sich sozusagen »auf die Faser« legen und dort bleiben (z.B. Indigo, Braun aus unreifen Walnußschalen, Schwarz aus Ebenholzfrüchten) – zweitens mit echten Farblacken, das sind wasserunlösliche Verbindungen aus mehrwertigen Metallen, die als Beize auf der Faser verankert werden – und drittens mit wenig oder ganz anders gefärbten organischen Farbstoffsäuren (z.B. Alizarin: Eigenfarbe gelborange, mit Aluminium rot, mit Kupfer gelbbraun, mit Eisen und Gerbstoffen zusammen violettstichig schwarz). Gerbstoffe mit ihrer einfachen Verarbeitung waren im europäischen Färberhandwerk des Mittelalters die Domäne der sogenannten Fahl- oder Schlechtfärber. Indigofärben ist auf Baumwolle leicht möglich, jedoch benötigt man dafür sehr viel Erfahrung. »Wenn man weiß, wie es gemacht wird, braucht man jedoch kein bißchen harte Chemie«, betont Bischof. Die Herstellung echter Farblacke sei dagegen auf Baumwolle und Leinen, welches reine Zellulosefasern sind, im Gegensatz zu Wolle und Seide »ein sehr großes Problem«. Denn Zellulosefasern nehmen an sich keine Beizenmetalle an.

Bis ins 19. Jahrhundert hinein war die Herstellung echter Farblacke auf Baumwolle und Leinen das Arbeitsgebiet der Schönfärber, des Handwerks mit dem längsten Ausbildungsgang. Historisch stammt das Verfahren wohl aus Indien, wie denn auch die Inder auf dem Gebiet der Naturfärberei auf Baumwolle in historischer Zeit als »Weltmeister« gelten müssen. Die Kunst besteht in der Übertragung von Arbeitsschritten, die beim Gerben von Leder angewendet werden können, auf die Vorbereitung des Färbens von Baumwolle und Leinen. Unserem heutigen chemischen Wissen dreht sich dabei vielleicht der Magen um. Auf eine Weise, die wir heute (!) immer noch nicht hinreichend verstehen, funktioniert es dennoch narrensicher, wenn es richtig ausgeführt wird. Der Naturfarbenexperte Michael Bischof hat uns das Geheimnis verraten:

»Man emulgiert Fischöl mit irgendeinem Alkali, Kalk- oder Aschenwasser und badet die Stoffe darin. Sie werden getrocknet. Danach wieder gebadet, getrocknet … immer wieder, einige Tage lang. Anschließend kommen die Stoffbahnen kurz in eine alkalische Lösung und müssen dann möglichst langsam trocknen. Dabei entsteht in den Hohlräumen der Faser offenbar eine Art Netzmittel.«

Krapprot auf Baumwolle in höchster Qualität heißt übrigens auch »Türkischrot« und weist auf den Ursprung des Verfahrens hin. Um diese noch nach 200 Jahren licht- und waschechten Krapptöne zu erzeugen, benutzt man, so Bischof, »ein spezielles geringwertiges, absichtlich ranzig eingestelltes Olivenöl«. Anschließend wird mit Gerbstoff behandelt, danach mit Alaun gebeizt. Da aber dennoch nicht alle Beize sicher haftet, muß man mit dem leicht wasserlöslichen Anteil aus frischem Kuh- oder Schafskot gut nachwaschen. Erst nach dieser aufwendigen Vorprozedur wird gefärbt, für Rottöne z.B. mit Krapp. Nach der Färbung wird kochend geseift und anschließend mit speziellen Zinnauflösungen »dosiert«. Das entstehende Feuerrot ist so haltbar, daß man die gefärbte Baumwolle in verdünnter Salzsäure ohne weiteres auf 70 Grad Celsius erwärmen kann. Die Farbe wird dann orange, blutet kaum aus und wird sofort wieder leuchtend rot, wenn sie in kaltes Wasser gegeben wird. »Eher wird bei wiederholten Versuchen die Baumwolle zerstört als die Farbe«, erklärt uns Bischof nicht ohne Stolz. Das Rot, das Violett, die Orange- und Gelbtöne wirken auf uns ebenso überzeugend wie das herrliche Indigoblau in hellen und dunklen Schattierungen.

Der Arbeitsablauf einer Naturfärbung auf Baumwolle stellt sich nach Bischof wie folgt dar: Die Stoffbahnen, fünf bis sieben Meter lange Stücke, werden gründlich vorgewaschen und dann im Freien an der Sonne gebleicht. Anschließend werden sie »geölt« und zwar mit dem sogenanntem Türkischrotöl. Es ist dies das erste synthetische Netzmittel, das in der ersten Hälfte des 19. Jahrhunderts von dem deutschen Chemiker Christoph Willibald Runge erfunden wurde: kalt mit Schwefelsäure zersetztes Rizinusöl – durchaus ein Stoff der Sanften Chemie. Danach folgt die Behandlung mit Gerbstoffen, die man z.B. aus diversen Früchten und Rinden gewinnt. Dadurch erhält der vorher eierschalenfarbenweiße Stoff ein gelblich-graues Aussehen. Nach dem Trocknen ist er fertig zum Beizen bzw. Reservieren. Man kann den ganzen Stoff beizen oder eine verdickte Beize mit einer Model auftragen bzw. bestimmte Bereiche durch eine geeignete Paste davor schützen, an dieser Stelle Beize anzunehmen. Die nicht fest haftende Beize muß ausgewaschen werden; erst danach wird in einer Indigoküpe ausgefärbt (für die man aber keine Beize braucht) oder mit Granatapfelschalen (trübes Gelb) oder mit Blüten der Myrobalane (dunkles Gelb) oder mit Krapp (verschiedene Rot-, Orange- und Violettöne). Zum Schluß werden die Stoffe in lauwarmem Wasser gewaschen und getrocknet.

An Hilfsstoffen werden dabei benutzt: Kalkwasser und Zuckerrohr-Abfälle für die Indigoküpe. Eisenbeizen können etwa aus verrosteten Hufeisen hergestellt werden, zu denen man die Zuckerrohr- oder Zuckerrüben-Abfälle, eine Art unreine Melasse, dazu gibt. Nach einigen Tagen entsteht dann eine Mischung aus Eisen II- und Eisen III-Acetat, die verdickt werden kann und gerbstoffbehandelte Bereiche des Stoffes schwarz oder blau färbt. »Leinen und Baumwolle erfordern eine spezielle, langsame und damit auch etwas teure Vorbereitung«, faßt Bischof seine Erfahrungen zusammen. »Ist die gegeben, kann man fast alle Farben machen, mit Ausnahme bestimmter Pastelltöne. Die sind dann nämlich, wenn die Farbsättigung nicht stimmt, nicht lichtecht genug. Davon abgesehen, kann man mit Naturfarben praktisch alle Nuancen hinbekommen, die auch mit Kunstfarben gehen.« Als wir Bischof in der Türkei besuchten, färbte er gerade eine Charge Baumwolle und Leinen für den deutschen Naturtextilanten Heinz Hess (Hess Natur in Butzbach), um, wie er sagte, »den Beweis zu erbringen, daß man konsequent natürliche Kleidung bis ins kleinste Detail auch ohne synthetische Farben und ohne giftige Chrombeizen in den schönsten Farbtönen erzeugen kann«.

Was dennoch nottut, sind weitere Forschungsinitiativen, mit deren Unterstützung unsere Kenntnisse zur Vielfalt und nachhaltigen Nutzung einer sanften Naturstoffchemie – natürlich auch im Hinblick auf Färbepflanzen – erweitert und vertieft werden. »Im Zuge einer Konversion unserer Grundstoffproduktion zu regenerativen Rohstoffen ist die Vielfalt der eingesetzten Rohstoffe so groß wie nur möglich zu gestalten, damit die Mengen der jeweils zu erzeugenden Einzelrohstoffe einer Spezies minimiert werden können«, fordert deshalb auch der Naturstoffchemiker Hermann Fischer (1993) aus Braunschweig. Ein solcher grundsätzlicher Rohstoff-Pluralismus hätte zahlreiche Vorteile: so zum Beispiel geringere durchschnittliche Transportwege, Vermeidung von Monokulturen mit hohem Schädlingsdruck, Verhinderung von Lieferantenmonopolen, größere Vielfalt an nutzbaren und genau passenden Rohstoffeigenschaften.

Grundsätzlich werden viele für die Herstellung von Farben (auch für Deckfarben und Anstrichmittel) notwendigen Funktionen (Bindemittel, Lösemittel, Pigmente, Hilfsstoffe) von Pflanzen in allen bewohnten Teilen der Welt, wenn auch von z.T. sehr unterschiedlichen Pflanzenarten, zur Verfügung gestellt; manche müssen aufgrund ihrer positiven stofflichen Eigenschaften aus überseeischen Ländern importiert werden (z.B. Dammarharz und Citrusschalenöl, Krapp, Catechu, Indigo). Hier wäre eine Forschung sinnvoll, die sich die Auffindung, Evaluierung und Optimierung von möglichst produktions- und verbrauchsnahen Rohstoffquellen zum Ziel setzt. Die Textilfärbung mit Pflanzenfarben bei den wenigen Naturfarbenherstellern, die sich diesem Bereich widmen, erfolgt zwar unter Verzicht auf schwermetallhaltige oder giftige Beizmittel, jedoch ansonsten in weitgehend traditioneller Weise: Die Farbstoffe werden aus den Pflanzen wässrig extrahiert, dann auf den durch Alaunbeizung vorbehandelten Naturfasern gebunden. Da die Extraktion in der Regel mit heißem oder kochendem Wasser erfolgt und da bei diesem Verfahren eine gute Benetzung der Färbedroge mit dem Substrat unerläßlich ist, liegt der Energie- und Wasserbedarf dieser Färbemethode noch relativ hoch. Hier wäre durch eine intensive Forschung die Entwicklung völlig neuer Färbeverfahren wünschenswert und denkbar, beispielsweise die kontinuierliche Färbung von Flockenwolle mit Pflanzenfarben, wobei der Farbstoff durch minimale Mengen im Kreis geführter Extraktionsmittel (z.B. überhitzter Wasserdampf) in einer Art Durchflußreaktor geringen Volumens direkt extrahiert und sofort anschließend auf der Faser niedergeschlagen werden könnte. »Man kann den Problemen, die sich uns heute stellen, entgegen- treten und in positiver Weise daraus lernen und neue Wege gehen«, resü- miert der Pflanzenfärber Ernst Bollhalder. »Die Menschen, die sich mit naturgefärbten Produkten identifizieren, machen einen Schritt in diese Richtung.«

3. Auf dem Weg in die kleidsame Nachhaltigkeit

> »Ökologie ist die Schlagsahne auf der Torte des Kapitalismus.«
>
> *Vaclav Klaus 1992*

Wer wie der Premier von Tschechien denkt, hat vollkommen übersehen, daß wir den Weg zu einer postkapitalistischen Gesellschaft schon fast wieder hinter uns haben. Dabei waren und sind die Zerstörung von Öko- systemen und der ungebremste Abbau von nicht erneuerbaren Ressourcen keine zufälligen Begleiterscheinungen des Wirtschaftssystems. Sie sind die logische Folge der Art und Weise, wie in unserer Gesellschaft Entscheidun- gen getroffen wurden und welche Gruppen ihre Interessen durchsetzen konnten.

»Die einzige große Chance für Europa liegt meiner Meinung nach im Konzept des sustainable development. Ein Produktkreislauf, der nicht nur funktional optimal ist, sondern auch optimal hinsichtlich Umwelt- und Humanverträglichkeit.« Das ist ein Zitat von Britta Steilmannn, die zu den größten Naturtextilanten in Deutschland gehört (Horx/Steilmann, 1995: 40). So einleuchtend die Tatsache der Beschränktheit der Ressourcenbasis ist, so hartnäckig wurde sie vom Mainstream der Wirtschaftswissenschaf- ten und der Industrie ignoriert. Wir dürfen in unseren Köpfen Fortschritt nicht mehr mit unbegrenztem Wachstum gleichsetzen, wollen wir zu einer dematerialisierten Wirtschaftsweise und Gesellschaft gelangen. Der nach- haltige Umgang mit der Mitwelt und mit den von ihr zur Verfügung gestell- ten Ressourcen muß ein selbstverständlicher Teil unseres Handelns wer- den. Die Theorie besagt, daß nur systemorientierte Strukturanpassungen an ökologische und soziale Rahmenbedingungen zu nachhaltigem Wirt- schaften führen. Wie bei solchen grundsätzlichen Systembetrachtungen üblich, benötigt man ein ganzes Bündel von Maßnahmen für eine solche zukunftsfähige Entwicklung:

- Ökonomische Instrumente müssen gezielt zur effizienteren Ressourcennutzung eingesetzt werden (Stichwort: Energie- und Ökosteuer).
- Die Abbaurate erneuerbarer Ressourcen darf ihre Reproduktionsfähigkeit nicht überschreiten (Stichwort: Biodiesel versus Flachs- bzw. Hanfanbau).
- Die Stoffeinträge dürfen die Belastbarkeit des Ökosystems nicht überfordern (Stichwort Pestizide versus Öko-Landbau).
- Nicht erneuerbare Ressourcen dürfen nur in dem Umfang zum Einsatz kommen, in dem ein physisch gleichwertiger Ersatz in Form erneuerbarer Ressourcen oder höherer Produktivität erneuerbarer Ressourcen geschaffen werden kann (Stichwort: gezielte Regionalförderung für nachwachsende Rohstoffe).

»Das Überleben der Menschheit im 21. Jahrhundert wird davon abhängen«, mahnte der Systemtheoretiker Fritjof Capra kürzlich im »Digital Executive Forum« in Wien, »ob wir lernen, systemisch zu leben. Das betrifft vor allem die Geschäftswelt, die linear und nicht kreisläufig organisiert ist.« Der Österreicher Capra, der in Wien Theoretische Physik studierte, lehrt am Center for Ecoliteracy in Berkeley, Kalifornien. Die großen Probleme unserer Welt sind auch für ihn letztlich auf das Zusammenbrechen der natürlichen Umwelt und traditionellen Lebensgemeinschaften zurückzuführen. Sie bilden einen Circulus vitiosus, den wir nur durchbrechen können, »wenn wir von den sich selbst organisierenden und regulierenden Ökosystemen lernen, in denen Pflanzen, Tiere, Mikroorganismen und leblose Rohstoffe in wechselseitigen Abhängigkeiten vernetzt sind«.

Die Ökosysteme zusammen mit den eingebundenen menschlichen Sozialsystemen bilden den »Erdhaushalt«. Durch dieses Netzwerk zirkulieren Energie und Materie endlos. Löst man allerdings einzelne Teile heraus, bricht das ganze System zusammen. Wesentlich ist, die Ökosysteme verstehen zu lernen und in die Geschäftswelt zu übertragen. Gibt es also ein Organisationsmuster, das allen Lebensformen gemeinsam ist? Ja, sagt Capra, wir haben dafür den Begriff Autopoiese vorgeschlagen. Das Grundmuster ist immer ein Netzwerk, niemals linear. In seinem soeben auf Englisch erschienenen Buch *The Web of Life* versucht Capra, mit Hilfe der nichtlinearen Mathematik eine Systemtheorie zu formulieren, die dem Phänomen der Selbstorganisation und Selbstregulierung lebender Systeme nachgeht. In der Geschäftswelt von morgen geht es nach Capra darum, die Organisationsprinzipien von ökologisch nachhaltigen Lebensgemeinschaften auf die Gestaltung von Unternehmen anzuwenden: »In der Natur herrscht zwar Wettbewerb, aber immer in einem weiteren kooperativen Rahmen«, meinte er im Gespräch mit uns, »also sollte auch in einem Unternehmen entlang von Produktzyklen das Prinzip der Partnerschaft berücksichtigt werden. Das Design der Produkte muß sich radikal ändern, eine langfristige Steuerreform die falsche allmählich vom Markt verdrängen.«

Ein Begriff, der in der Nachhaltigkeitsdiskussion immer wieder aufflammt, ist das »Öko-Design«, ein schillerndes Wortgebilde, das, je nach Herkunft des Rezipienten, sehr unterschiedliche Vorstellungen auslöst. Ökologie und Design sind moderne Disziplinen, sie sind zukunftsträchtig und interdisziplinär, das bedeutet: Sie können nur in der Zusammenarbeit fruchtbar existieren. Beide erläutern analytisch und praktisch das Ende banaler Vorstellungen linearer Prozesse und einfacher Lösungen, denn sie erkannten, daß Gebäude schon einstürzen können, wenn man nur an einem Fädchen der Wirklichkeit zieht. Das Augenmerk beider richtet sich auf die Veränderung gesellschaftlicher Wirklichkeiten, und beider Intention ist die Transformation, sind Reflexion und Gestaltung von Übergängen zur sogenannten Sustainability, was mit dem Wort Nachhaltigkeit oder Dauerhaftigkeit nur schlecht, mit Zukunftsfähigkeit etwas besser übersetzt wird. Kurz gesagt, geht es um »vernünftige Handlungsweisen« in einer begrenzten und übervölkerten Welt.

»Wir müssen globale Verantwortung übernehmen«, sagt Britta Steilmann. Das hört sich recht gut an, aber wie schaut's denn in der Realität aus? Die Textil- und Bekleidungsindustrie ist nach der Landwirtschaft der zweitgrößte Umweltverschmutzer. Da gibt es einen enormen Handlungsbedarf. »Ich habe mindestens dreieinhalb Jahre mit dem Management unseres eigenen Unternehmens gekämpft, weil sie die Notwendigeit des Strukturwandels nicht einsahen. Was hier so läuft, ist in grotesker Weise typisch. Wir machen alles ›pseudo‹ und ein bißchen light, das kleine Ökokringel und den Ökonachfüllpack.« (Horx/Steilmann, 1995: 40)

Was also wäre zu tun und worauf müßte besonders geachtet werden? Theoretisch zieht Britta Steilmann am richtigen Faden: Es gehe um die technische und soziale Reform der gesamten textilen Produktionskette, angefangen bei den Rohstoffen bis zu recycelbarer oder kompostierbarer Kleidung. Und wie überwindet man die ökonomischen Sachzwänge? »Wir werden wie die anderen europäischen Unternehmen auch aus betriebswirtschaftlichen Gründen im Bereich der Produktion immer mehr mehr zum Outplacement gezwungen, wir müssen unsere Produktionsstätten nach Malaysia, nach Vietnam oder in andere Länder verlagern, in denen der Umweltschutz, wie wir ihn verstehen, so bisher nicht praktiziert wird.« (ebd.: 67) Billiglohnproduktion, Sozial-und Umweltdumping lassen sich nicht von heute auf morgen aus der Welt schaffen. Es gibt aber hoffnungsvolle Projekte, die selbst in der Dritten Welt demonstrieren, daß ein umweltbewußter und sozialverträglicher Umgang mit Kleidern möglich ist.

Wer sich seinen Betrieb »zukunftsfähig« ausbauen und entwickeln möchte, gerät nicht nur mit den Banken in den Clinch. Schnell bedrängen ihn auch die Akteure des Handels, um nicht eingefahrene Bahnen verlassen zu müssen. Einer, der es wissen muß, kein Kleiner, berichtet uns off records, wie sich das in der Praxis abspielt. Anonymus: »Vor ca. vier Jahren hatten wir eine Versammlung von Vertretern der Kaufhausketten Karstadt, Neckermann, Hertie usw. Sie haben wegen meiner Öko-Linie offen mit Boykott gedroht: Es ging um 200 Millionen Mark. Wir kaufen nichts mehr ein, wenn das so weiter geht. Das diskriminiert unsere andere Produktpalette. Ich bin trotzdem bei meiner Linie geblieben, der Erfolg hat mir recht gegeben.«

4. Pep mit Power: Britta ist steil, Mann!

Britta Steilmann wird von der schreibenden Zunft nicht gerade sanft behandelt. Nimmt man ihr übel, daß sie den Dialog eröffnet und Bewegung in die Branche gebracht hat? Als Tochter des Textilgiganten Klaus Steilmann wird ihr eine allzu glatte Karriere unterstellt. Auch mit dem Upper-Management im Konzern Steilmann Ltd. gibt es manchmal Zoff. Wie geht sie damit um?

»Das klassische Management produziert Papier. Wir haben 1989 mit dem Umweltressort bei Stand Null angefangen, wahnsinnig viel Geld in Forschung und Entwicklung gesteckt. Die Familie ist sich darin einig. Das Upper-Management ist der Familie gegenüber nicht immer komplett offen. Es kann sein, daß Ihnen die Leute ins Gesicht sagen, das ist toll, und hinterrücks sagen, das ist Scheiße. Da müssen die Herren eben durch. In the long run werde ich diejenige sein, die recht hat.«

Keine Spur von getrübtem Selbstbewußtsein. Britta Steilmann spricht schnell, fast im Stakkato, machmal nur in Satzfragmenten. Normalerweise leise und verhalten, nur wenn sie sich emotionell engagiert, dreht sie auf: »Diejenigen, die für Ökologie kämpfen, haben es enorm schwer. Sie verzichten auf Freizeit, haben einen riesen Arbeitsaufwand. Greenpeace ist mit Brent Spar eine große Sache gelungen. Alle, die jetzt gegen Chiracs Atombombenversuche sind, kriegen Ärger mit der Bildzeitung.«
Während viele Unternehmen derzeit das Thema Umwelt auf die hinteren Plätze ihrer Prioritätenliste verbannen, verhält sich die Modedesignerin

Britta Steilmann genau antizyklisch. »Für mich ist der Umweltschutz eine Möglichkeit für die europäische Textil- und Bekleidungsindustrie, sich zu profilieren und sich gegenüber Billigimporten aus Ländern ohne nennenswerten Umwelt- und Arbeitsschutz abzugrenzen. Die Verbraucher sollen sich mit dem Unternehmen, seinem Engagement und nicht zuletzt der Person, die dahintersteht, identifizieren können.« Frau Steilmann will »Menschen erreichen und sie dazu kriegen, Verantwortung zu übernehmen für eine Welt, die seit Jahrhunderten für egoistische Ziele genutzt wird«. Sie weiß auch, daß die Wachstumsökonomie längst an ihre Grenzen gestoßen ist, und möchte »das emotionale Bedürfnis schaffen, notwendige Veränderungen zu vollziehen.«

Auch mit Kritik an der chemischen Industrie hält die »Botschafterin einer alternativen Lebensweise« (Eigendefintion) nicht hinterm Berg:

»Die wachsende Zahl von Allergien und Hauterkrankungen vor allem bei Kindern war der Anstoß für mein ökologisches Bekleidungskonzept. Nicht selten werden diese Beschwerden von giftigen Farben oder hautreizenden Chemikalien verursacht, die sich in modischem Outfit verbergen. Wenn wir so weitermachen wie bisher, werden die Menschen systematisch mit Umweltgiften belastet und in ihrer Gesundheit gefährdet. Die Textil- und Bekleidungsindustrie ist der zweitgrößte Umweltverschmutzer der Welt. Jetzt ist es wirklich an der Zeit umzudenken.« (Horx/Steilmann 1995: 66)

»Doch man muß zuerst in seinem eigenen Unternehmen aufräumen«, gibt Britta Steilmann zu. Mathias Horx, der Trendschwätzer (Biermann, 1995:11) aus deutschen Landen, sieht die 30jährige Managerin als Jeanne d'Arc der »Millennium Moral«, die Wirtschaft, Ethik und Natur unter einen Hut bringen möchte. In dem kontrovers aufgemachten Diskursbuch *Millennium Moral* wirft er ihr vor: »Sie haben für Ihre Innovation eine sehr breite Front gewählt. Sie wollen das Projekt verändern, den Rohstoff, die Produktion, und Sie wollen ein neues Kommunikationskonzept entwickeln und zu allem Überfluß auch noch den Handel umerziehen – das führt zu einem ›Che-Guevara-Syndrom‹: an allen Fronten gleichzeitig und allein im bolivianischen Dschungel.«(Horx/Steilmann 1995: 55) Auf solche Sottisen reagiert sie schnippisch: »Ich bin nicht pessimistisch, ich bin kein Aufgebertyp.«

Die Modedesignerin als Nestbeschmutzerin, ihre Kollektion als Mega-Provokation? Britta Steilmann wehrt sich vehement gegen diese Unterstellung von Branchenkollegen. Der Vorwurf, daß sie schlafende Hunde geweckt habe, läßt sie kalt. Sie beharrt auf ihrer Linie: »Öko-Mode muß und darf nicht teurer sein als andere. Wir alle haben die Verpflichtung, intelligente Produkte umzusetzen. Dazu gehört Mode, die den gesamten Lebenszyklus eines Produktes, vom Anbau bis zur Kompostierbarkeit beachtet«, erklärte uns Britta Steilmann im Gespräch. Immerhin hat die Juniormanagerin mit ihrer »It's One World«-Kollektion 1 % des gesamten Umsatzes der Steilmann-Gruppe herausgeholt, der zuletzt 1,4 Milliarden DM erreicht hat (Steilmann, 1995:240). Das sind immerhin 14 Millionen DM (rund 100 Millionen Schilling). Welche textilen Öko-Kniffe wendet die Thronfolgerin an, um 200000 Stück konfektioniertes Naturtuch per anno loszuwerden? »Mode muß Spaß machen. Jeans, Knit-Wear, Bed-, Bath & Underwear sollen aber auch besonders langlebig sein. Alles, was hautnah ist, muß aus kontrolliertem Bioanbau stammen, ohne jede Chemie, ganz natürlich, denn Mode soll nicht krank machen, sondern schön.« Wissenschaftlich beraten und beeinflußt wird die Thronfolgerin des Konzerns von Michael Braungart, Leiter der EPEA (Environmental Protection Encouragement Agency) in Hamburg. Der Umweltchemiker hat sich die nah am Körper getragene »Awakenings«-Collection zur Brust genommen: »Wir haben uns den gesamten Herstellungsprozeß angesehen, angefangen bei der Gewinnung der Baumwolle in der Türkei. Wir können das bedenkenlos empfehlen«, so seine telefonische Auskunft.

Britta Steilmann hat damit zu kämpfen, daß sie bald Nachfolgerin ihres Vaters Klaus im Gesamtkonzern werden soll, so etwa um das Jahr 2000. Der Big Boss mit Baß-Bariton wirkt im Gespräch glaubhaft in seinem ökologischen Engagement, aber manchmal widersprüchlich. Heiklen Fragen weicht er geschickt aus und lenkt das Gespräch auf ein anderes Thema. Für ihn sei es ein Schlüsselerlebnis gewesen, daß er einer Schwester von Britta, die durch ein starkes schmerzstillendes Mittel beinahe an einem Kreislaufkollaps gestorben wäre, durch schnelles Eingreifen das Leben retten konnte.

Seither haben Gesundheit und Umweltschutz für ihn höchste Priorität. »Ohne Return of Investment« wurden laut Klaus Steilmann in den letzten sieben Jahren 42 Millionen Mark für Umweltinvestitionen eingesetzt. Die Steilmann-Gruppe steht vor dem Problem, ihre konventionellen Produkte durch »It's One World« von Britta Steilmann selbst zu konkurrieren. Als Mitglied des Vorstands ringt sie wie ihr Vater um die Gesamtökologisierung des Großunternehmens – nur radikaler. So ist es dem Tochter-Vater-Gespann 1989 gelungen, das Recycling und die Kompostierung von Bekleidung zum Thema zu machen. 1994 kam die erste komplett kompostierbare Kollektion auf den Markt (Horx/Steilmann, 1995:69). Zum ersten Mal wurde in einem Konzern dieser Größenordnung – die Steilmann-Gruppe gehört zu den größten europäischen Bekleidungsherstellern – in Zusammenarbeit mit dem Öko-Info des Dialog Textilbekleidung (DTB) ein Artikelpaß für alle Vorlieferanten entwickelt. Dieser Öko-Check bietet zumindest einige Anhaltspunkte bei bedenklichen Stoffen und gibt diverse, allerdings nicht gerade strenge Grenzwerte vor – zugeschnitten auf den schon vorhandenen »Stand der Technik«. Somit ist dieser Artikelpaß nicht viel mehr als der zarte Versuch, sich dem ebenfalls von der Großindustrie gepushten Öko-Tex Standard 100 zu nähern (s. Kap. 4.2).

Die Kompromisse gegenüber dem Gesamtkonzern führen auch beim eigenen Label von Britta Steilmann zu Abweichungen von einer klaren Naturtextil-Philosophie: »Ich möchte betonen, daß ich kein Naturtextil-freak bin und keine Ökodesignerin. Auch totale Chemiefreiheit fordern wir nicht. Schließlich setzen wir auch gefärbte Waren ein. Wir versuchen allerdings, den Einsatz von Chemie auf das Notwendige zu beschränken und genau zu kontrollieren.« Synthetische und pflanzliche Farbstoffe werden kaum unterschiedlich gewichtet, im Gegenteil. Bei »One World« ist man stolz auf »Direktfarbstoffe von führenden europäischen Herstellern«, die angeblich nach »einem neuen, patentierten, ressourcensparenden Verfahren« aufgebracht werden. In dieser Farbstoffkategorie gibt es bedenkliche und weniger fragwürdige Couleurs. Jedenfalls sind sie samt und sonders petrochemischer Herkunft und damit nicht das Gelbe vom Ei. Eine Einsicht in die Liste der tatsächlich verwendeten Farbstoffe wurde uns leider nicht gegönnt. Dabei hat Britta Steilmann 1989 ein ökologisch vielversprechendes Pflanzenfarben-Projekt gestartet. Warum hat sie zurückgesteckt? Zur Unterstützung ihrer Antwort holt sie ein naturbeiges Baumwoll-T-Shirt vom Kleiderbügel: »Schauen sie sich das einmal an, ich kriegs nicht los, weil die das nicht haben wollen. Das ist ihnen zu fad, zu langweilig. Wir sind ja schon sehr reduziert in den Farben. Aber die sagen einfach: nö. Der Handel sagt nein. Mode und Bekleidung sind mit Lebensfreude verbunden. Da meine ich schon, daß Farbe dazugehört.«

Darauf wir: Das ist ganz konventionell gedacht. Das sagen alle. Britta Steilmann ist um eine Antwort auch diesmal nicht verlegen:

»Sie können das nicht anders machen. Wir haben das wirklich über zwei Jahre versucht, nur ecru. Sie werden es irgendwann selber leid. Wenn Sie sich Mitteleuropa angucken und den Hautton der Menschen: Die meisten Leute haben so einen Goldton. Ecru, dieser natürliche Farbton der Baumwolle, macht unheimlich krank. Die Haut wird durch einen goldenen Farbton grau. Man sieht einfach krank aus in der Sache.«

Farbe und Lebensfreude gehören zweifelsohne zusammen. Fragt sich nur, wie häufig und in welcher Dichte und Kombination die optischen Appelle ausgesendet werden müssen, um dem Wesen des Menschen gerecht zu werden (s. Kap. 2.6). Andererseits kann mittlerweile mit entsprechendem Aufwand auch Leinen und Baumwolle mit Natur gefärbt werden (s. Kasten Kap. 6.2).

Britta Steilmann ist sich in Wirklichkeit der »Sachen, die blaß machen«

nicht ganz so sicher. Im Gespräch verwickelt sie sich in Widersprüche. »Mit Sicherheit ist für mich im Bereich organic cotton die Farbe wichtig, weil es eben körpernah ist. Sehr stark setzen wir hier die Farbe ecru . Weil ich eben einfach sage: Wenn ich organische Baumwolle färbe, das ist ja Perlen vor die Säue schmeißen.« Gewiß zwingt die Realität des Marktes zu Kompromissen. Ganz abwegig ist es nicht, wenn bei underwear und allem Hautnahen strengere Maßstäbe angelegt werden als bei DOB und HOB. Damen- und Herrenoberbekleidung als trojanisches Pferd der Color-Chemie? Eine saubere ökologische Lösung ist das nicht. In ihrem One-World-Artikelpaß erfüllt Britta Steilmann doch etwas mehr als die Mindestanforderungen des Öko-Tex-Standard 100. Sie achtet auf die Schwermetallfreiheit der Farbstoffe, läßt nur »ausgewählte« Reaktiv- und Direktfarbstoffe zu (die sie uns allerdings nicht verrät), schließt die Chlorbleiche aus und färbt wenigstens die Knöpfe mit Pflanzenfarben, wie uns die Umweltbeauftragte des Konzerns, Karen Schmidt, wissen läßt.

Gibt es für Britta Steilmann ein Öko-Design, das nur über funktionsästhetische und ökonomische Vorgaben hinausgeht?

»Bei jedem Design-Ansatz, den ich mir stelle, ist die ganz klare Frage: Wie entsorg ich es hinterher? Was sind die Folgeschäden? Das ist der Anspruch. Man muß sich Gedanken machen darüber, was mit der Ware passiert, wenn ich sie nicht mehr will. Dann ist die Material- und die Faserauswahl wichtig und die Beachtung der Kreisläufe. Das, was wir tun, ist natürlich schon wahnsinnig über das ökonomische und über das reine Silhouettendesign hinausgedacht. Für für mich ist der Griff wichtig, die Schwere, das Volle. Mit Sicherheit ist für mich der Geruch ein weiterer Faktor. Das riecht eben nicht wie der ganze Chemiemuff.«

Selbst in der Verfolgung dieser typischen moderaten Öko-Linie hat Britta so ihre Schwierigkeiten: »Arsen, Chrom und Nickel-Verzicht: Das ist Werben mit der Angst. Das darf ich nicht tun. Da muß ich mit Anwälten dagegengehen. Die Prozesse laufen immer Jahre …«

Frau Steilmann hat viele Gesichter. Die Absolventin des Fashion Institute of Marketing and Technology in New York benutzt auch die Barbiepuppe, um ihre Message zu verkaufen. »Warum sollte Barbie nicht spielerisch ökologische Inhalte vermitteln und zum Nachdenken anregen … Als moderne und selbstbewußte junge Frau hat Barbie Interesse an Ökologie und Umwelt. Das zeigt sie, indem sie auch bei der Kleidung darauf achtet.« (Barbie, 1994:38) Im Rahmen des Projekts »Kunst, Design und Barbie« steckte auch Britta die 700 Millionen mal verkaufte Kultpuppe in Öko-Minimode, in Unterwäsche, Bademäntel, Jeans und T-Shirts »ohne optische Aufheller und Kunstharze«. Alles ist »weitgehend naturbelassen«, bis zu den Knöpfen aus Perlmutt. Hat Britta das wirklich zu Ende gedacht? Geschickt hat sie die Öko-Botschaft mit der Umsatz-Hoffnung verquickt, um die Barbie-süchtigen Kids in die Öko-Gehschule zu locken. It's *One World*, heißt ihre Kollektion. Wenn man alle bis jetzt verkauften Barbies Kopf zu Fuß aneinanderreiht, wäre diese Reihe länger als der dreieinhalbfache Umfang der Erde. Trotz mannigfacher Proteste werden wichtige Körperteile der Barbiepuppe nach wie vor aus PVC hergestellt. Greenpeace konnte sich in Österreich vom Höchstgericht bestätigen lassen, daß »PVC ein Umweltgift« ist. Das hätte Britta wissen müssen.

Widerspüche und kühne grüne Ansätze – beides findet sich bei der Juniormanagerin des Steilmann-Textilkonzerns. Es ist ihre erklärte Absicht, »mit giftfreien Produkten in eine ökologische Zukunft zu investieren«. Statt der althergebrachten, produktorientierten Denkweise will sie »ein revolutionäres Konzept«, das den gesamten Entstehungs-, Nutzungs- und Erneuerungszyklus erfaßt«. Dabei will sie von der Natur lernen und natürlichen Kreisläufen mehr Beachtung schenken. Designer und Manager will sie dazu verpflichten, die »globale Umweltbelastung in ihren Konzepten zu verringern«. Damit Öko-Qualität wirklich einen »neuen Marktwert« erhält, muß sie sich vor grün-maskierten Taschenspielern in acht nehmen und in manchen Bereichen mehr Flagge zeigen. »Öko-Kniffe« sind zu wenig.

Wir glauben, daß die etablierten Insider der Öko-Szene Britta Steilmann nicht ausgrenzen dürfen. Wir haben das Gefühl, daß sie Verbündete braucht.

5. Öko-Profile und Naturdesign

»Die Mode von WWF ist auch in punkto Ökologie topaktuell: Schnitt, Formen und Farben werden immer raffinierter – Anbau, Gewinnung und Verabeitung immer umweltschonender«, heißt es im neuen *Panda Jahreskatalog für umweltbewußtes Einkaufen* vom WWF Schweiz. Als ausgemachtes Ziel des WWF und vieler anderer Anbieter von ökologischer Bekleidung gilt es Produkte anzubieten, »die nach dem neuesten Stand des Wissens und der Technik umweltgerecht sind«. (Panda 1995:5)

Im Visier ist dabei nicht nur das fertige Produkt, sondern das ganze Produkteleben, angefangen bei den Rohstoffen und der Verarbeitung über den Gebrauch bis zur Entsorgung. »Die heutigen Möglichkeiten bedingen zwar noch häufig Kompromisse, es wird jedoch intensiv an Verbesserungen gearbeitet«, diese Aussage des WWF konnten wir bei unseren Recherchen im Öko-Eck wiederholt verifizieren. Als wichtigste Strategie für eine konsequente Öko-Textil-Profilierung erweist sich die Zusammenarbeit von Händlern, Produzenten und Expert/inn/en der Umwelt- und Verbraucherorganisationen. Auch *Öko-Test*, die Zeitschrift *Natur* und die Verbraucherinitiative haben in den letzten Jahren wertvolle Aufklärungsarbeit in Sachen Naturdesign geleistet. Trotz vielfacher Dementis regten die Hiobsbotschaften Modemacher und Industrie zum Nachdenken an. Langsam, aber stetig beginnen sich die Hersteller unserer zweiten Haut um die Folgen ihrer Produktion für Umwelt und Gesundheit zu kümmern. »Weltweit erkennen Textilunternehmer einen neuen Faktor im Wettbewerb«, behauptete *Natur* schon 1992. »Kunden nehmen nicht länger hin, daß Kleidung Gesundheit und Umwelt gefährdet«, so die damals etwas überzogene Einschätzung der Umweltzeitschrift. Bestätigt werden kann, daß mehrere Kernfragen die Branche beschäftigen: Wie läßt sich die Gesundheit der Kunden am besten schützen? Ist eine sanfte Textilveredelung möglich, wieviel Chemieausrüstung ist überhaupt nötig, um tragbare Kleidung herzustellen? Um die bestehende Überchemisierung der zweiten Haut einzudämmen, wird der Gesetzgeber die Zulassung von Textilhilfsmitteln ganz gewiß beschränken müssen. Der Wildwuchs ist gerade auf diesem Sektor heute bereits so weit gediehen, daß nur eine Einengung des Spielraumes das Kundenbedürfnis nach unbelasteter Kleidung erfüllen kann. Die Tuchmacher werden, so viel steht fest, die einzelnen Verfahrensstufen auf ihre Sinnhaftigkeit und Notwendigkeit ernsthaft überprüfen müssen. »Was setze ich ein, wieviel, für welchen Zweck, für welchen Nutzen?« Man wird nicht ohne Prozeßchemikalien, Hilfsmittel und Farbstoffe auskommen, aber weniger harte Chemie und mehr physikalische, aber auch enzymatisch gesteuerte Veredelungsschritte können zu einer deutlichen Entlastung – und last but not least auch zu einer Kosteneinsparung – führen. Wer das Ziel ansteuert, gesundheitlich unbedenkliche Textilien mit optimaler Hautverträglichkeit und gutem Tragekomfort ökologisch einwandfrei herzustellen, muß auch den richtigen Weg einschlagen. Und der sollte so »sanft« wie möglich sein.

»Ökomode wird zum Megatrend der 90er Jahre«, lautet ein flott-fröhliches Zitat von Brian Kukon, Präsident der US-Ecotex Cooperation, der mit seinen neuen – wie auch immer –»umweltschonend« hergestellten T-Shirts in den USA ein Bombengeschäft macht. »Entdecken Sie den Stoff, der der Natur am nächsten kommt!«, wirbt ein deutscher Hersteller edler Herrenhemden seit neuestem für seine Öko-Kollektion »pro nature«. Überhaupt setzt jeder Produzent, der es sich leisten kann, auf »grün« und sichert sich damit seine Nische im wachsenden Ökomarkt. Es trifft zu, daß sich bereits etliche Textilhersteller bemühen, gesunde und saubere Kleidung auf den Markt zu bringen. Die einen mehr, die anderen weniger. Genau hier liegt auch der Ansatzpunkt für nachdenklich gewordene Konsumenten. Selbst wenn jetzt manche Auguren das Gegenteil beschwören, lautet unsere These: Die Kleiderkunden der Zukunft sind neugieriger, souveräner und mündiger geworden. Wie nie zuvor besteht beim Verbraucher ein echtes Informationsbedürfnis. Viele fragen: »Was kann man denn noch kaufen, wenn selbst Naturfasern belastet sind?« Eine eindeutige Antwort ist schwierig, doch die wichtigste Grundregel lautet: Verlassen Sie sich nicht auf Bezeichnungen wie »Bio« oder »Öko«. Die Begriffe sind auch in dieser Branche inflationiert, nicht gesetzlich geregelt und außerordentlich verschwommen. »Transparentes, überprüfbares ökologisches Engagement sind in der Textilindustrie die Ausnahme«, nicht die Regel, offenbart auch die Fachpublizistin Doris Binger (1995: 11) in ihrer ausführlichen Veröffentlichung.

Worauf man sich in der Regel nach unseren Nachforschungen verlassen kann, sind jedenfalls in Deutschland die Mitglieder des Arbeitskreises Naturtextil. Der AKN verabschiedete im Sommer 1994 die derzeit strengsten und umfassendsten Richtlinien für seine 15 Mitgliedsfirmen. »Mit diesen Kriterien hebt sich der AKN deutlich von allen anderen Anbietern mit Ökosiegeln ab«, unterstreicht die Biologin Meike Ried (1994: 131), die mit ihrem Öko-Textil-Buch *Chemie im Kleiderschrank* schon 1989 viel Staub aufgewirbelt hat.

6. Arbeitskreis Naturtextil (AKN)

»Die Textilbranche auf dem Sektor Oberbekleidung liegt am Boden. Sie kämpft ums blanke Überleben. Ich verabschiede mich jetzt aus diesem eiskalten und brutalen Gewerbe.« Mit diesem Paukenschlag am Telefon beendet Christoph Geisler-Kroll Ende 1995 seinen sechsjährigen Einsatz für die Naturtextilanten und wendet sich der Raumausstattung und technischen Textilien zu. Einst Stütze des Katalyseinstituts in Köln, dann selbständiger Ökologieberater, hat er in einem unglaublichen Kraftakt die Allgemeinen Richtlinien für die Mitgliedschaft im Arbeitskreis Naturtextil entwickelt. Damit wurde in der Tat ein Meilenstein im vorsorgenden Gesundheits- und Umweltschutz in der textilen Kette verankert.

1988 gründeten vier engagierte Naturtextilfirmen den Arbeitskreis Naturtextil (AKN), die sich als Avantgarde der Textilproduktion verstehen. Mittlerweile gehören 15 Bekleidungshersteller zu dieser »ökologischen Speerspitze« (Eigendefinition). Darunter sind Versandhäuser von Öko-Konfektionen ebenso wie nationale und internationale Textilproduzenten (Adressen s. Anhang).

6.1 Die Richtlinien der Top Fifteen

Im Sommer 1994 verabschiedete der Arbeitskreis verbindliche Richtlinien für die Mitgliedschaft sowie für ein eigenes Markenzeichen. Sie gelten derzeit als die strengsten und umfassendsten in der Branche. Schwerpunkte sind die Herstellungsökologie und die Gesundheitsverträglichkeit. Im wesentlichen geht es dabei um

– den Abbau von Risiken im Chemikalieneinsatz,
– die Straffung oder Vermeidung von Chemikalienpaletten
– und den Ersatz von »Chemie« durch Naturstoffe und mechanische Verfahren.

Bei der strengen Formulierung der Grundsätze stützt sich Geisler-Kroll auf § 30 des Lebensmittel- und Bedarfsgegenstände-Gesetzes, in dem explizit »Verbote zum Schutz der Gesundheit« zum Gebot gemacht wurden. Diese Verbote zielen vor allem auf »toxikologisch wirksame Stoffe und Verunreinigungen«, die auch bei »bestimmungsgemäßem Gebrauch« auftreten und bisher vom Gesetzgeber nicht berücksichtigt wurden. Die Entstehung bzw. Freisetzung von Schadstoffen muß schon im Vorfeld verhindert werden. Das beginnt schon bei der schonenden Herstellung und bei der Weiterverbeitung der Rohstoffe:

»Die Produktion von Textilien verlangt Systembetrachtungen. Es läßt sich nicht ohne weiteres ein bislang eingesetzter Stoff durch einen anderen ersetzen, nur weil dieser ökologisch verträglicher zu sein scheint. Die Verzahnung von Anlagentechnik, Substrat und Stoffeinsatz hat einen so hohen Grad erreicht, daß nur in Kooperation von Anlagenbauern, Substratlieferanten sowie Hilfs- und Prozeßchemikalienherstellern Lösungskonzepte erarbeitet werden können.« (AKN-Richtlinien 1994:3)

Im Gegensatz zum Öko-Tex Standard 100 und anderen Öko-Labels werden beim AKN die Richtlinien, Ausschlußkriterien, Grenzwerte und Empfehlungen in der textilen Kette von den Rohstoffen bis zur Veredlung formuliert. Einige Beispiele aus der stofflichen Vielfalt: Es sind ausschließlich Naturfasern erlaubt, z.B. Baumwolle, Leinen, Hanf, Seide und Wolle. Baumwolle aus konventionellem Anbau muß entweder handgepflückt oder entlaubungsmittelfrei sein. Selbstverständlich ist kontrolliert biologischer Anbau »erwünscht«, aber leider nicht verpflichtend. Für Leinen, Hanf, Seide und Wolle gelten ähnliche Bestimmungen. Der Pestizid-Summengrenzwert liegt bei maximal 0,1 mg/kg.

Bei der Rohstoffverarbeitung, -vorbehandlung und Veredlung gilt vor allem ein Grundsatz: »Alle Hilfsmittel und sonstigen Prozeßchemikalien müssen frei sein von ethoxilierten Substanzen«, das sind Erdölprodukte, die mit Hilfe von Ethylenoxid enstanden sind, »frei von kurzkettigen Aldehyden (z.B. Formaldehyd und Glyoxal), frei von Schwermetallen, frei von organischen Halogenverbindungen und Phenolen.« (AKN-Richtlinien 1994:3) Schlichtemittel dürfen nur dann eingesetzt werden, wenn sie zu 90 % biologisch abbaubar oder zu 80 % recycelbar sind. Ein Anwendungsverbot gibt es auch für quaternäre Ammoniumverbindungen, Ethylendiamintetraessigsäure (EDTA), Phosphonate und Polycarboxylate.

Warum diese Verbote? Ethylenoxid ist ein gefährlicher Stoff nach der MAK-Liste, im Tierversuch eindeutig krebserregend und mit hohem Störfallrisiko behaftet. Harte Tenside, wie z.B. ethoxilierte, erfüllen nicht die rechtlichen und schon gar nicht die notwendigen Anforderungen an die biologische Abbaubarkeit. Schwermetalle und AOX (s. Kap. 5.1) gelten im Sinne des Wasserhaushaltsgesetzes als »gefährliche Stoffe« und sind darüberhinaus humantoxisch. Phenole schädigen Leber, Niere, Blutbild und sind fischgiftig. EDTA, das Anion der Ethylendiamintetraessigsäure, ist ein im Wasser schwer abbaubarer und giftiger Komplexbildner. Der Phosphatersatzstoff kommt vor allem über Textilien, aber auch über manche Waschmittel ins Trinkwasser. EDTA findet sich inzwischen im Trinkwasser von Ballungsräumen, die mit Rheinuferfiltrat versorgt werden (s. Kap. 5.1) Chemiebleichen ist beim AKN nicht erlaubt, weil immer mit einer hohen – im Fall Wasserstoffperoxid erhöhten – AOX-Konzentration zu rechnen ist. Zusätzlich zu den bereits bei den Rohstoffen und in der Vorbehandlung auf den Index gesetzten Chemikalien verbitten sich die AKN-ler Fleckschutzausrüstung, optische Aufheller, antimikrobielle Ausrüstung, Mottenschutz, Ammoniak-Behandlung, Filzfreiausrüstung, Seidenerschwerung (s. Kap. 2.1.5), Antistatika und andere Formen der chemieintensiven Hochveredelung.

Untersagt sind selbstverständlich all jene Farbstoffe, die krebserzeugende aromatische Amine abspalten, sowie Kupplungskomponenten oder Entwickler, die solche Amine enthalten. Nichts zu suchen haben auch allergieauslösenden Farbstoffe und schwermetallhaltige Hilfsmittel sowie solche, die AOX im Abwasser bilden. Auch beim Farbdruck gibt es gravierende Einschränkungen: Ätzdruckverfahren, Drucktechniken mit Benzin als Lösemittel und Harnstofformaldehyd sind außen vor. Das gleiche gilt für eher exotische Färbehilfsmittel, etwa das m-Nitrobenzolsulfonat und seine korrespondierenden Amine. Die Richtlinien haben auch noch einen anderen Zugang zur Ökotoxizität. Berücksichtigt wird die Giftigkeit der Farbmittel gegenüber Bakterien, Fischen, Daphnien (Flohkrebsen) und Algen mit klar definierten und stringenten Ober- und Untergrenzen. Das textile Endprodukt darf, so toleriert es der AKN, nicht mehr als 20 ppm freies Formaldehyd (nach Japan Law 112, einer strengen japanischen Textilrichtlinie) enthalten. Begründung: »Trotz des Verbotes formaldehydhaltiger Hilfsmittel, Prozeßchemikalien und Farbstoffe kann es z.B. durch nicht deklarierte Konservierungsmittel in Hilfsmitteln zu einer Formaldehydbelastung im Endprodukt kommen.« (AKN-Richtlinien, 1994:6)

Was ist erlaubt? Da hält sich auch der AKN gegenüber der Öffentlichkeit bedeckt. Wie von jeder anderen Pressestelle wurden die positiven Kriterien mit dem Hinweis auf die Konkurrenz nicht herausgerückt. In den Richtlinien selbst finden sich einige dünne Hinweise: »Ausrüstungsverfahren mit Naturstoffen und mit Substanzen natürlichen Ursprungs sind erlaubt, soweit sie den allgemeinen Richtlinien im Bereich der Vorbehandlung und Veredlung nicht widersprechen. Sie bedürfen jedoch einer gesonderten Prüfung und Genehmigung durch den AKN und müssen bei der Deklaration des Endproduktes hervorgehoben werden.« (AKN-Richtlinien, 1994:13) In den Richtlinien findet sich der Hinweis auf Bienenwachs, Harz und Kreide, auf Indigo (aus *indigofera tinctoria*), Pflanzenöle, Stärke, Enzyme, Seifen, Citrusterpene, Hefe und Zuckertenside. Eine kleine Auswahl aus dem großen Reich der Sanften Chemie. Der Einsatz vieler Naturstoffe sei in der textilen Veredlung »derzeit nur begrenzt möglich«, da der Markt kaum entsprechende Produkte anbiete.

Und dann fehlen die Seiten 14 bis 19 in den Richtlinien, die wir erhielten. Trotz mehrmaligen Drängens wurden sie uns nicht ausgehändigt. Worin also liegt das Geheimnis einer sanften Textilveredelung des AKN? Die Recherche bei einzelnen Mitgliedsfirmen hat uns einige Andeutungen geliefert (s. AKN-Mitglied Engel GmbH). Aber Faktum ist, daß auch hier der Weg das Ziel ist. Das ist nicht nur ein Problem des AKN. Perspektiven für einen nachhaltigen Umgang mit Stoff- und Materialströmen wurden zwar in der Theorie entwickelt, woran es mangelt, sind Akteure wie Hermann Fischer in Braunschweig, die die Ärmel hochkrempeln und die neue Industriegesellschaft im Sinne der sanften Philosophie gestalten.

Die Bestimmungen umfassen nicht die gesamte ökologische Kette, sondern sind auf die Textilherstellung und -veredelung begrenzt. So fehlen etwa die sozialen Kriterien bei der Herstellung der Rohstoffe und im passiven Lohnveredelungsverkehr. Weltweit werden Preise und Löhne von den reichen Ländern und deren auftragsstarken Unternehmen diktiert. »Der Druck, so billig und so rasch wie möglich zu produzieren, macht Näherinnnen und Arbeiter zur Manipuliermasse, fördert Kinderarbeit und ist mitverantwortlich für menschenunwürdige Arbeitsbedingungen und Löhne, die nirgends hinreichen.« (Rüesch, 1995:63) Wir hoffen, daß es nur dem Mangel an verfügbaren Mengen an kbA-Baumwolle zuzuschreiben ist, daß die AKN-Richtlinien die Verarbeitung von Naturfasern aus konventioneller Produktion nicht ausschließen. Immerhin müssen sich ab 1996 alle Mitglieder, die das neue Markenzeichen des Arbeitskreises Naturtextil im Emblem führen wollen, den IFOAM-Bestimmungen bzw. den entsprechenden EU-Bestimmungen unterwerfen.

Wie uns der Öko-Consultant Christoph Geisler-Kroll mitteilt, muß zum kbA-Zertifkat beim AKN zusätzlich eine Stoffbilanz im Rahmen eines Öko-Audits vorgelegt werden (s. Kasten in Kap. 5.3). Das Tüpfelchen auf dem I: Die bisher erlaubten Reaktivfarbstoffe von CIBA und andere Synthetic-Colours werden im neuen Label durch die ruhige Harmonie der Naturfarben ersetzt. Gefärbt wird nur mit pflanzlichen, tierischen, mineralischen Farbstoffen. Derzeit wird intensiv daran gearbeitet, ihre Lichtechtheit zu verbessern. Die verwendeten Chemikalien zur Vorbehandlung, zum Spinnen und Weben sind beschränkt. Zur Veredlung dürfen nur thermische und mechanische Ausrüstungsverfahren appliziert werden.

»Natur pur« könnte das Motto des strengen und konsequenten Öko-Labels heißen, das 1995 ins Leben gerufen wurde. Erklärtes Ziel ist die »Reduzierung und Vermeidung von ökologisch bedenklichen und naturfremden synthetischen Stoffen«. Auch wenn in der Praxis noch manche Schwierigkeiten zur Umsetzung bestehen, kann das Markenzeichen des AKN mit seiner angestrebten ökologischen Konsequenz Richtschnur für andere Label sein. Geisler-Kroll zum Abschied: »Der AKN muß sich was einfallen lassen! Die Produktpalette muß erweitert werden. Ein ansprechendes, attraktives Design muß her!«

15 Migliedsfirmen bilden den Kern des Arbeitskreises Naturtextil (Stand Dezember 1995). Darunter sind Versandhäuser von Öko-Konfektion ebenso wie nationale und internationale Textilproduzenten. Neben der kontrollierten Rohstoffgewinnung entdecken wir als wichtigstes Merkmal der AKN-Mitglieder den »Verzicht auf die meisten der heute üblichen Ausrüstungsverfahren«.

6.2 Die AKN-Mitglieder

Alb Natur

»Es gibt nur eine einzige Welt.« Diese Erkenntnis ist nicht neu, sie stammt vom griechischen Philosophen Zenon (354–262 v.Chr.). Allen ideologischen und gesellschaftlichen Unterschieden zum Trotz hat sich diese jahrtausende-alte Weisheit im Bewußtsein von immer mehr Menschen verankert. Wer sich für den Erhalt unserer Um-Welt verantwortlich fühlt, wird diesen Gedanken in seinen Handlungsweisen berücksichtigen müssen.« So begründen Angela Braitinger und Eberhard Schmid von Alb Natur in Laichingen ihre Geschäftsgrundlage: »Kompromißlos ohne jeden Etikettenschwindel« sei das textile Angebot (auf 170 Seiten!) zusammengestellt worden. Nichtsdesto-weniger handelt es sich um »Mode für Menschen mit Geschmack und Ver-stand« (Alb Natur Katalog, 95). Nicht dem »letzten Schrei« fühlt sich Alb Natur verpflichtet, sondern dem »Urlaut« des zeitlos Schönen: »Spaß haben, sich stilvoll lässig kleiden und dabei gut aussehen.« Sieht man von derzeit noch kaum vermeidbaren Konzessionen bei der Farbgebung (synthetisches Indigo, diverse Reaktiv- und Direktfarbstoffe) ab, kann der hohe Anspruch des schwäbischen »Multis der Naturmode« unsererseits durchaus attestiert werden. Im neuesten Katalog findet sich sogar eine Pullover-Kollektion mit einem hübschen Norwegermuster, die ihre harmonische Kolorierung Pflan-zenfarben verdankt. Die Bollhalder Pflanzenfärberei in Dornach bei Basel – selbst AKN-Mitglied – hat das feine Schurwollgarn eingefärbt. Ergebnis: »Lebendige Farben mit einem sanften Leuchten und einer wohltuenden Aus-strahlung.« (Alb Natur Katalog Weihnachtspost 1995:6)

arco verde

Bouretteseide/Schurwolle, 100 % Merino-Schurwolle, 100 % handgepflückte Baumwolle, 100 % Alpaca, ungefärbt, naturbelassen – aus diesem Gewirk besteht das breite Pullover-Sortiment, die Jacken und Röcke von arco verde: »Verstrickte Natur mit modischem Schick für Sie und Ihn. Kompromißlos aus reinen Naturfasern, ohne chemische Ausrüstung und schädliche Farb-stoffe.« Die immer wieder aktualisierte Kollektion besteht schon seit 1980 und basiert auf dem Credo, »daß natürliche und naturbelassene Bekleidung aus sehr sorgfältig ausgewählten Rohmaterialien unter größtmöglicher Scho-nung der Umwelt produziert werden können«. Das Alpaca-Garn ist fein, weich, glänzend und besonders haltbar. Lieferanten für die Wolle sind Lamas und Vikunjas, eine besondere Kamelart. Die natürlichen Farbnuancen von Alpaca spielen von roh-weiß über beige-braun bis zu anthrazit und schwarz.

Atitlan

»Leute, die es sich leisten können, sich informell zu kleiden«, sind unsere Zielgruppe, sagt Hubertus Goerke, Geschäftsführer von Atitlan aus der Rheinmetropole Köln am Telefon. »Informell« ist das Gegenteil von »formell«, langweilig und fad. Der studierte Nachrichtentechniker und ehemalige Bioladner Goerke stellt »rustikale Optik« ins Zentrum seiner Kollektion und baut besonders auf Freiberufler, Lehrer und Frauen. Atitlan will Kleidung fabrizieren, »die das Temperament der Natur hat und eine Lebendigkeit, wie sie nur natürliche Materialien ausstrahlen«. Chemische Ausrüstung oder »Veredelung« sind tabu – »mit Rücksicht auf unsere Umwelt und auch auf die Menschen, die unsere Kleidung herstellen und tragen«.

Das kleine, aber effiziente Unternehmen (6 Mitarbeiter in Deutschland, eine halbe Million Mark Jahresumsatz) fertigt Oberbekleidung für Damen und Herren. Das Material ist handgewebte Baumwolle aus Nicaragua, weiterverarbeitet und konfektioniert in Guatemala. »Atitlan«: so heißt ein See am Rande des Hochlandes von Guatemala. Die Zusammenarbeit mit Dritte-Welt-Ländern liegt Goerke besonders am Herzen. Es geht ihm um den Erhalt der regionalen, traditionellen Strukturen, um die Selbständigkeit dieser Menschen in ländlichen Gebieten.

Die Baumwolle selbst stammt noch aus integrierter Produktion. Ein Zwischenstadium, denn Goerke plant bereits den Umstieg auf Bio-Cotton. Auch einen gemeinsamen Rohstoff-Einkauf mit Branchenkollegen hält er für sinnvoll. »Die Mode ist heute so und morgen so«, meint Hubert Goerke. »Wir als Naturtextiler müssen nicht jeden Schnick-Schnack und jedes Diktat mitmachen.« Die öffentliche Diskussion über die Kleidung sei nur von Schlagworten geprägt, tiefere und ehrlichere Sachinformation das Gebot der Stunde.

Cotton Country Naturtextilien

»Die Natur ist die große Ruhe gegenüber unserer Beweglichkeit. Deshalb wird sie der Mensch immer mehr lieben, je feiner und beweglicher er werden wird.« Das Christian Morgenstern-Zitat schmückt die Umschlagseite des Cotton Country Booklets. Wer sich damit identifizieren möchte, findet bei der 1992 gegründeten Naturtextilien-Firma aus Oyten eine stilvolle Basic-Kollektion in kbA-Leinen oder kbA-Baumwolle.

Orhan Yilmaz und Jan Schikker, die beiden Inhaber, wollen genau wie ihre Kunden, zu denen auch Greenpeace und der WWF gehören, »die Spitze des derzeit ökologisch Machbaren« erreichen. »Stil sei nicht einfach eine Frage des guten Geschmacks«, sagen sie, »sondern die Frage einer natürlichen Lebensqualität«, womit sie natürlich recht haben. Aus türkischer Baumwolle und holländischem Flachs entstehen »zum Wohlfühlen hochwertige Heimtextilien, Unterwäsche und Oberbekleidung für die ganze Familie« (Cotton Country Präsentationsfolder). Besonderen Wert legt man auf »absolut hautfreundliche Keidung« (»Skincare to wear«), die in einer Zeit zunehmender Allergien und Hautkrankheiten immer mehr an Bedeutung gewinnt: »Mode, die das Thema Ökologie nicht länger ignoriert. In einer anspruchsvollen Schönheit, mit der sich ein klarer Trend der neunziger Jahre ausdrückt.« Cotton Country verfügt über zehn Auslandsvertretungen und beschäftigt allein in der Türkei ca. 100 Mitarbeiter. Der holländische kbA-Flachs aus der feuchtwarmen Gegend am Ijsselmeer wird sogar getrennt von konventionellen Partien gelagert. Bevor der Flachs zu Leinen verarbeitet wird, müssen die Maschinen sorgfältig gereinigt werden. Die Weberei verzichtet auf chemisch-synthetische Schlichtemittel und chemische Ausrüstung. Damit sich das Gewebe trotzdem angenehm und füllig angreift, setzt Cotton Country auf eine mechanisch-thermische Nachbehandlung mit Spannung, Hitze und Wasserdampf. Die anerkannte holländische Kontrollorganisation SKAL kontrolliert, garantiert und zertifiziert die Einhaltung dieser hohen Standards mit dem EKO-Siegel. Auch das Hamburger Umweltinstitut EPEA gab nach einem Öko-Check 1993 grünes Licht für die realisierte Oytener »Idee einer tragbaren Hautpflege«. Cotton Country klopft flotte Sprüche: »Die Zukunft gehört uns, weil wir das Leben lieben«, behaupten sie kühn. Auch die Fortsetzung hört sich gut an: »Und wer das Leben liebt, achtet die Menschen und schützt die Natur.«

Disana

»Wir stecken in keiner Krise« sagt uns Elmar Sautter, der Geschäftsführer, am Telefon. »Wir haben mit der völlig ungefärbten Babybekleidung aus naturbelassener Wolle und Baumwolle eine ausbaufähige Nische gefunden.« Das bescheidene Familienunternehmen auf der schwäbischen Alb werkt schon in zweiter Generation seit 26 Jahren und setzt heute im Jahr immerhin rund eine Million Mark um. Beim Thema kbA wird deutlich, daß Sautter einen etwas anderen Kurs als manche seine AKN-Kollegen steuert. »Ich komme selbst aus der Landwirtschaft«, meint er, »und warne vor Extremismus.« KbA sei bei preiswerten Stücken weder möglich noch sinnvoll. Die Zertifizierung von SKAL (s. Cotton Country) ist ihm einfach zu teuer, gibt Elmar Sautter freimütig zu. Unsere Bedenken gegen eine Verwässerung der Öko-Linie mag er nicht teilen. »Wir halten uns streng an die AKN-Richtlinien.« Damit die Baumwollwindel und das Babyhemdchen beim Waschen nicht allzu sehr eingehen, hat Disana in jahrelanger Arbeit ein spezielles Spinnverfahren mit einer besonderen Garnart entwickelt.

Darin liegt das charakteristische Know-How für einen »Einsprung unter 5 %«, und darauf beruht auch die wirklich umweltfreundliche, weil »chemiefreie« Ausrüstung. Mit der Kombination aus Qualitätsgarnen und hochentwickelter Web- und Spinnereitechnologie läßt sich ein Gewebe herstellen, das auch ohne Formaldehydzusatz beim Waschen »dimensionsstabil« bleibt.

Engel GmbH

»Die Textilveredlungsindustrie – zumindest in Deutschland durch ein umfassendes Umweltregelwerk in ihren Technologien behördlich so reglementiert wie nirgendwo – denkt permanent darüber nach, wie Textilveredlungsprozesse noch umweltschonender gestaltet werden können«, beschwor Wolf-Heiner Hemppel von der Rudolf Chemie in Geretsried den Status quo in einem recht aufschlußreichen Beschwichtigungs-Essay in der Fachpresse (Hemppel, 1992). Ein Vortrag auf dem 3. Achberger Symposion »Ökologie und Bekleidung« 1995 war einem ähnlichen Thema gewidmet. Hans-Jürgen Meier, Prokurist der Firma Engel Textilveredelung in Bad Säckingen, stellte die Frage: Wie kann in der Endausrüstung ökologisch optimiert werden? Er gab dazu auch einige Hinweise. »Jeder Textilbetrieb«, bemerkte er ähnlich wie sein Kollege von der Rudolf Chemie, »hat heute per Gesetz und durch Auflagen gewisse ökologische Daten in der Ausrüstung einzuhalten.« Die ökologische Optimierung der Endausrüstung könne nur als Teilbereich einer Gesamtoptimierung eines Ausrüstbetriebes verstanden werden. Das stimmt genau, denn vorher wird schon gebleicht und gefärbt! Die Unternehmensphilosophie findet ihren Ausdruck in einem »Ökologie-Management-System«. Oberste Zielsetzung müsse die Verantwortung sein, für den Erhalt der natürlichen Lebensgrundlagen einzustehen. »Eine weitere, schwere Kontaminierung der Umwelt sei zu stoppen!«, sprach's mit Engelszungen und erläuterte sodann, auf welche Weise das strategische Ziel erreicht wird: »Optimieren gehört neben Vermeiden, Vermindern, Verwerten und Recyceln zu den Richtlinien der Textilindustrie.« Weil – wie schon mehrmals erwähnt – immer der Weg das Ziel ist, verriet uns Herr Engel, dessen Firma als Mitglied im AKN agiert, sogar einige Details: »Optimieren durch neue Ausrüstungsverfahren, wie die Verwendung von formaldehydfreien oder formaldehydarmen Vernetzern und mechanischen Verfahren.« Dieses »oder« schafft Probleme, wenn der Grenzwert von 20 ppm Formaldehyd im Endprodukt eingehalten werden soll. Auch sein nächster Vorschlag enthält so seine Tücken: »Mechanisches, biologisches *und* chemisches Weichmachen.« Dies impliziert bewußt, daß Textilveredlung auch »unsanft«sein kann, denn die chemischen Weichmacher (vorwiegend handelt es sich um quaternäre Ammoniumverbindungen) sind giftig und schwer abbaubar. Es hat den Anschein, als ob der zugegeben schwierige Weg einer behutsamen Textilveredelung von den verantwortungssuchenden Veredelungsfirmen selbst klar als Ziel erkannt wurde. Aber auf diesem Weg liegen noch so viel harte Brocken aus der petrochemischen Steinzeit herum, daß sie in manchen Prozessen und Effektzielen doch lieber die Altlasten in Kauf nehmen, als sich mit den verfahrenstechnisch notwendigen Weiterentwicklungen zu befassen. Natürlich kostet das Geld, und dieses muß schließlich erst verdient werden.

Herr Engel von der Firma Engel aus Bad Säckingen erwähnte noch einen wichtigen Punkt: Trocknen gehöre mit zu den wichtigsten Endausrüstungsprozessen, ließ er uns wissen. Deshalb sei hier das Optimieren besonders wichtig. »Überspannte Forderungen an Farbgenauigkeit, Farbechtheit, Krumpf usw. verhindern oftmals den Umweltschutz.« Damit spielte er den Ball an den angeblich verwöhnten Konsumenten zurück. »Nachbehandlungen und das Herausholen der ›letzten‹ Prozente bedeuten oftmals eine erhöhte Belastung der Umwelt.« Hier müsse ein umweltbewußtes »Abmustern« eintreten. Wie man das den Einkäufern und auch den Endverbrauchern vermitteln soll, ist natürlich wieder eine ganz andere Geschichte – nachzulesen im »Buch mit den sieben Siegeln« ... Zu guter letzt wollte Herr Engel seine Ausführungen nicht allzu pessimistisch beenden und bekräftigte selbstbewußt: »In fast allen Fällen bewirkt die ökologische Optimierung auch einen ökonomischen Vorteil.«

Ernst Bollhalder Pflanzenfärberei

Seit 15 Jahren betreibt der Dipl.-Landwirt Ernst Bollhalder eine Pflanzenfärberei in Dornach bei Basel. Er arbeitet u.a. mit den Pigmenten der Krappwurzel, echtem Indigo, mit Reseda, Cochenille, Walnußschalen und Catechu, dem eingekochten und getrockneten Auszug des Kernholzes der in Afrika und Asien beheimateten Catechu-Akazie. Durch clevere Mischungen und Überfärbungen erzielt er eine breite und vielgestaltige Farbpalette. Erstaunlich ist dabei, daß wirklich jede Farbe zur anderen paßt und auf seltsame Weise eine wunderbare Harmonie untereinander entsteht. Selbst die unscheinbarsten Farbtöne wie Beige oder ein sanftes Grün werden eigentlich erst in der Nachbarschaft mit einer anderen Farbe zu Ausdruck und Leben erweckt.

Als Beiz- und Hilfsmittel stehen Alaun (Kaliumaluminiumsulfat), Weinstein/Weinsäure, Essigsäure, Traubenzucker, Ammoniak, Hydrosulfit (Natriumdithionit), Ätznatron und Eisensulfat zur Verfügung. Dabei handelt es sich um harmlose Naturstoffe, um vergleichsweise problemlos zu manipulierende anorganische Chemikalien und schwermetallfreie Mineralsalze. Auf dem Symposium »Ökologie und Bekleidung« in Achberg lernten wir Herrn Bollhalder, einen bescheidenen und von der Pflanzenfärberei überzeugten Menschen, kennen. Seine Domäne sind Wolle, Mohair, Alpaca, Seide und Ramie – nicht aber Baumwolle, Leinen, Hanf oder gar synthetische Fasern. »Die chemischen und pflanzlichen Färbegebiete lassen sich nicht miteinander messen«, meinte er. »Es herrschen ganz unterschiedliche Voraussetzungen. Im synthetischen Bereich arbeiten Tausende von Menschen in der Forschung, in der Produktion und der Vermarktung. Im Naturfarbenbereich sind es bis heute ein paar Menschen, die sich darum kümmern.« Bollhalders eigene jahrelangen Recherchen, sein Studium der überlieferten Tradition und der Austausch des Wissens mit Fachkollegen haben es ihm ermöglicht, die pflanzlichen Färbeverfahren soweit zu optimieren, daß heute äußerst hohe Echtheiten erzielt werden können.

Eine »großindustrielle Textilveredlung sei mit Naturfarben nicht zu bewerkstelligen« geben die Nachfolger der IG Farben kund. Doch sie bleiben auch hier den Beweis schuldig. »Noch vor 130 Jahren«, weiß der Pflanzenfärber aus Dornach, »wurde mit großer Anstrengung – und vielleicht nach heutigen Maßstäben nicht immer mit sauberen Methoden – ja noch alles, was die Menschen damals brauchten, mit Pflanzenfarben gefärbt.« Bollhalder glaubt, daß auch die modernen Färberei-Einrichtungen für Natural Colours geeignet sind: »Man müßte es nur mal austesten«, sagt er und lächelt vielsagend. Seine Bandbreite geht von Garnchargen unter 25 Kilo bis 250 oder sogar 300 Kilo Färbepartien, im Flockenfärbebereich schafft er sogar 500 Kilo in einem Durchgang.

Hirsch Natur (Kloppenburg GmbH)

Hauptsächlich Strümpfe, aber auch Handschuhe, Mützen, Schals und Pullover sind die Domäne von Hirsch Natur in Laer. Die Kloppenburg GmbH fährt zweigleisig: »öko« und »konventionell«. Die Baumwolle für die Naturschiene stammt aus kontrolliert biologischem Anbau, die Schafwolle aus deutschem Kammzug. »Das sind kleinere Herden, die werden nicht einfach im Pestitzidbad ›gedippt‹«, erklärt uns der Geschäftsführer Kloppenburg den Unterschied zur normalen Schafwolle. Bei den Naturfarben hält er sich bedeckt und verweist auf die bestehenden Vorurteile wie »vermehrten Wasserverbrauch«, auf »mangelnde Echtheiten« und »viermal höhere Reklamationsquoten«. Daß dies vor allem auf fehlerhafte Vorbehandlung und wenig professionelle Färbetechniken zurückzuführen ist, leuchtet auch Herrn Kloppenburg ein. Aber mit dem höheren Preisunterschied für naturgefärbte Ware will er sich nicht anfreunden (s. Kasten, S. 219).

Gründe, warum sich Hirsch Natur mit seinen 20 Mitarbeitern und drei Millionen Jahresumsatz (ausschließlich im Naturbereich) im AKN engagiert, sind: »billiger einkaufen zu können und sich untereinander auszutauschen«. Eigentlich hatte er sich erhofft, daß der AKN in kurzer Zeit mehr Mitglieder an Land zieht. »Wenn man wirklich gemeinsam in großem Stil einkaufen will und die Textillandschaft doch etwas verändern möchte, muß man einfach mehr Macht und mehr Stimmen haben«, sagt Herr Kloppenburg und moniert die »restriktive Aufnahmepolitik« des derzeitigen AKN-Vorstands: »Die wollen jetzt nur noch Firmen, die ausschließlich Naturtextilien herstellen«, und dafür sei in Deutschland derzeit die Lage ungünstig. Für Hirsch Natur wäre es deshalb ein großer Fortschritt, wenn auch solche Unternehmen, die bloß ein »hinreichend gekennzeichnetes Natur-Programm« im Angebot haben, den Arbeitskreis Naturtextil »bereichern«.

Living Crafts GmbH

Legere Freizeitkleidung und zeitlos-klassische Strickmoden aus enzymbehandelter, waschmaschinenfester Living Wool. Auch die Strumpfmode, die in der peppigen Modenschau »Natur auf dem Laufsteg« auf der Biofach in Frankfurt gezeigt wurde, war von Living Crafts. Die Performance war witzig und perfekt einstudiert, die Musik fetzig und mit echt viel Drive, die Lichtregie hatte lange geübt und schob den Regler in der richtigen Zehntelsekunde bis zum Anschlag – und was das Wichtigste war: Die Modelle paßten den Models wie angegossen.

Outfit 1: Damenhafte Wickelhose und legerer Rollkragenpulli aus kontrolliert biologischer Baumwolle in der Farbe Kieselgrau.
Outfit 2: Weich fallende Strick-Kombination in Living Wool: Rolli mit Reißverschluß, Weste und Hose. Farbe: blau-meliert.
Outfit 3: Herren-Boxer-Short in Rohweiß.
Outfit 4: Herrenhose und Weste in dicker Baumwolle, Farbe: dunkelgrün.
Outfit 5: Rolli, Hose und Sweat-Weste in den Farben Kiesel und Krapp, Material: Interlook aus Baumwolle.

Ortswechsel: Wangen im Allgäu. Ein ehemaliger, beeindruckender Bauernhof mit einer kleinen hölzernen Hinweistafel »Living Crafts«. Wir sprechen mit Björn Eschner, dem Geschäftsführer. Produziert wird auf der Schwäbischen Alb, der nächste Ausrüster sitzt in Ravensburg. Im Programm sind Socken, Strumpfhosen, Unterwäsche, Nachtwäsche und Freizeitbekleidung. Das Rohmaterial Baumwolle kommt aus der Türkei, die Wolle aus Australien. Die Wolle wird größtenteils noch konventionell vorbehandelt, doch es gibt ein Projekt mit Demeter-Wolle, das ab Herbst 95 anläuft. »Wir verwenden bereits 80 % Baumwolle aus biologischem Anbau«, sagt Herr Eschner nicht ohne Stolz.

Die Antwort auf die obligate Frage nach den Beweggründen, Naturtextilien zu produzieren:

»Wir bevorzugen nachwachsende Rohstoffe, achten auf Ökobilanzen und legen großes Augenmerk auf die Hautverträglichkeit. Mein persönliches Interesse liegt hauptsächlich im biologisch-dynamischen Anbau. Der Beweggrund, daß wir uns für Naturfasern entschieden haben, liegt darin, daß die synthetische Faser ein Erdölprodukt darstellt, bei dessen Herstellung eine große Anzahl von negativen Auswirkungen auf die Umwelt entstehen. Außerdem kann die Faser nicht mehr in den ökologischen Kreislauf zurückgeführt werden. Wenn man sich für die Verwendung von Naturfarben entscheidet, muß man eine eingeschränkte Farbauswahl akzeptieren. Wir halten uns an die AKN-Richtlinien und lassen nicht im Ausland färben.«

Für Living Crafts liegt das Hauptproblem bei den Kläranlagen: »Solange in den entsprechenden Ländern Kläranlagen nicht zum Standard gehören, lassen wir dort nicht färben.«

Was kann er über das Baumwollprojekt in der Türkei berichten? »Wir haben uns in das Lebensmittelprojekt von Rapunzel eingeklinkt. In einer bestimmten Fruchtfolge mit Sesam, Erdnüssen und Weizen wird unsere Baumwolle angebaut.« Über Duftfallen für Insekten bis hin zur Gründüngung werden die Anforderungen des Öko-Anbaues gewährleistet. Das Projekt funktioniert sehr gut. Einmal jährlich lädt Rapunzel die Naturkostladner und andere Importeure sowie Interessierte in die Türkei ein, wo man sich den Betrieb anschauen kann. Wir decken unseren gesamten Bedarf an Baumwolle aus der Türkei. Es handelt sich dabei um 150 Tonnen fertiges Garn, wobei es Unterschiede in der Garnqualität gibt. Gesponnen wird auch am Bosporus, weiterarbeitet in Deutschland. Der Stoff wird ausschließlich mechanisch behandelt. Bei den Partnern in der Türkei handele es sich um eigenständige Kleinbauern, die bei diesem Projekt »gemeinschaftlich arbeiten«.

Was hält er von der Zusammenarbeit mit CIBA-Geigy, die Farben betreffend? »Meine Erfahrungen sind positiv, weil die sich sehr anstrengen und auf das Umweltbewußtsein des Endverbrauchers reagiert haben. Wir verwenden Farben von CIBA, Sandoz und teilweise auch von Bayer. Selbstverständlich ist, daß wir uns dabei an die AKN-Richtlinien halten.« Welche Farben schließen Sie nun aus und warum? Da kommt Björn Eschner ein wenig ins Schleudern. »Das sind chemische Begründungen. Unsere Fachberater, das ECO Umweltlabor und der Öko-Berater des AKN, Christoph

Geisler-Kroll, können Ihnen genaue Auskünfte geben. Für uns ist die Gesamt-Ökobilanz wichtig.« Bei den Rückstandskontrollen auf Pestizide gab es Probleme bei Wolle mit dem Mottenschutzmittel Permethrin, das in Lagern verwendet wird. In Europa sei es jedenfalls momentan noch nicht möglich, Wolle aus biologischer artgerechter Schafhaltung einzukaufen.

Was hält Eschner davon, in Europa regionale, vollstufige Öko-Textilbetriebe zu gründen mit gemeinsamem Rohstoffeinkauf, gemeinsamer Färbung und Ausrüstung und individueller Kollektion? »Solche Projekte stoßen hauptsächlich auf finanzielle Schranken, da hohe Investitionskosten anlaufen. Vielleicht könnte man über Ökobanken Finanzierungen erreichen? Unser Betrieb wird nicht über Ökobanken finanziert, da das Kreditlimit pro Gesellschafter viel zu gering ist. Unser Halbjahresbedarf an Biobaumwolle kostet uns bereits 300 000 DM.« Nachstoß unsererseits: Bleibt aber trotzdem die Frage, warum sich Naturtextiler nicht zusammenschließen, um eine Gegenmarktmacht zu etablieren? Hier könnte man doch das Instrument AKN einsetzen. Denkbar wäre ein stufenweises Vorgehen, wo man z.B. die Rohstoffe gemeinsam einkauft, später kann man sich ja noch immer diversifizieren ...

Living Wool – Living Cotton – Living Crafts, ist das die Dreiteilung des sozialen Organismus? Ist es nicht. »Crafts ist der Überbegriff. Bei Living-Wool handelt es sich um eine speziell behandelte Wolle (doppelte Enzymbehandlung verhindert das Verfilzen bei mechanischen Prozessen), die waschmaschinenfest ist. Dieses Verfahren kann man bei Schoeller in Eitorf/Bonn studieren. Dort wird gesponnen und ausgerüstet. Der Betrieb arbeitet u.a. für AKN-Mitglieder und erfüllt auch den Öko-Tex Standard 100. Living Cotton nennen wir die Produkte, die aus kontrolliert biologischem Anbau stammen. Hier streben wir 100 % an.« Die Organic-Wool ist nach Demeter Richtlinien hergestellt, angeboten wird die Edelware nur in Rohweiß.

Beim Rundgang durch den Betrieb treffen wir Gerti Stegmann, die Designerin und erinnern uns wieder an die Bilder auf der Biofach-Modenschau: tragbare Kleidung, einfache Schnittführung, nicht einengend, kombinierbar, aufeinander aufbauend. Materialien: Seide, pflanzengefärbt; Baumwolle, farbig gewachsen bzw. industriegefärbt – Schattierungen werden erreicht durch unterschiedlich starken Anteil an Rohweiß und Stricktechnik. Leinen mit Baumwolle und Baumwolle mit Leinen. Ein legeres und lockeres Design, das nicht aus dem Rahmen fällt und trotzdem junge Leute von heute anspricht, die die Vorteile von Naturtextilien zu schätzen wissen.

Morgenstern Naturtextilien

Die Firma ist Gründungsmitglied des AKN und bemüht sich seit Jahren um eine konsequente Vertiefung des Öko-Dialoges und um eine Öffnung der Knoten innerhalb der textilen Kette. Auf dem Laufsteg der »Biofach« präsentiert Morgenstern anspruchsvolle Naturmoden in gediegener Qualität und hochwertiger Verarbeitung. Es dominiert der Country-Stil.

Outfit 1: Legerer Pullover im Shirt-Stil mit halsfernem Rollkragen und Zopfmuster. Materialmix: ungefärbte Baumwolle und naturfarbene, zartgraue Wolle (Zöpfe). Dazu naturfarbene Baumwolljeans.
Outfit 2: Wadenlanges Kleid in Rippenstrick aus ungefärbter, dunkelbrauner Wolle. Sakko im englischen Country-Stil aus heller Wolle mit dunkelbraunem Lederbesatz.
Outfit 3: Sportlicher Swinger in elegantem grauweißem Karo, Wollplüsch-Besatz an Kragen und Ärmeln. Material: Wolle und Alpaca, ungefärbt, Futter aus Seide. Naturfarbene Bluse aus Bourette-Seide. Hose aus mittelbrauner Wolle. Cremefarbene Leinenweste mit Ton-in-Ton-Stickerei aus Wolle, Seidenfutter.

Natura by Sidema

Die Sidema S.A. besteht seit 1957 und war seit jeher darauf spezialisiert, Wäsche aus Naturfasern herzustellen. Produziert wird eine Wäschekollektion, die AKN-Anforderungen standhält. Die verschiedenen Qualitäten sind laut Eigendarstellung »keinen chemischen Behandlungen ausgesetzt«. Die verwendete Baumwolle stammt aus kbA, die Bauern werden nach Firmenaussage »gerecht entlohnt«. Natura by Sidema of Switzerland möchte ihr Engagement auf die Arbeitswelt ausdehnen, ihren Mitarbeiterinnen freundliche, helle Arbeitsplätze zur Verfügung stellen und sie »angemessen und fair« bezahlen.

naturfashion Veronica Schwandt

»Wir sind eine der wenigen Firmen, denen es wirklich gut geht«, sagt Frau Schwandt lachend am Telefon mit ihrer angenehm klingenden Stimme. »Wissen Sie, ich wehre mich gegen die Ellbogentechnik, die meine Kollegen auszeichnet. Jeder bekommt das, was er braucht.« Öko soll out sein? »Das ist Unsinn.« Der Plastik- und Glamourlook sei ganz bewußt gesteuert von der Kunstfaserindustrie. »Die baggern rein, was nur irgendwie geht.« Und die großen Modekonzerne? »Die produzieren sowieso im Fernen Osten und haben mit Naturtextilien nix zu tun.« Erfrischend, wie sie das bringt – und selbstbewußt: Unser Konzept für die Zukunft? »Engagement, Qualität und Langlebigkeit.« naturfashion in Achberg hat drei fixe Mitarbeiter und zehn Teilzeitleute unter Vertrag. Es geht um Damenoberbekleidung (DOB). »Keine Basics, nur Mode, klassische Mode. Aber nicht für ganz junge Leute ...« Vom AKN, bei dem naturfashion bis Anfang 1996 Mitglied war, wünscht sich Veronika Schwandt »Hilfe für Mitglieder, wenn's denen mal schlecht geht«. Alle DOB-Macher/innen bringen Probleme beim Öko-Check, mit den vielen Zutaten, das muß alles geprüft werden. Eine Heidenarbeit sei das. »Wer's ernst nimmt, stößt immer auf Schwierigkeiten. Da müssen wir durch!«

Richter Kammgarn GmbH

Georg Wolf ist schon lange bei der renommierten Kammgarnspinnerei im hessischen Stadtallendorf beschäftigt. Er ist ausgebildeter Chemiker und kam als Färber in diese Branche. Der Kurs des AKN ist für ihn »einer der richtigen Wege, die man unbedingt unterstützen muß«. Für ihn ist es der künftige Trend: »Immer mehr wird der Gedanke Fuß fassen, daß wir sauberes Zeug brauchen.« Die Firma verspinnt jährlich zwei Millionen Kilo Wolle zu Garn. Sie macht im Jahr 50 Millionen DM Umsatz und beschäftigt an die 400 Mitarbeiter. Der Anteil an pestizidfreier Wolle, die dort für den AKN »auf einer gewissen Schiene« versponnen wird, beträgt fünf bis sechs Prozent. Die AKN-Stricker machen daraus z.B. Babyhöschen; und nicht nur da sei die kbA-Qualität durchaus gerechtfertigt. »Die zarteste Haut, das beste Gut, das wir haben, das soll auch das Sauberste bekommen«, lautet das textilpolitische Credo von Herrn Wolf. Schade eigentlich, daß es »noch sehr wenige und relativ kleine Betriebe sind, die uns das Garn abnehmen«, sagt Georg Wolf und ist davon überzeugt, daß sich »die Idee mehr und mehr durchsetzen« wird. »Über das Tempo kann ich nichts sagen.« Aber: »Man ist wach geworden und schaut, daß man eben überall möglichst saubere Ware bekommt.«

Tebaron Partner Systeme

Der Mittelbetrieb in Osnabrück beliefert den Facheinzelhandel in Deutschland und Österreich. Man ist auf gestrickte Mode spezialisiert, wobei hauptsächlich für Frauen gearbeitet wird. Besonderer Wert wird darauf gelegt, daß »das, was man als Natur verkauft, auch Natur ist«. Die klare Aussage: »Wir lehnen jede chemische Hochveredelung ab«, haben wir in dieser Diktion bisher noch nirgendwo entdeckt. Sehr anschaulich finden wir auch die folgende Gegenüberstellung. Sie stammt aus dem Firmenfolder von Tebaron.

Das haben wir bisher erreicht:	Das ist herkömmlich üblich:
1. Wir setzen ausschließlich Garne aus 100 % reinen Naturfasern ein.	1. Oft sind Mischungen mit synthetischen Fasern üblich.
2. Unsere Baumwolle ist aus kontrolliertem biologischem Anbau.	2. Einsatz von chemischen Mitteln wie Pestizide, Herbizide und Fungizide ist üblich.
3. Wir haben Aussicht, unsere Schurwolle aus kontrollierter biologischer Tierhaltung zu bekommen.	3. Herkömmliche Schurwolle ist meistens pestizidbehandelt (gegen Schädlinge).
4. Wir wissen über alle Stoffe, die in jeder Bearbeitungsstufe eingesetzt werden, Bescheid. Vermeiden hat bei uns Vorrang vor Ersetzen durch umweltfreundlichere Stoffe.	4. Unkenntnis über die eingesetzten Stoffe, Inhaltsstoffe müssen nicht bekanntgegeben werden (es besteht keine Kennzeichnungspflicht).
5. Im Spinnprozeß werden nur natürliche Stoffe wie Lanolin, Lecithin und Rizinus eingesetzt.	5. Eine Vielzahl von synthetischen Avivagen sind üblich, um den Produktionsprozeß zu erleichtern.
6. Ausrüstungen erfolgen mit Dampf oder mechanisch. Kein Formaldehyd. Alle Vorzüge der natürlichen Eigenschaften bleiben erhalten.	6. Meistens chemische Hochveredelung, um Bügelleichtigkeit, weichen Griff und Waschmaschinenfestigkeit zu erreichen. Veredelungsstoffe sind oft formaldehydhaltig.
7. Es wird nicht gebleicht (bester Umweltschutz).	7. Vielfach wird Chlorbleiche verwendet, die sehr stark wassergefährdend ist.
8. Die eingesetzten Industriefarben unterliegen strengen Auswahlkriterien hinsichtlich Giftigkeit und Abbaubarkeit. Azo-Farbstoffe auf Benzidinbasis, sowie Azo-Farbstoffe, die sich unter reduktiven Bedingungen in krebserregende Amine aufspalten können, werden nicht eingesetzt.	8. Alle Farbstoffe in den Grenzen der DIN-Sicherheitsdatenblätter können zum Einsatz kommen. Bei Importen muß auch mit Azo-Farbstoffen auf Benzidinbasis gerechnet werden.
9. Die Produktion der Modelle erfolgt unter strengsten Sauberkeitskriterien, um eine chemische Reinigung zu vermeiden.	9. Chemische Endreinigung (z. B. Perchlorethylen) ist üblich.
10. Wir sind Mitglied im Arbeitskreis Naturtextil e.V. und lassen uns kontrollieren.	10. Eine Schadstoffüberwachung ist nicht vorgeschrieben.
11. Wir nehmen Ihre getragenen Modelle zurück, um sie dem Textilrecycling zuzuführen.	11. Keine Rücknahme der getragenen Kleidung.

Silke Grönemann, bei Tebaron zuständig für den Verkauf, verriet uns am Telefon noch ein weiteres Erfolgsgeheimnis: »Die Kollektion muß schön sein und gefallen.«

Turmalin Naturtextilien

Die Firma Turmalin produziert und vertreibt ein Basissortiment Naturtextilien vor allem für die Kleinsten der Kleinen. »Qualität liegt uns am Herzen«, lautet das Firmenmotto. Ein Wickelsystem aus 100 % Baumwolle, Wolldecken, Flügel- und Schlupfhemdchen fürs Baby, auch Overalls, Hemdhosen, Strampler, Mützen und Sweatshirts. »Naturfasern sollen die Haut berühren und ihre wohltuende Wirkung ausüben und nicht Chemikalien oder Kunststoffüberzüge auf der Faser oder Gift die Eigenschaften der Naturfasern beeinträchtigen«, heißt es in etwas holprigem Stil, aber mit durchaus hohem Anspruch an ökologische Kompetenz.

Beindruckt hat uns das Projekt »Demeter-Wolle«, aus der die Windelhosen, die Oberbekleidung und Underwear für die Knirpse – letztere auch für Youngsters – gefertigt wird.

Inmitten der besten Merinozuchtgebiete Australiens liegen die Farmen von Alfred Haupt und Ivan Stoll. Herr Haupt bewirtschaftet eine 850 Hektar große Farm mit ca. 2 500 Schafen. Auf der Farm von Ivan Stoll (ca. 450 ha) werden ca. 1 700 Schafe gehalten. »Beide Betriebe sind Mitglied der australischen Demeter-Vereinigung für biologisch-dynamischen Landbau und unterliegen deren Kontrolle.« Nach dem Motto »Vom gesunden Boden zur gesunden Pflanze, zum gesunden Tier« kommen hier »keine chemischen Mittel zur inneren und äußeren Parasitenkontrolle« zur Anwendung. Aufgrund ihrer höheren natürlichen Widerstandskraft werden die Tiere unter Vermeidung von äußerer Hilfe mit Parasitenbefall fertig, ohne daß es zu einer Minderung der Wollqualität und -menge kommt. Den größten Teil der Bewässerung besorgt der Himmel. In der regenarmen Zeit pumpt man das fehlende Wasser aus dem nahegelegenen Fluß. Böden und Wasser läßt der Farmer regelmäßig durch Analysen überwachen, Rückstände wurden bisher keine entdeckt.

Organische Dünger erzeugt der Betrieb selbst, lediglich Kalk und Gesteinsmehl werden dazugekauft. Daneben kommen die biologisch-dynamischen Präparate wie Hornmist und Kiesel zur Stärkung der Pflanzen und zum Aufbau des Bodens zur Anwendung. Im Gegensatz zur konventionellen Tierhaltung sind alle Pestizide strengstens tabu. Es werden daher weder im Keratin, der Substanz des Wollhaares, noch im Wollfett diese Gifte angereichert. Die Merinoschafe produzieren eine »rückstandsfeste Wolle«, denn die allgemeine Umweltbelastung sei im Herzen Australiens »noch gering«. Einmal im Jahr werden die Scheren herausgeholt. Die Schafe und größeren Lämmer werden »von Hand geschoren« und dabei die verschiedenen Wollqualitäten bereits sortiert: die guten Vliese getrennt von den kurzen Haaren des Kopf- und Beinbereiches, sowie die meist verfärbte und verunreinigte Bauchwolle, ebenso die feine, weiche Lammwolle. Nach Feinheit, Faser(Stapel)länge und Sauberkeitsgrad getrennt, werden die Demeter-Wollen in 200-kg-Pakete gepreßt und in Schiffscontainern verladen. Auch hier finden keinerlei Mottengifte Anwendung. In Deutschland eingetroffen, läßt Turmalin die Schafhaare nicht mehr aus den Augen: In der Wollwäscherei werden die Ballen inspiziert, Qualitäten ausgelesen und die Zusammensetzung (Faserlängenmischung) geprüft, die Wolle aus den Ballen geschält, gelockert und in einer Waschstraße schonend gewaschen, danach in die Kämmerei transferiert, die den Kammzug für die Spinnerei erstellt. Dieser Kammzug, bei dem »Wollhärchen neben Wollhärchen«, fein vorbereitet fürs Spinnverfahren liegt, wird auf sogenannte »Bumps« gewickelt.

Die ausgewählte Kammgarnspinnerei spinnt dann das Garn in der vorgegebenen Ausspinnungsstärke. Die Spulerei wickelt es auf Kronen und paraffiniert es fertig fürs Abstricken. So gelangt das Garn zu den Strickern, und die nadeln dann die Maschen zum Turmalin-Windelhöschen zusammen. Über Geschmack (Design) läßt sich bekanntlich streiten, nicht aber über den Qualitätsstandard der Demeter-Wolle.

7. Es tut sich was!

»Um die Natur-Mode für das Publikum interessant zu machen«, sagt Viktoria Witzel lachend, »lenke ich die Aufmerksamkeit meiner Kunden zuerst auf das Design und die Qualität, und erst wenn ich merke, daß die Sachen gefallen, bringe ich die ökologischen Argumente ins Spiel.« »Klassisch, aber mit Pfiff«, diesen Eindruck vermittelt ihr Laden, das erste Münchner Fachgeschäft für naturbelassene Designermode. Die Inhaberin hat ihr Handwerk bei den Nobelkonfektionären Van Laack und Armani gelernt und will daher Naturmode anbieten, »die nicht danach aussieht«. Folglich möchte die Einzelhandelskauffrau auch keine Religion oder Lebensphilosophie verkaufen, sondern »attraktive naturbelassene Kleidung«. Jacken, Blazer, Blusen, Hosen, T-Shirts und Herrenhemden, die Underwear für Erwachsene und Kids, alles wird sehr professionell und in attraktiven Verkaufsräumen präsentiert. Regale, Möbel, Umkleidekabinen und der Fußboden aus hellem Buchenholz, kontrapunktisch dazu die Kleiderstangen aus mattschwarzem Metall. Mit Naturfarben in Apricot gestrichene Wände und eine hübsche Lichtgalerie verleihen dem Geschäft eine angenehme Raumatmosphäre, die zum Schnuppern animiert. Blusen und Herrenhemden gibt's nicht nur crue, sondern auch gefärbt. Die Schnitte sind schlicht, werden aber durch schöne Knöpfe und Accessoires aufgepeppt. »Ich wolle echte Seidenstrümpfe oder -strumpfhosen ins Sortiment holen«, sagt Frau Witzel, »aber der Preis ist so hoch, daß die Ware praktisch unverkäuflich ist.« Eine Schweizer Firma hat ihr die Seidensachen zum Verkausfpreis von 250 DM angeboten. Die absolute Schmerzgrenze liegt bei 100 DM. Und wenn, dann müßten parallel dazu wieder Repassierläden entstehen. Vorerst also keine Seidenstrümpfe. Auf der Stange hängen Textilien aus farbig gewachsener Baumwolle von Sally Fox (USA), die Ware wird aber nicht extra zertifiziert, »weil die USA unterschiedliche Öko-Standards haben«. Die Naturtextilfirma Kloppenburg hat für solche Fälle ein eigenes Etikett entwickelt mit folgender Aufschrift: »Deklaration: Anbau USA, handgepflückt, keine Entlaubung, keine Pestizide, Rohbaumwolle, schadstoffgeprüft, gewebt in Deutschland, ohne chemische Behandlung und ohne Färbung.«

Dazu paßt auch der Hinweis, den wir in einer Presseerklärung der Firma Esprit in Düsseldorf gefunden haben: »Eine Baumwollzüchterin aus Kalifornien hat eine alte indianische Tradition des Baumwollanbaus nach Farben wiederentdeckt, die das Färben der Stoffe überflüssig macht. Angeblich züchteten die Indianer einst sechs Farben von Baumwolle: Rosa, Blau, Lavendel, Braun, Grün und Rot. Heute wieder verfügbar sind die Farben Braun und Grün.« 1992 stellte Esprit ihre erste Öko-Kollektion »ecollection« vor. Die »ecollection« war aber eher als Forschungsprojekt denn als Herstellung einer marktfähigen umweltfreundlichen Bekleidung gedacht. Esprit unterstützte diesen ganz kleinen Bereich ihrer Produktion mit den Erlösen aus dem Verkauf der konventionell erzeugten Waren.

Neugierig geworden, griffen wir zum Telefon und bombardierten Thorsten Bruxmeier, den Pressemann von Esprit, mit Fragen. Hier ein Auszug aus seiner schriftlichen Anwort, eine lustige Mischung aus Englisch und Deutsch:

»Mit Spring 95 wurde Esprit ecollection zum letzten Mal als separate Line angeboten, denn ab Fall 95 wird sie komplett in die Hauptproduktlinien übernommen. So werden wir allein im Esprit Kids-Bereich 82 Styles aus Organic Cotton anbieten. Doch nicht nur das Rohmaterial ist umweltschonend gewonnen worden. Auch in der Weiterverarbeitung haben wir an den Schutz der Umwelt gedacht ... Esprit verwendet ausschließlich Organic oder Transitional Cotton, angebaut gemäß der strengen IFOAM-Richtlinien. Wir haben allein für 1995 fast 700 Tonnen OC/TC geordert. (Weltweite Ernte 1994 ca. 6000 Tonnen.) Damit sind wir wahrscheinlich der größte Nachfrager weltweit.«

Was uns aus Düsseldorf bezüglich der Farben mitgeteilt wurde, ist – wie fast überall – noch verbesserungswürdig: »Alle farbigen Styles sind im Low-Impact-Dye Verfahren gefärbt worden. So schonen wir die Umwelt durch geringeren Wasser- und Energieverbrauch. Die Farbstoffe sind schwermetall- und benzidinfrei und haben einen wesentlich höheren Fixiergrad.« Esprit arbeitet hier mit den Farbstoffen der »dritten Generation« (Cibacron LS von CIBA Geigy oder Remazol von Hoechst), die u.a. weniger Salz verbrauchen als die älteren Farbstoffe (s. dazu Kap. 2.6.2). Auch die Druckfarben sind schwermetall- und formaldehydfrei. Und Kunstharzausrüstungen für »bügelfrei«, »schrumpffrei«, etc. kommen auch nicht in Frage. Esprit fördert Kooperativen in wirtschaftlich schwachen Gebieten und sichert somit selbständigen Handwerkern den Lebensunterhalt: Knöpfe aus recyceltem Glas aus Ghana, handgestrickte Pullover von »Women & Employment« in West Virginia (USA), Seide vom Projekt »Silk for Life« in Kolumbien (Seidenraupenzucht statt Kokainanbau). Sollte sich »Silk for Life« auf Dauer etablieren, wäre das natürlich ein ganz besonderer Erfolg.

Auch Novotex aus Dänemark sieht sich als »Vorreiter in umweltfreundlicher Textilproduktion«. Der gesamte Lebenszyklus wird berücksichtigt. Die Öko-Dänen waren die ersten, die Baumwolle aus biologischem Anbau verarbeiteten (Anbauprojekt in der Türkei, Kontrolle Eko in den Niederlanden/Boweevil). Derzeit verarbeitet Novotex ausschließlich handgepflückte Baumwolle, wobei 10 % der gesamten Produktion aus biologischem Anbau stammen. Bei der industriellen Fertigung stehen Staubverminderung, Energiesparmaßnahmen und Abfallvermeidung im Vordergrund. Die Abwässer aus der Färberei reinigt Novotex in der betriebseigenen Kläranlage chemisch und biologisch. Das Kühlwasser wird vollständig recycelt. Gefärbt wird in geschlossenen Maschinen (Jets), in die das Kondenswasser wieder zurückgeführt wird. Wärme aus dem Kühlwasser sowie von den Trocknungsanlagen wird zurückgewonnen. Die Farbstoffausnutzung beträgt 65 %. Aber die Farbstoffe selbst sind konventionell. Die Firma Novotex in Dänemark stellt Baummwollstrickwaren für Kinder- und Erwachsenenoberbekleidung her. Geliefert wird an andere Firmen aus dem Naturtextil- und Naturwarenbereich (z.B. Living Crafts), an Naturtextilversandhändler (z.B. Hess und Alb Natur), aber auch an konventionelle Anbieter (z.B. Otto-Versand).

Die Biowelle dringt nach und nach auch im Textilbereich in alle Produktsegmente vor. Was vor einigen Jahren im Bekleidungsbereich mit Socken auf Modemessen begann, wird heute in Naturmodeagenturen oder über den Versandhandel vertrieben, füllt eigene Fachgeschäfte und ist in Warenhäusern zumindest in der Testphase vertreten.

Das Münchner Kaufhaus Beck hat bereits eine eigene Abteilung für schadstofffreie Bekleidung eingerichtet. »In Österreich ist man noch vorsichtiger«, sagt der Chef der größten heimischen Naturmodeagentur mit etwa 40 Millionen Schilling (5,6 Millionen DM) Jahresumsatz, Markus Moisl aus Fürstenfeld. Er beliefert 150 Kunden und zehn Textilfachgeschäfte in der Alpenrepublik. Der heute 41jährige Unternehmer gilt als erfolgreicher Öko-Selfmademan: Mit 16 war er selbständig, absolvierte Abendmaturaschule und Pädagogische Akademie und war Volksschullehrer im steirischen Hartberg, bis er sich vor vier Jahren auf den Naturtextilbereich konzentrierte. »Die Arbeit mit den Kindern hat mir Spaß gemacht, ich hatte nur Schwierigkeiten mit der strengen Bürokratie – und ich brauche das Risiko und die Selbstverantwortlichkeit«, erklärt der »Spielertyp« (Eigendefinition) seinen Wechsel ins Natur-Betuchte. Markus Moisl vertritt in Österreich Natura by Sidema of Switzerland (Unterwäschekollektion gemäß AKN-Richtlinien), die deutschen Firmen Cotton Country und Think, die Öko-Treter der oberösterreichischen Schuhfabrik Marko Wellformed Shoes for natural walking (Firmensujet). Was modische Aussage, Preis-Leistungsverhältnis und Qualität betrifft, kommen für den Modeagenten Moisl »nur wenige professionelle Naturtextilanten in Betracht«. »Es herrscht ein rauher Ton im Alternativhandel«, beklagt er sich. »Zuviele Emotionen sind unterwegs.« Der Großteil der derzeitigen Naturtextilhersteller schade dem Markt eher.

Das ist harter Tobak, aber die Eigenbrötlerei in der Branche scheint tatsächlich mit ein wichtiger Grund zu sein, warum Naturtextilien bisher ein durchschlagender Erfolg versagt blieb. Fast ausnahmslos versäumen es die Hersteller von Naturmode, sich untereinander, mit Medienunternehmen und Verbraucher- und Umweltorganisationen abzusprechen. Von gemeinsamem Stoffeinkauf oder größeren gemeinsamen Anbauprojekten (kbA-Baumwolle, -Leinen oder -Hanf) gibt es wenig zu berichten. Um aus dem Nischendasein auszubrechen, »bleibt der Ausbau von Partnerschaften mit Einzelhändlern unser erklärtes Ziel«, bekräftigte dagegen die Oytener Naturtextilien GmbH Cotton Country anläßlich der CPD 2/95 in Düsseldorf. Cotton Country sucht Einzelhändler, die »durch kompetente Beratung dem Verbraucher die Vorteile unserer Textilien näherbringen und sich selbst damit positiv vom konkurrierenden Mitbewerber abheben wollen«. Darin scheint tatsächlich des Pudels Kern zu liegen. Denn wer tiefer in die Szene eintaucht, bemerkt, daß sich viele im täglichen Kampf um Überleben aufreiben und langsam ihre Illusionen verlieren.

Doch die Lage auf dem Textilsektor ist unglaublich unterschiedlich. Über rege Nachfrage nach sogenannter Öko-Bettwäsche freute sich 1995 zum Beispiel die Getzner Textil AG. 1992 hatte das Vorarlberger Unternehmen den Innovationspreis für seine »Cotton Revolution« – absolut schadstofffreie Baumwollbettwäsche – erhalten. »Zwei Jahre war es still, jetzt sind wir ausverkauft«, sagt Getzner-Inhaber Andreas Gassner, »und sogar Hemdenkonfektionäre fragen diese Baumwollqualität nun stark nach.« Mit der Nachfrage steigt aber auch die Begriffsverwirrung im Öko-Gemisch, denn bei den Farben und in der Ausrüstung der Öko-Bettwäsche gibt es doch beträchtliche Unterschiede.

Eine sehr verdienstvolle Initiative, die trotz des grassierenden Out-Scorings der europäischen Textilindustrie nicht aufgibt, nennt sich Nasch, Naturstoffe Schönau. In dem kleinen Verkaufsraum der Schwarzwald-Gemeinde treffen wir den harten Kern der Nasch-Crew: Günter Gent, den Verkaufsagenten und den gelernten Textiltechniker Erwin Baumgartner – er war 30 Jahre bei der mittlerweile verkauften Bettwäsche-firma Irisette beschäftigt. Der Mehrheitsaktionär hatte alle Betriebe geschlossen, der letzte war die Weberei in Schönau. Die ehemaligen Besitzer sind ins Ausland gegangen und haben das Kapital mitgenommen. Die Maschinen wurden irgendwie verscherbelt, und die Leute standen vor dem Nichts. Ein paar Leute haben zunächst einen Förderverein gegründet, die Naturstoffe Schönau, das war 1993. Sie haben im ganzen Bundesgebiet Mitglieder gesammelt. Sie wollen die Textilindustrie im Schwarzwald nicht ganz aussterben lassen, nachdem ein Großbetrieb nach dem anderen hier die Segel gestrichen hat. Der Verein hat jetzt 170 Mitglieder. Zwei Drittel sind ehemalige Weberei-Beschäftigte. Alles mußten die Nasch-Initiatoren neu aufbauen, sie haben es geschafft. Aus dem Förderverein wurde eine GmbH, die Firma verfügt 1995 über 250 000 DM und floriert – langsam, aber beständig. Das Nasch-Produkt: »Bettwäsche pur« aus Baumwolle, eine konsequent ökologische Kollektion, die man, wenn man sie sieht, spontan mit der Hand berühren muß. Man streicht über das seidig-glatte Gewebe der edel gewebten Bettwäsche und staunt, daß sich völlig natürliche, ungefärbte und ungebleichte Baumwolle derart fein und luxuriös in dezent eingewebten Karos, Streifen und Punkten verarbeiten läßt. Muster, die man lange sehen kann, Wäsche in erstklassiger Aussteuerqualität, in der man wie ein Murmeltier schläft. Wir haben es ausprobiert. »Vom Anbau weg bis zum Versand ohne chemische Schadstoffe«, sagt Erwin Baumgartner. Günter Gent verdeutlicht: »Wir haben die Baumwolle auf dem freien Markt gekauft, bei Maklern, die der IFOAM (International Federation of Organic Farmers) angeschlossen sind. Die Garne sind EU-zertifiziert, von Skal in Holland kontrolliert. Die Baumwolle wird aus der Türkei eingeführt.« Erwin Baumgartner kann auch erklären, wie der schöne seidige Glanz zustande kommt:

»Die Fette, die die Baumwollpflanze von Natur aus hat, machen die Faser geschmeidig. Das wird leider, auch die Farbe, bei der herkömmlichen Produktion alles zerstört – durch Bleichen usw. Dann ist der Farbton verschwunden, die Fette sind weg, und das Gewebe fühlt sich rauh an und spröde und ist es auch. Durch das Weglassen dieser Schritte haben wir schon etwas erreicht. Wir zerstören nichts, was dann nachher wieder durch Zugabe von Stoffen ausgeglichen werden muß. Die maschinelle Bearbeitung, die wir einsetzen, das ist zunächst die Gas-Senge. Damit werden die Fussel mit einer Gasflamme abgebrannt. Der Stoff wird mit hoher Geschwindigkeit an der Flamme vorbeigeführt. Als nächster Arbeitsgang kommt das Sanforisieren. Sanfor plus geht nur mit Formaldehyd. Wir machen es maschinell. Wenn man das richtig macht – da gibt es nicht viele, die das können – dann erreichen wir die gleichen Krumpfwerte wie die chemischen Verfahren, nämlich 3 bis 4 %. Dann kommt das Kalandern, und dabei entsteht das schöne Leuchten. Ein Teil des Glanzes kommt vom Garn, der Rest durch Kalandern. Dadurch kommt die Jaquard-Musterung besser heraus. Dann ist der Stoff fertig und geht in die Konfektion.«

Einzig und allein beim Recycling der Stärke für die Schlichte der Baumwollfadens muß Nasch noch passen, ansonsten läßt das Öko-Projekt keine Wünsche offen. Wir sind davon überzeugt, daß diese edle Bettwäsche nicht nur bei den Besuchern der BIO-FACH und in der Fachpresse gut ankommt (*Öko-Test-Magazin* 8/1995: 58 f.). Eigentlich sollte es vielen Menschen vergönnt sein, wie ein Murmeltier in reinster Baumwolle schlafen zu können. Die potentiellen Märkte müssen aber erst noch erschlossen werden. (Adresse s. Anhang)

Die österreichische Modedesignerin Rosemarie Fink war zehn Jahre lang bei verschiedenen Vorarlberger Firmen beschäftigt und hat dort Kollektionen erstellt. So nach und nach kamen ihr bezüglich der Massenproduktion und des schnellen Modewechsels Bedenken, weil sie erkannte, »daß dies zu Lasten der Umwelt geht«. Nach vier Jahren Pionierarbeit mit Naturmaterialien und Modellen, die nicht vom schnellen Modezirkus geprägt sind, hat sie heute in eigener Manufaktur Produkte aus umweltschonender Veredlung im Angebot: Handgepflückte Baumwolle, naturbelassenes Leinen, handgewebte und pflanzengefärbte Seiden- und Wollstoffe, seit neuestem auch Hanftextilien. Finks Manufaktur beliefert Greenpeace, den World Wildlife Fund, Waschbär, das Sonnenhaus von Andreas Kreutner in Tirol und andere Organisationen. Frau Fink, die dringend ein wenig ausspannen müßte, bedient natürlich ebenso Privatkunden und Wiederverkäufer, und das zu den üblichen Branchenpreisen und wenn es sein muß, rund um die Uhr.

Die Textilwerkstatt Natura Linea in Groß-Siegharts im Waldviertel pflegt seit 1989 die Tradition des beinahe vergessenen Leinens (s. dazu auch Kap. 6.1.2). Modisches Design, bisweilen recht eigenwillig, ist für Natura Linea Voraussetzung, das Augenmerk liegt in technischen Innovationen und sozialem Engagement. 1994/95 begann der große Aufschwung. Beim »Eco-Design«-Wettbewerb für umweltgerechte Produktentwicklung, der von den österreichischen Ministerien für Umwelt, Wissenschaft und Wirtschaft ausgeschrieben wurde, ging der Staatspreis für »Gesamtsysteme« an den Ausrüster Arthur Heinisch und die Textilwerkstatt Groß Siegharts für ihre Kollektion »Natura Linea«. Die heimische Naturfaser aus kontrolliert biologischem Anbau wird dort zu langlebigen Stoffen, zu Heimtextilien und Designer-Kleidung verarbeitet. »Ein Verzicht auf Chemie vom Anbau des Rohstoffes Flachs bis zur Ausrüstung der Stoffe gehört für die Textilwerkstatt zur Philosophie«, bekräftigt Geschäftsführer Engelbert Hammerschmidt von Natura Linea. Er beziffert den bei Leinen unvermeidlichen Substanzverlust auf nur sieben Prozent bei 150 Waschvorgängen. Die Ausrüstung bei Arthur Heinisch erfolgt »weitgehend natürlich«, es werden jedoch synthetische Farben eingesetzt. In der hauseigenen Entwicklungsweberei werden mit dem Rohmaterial neue Muster und Bindungstechniken erprobt. Daneben existiert auch eine Musterschneiderei, in der durch die Zusammenarbeit mit ambitionierten österreichischen Designern die Kollektion »Woodquarter Design«, ein ökologisches Projekt mit Zukunftsperspektive, entwickelt wird. Der Name Woodquarter Design stellt eine freie Übersetzung für »textile Innovationen aus dem Waldviertel« dar. Verarbeitet werden aber nicht nur Leinen, sondern auch Hanf und Baumwolle ohne Pestizidanteile, Wolle und Filz ohne Kunstharzbehandlung, Seide ohne Schwermetallbelastung und natürliches gegerbtes Wildleder. (Probleme gab es kürzlich mit Viskose als Futtermaterial.) 1995 standen gleich zwölf verschiedene Öko-Kollektionen auf dem Programm: die Tages- und Businesskollektion, die Strickkollektion, die sportive Kollektion, Young Fashion, City-Kollektion, Abendrobe, Mantel- und Jackenkollektion, Designertrachten, Accessoires – und Haute Couture. Dabei handelt es sich um Einzelstücke von zehn kreativen Jung-Designern, die sich bei Natura Linea erstmalig »austoben« durften. Woodquarter Design präsentierte sich auf der CPD 95 in Düsseldorf und fand dort große Beachtung (Adresse s. Anhang).

Der Verkauf von Naturtextilien ist derzeit noch immer fast ausschließlich auf einschlägige Fachgeschäfte bzw. einige Naturkostläden beschränkt. Der im Vergleich zu Synthetics und Billigimporten notgedrungen höhere Preis und der größere Beratungsaufwand – Herkunft, Herstellung, gesundheitsfördernde Eigenschaften werden nachgefragt – rechtfertigt sicher auch einen Teil des Aufschlags. Daneben sind »echte Naturtextilien« von der Unterwäsche bis zur Oberbekleidung mittlerweile auch in Deutschland und Österreich per Versand erhältlich (s. Anhang).

Ein näherer Blick in die Kataloge und Geschäftsregale lohnt sich wirklich und belegt eindeutig: Naturmode bedeutet nicht nur Engagement für eine gesündere und ökologisch wünschenswertere Zukunft, sondern eben auch ein erstklassiges Mode-Erlebnis im Trend der Zeit.

Anstelle eines Schlußwortes: ein bißchen »Bluna«

Sind wir nicht alle ein bißchen »Bluna«? Müssen wir uns nicht die Frage gefallen lassen, ob wir nicht alles raffen? Mit diesen seltsame Fragen konfrontiert uns Götz Rehn, Inhaber des Top-Naturwarenunternehmens Alnatura im hessischen Bickenbach. Der Nachkriegsmensch habe sich in einer Arbeitsgesellschaft organisiert, gefolgt von der Protestgesellschaft (ab 1955), die auch die Ökologie entdeckte und 30 Jahre später in die vom Überfluß geprägte Erlebnisgesellschaft überging. Derzeit etabliere sich die »Erkenntnisgemeinschaft«. Der Mensch sei auf der Suche nach Sinn, ganzheitlichem Leben, Ästhetik, Selbstlosigkeit und Universalität. Im Moment dominieren nach Rehn individuelle Stilgruppen: »Die Produkte bzw. Marken laufen als Menschen herum, Snowboarder mit Dino-Masken, Adidas- und Rollschuh-Menschen, Windsurfer, Street-Baller ... entwickeln ein Eigenleben.« Welche Verbraucher warten auf die Naturtextilhersteller?, fragt der Ex-Nestlé-Manager. Seine These: Ohne Reaktion auf diese individuellen Stilgruppen sei kein Erfolg möglich, auch nicht für Öko-Labels.

Nehmen wir Rehn beim Wort und spinnen seinen Faden weiter: In die neu sich bildenden »Markengemeinschaften« müßten dann mit viel Gespür die wirklichen Bedürfnisse einer bestimmten Gruppe implantiert werden. Das könnten Junge oder Alte, Sportive oder Faule, Fleischesser oder Vegetarier, Kirchgeher oder Atheisten sein – oder vielleicht auch ein Kegelclub oder eine Rockgruppe oder Tätowierte oder Homosexuelle oder Leute mit Ringen in Nase, Ohren und Nabel. Ausgehend von diesen Bedürfnissen sind ökologische Ankerpunkte zu finden. Jedenfalls wäre es notwendig, einen Gesamtzusammenhang zu transportieren. Ganz wichtig: Die Mitglieder der Gruppe müssen die Möglichkeit haben, ihren eigenen kreativen Beitrag zu leisten. Das Spielerische, das Experimentelle ist angesagt. Eine neue Ökomarke müßte Sinnbild sein für die spezifische Kultur der »Erkenntisgemeinschaft«.

Bei Rehn wird jeden Donnerstag philosophiert. Für die gesamte Produktpalette gilt: »Wir wollen Produkte entwickeln und vertreiben, die im strengen Sinn menschengerecht genannt werden können, indem sie an der

Natur ansetzen, aus ökologischem Landbau stammen, vollwertig verarbeitet sind und ein gutes Qualitätsniveau haben.« Man muß heute, so Rehn, gerade im alternativen Marketing ganz neue Wege gehen, der Phantasie freien Raum lassen, Verhältnisse schaffen, damit sich Kreativität im Unternehmen entwickeln kann: »Wir müssen aus der betriebswirtschaftlichen Denkecke heraus und lernen – wie die Japaner – in Wertschöpfungsketten zu denken und zu arbeiten. Auch in der Naturtextilbranche müssen die Betriebe mehr kooperieren.«

Damit trifft Rehn in der Tat einen wunden Punkt. In der Öko-Szene sind noch viel zu viele Kleingeister am Werk, die glauben, daß sie die Welt am besten mit einer Solo-Nummer retten können. Das führt dann zur Paralyse: Jeder für sich und Gott gegen alle. Demgegenüber hat Götz Rehn begriffen, wie man Synergieeffekte erzeugt und für sich arbeiten läßt. »Eine Interaktion auf assoziativer Basis zwischen den Unternehmen und anderen Einheiten erlaubt eine konsequente Gestaltung des Wertschöpfungsprozesses.« Alnatura zählt zur Spitze der Öko-Avantgarde in der Sortimentspolitik (Textilien, Lebensmittel, Kosmetik) und im professionellen Marketing. Innerhalb weniger Jahre stieg der Umsatz von einer Million auf heute 28 (!) Millionen DM. Der aus der anthroposophischen Denkschule kommende Rehn ist nicht der Typ eines Müslifreaks in Sack und Asche, sondern ein smarter Businessman, der mit viel Humor, Eleganz und Selbstwertgefühl die hausgemachte Enge der Karottenmuffel durchbricht.

Literatur

Adler, Adam/Mackwitz, Hanswerner (1990), *Öko-Tricks und Bio-Schwindel*, Wien.

AKN-Richtlinien (Allgemeine Richtlinien für die Mitgliedschaft im Arbeitskreis Naturtextil e.V.) (1994), Köln.

Anders, Günther (1990), »Sprache und Endzeit« (IV), in: *Das Forum*, Januar-März.

APA-Journal (1995), »Juck-Epidemie im Spital durch Dienstkleidung«, 8. Februar.

Aumeier, Peter-Robert (1994), »Gift in Schutzanzügen von Bahnarbeitern«, in: *Süddeutsche Zeitung*, 15./16. Oktober.

Bach, E./Schollmeyer, E. »Kinetische Untersuchungen zum enzymatischen Abbau von Baumwollpektin«, in: *Textilveredelung* 27, S. 2–6.

Bächi-Nussbaumer, Erna (1980), *So färbt man mit Pflanzen: ein Werkbuch zum Färben von Schafwolle mit vielen praktischen Hinweisen, Rezepten, Abbildungen, einem Pflanzenatlas und einem Lehrgang zum Karden und Spinnen*, Bern.

Barbie. Künstler und Designer gestalten für und um Barbie (1994), Reinbek.

BASF AG (Hg.) (1993), *Sicherheitsdatenblätter Polyacrylate*, Ludwigshafen.

Bauer, Karin (1995), »Die Biowelle hat auch die Fasern erreicht«, in: *Der Standard*, 2. Januar.

Baumann, U./Kuhn, G./Schefer, W. (1990), »Rasche Bestimmung des Bioabbaus organischer Stoffe in einem Labor-Tropfkörper«, in: *Zeitschrift für Wasser-Abwasser-Forschung* 23, S. 129–132.

Baumann, Urs/Engler, Urs/Keller, Willy/Schefer, Werner (1992), »Maßnahmen zur Verminderung der Gewässerbelastung durch Textilhilfsmittel«, in: *Textilveredlung* 26, 11, S. 348–354.

Baumann, Urs/Engler, Urs/Keller, Willy/Kürsteiner, Walter/Schefer, Werner (1994), »Umsetzung gewässerökologisch relevanter Daten in Gefahrenklassen am Beispiel der Textilhilfsmittel«, in: *Gewässer, Wasser, Abwasser* 74,10, S. 842–846.

Becktepe, Christa (1994a), »Seide, Königin der Textilien – heute entthront?«, in: Strütt-Bringmann, Traude (Hg.), *Der Stoff aus dem die Kleider sind*, Bonn.

Becktepe, Christa (1994b), »Das Comeback der Baumwolle«, in: Strütt-Bringmann (Hg.), *Der Stoff aus dem die Kleider sind*, Bonn.

Beran, Ferdinand (1976), *Pflanzenschutzmittel-Kompendium*, Wien.

Bernecker, Arabelle (1995), »Soviel zur Gegenwart«, in: *Schaufenster, Die Presse*, 6. Oktober.

Berth, B./Gerike, P./Gode. P./Steber, J. (1988), »Zur ökologischen Bewertung technisch wichtiger Tenside«, in: *Tenside Detergents* 25, 2, 108–115.

Biermann, Christoph (1995), »Vaters Tochter und gesunde Hosenknöpfe«, in: *die tageszeitung*, 23. Oktober.

Binger, Doris (1994), »Ökologie in der textilen Kette – Bestandsaufnahme und Fragestellungen«, in: *Ökologie und Bekleidung 1*, hg. v. Arbeitskreis Naturtextil, Frankfurt am Main.

Binger, Doris (1995a), »Beschichtet und gebacken«, in: *Die Zeit*, 26. Mai.

Binger, Doris (1995b), *Das Echo vom Kleiderberg. Mode + Ökologie. Wege einer sinnvollen Verbindung«*, Frankfurt.

Bockhorni, Michael (1994), »Billige Nähminuten«, in: *Südwind-Magazin 11*.

Bollhalder, Ernst (1993), »Kann Färben mit Naturfarben eine Alternative zum Färben mit synthetischen Farben werden?«, in: *Ökologie und Bekleidung*, Symposiumsbericht hg. v. Arbeitskreis Naturtextil, Frankfurt am Main.

Brem, Christel (1993), *Traurige Bilanz 45 Jahre alter Erkenntnisse*, Manuskript zur Anhörung bei der Enquete-Kommission »Schutz des Menschen und der Umwelt« im Deutschen Bundestag (»Die Stoffe aus denen unsere Kleider sind – Stoffströme in der textilen Kette«), Bonn.

Brünings, Gabriele/Naumann, Ulrike (1993), *Asche statt Soda zur Schonung des Weserwassers*, Presseinformation Bundesland Bremen, Umwelt + Forschung, 2. September.

Brüser, Elke (1995), »Die Invasion der Hefepilze«, in: *Süddeutsche Zeitung*, 12. Januar.

BUND (1994), »BUND zur Chlorchemie«, in: *ICU (Informationsdienst Chemie & Umwelt) 7/93*, 10. Januar.

BUND/Evangelische Akademie Bad Boll (1990), *Chlorchemie: Probleme, Alternativen, Perspektiven*, Bad Boll.

Bundesanstalt für Arbeitsschutz (1993), *Stellungnahme zum Thema: Die Stoffe, aus denen unsere Kleider sind – Stoffströme in der textilen Bekleidungskette*, hg. v. Deutschen Bundestag, Enquete-Kommission »Schutz des Menschen und der Umwelt«, Bonn.

Capra, Fritjov (1994), *Innovationsökologie. Strategien für umweltbewußtes Management*, hg. v. Lurz Rüdiger, Frankfurt.

Cejka, Regine (1992), »Abrüsten statt ausrüsten«, Test T-Shirts aus Baumwolle, in: *Öko-Test-Magazin 5*.

Cejka, Regine (1993), »Test Jeans«, in: *Öko-Test-Magazin 8*, S. 40–43.

Cotton Connection (1994), Abstracts, Conference in Hamburg, 25./26. November.

cwells @ abmall.com (1995), »Coole plastik-Engel aus Cyberia«, in: *Der Standard*, 23. Juni.

Daunderer, Max (1995), *Gifte im Alltag*, München.

De Groot, Hilka (1993), »Fragwürdiges Textil-Gütezeichen. Verbraucherverbände verlangen Kennzeichnungspflicht für alle Ausrüstungsstoffe«, in: *Süddeutsche Zeitung*, 17. Juni.

Dehn, Corinna (1995), »Gift-Test für Textilien«, in: *Die Welt*, 17. Februar.

Depas, Günther (1990), »Ökologie statt Mode. Italienische Experten prophezeien Naturfarben einen wachsenden Markt und verkünden: Synthetik ist out«, in: *Die Presse*, Wien, 20. Juli.

Diel, Friedhelm/Schock, Bettina/Modi, Regina/Schrimpf, Dorothea/Mitsche, Thomas/Borck, Hannelore/Diel, Eva (1995), »Wirkung von Pyrethroiden auf menschliche Lymphozyten in vitro«, in: *Umwelt und Gesundheit* 3, S. 70–75.

Dietz, F. (1985), »Gewässerbelastung durch EDTA«, in: *Korrespondenz Abwasser* 32, 11, S. 988–989.

Egger, Alfred (1995), *Coop NATURA Line. Das Öko-Konzept von Coop Schweiz im Textilbereich*, Vortrag im Rahmen des 3. Achberger Symposiums, 22./23. Mai (Manuskript).

Elsner, Peter (1993), *Allergische und irritative Textildermatitis*, Dermatologische Klinik, Universitätsspital Zürich (Manuskript).

Emmerling, Thea (1993), »Umgarnte Designer«, in: *Die Woche*, 2. September.

Emmerling, Thea (1995), »Farbe ist Mode – Mode ist Farbe« (unveröffentlichtes Manuskript).

Europäische Kommission (1994), *Die Lage der Landwirtschaft, Bericht 1993*, Brüssel.

EvB = Erklärung von Bern, Greenpeace, Schulstelle der Hilfswerke (Hg.) (1995), *Kleider – Mode – Märkte*, Zürich.

Faber, Stephanie (1987), *Mein Farbenbuch*, München.

Fellner, Uschi (1994), »Pariser Sünden«, in: *News* 44.

Fischer, Hermann (1993a), *Plädoyer für eine Sanfte Chemie. Über den nachhaltigen Gebrauch der Stoffe*, Braunschweig/Karlsruhe.

Fischer, Hermann (1993b), *Zum Forschungsbedarf bei Farben und Anstrichstoffen auf der Basis nachwachsender Rohstoffe*, Referat auf dem Hearing zur Planung eines »Institutes für naturnahe Stoffe und Verfahren« in der Universität Bremen am 16. April.

Flade, Sigrid (1989), *Allergien natürlich behandeln*, München.

Flechtner, H.-J. (1938), *Die Welt in der Retorte – Eine moderne Chemie für Jedermann*, Berlin.

Fuchs, Erich (1992), *Allergie – Was tun? Ein Experte berät.* München/Zürich.

Garbe, Charlotte/DIE GRÜNEN (1990), *Kleine Anfrage an den Bundesminister für Umwelt, Naturschutz und Reaktorsicherheit »Entsorgung von flüssigem Sonderabfall in der Textilindustrie – Fortschreibung der 38. Abwasserverwaltungsvorschrift«*, Bonn.

Geiler, Nikolaus (1989), »Abwasser-Probleme in der TVI: Entsorgt die Textilindustrie flüssigen Sondermüll über den Abwasserpfad?«, in: *Wasser-Rundbrief*, BBU.

Geisler-Kroll, Christoph (1994), »Vorsorgender Umweltschutz in der Textilherstellung. Grenzen der Machbarkeit.« *Vortrag 2. Achberger Symposium »Ökologie und Bekleidung«*, hg. v. Arbeitskreis Naturtextil, Frankfurt am Main.

Giesbrecht Wiebe, Wilhelm (1994), »Organic Cotton Production in Chao Central in Paraguay«, in: *Cotton Connection, Abstracts, Conference in Hamburg*, 25./26. November.

Gleich, Michael F. (1995), »Baumwolle. Biodynamisch zum weißen Gold. Die ägyptische Muster-Plantage Sekem«, in: *Natur* 3.

Goossens, B./Hoffmann, G. (1982), »Zur Chemie der Polyester Filament-Präparationen«, in: *CTI* 32, 9, S. 806–812.

Gow, J.S. (1983), »Textilveredlung und Ökologie«, in: *Textilveredlung*, 18, 4, S. 119–125.

Greisenegger, Ingrid (1992), »Machen Kleider krank?«, in: *Profil* 48, S. 66.

Grießhammer, Rainer (1994), »Konversion Chlorchemie«, in: *Informationsdienst Chemie & Umwelt*, 7/93, 10. Januar.

Groot, Hilka de (1994), »Damit kein Gift mehr in die Hose geht«, in: *Süddeutsche Zeitung*, 1. Dezember.

Gruber, Herbert (1995), »Haute Nature«, in: *ÖkoForum* 3.

Grund, N. (1986), »Redoxprozesse im Ätzdruck auf Textilien«, in: *Melliand* 67, 86, S. 896–907.

Hammes, Walter P. (1995), »Gentechnisch veränderte Lebensmittel: Was ist machbar, was wird als nächstes auf dem Markt sein?«, in: *Gentechnisch veränderte Lebensmittel*, Vortragsveranstaltung, Wien, 3. April.

Heismann, Günter (1995), »Wasser – Die Ölmultis von morgen«, in: *Die Woche*, 8. September, S. 14.

Hemmpel, Wolf-Heiner (1991), »Textilchemie im kritischen Blick der Öffentlichkeit – Fragen, Initiativen und Lösungsansätze«, in: *textil praxis international (tpi)*, 12, S. 1338–1343 (Sonderdruck).

Hemmpel, Wolf-Heiner (1992a), »Die Ausrüstung von Textilien in Gegenwart und Zukunft – der Weg einer ›sanften Chemie bei der Behandlung unserer 2. Haut‹«, in: *Melliand Textilberichte*, Januar, S. 50–54.

Hemmpel, Wolf-Heiner (1992b), »Sanfte Textilveredlung – Antworten auf kritische Fragen der Öffentlichkeit«, in: *Textilveredlung* 27, Nr. 5.

Hemp Today (1990), November.

Herer, Jack/Bröckers, Mathias/Katalyse (1994), *Die Wiederentdeckung der Nutzpflanze Hanf*, Köln.

Hingst, Wolfgang (1990), »Indoor Pollution«, in: *Umweltschutz*, Februar, S. 8–15.

Hingst, Wolfgang (1992), *Immunologie*, Wien.

Hingst, Wolfgang/Ortner, Josef (1995), *Die Bio-Bibel. Auf ins Paradies. Vom täglichen Gift zu gesunden Lebensmitteln aus ökologischer Landwirtschaft*, Wien.

Hofmann, Regina (1992), »Färbepflanzen und ihre Verwendung in Österreich«, in: *Verhandlungen der Zoologisch-Botanischen Gesellschaft Österreichs* 129, S. 227–269.

Hommel, G. (1981), *Handbuch der gefährlichen Güter*, Berlin, Heidelberg, New York.

Hornstein, Otto P. (1989), »Dermatologische Aspekte sprechen gegen echte Textilallergie«, in: *Bekleidung + Wäsche* 3, S. 11–21.

Horton, R.G./Karel, L./Chadwick, L.E. (1948), »Toxicity of Gamma-Benzene Hexachloride in Clothing«, in: Technical Papers, *Science*, 5. März, Bd. 107, S. 246–47.

Horstmann, Michael (1994), *Untersuchungen zu nicht-industriellen Quellen von Polychlorierten Dibenzo-p-Dioxinen (PCDD) und Polychlorierten Dibenzofuranen (PCDF) in einem kommunalen Entwässerungssystem*, Aachen.

Horx, Matthias/Steilmann, Britta (1995), *Millennium Moral. Wirtschaft, Ethik & Natur*, Düsseldorf/München.

Hupka, Stefan (1993), »Die deutsche Textilindustrie will aus der Not eine Tugend machen«, in: *Süddeutsche Zeitung*, 4. März.

Idel, Anita (1991), »Gentechnik und gentechnisch hergestellte Produkte im Bereich der Landwirtschaft«, in: *Gen- und Biotechnologie. Nutzungsmöglichkeiten und Gefahrenpotentiale*, hg.v. Umweltbundesamt, Wien.

International Cotton Advisory Committee (1993): Survey of Cotton Production Practices. Report prepared by the Secretariat for the 52nd Meeting, New Delhi.

Jachens, Lüder (1994), »Wie wirkt Bekleidung auf der Haut? Kann Bekleidung wirklich krank machen?« in: *Ökologie und Bekleidung 1*, hg. v. Arbeitskreis Naturtextil, Frankfurt am Main.

Jachens, Lüder (1995), »Die Bedeutung der Bekleidung aus dermatologischer Sicht. Humanökologische Gesichtspunkte«, in: *Ökologie und Bekleidung 2*, hg. v. Arbeitskreis Naturtextil, Frankfurt am Main.

Jahresbericht der Bremer Baumwollbörse (1995), Bremen.

Janositz, Paul (1994), »Die Jagd auf das letzte Schadstoff-Molekül«, in: *Bild der Wissenschaft*, 5, S. 54–63.

Jansen, Heinz-Gerhard (1995), »Integrated Cotton Production in Nicaragua«, in: *Cotton Connection, Abstracts, Conference in Hamburg 25./26.* November.

Jentschura, Eva (1995), »Pflanzenfärben ohne Gift. Neue Rezepte zum Färben von Wolle und Seide«, in: *Werkbücher für Kinder, Eltern und Erzieher*, 11, hg.v. Internat. Vereinigung der Waldorfkindergärten, Stuttgart.

Jörke, Renate (1990), *Färben mit Pflanzen?*, Stuttgart.

Juhnke, Andreas (1994), »Haschisch in Coffie-Shops anbieten«, in: *Die Woche*, 28. Oktober, S. 36.

Karus, Michael (1995), »Hanf. Biorohstoff mit Zukunft«, hg. v. Greenhorn, Umweltfreundliche Produkte, Leipzig.

Kassie, F./Lamprecht, G./Zöhrer, E./Schulte-Hermann, R./Knasmüller, S. (1995), »Detection of mutagenic Effects in Fabrics used bei Austrian Army«, in: *Environmental and Molecular Mutagenesis*, 25, Suppl. 25.

Killer, A. (1991/92), *Sind refraktäre Restfrachten additiv?*, Diplomarbeit FH-München.

Knackmuss, H.J. (1984), *Korrelation zwischen chemischer Struktur einer Verbindung und ihrer Abbaubarkeit*, Vortrag 114. Seminar der FGU Berlin, 30. Oktober.

Knasmüller, Siegfried/Zöhrer, Edith/Schulte-Hermann, R. (1992), »Einsatz erbsubstanzschädigender und krebserzeugender Chemikalien bei der Erzeugung von Textilien«, in: Baumgartner, Egmont (Hg.), *Belastungen in der Textilindustrie*, Österreichische Gesellschaft für Arbeitsmedizin, Tagungsbericht, Wien/München/Bern.

Knasmüller, Siegfried/Zöhrer, Edith/Kainzbauer, Evelyn/Kienzl, Harald/Colbert, Brigitte/Lamprecht, Günther/Schulte-Hermann, Rolf (1993), »Detection of mutagenic activity in textiles with Salmonella typhimurium«, in: *Mutation Research* 299, S. 45–53.

Knirsch, Jürgen (1993), *Pestizideinsatz bei der Pimärproduktion von Naturfasern: Baumwolle, Leinen (Flachs), (Schaf-)Wolle und Seide*, Pestizid Aktions Netzwerk, Hamburg.

Knittel, D./Saus, W./Schollmeyer, E. (1993), »Application of Supercritical Carbon Dioxide in Finishing Processes«, in: *Journal of the Textile Institute*, 84, S. 4.

Knobloch, Ina/Pfitzenmaier, Gerd (1990), »Was die Hersteller sagen«, in: *Natur* 9, S. 74ff.

Koch, Rainer (1989), *Umweltchemikalien. Physikalisch-chemische Daten, Toxizität, Grenz- und Richtwerte, Umweltverhalten*, Berlin.

König, Judith (1995), »Kunstfasern. Plastik – Fantastik«, in: *Öko-Test-Magazin*, 9.

Konsument 1 (1991), »Formaldehyd. Auch in Textilien«.

Konsument 6 (1992), »Auf Knopf und Kragen«, Konsument-Test Markenhemden, S. 26–29.

Konsument 9 (1995), »Das Ende von Legenden. Konsument-Test Jeans, September, S. 7–10.

Koreska, Linda (1994), »Die Inspiration liegt auf der Straße«, in: *Der Standard*, 28. Oktober.

Krautter, Manfred (1995), »Barbie ist aus PVC. PVC ist Gift für die Umwelt«, Pressemitteilung Greenpeace Deutschland, Hamburg.

Kretschmann, Winfried/GRÜNE (1989), *Antrag und Stellungnahme des Ministeriums für Umwelt, »Entsorgung von Sonderabfall aus der Textilindustrie mit dem Abwasser«*, Landtag von Baden-Württemberg, Drucksache 10/2153, 14. September.

Laue, Dietmar (1995), »Geht die Hanfsaat auf?«, in: *Textilforum* 2, Hannover.

Lexikon Umwelt und Chemie (1991), hg. v. Fachverband d. chemischen Industrie Österreichs, Wien

Liedl, Roman/Amerstorfer, S.N. (1994), *Die Pracht der Farben*, Mannheim/Leipzig/Wien/Zürich.

Mackwitz, Hanswerner/Köszegi, Barbara (1983), *Zeitbombe Chemie – Strategien zur Entgiftung unserer Welt*, Wien.

Mackwitz, Hanswerner/Neumann, Christoph/Leeb, Reinhard/Schemitz, Susanne (1994), *Sanfte Chemie. Theoretische Grundlagen, Chancen und Perspektiven, Forschungsprojekt im Auftrag des Bundesministeriums für Wissenschaft und Forschung, 1. Zwischenbericht*, Wien.

Manser, Bruno (1993), *Stimmen aus dem Regenwald. Zeugnisse eines bedrohten Volkes*, Bern.

Marini, Ingo (1993), *Lenzing Lyocell, Vortrag, 32. Internationale Chemiefasertagung*, Dornbirn, 23. September.

Martin, Richard (1995), »ABC der Mode. Eine Grundsatzerklärung«, in: *Süddeutsche Zeitung Magazin* 38, 22. September.

Mayer, Margit J. (1993), »Mode ist mir egal«, in: *Die Woche*, 14. 10. S. 25.

Mayer, Margit J. (1995), » Klassik der Zukunft«, in: *Vogue*, September.

Meadows, Dennis/Meadows, Donella/Randers, Jorgen/Behrens, William.W. (1992), *Die neuen Grenzen des Wachstums*, Stuttgart.

Mecheels, Jürgen (1991), *Körper – Klima – Kleidung. Grundzüge der Bekleidungsphysiologie*, Berlin.

Meier, Hans-Jürgen (1994), »Solange der Verbraucher auf Pflegeleichtigkeit nicht verzichten will, müssen wir Chemie einsetzen. Gibt es Alternativen zur chemischen Ausrüstung von Textilien?« in: *Ökologie und Bekleidung 1*, hg. v. Arbeitskreis Naturtextil, Frankfurt am Main.

Menkes, Suzy (1995), »Der letzte Schrei«, in: *Süddeutsche Zeitung*, 22. 9.

Menzel, Uwe (1991), »Pilotprojekt Albstadt«, in: *Mitteilungen aus dem Institut für Siedlungswasserbau, Wassergüte- und Abfallwirtschaft der Universität Stuttgart*, S. 9.

Merckens, Georg (1993), »Kann Baumwolle wirklich biologisch angebaut werden? Ökologischer Landbau und Monokultur – Bericht über erste Erfahrungen auf der Sekem-Farm in Ägypten«, in: *Ökologie und Bekleidung*, hg. v. Arbeitskreis Naturtextil, Frankfurt am Main.

Merckens, Georg/El Araby, A./El Moity, T.H./Afifi, Y. (1994), »Zur Praxis biologisch-dynamischer Baumwollkultur in Ägypten«, in: *Ökologie und Bekleidung 1*, hg. v. Arbeitskreis Naturtextil, Frankfurt am Main.

Metzger, Rainer (1995), »Ragout, Hackfisch und die Lust auf Mode«, in: *Der Standard/Album*, 7. März

Meyer-Thompson, Hans-Günter (1994), »Heilender Joint«, in: *Die Woche*, 28. Oktober.

Moll, R.A. (1991), »Die Toxikologie von Textilfarbstoffen – Sind farbige Textilien gesundheitlich bedenklich?«, in: *Melliand Textilberichte* 10, S. 836–840.

Müller-Mohnssen, Helmuth (1991), »Insektizide: Wissenschaft ist als Frühwarnsystem ausgeschaltet«, in: *Deutsches Ärzteblatt* 88 (42a), S. 3495–3501.

Müller-Mohnssen, Helmuth (1994), »Wem nutzen Falschaussagen wissenschaftlicher Experten?«, in: Bultmann, Antje/Schmithals, Friedemann (Hg.), *Käufliche Wissenschaft*, München, S. 269ff.

Nörtemann, B. (1987), *Bakterieller Abbau von Amino- und Hydroxynaphtalinsulfonsäuren*, Dissertation, Universität Stuttgart.

Obermaier, Julius F. (1995), *Probleme bei der Erzeugung ökologischer Baum- und Schafwolle. Neue biologische Pflanzen- und Tierschutzmittel*, Vortrag im Rahmen des 3. Achberger Symposiums, 22./23. Mai (Manuskript).

Ökologische Briefe (1995), hg. v. Reuschel-Schulte, Jürgen, Frankfurt.

Öko-Test-Magazin (1993/94), »Naturmode«, Frankfurt.

Öko-Test-Sonderheft (1995), »Naturmode und Kosmetik«.

Österreichisches Textilforschungsinstitut (ÖTI) (1994), *Untersuchung von Textilien (Babykleidung, Unterwäsche) auf aus der Herstellung stammende Rückstände*, hg. v. österr. Gesundheitsministerium, Wien.

Panda (1995), *Der Jahreskatalog für umweltbewußtes Einkaufen*, WWF Schweiz, Zürich.

Parusel, Dagmar (1995), »Von Natur aus verdreht«, in: Weber, Carina/Parusel, Dagmar (Red.), *Zum Beispiel Baumwolle*, Göttingen.

Pfitzenmaier, Gerd (1985), »Wie gefährlich sind Textilfarben für unsere Umwelt?«, in: *Chancen* 11, S. 7–16.

Pfitzenmaier, Gerd (1992), »Warum Sie immer mehr gesunde Kleidung kaufen können«, in: *Natur* 10, S. 88–92.

Pfitzenmaier, Gerd (1995), »Schwarze Schatten auf der Seide«, in: *Natur* 3.

Ploss, E.E. (1989), *Ein Buch von alten Farben*, München.

Prokop, Nikolaus (1995), »Basic«, in: *Der Standard*, Album Detail, 16. Dezember, S. 6f.

Prunier, J.(1989), »New Extracting Technique of Fiber from Flax«, in: Marshall, G.(Hg.); *Flax – Breeding and Utilisation*, Dordrecht/Niederlande.

Radkau, Joachim (1988), »Hiroshima und Asilomar. Die Inszenierung des Diskurses über die Gentechnik vor dem Hintergrund der Kernenergie-Kontroverse, in: *Geschichte und Gesellschaft*, 14.

Reckel, Sylvia (1990), »Von »Teufelsfarbe«, »Scharlachtüchern«, »Waidjunkern« und »Schönfärbern«. Aufstieg und Fall der natürlichen Farben«, in: Andersen, Arne/ Spelsberg, Gerd (Hg.), *Das blaue Wunder*, Köln, S. 60ff.

Reichart, Helga (1995), »Die Pracht der Farben in neuem Licht gesehen«, in: *Die Presse/ Spectrum*, 7. Januar, S. XII.

Reinmüller, Maria (1995), »Pflanzen zu Stoßstangen. Ein Reutlinger Institut erforscht Faserverbundstoffe: Hanf hat gute Eigenschaften«, in: *Hanf-Spezial, taz*, Herbst 95.

Ried, Meike (1989, 1993), *Chemie im Kleiderschrank. Das Öko-Textil-Handbuch*, Reinbek bei Hamburg.

Ried, Meike (1991), »Textilproduktion – Veredelung mit Fraßgiften«, in: *Pestizid-Report. Geschichte, Bedeutung und Folgen einer Pestizid-Wirtschaft in Deutschland*, hg.v. M. Ruhnau, R. Altenburger, W. Bödeker, Verein f. Umwelt- und Arbeitsschutz.

Ried, Meike (1994a), »Natur auf der Haut«, in: *Der Stoff aus dem die Kleider sind*, hg. v. Strütt-Bringmann, Traude, Verbraucherinitiative Bonn, 4. völlig neu überarbeitete und erweiterte Auflage.

Ried, Meike (1994b), »Textilveredlung wirft Schatten auf Umwelt und Gesundheit«, in: *Der Stoff, aus dem die Kleider sind*, hg. v. Strütt-Bringmann, Traude, Verbraucher-Initiative Bonn, 4. völlig neu überarbeitete und erweiterte Auflage.

Riedl, Gerlinde (1995), »Konsumwahn«, in: *Werkstattblätter* 1, S. 8.

Römpp Chemielexikon (1990), Bd.2, 9. Aufl., Stuttgart.

Rosenkranz, Bernhard/Castelló, Edda (1993): *Textilchemikalien im Umwelttest*, Erweiterte Neuausgabe, Reinbek bei Hamburg.

Rössler, Erich K./Kleffmann, Heinz-Werner (1991), *Textilchemie und Gesundheit – ein Widerspruch? Fakten zur Diskussion um Ausrüstung und Formaldehyd*, hg. v. Pfersee Chemie, Langweid bei Augsburg.

Roth, Eva (1995): »Baden gegangen«, Test Bademoden, in: *Öko-Test 6*, S. 50–56.

Roth, L. (1984ff.), *Wassergefährdende Stoffe*, 1. Erg.Lfg 4, Landsberg.

Rüesch, Dorothea (1995), *TexMix. Ein bunter Reiseführer durch die Welt der Textilien*, hg. v. Erklärung von Bern/Zürich.

Sabersky, Annette (1995), »Preis laß nach«, in: *Öko-Test-Magazin* 9.

Sanchez Leal J./Gonzalez, J.J./Kaser, K.L.E./Palabrica, V.S./Comelles, F./Garcia, M.T. (1994), »On the Toxicity and Biodegradation of Cationic Surfactants, in: *Acta hydrochimica et hydrobiologica* 22, S. 13–18.

Santler, Helmut (1995), »Färben mit Chemie – aber wenig«, in: *Öko-Forum* 3.

Scharf, Sigrid/Pichler, Walter/Lorbeer, Gundi/Burtscher, Eduard (1995), »Wasserbelastung durch Textilveredlungsbetriebe. Technologische Aspekte und Messungen bei fünf Direkteinleitern«, hg. v. Umweltbundesamt, *Monographien*, Bd. 68, Wien.

Scheben, Helmut (1990): »Strategischer Rohstoff Baumwolle. Ein ›reines Naturprodukt‹ mit giftigen Folgen«, in: *EPN – Entwicklungspolitische Nachrichten* 9.

Scheck, Mathias (1993), *Stellungnahme der Textilausrüstungsgesellschaft Schroers*

GmbH zum Thema: Die Stoffe, aus denen unsere Kleider sind – Stoffströme in der textilen Bekleidungskette, hg. v. Deutschen Bundestag, Enquete-Kommission Schutz des Menschen und der Umwelt, Bonn.

Schefer, W./Romanin, K. (1988), »Gewässerbelastung durch wasserlösliche Polymere«, in: Textilveredlung 23, 10, S. 340–344.

Schneider, Gerd (1995), »Ein Prozeß ohne Ende«, in: Umwelt und Gesundheit 3, S. 68.

Schöberl, P./Huber, L. (1988), »Ökologisch relevante Daten von nicht-tensidischen Inhaltsstoffen in Wasch- und Reinigungsmitteln«, in: Tenside Detergents 25, 2, S. 99–107.

Schönberger, Harald (1993a), Stellungnahme zum Fragenkatalog der Enquete-Kommission »Schutz des Menschen und der Umwelt« zur Anhörung am 16./17.3.1993 in Bonn zu dem Thema: Die Stoffe, aus denen unsere Kleider sind – Stoffströme in der textilen Bekleidungskette, hg. v. Deutschen Bundestag, Enquete-Kommission Schutz des Menschen und der Umwelt, Bonn.

Schönberger, Harald (1993b), »Tiefer eintauchen. Die Abwasserbelastung kann nur auf der Verfahrens- und Prozeßebene wirksam verringert werden«, in: Müllmagazin, Februar.

Schulz, Matthias (1995), »Duft nach Veilchen«, in: Spiegel, 13. Februar.

Schwitzguébel, Jean-Luc (1995), »Ciba: ›Die Textilfarbstoffe werden bald wieder sehr profitabel sein‹«, Interview mit Felix Erbacher, in Basler Zeitung, 7. Oktober.

Sewekov, L. (1988), »Naturfarbstoffe – eine Alternative zu den synthetischen Farbstoffen«, in: Melliand Textilberichte 10, 224–226.

Simonis, W. Chr., Wolle und Seide – Der Mensch als Wärmewesen und seine Bekleidung.

Sprecher, Margit (1995), » Hey Baby, come Girl, happyhappy – sehr schön!«, in: Die Weltwoche, Nr. 10, 9.3. S. 65.

Staatliche Pressestelle der Freien Hansestadt Hamburg (1992), »Dioxinhaltiger Farbstoff in Kerzen und Malfarbe nachgewiesen«, Pressemitteilung vom 21. August.

Stadler, Clarissa (1995), »Mode ist Sprache«, in: Die Woche, 7. Juli.

Steber, J./Wierick, P. (1987), »Properties of Hydroxyethane Diphosphonate Affecting its Environmental Fate: Degradability, Sludge, Adsorption, Mobility in Soils and Bioconcentration«, in: Chemosphere 16, 7, S. 929–945.

Steber, J. (1991), »Wie vollständig sind Tenside abbaubar?«, in: Textilveredlung 26, 11. S. 348–354.

Steger, Ulrich (Hg.) (1991), Chemie und Umwelt. Das Beispiel der chlorchemischen Verbindungen, Berlin.

Steilmann, Klaus (1995), Wettbewerbskritik aus Unternehmersicht, Düsseldorf.

Stockhausen GmbH (1993), Sicherheitsdatenblätter Polyacrylate.

Streichfuss, Dieter (1989), Indirekteinleitung von Industrie- und Gewerbewasser – 16. Fallbeispiel: Textilbetriebe, ATV-Fortbildungskurs F/4, 19.-21.Oktober in Fulda.

Streit, W. (1988), »Abbaubarkeit von Tensiden, Komplexbildnern und Schlichten«, in: Melliand 8, S. 583–586.

Strobl, Manfred (1993), »›Reiz‹-Wäsche. Chemie in Textilien«. In: Umweltschutz 9, S. 14–17.

Strütt-Bringmann, Traude (Hg.) (1994), Der Stoff aus dem die Kleider sind, Die Verbraucherinitiative, Bonn.

Stürgkh, Desirée (1995), »Leben Lang. Diva fragt. Helmut Lang antwortet.« in: Diva, Juli.

Test 2 (1995), »Der Stoff, aus dem die Hemden sind«. Test: Schadstoffe in Baumwolltextilien.

Textilchemikalien in Österreich (Oktober 1994): Einsatzmengen, Anwendungsgebiete und ökologische Bewertung, Bd 1: Textilhilfsmittel, hg. v. Bundesministerium für Umwelt, Jugend und Familie.

Textilhilfsmittelkatalog (THK) (1994/95), zusammengestellt von der Redaktion textil praxis international in Zusammenarbeit mit dem Verband der Textilhilfsmittel-, Lederhilfsmittel-, Gerbstoff- und Waschrohstoff-Industrie e.V. (TEGEWA), Leinfelden-Echterdingen.

Textilwirtschaft (1995), »Wenig Bedenken bei Textilien«, 22, S. 29, 1. Juni.

Textil Forum (1995), Juni.

Tobler, H.P./Baumann, U./ Bosshart, U./Keller, W. (1992) »Die Entwicklung umweltfreundlicher Schlichtemittel«, in: *Textilveredlung* 27, 8, S. 238–242.

Traska, Monique (1995), »Helmut Lang. Profil mit Klasse«, in: *Schaufenster, Die Presse,* 22. September.

Traufetter, Gerald (1995), »Die grellbunte Gefahr«, in: *Die Woche,* 14. Juli.

Treichler, Robert (1995), »Paco und die Mischmaschine. Nach dem Kettenhemd kam Beton in die Mode«, in: *Salzburger Nachrichten,* 29. Juli, S. VII.

Turner, A.H./Abram, F.S./Brown, V.M./Painter, H.A. (1985), »The biodegradability of two primary alcohol ethoxylate nonionic surfactants under practical conditions, and the toxicity of the biodegredation to rainbow trout«, in: *Water Research* 19, 8, S. 610–618.

UBA Forschungsbericht (1989), »Der Einsatz von Phosphonaten unter umwelttechnischen Gesichtspunkten«, h.g. v. Institut für Wasser-, Boden- und Lufthygiene des Bundesgesundheitsamtes, UBA-FB 89–018.

UBA-Text (1993), »Die Ermittlung der Quellen von AOX in Abwässern der Textilindustrie und Maßnahmen zu ihrer Vermeidung«, 33, Berlin.

Umweltschutz kommt in Mode: Neue Kleider braucht das Land! (1993), Info der Verbraucherinitiative Bonn in Zusammenarbeit mit der Heinrich-Böll-Stiftung. März.

Umwelt und Chemie (1991), hg. v. Fachverband d. Chemischen Industrie Österreichs, Wien.

van Esch, M.F.C.A.M (1994), »Organic Cotton Production: Current Situation and Outlook«, in: *Cotton Connection, Abstracts, Conference in Hamburg, 25./26. November.*

van Versendaal, Dirk (1995), »Stoffe fürs 21. Jahrhundert«, in: *Zeitmagazin,* 24. März.

VCI-Leitfaden zur Einstufung in das Gefahrenmerkmal »umweltgefährlich«, (1992) Dezember, hg.v. Verband der Chemischen Industrie, Frankfurt am Main.

Verbraucher-Telegramm, Dossier 20 (1993), hg. v. d. Verbraucherinitiative Bonn.

VGH Mannheim (1991), AZ: 5, S. 761/89.

von Gleich, Arnim (1993), *Planung eines »Instituts für naturnahe Stoffe und Verfahren«,* Bremen

von Gleich, Arnim (1995), *Sanfte Chemie als Innovationsperspektive?,* Bremen

Warnecke, Dieter (1995), *Barbie im Wandel der Jahrzehnte,* München.

Weizsäcker, Ernst Ulrich von/Lovins, Amory B./Lovins, L. Hunter (1995), *Faktor Vier. Doppelter Wohlstand – halbierter Naturverbrauch*, München.

Wellens, H. (1990), »Zur biologischen Abbaubarkeit mono- und disubstituierter Benzolderivate«, in: *Zeitschrift für Wasser- und Abwasser-Forschung* 23, S. 85–98.

Wohlmeyer, Heinrich (1995), *Klärschlamm ist ein Spiegel unseres Wirtschaftens*, Pressekonferenz des Amtes der N.Ö. Landesregierung und der Österreichischen Vereinigung für Agrarwissenschaftliche Forschung (ÖVAV), Cafe Landtmann, Wien 25. September.

Wolf, Hans Uwe (1994), *Vortrag über toxisch relevante Fremdsubstanzen*, gehalten im Hotel Marriott in Wien am 13. Oktober (Manuskript).

Woltering, D. M./Bishop, W. E. (1989), *Evaluating the Environment Safety of Detergent Chemicals: A Case Study of Cationic Surfactants in The Risk Assessment of Environmental Hazards*, hg. v. D.J. Paustenbach, New York.

Zartner-Nyilas, G. (1994), *Chemikalieneinsatz in der Textilindustrie – Umweltexposition und Gesundheitsgefährdung*, hg. v. d. Landesanstalt f. Umweltschutz, Baden-Württemberg, Karlsruhe.

Ziegler, Juwitha (1995), *Chemie in der Kleidung. Worauf die Verbraucher achten müssen*, Frankfurt am Main.

Anhang:
Naturtextil-Hersteller und -Händler

(s. auch *Das Alternative Branchenbuch* von Altop in München und
das *Öko Adress Buch* für Österreich von Oedat in Wien)

Deutschland:

Die AKN Mitglieder

Alb Natur Vertriebs-GmbH, Karlstr. 28,
   89150 Laichingen
Atitlan Naturtextilien, Franz-Liszt-Str. 6,
   50825 Köln
Cotton Country Naturtextilien, Rudolf-
   Diesel-Str. 30, 28876 Oyten b. Bremen
Disana – Imma Sautter, Kornbergstr. 31,
   72793 Lichtenstein
Engel GmbH, Albstr. 58,
   72764 Reutlingen
Hirsch-Natur, M.H. Kloppenburg
   GmbH, Königstr. 43, 48366 Laer

Living Crafts GmbH, Wangener Str. 4,
   88147 Achberg
Morgenstern Naturtextilien, Bettel-
   hofen 13, 88299 Leutkirch
naturfashion Veronica Schwandt,
   Isigatsweiler 4, 88147 Achberg
Richter Kammgarn GmbH, Rheinstr. 19,
   35280 Stadtallendorf
Tebaron Partner Systeme GmbH & Co.
   KG, Iburger Straße 225,
   49082 Osnabrück
Turmalin Naturtextilien GmbH & Co.
   KG, Heiligenbreite 31,
   88662 Überlingen

Weitere Naturtextil-Hersteller und -Händler

Cocon Commerz, Schulterblatt 73,
   20375 Hamburg
Greenpeace Umweltschutzverlag
   GmbH, Deichstr. 17,
   20459 Hamburg
Britta Steilmann, Friedrich-Lueg-Str. 10,
   44867 Bochum-Wattenscheid
Koppenborg Naturkleidung,
   Postfach 1149, 53809 Ruppichteroth
Esprit, Vogelsanger Weg 59,
   40436 Düsseldorf
W. Grözinger Strumpffabrik GmbH,
   grödo, 72173 Dornhun
Rakattl Werkkunst GmbH,
   88239 Wangen
Mini Matz, 44379 Dortmund

Nasch, Naturstoffe Schönau GmbH,
   Postfach 48, 79622 Schönau
Natures Best, Benzstr. 5e,
   61352 Bad Homburg
Lana Natur und Mode, Vaalser Str. 493,
   52074 Aachen
Fix Kinderkleidung, Dieselstr. 1,
   63853 Niedernberg
Consequent, Alsenzstr. 15,
   67808 Imsweiler
Natur Pur, Römerstr. 32,
   69115 Heidelberg
Lichtschatz-Projekte, Göckelmannweg
   13, 88316 Isny im Allgäu
Köppel, Bregenzer Str. 15, 88129 Lindau
Hess Natur, D-35504 Butzbach, Postfach
Viktoria Witzel, München

Österreich:

Rosmarie Fink, Fink Manufaktur,
   A-1020 Wien, Engerthstr. 231/1/75
Natura Linea Textilwerkstatt
   A-3812 Groß Siegharts, Fabrikenstr. 4
Waldviertler Flachs-Verarbeitung,
   A-3532 Rastenfeld 169
Obermühle Wollwerkstatt,
   A-3851 Kautzen, Tiefenbach 21
Blaas Textilwerke GmbH,
   A-9560 Feldkirchen, Unterrain 1
Shopping for a better World per Post,
   Tel: 0222/586 94 41
Setatherm Natur Textil, A-1190 Wien,
   Heiligenstädterstr. 145/16/12
Indigo Naturtextilien, A-2340 Mödling,
   Hauptstr. 46
Perviva Naturtextilien, A-8010 Graz,
   Grubenstraße 14
Moisl Naturmodeagentur,
   A-8280 Fürstenfeld, Ungarstraße 2
Grünspecht, A-1010 Wien, Morzinpl. 4
Elfi Plank, A-1060 Wien, Gumpendor-
   ferstr. 106
Green, A-1080 Wien, Lange Gasse 25
ökollektion, Wipplingerstr. 5, A-1010
   Wien
Schrott, A-2000 Stockerau, Wolfikstr. 43
Nog Donz, A-2640 Gloggnitz,
   Hauptstr. 24

Leinenstube, A-3532 Rastenfeld 169
Luna Naturbekleidung, A-4040 Linz,
   Pfarrg. 3
Seide, A-4020 Linz, Volksgartenstr. 21
Textilwerkstatt Haslach, A-4170, Stern-
   waldstr. 37
Naturhaus Messner, A-4400 Steyr,
   Sierningerstr. 39
Das Nest, A-4810 Gmunden, Theaterg. 8
   und A-4910 Ried, Hauptplatz 2
Gfrerer, A-5020 Salzburg, Lasserstr. 18
D. Doblhofer, A-5020, Pfeiffergasse 8
Luna Naturbekleidung, A-8010 Graz,
   Klosterwiesg. 3
Lehnwieser, A-8972 Ramsau, Vorgerb 20
Mandala, A-9020 Klagenfurt,
   Alter Platz 4
Gröber's Naturtextilien,
   A-6020 Innsbruck, Brixnerstr. 1
Danner, A-6020 Innsbruck, Anichstr. 11
Wollzeggerl, A-6094 Axams,
   Georg Bucherstr. 5
Arche, A-6830 Rankweil, Landamanng.
   11
Fini's, A-6700 Bludenz, Herreng. 4
Marido, 7423 Pinkafeld
Sonnenhaus Öko-Handels GmbH,
   Hermine-Berghofer-Str. 48, A-6130
   Schwaz

Schweiz:

Bebelan AG, Selana Naturtextilien,
   CH-9436 Balgach
Natura by Sidema, Sidema S.A.,
   CH-6917 Barbengo/Lugano, Casella
   Postale (AKN-Mitglied)

arco verde, Walter Knoepfel AG,
   CH-9053 Teufen (AKN Mitglied)
Ernst Bollhalder Pflanzenfäberei,
   CH-4143 Dornach, Gempenstr. 42a
   (AKN Mitglied)